“十三五”高等职业教育规划教材

电工电路分析与实践

张明金　主　编
范爱华　张江伟　副主编
贾伟伟　参　编
吉　智　主　审

中国铁道出版社
CHINA RAILWAY PUBLISHING HOUSE

内 容 简 介

本书是根据高等职业院校电气类、机电一体化类、电子信息类的人才培养目标，并结合项目化、理实一体化、任务驱动等教学方法的改革，以“工学结合，项目引导，任务驱动，‘做中学，学中做，学做一体，边学边做’一体化”为原则编写的。以工作任务引领的方式将相关知识点融入完成工作任务所必备的工作项目中，使学生掌握必要的基本理论知识，并使学生的实践能力、职业技能、分析问题和解决问题的能力不断提高。

全书共6个项目：直流电路的分析与测试、正弦交流电路的分析与测试、电路的暂态分析与测试、非正弦周期交流电路的分析与测试、磁路和变压器的认识与测试、交流电动机的认识及电气控制线路的装配。

本书适合作为高等职业院校、成人教育电类专业的教材，也可供工程技术人员参考。

图书在版编目（CIP）数据

电工电路分析与实践/张明金主编．—北京：
中国铁道出版社，2016.11
“十三五”高等职业教育规划教材
ISBN 978-7-113-22011-2

Ⅰ.①电…　Ⅱ.①张…　Ⅲ.①电路分析—高等职业教育—教材　Ⅳ.①TM133

中国版本图书馆 CIP 数据核字（2016）第191123号

书　　名：电工电路分析与实践
作　　者：张明金　主编

策　　划：王春霞　　　**读者热线：**（010）63550836
责任编辑：王春霞
编辑助理：绳　超
封面设计：付　巍
封面制作：白　雪
责任校对：汤淑梅
责任印制：郭向伟

出版发行：中国铁道出版社（100054，北京市西城区右安门西街8号）
网　　址：http://www.51eds.com
印　　刷：三河市宏盛印务有限公司
版　　次：2016年11月第1版　　2016年11月第1次印刷
开　　本：787 mm×1 092 mm　1/16　**印张：**15.5　**字数：**392千
印　　数：1～2 500册
书　　号：ISBN 978-7-113-22011-2
定　　价：39.80元

版权所有　侵权必究

凡购买铁道版图书，如有印制质量问题，请与本社教材图书营销部联系调换。电话：（010）63550836

打击盗版举报电话：（010）51873659

前　言

本书是根据高等职业院校电气类、机电一体化类、电子信息类专业的人才培养目标，并结合项目化、理实一体化、任务驱动等教学方法的改革，以“工学结合，项目引导，任务驱动，‘做中学，学中做，学做一体，边学边做’一体化”为原则编写的。以工作任务引领的方式将相关知识点融入完成工作任务所必备的工作项目中，突出了理论与实践相结合的特点，使学生掌握必要的基本理论知识，并使学生的实践能力、职业技能、分析问题和解决问题的能力不断提高。

本书共6个项目：直流电路的分析与测试、正弦交流电路的分析与测试、电路的暂态分析与测试、非正弦周期交流电路的分析与测试、磁路和变压器的认识与测试、交流电动机的认识及电气控制线路的装配。

本书在编写的过程中，本着“精选内容，打好基础，培养能力”的精神，力求讲清基本概念，精选有助于建立概念、巩固知识、掌握方法、联系实际应用的例题。各项目分成若干任务，各任务以任务描述、任务目标、任务实施（知识先导或现象观察、知识链接、实践操作、问题研讨）为主线而编写。在知识内容讲解上，语言力求简练流畅。本书总学时为60～80学时。

本书由徐州工业职业技术学院张明金任主编，负责制订编写大纲及最后统稿。扬州工业职业技术学院范爱华和徐州工业职业技术学院张江伟任副主编，徐州工业职业技术学院贾伟伟参与编写。其中项目1、项目5由张明金编写，项目2由范爱华编写，项目3、项目4由贾伟伟编写，项目6由张江伟编写。

本书由徐州工业职业技术学院吉智教授主审，他对全部的书稿进行了认真、仔细的审阅，提出了许多宝贵的意见，在此表示衷心的感谢。

本书在编写过程中，得到了编者所在学校各级领导及同事的大力支持与帮助，在此表示感谢。同时对书后所列参考文献的各位作者表示深深的感谢。

由于时间仓促，加之编者水平所限，书中不妥之处在所难免，敬请各位读者提出宝贵意见。

编　者

2016年4月

目　录

直流电路的分析与测试

项目内容

- 电路的基本知识及直流电压、电流的测试。
- 基尔霍夫定律及测试。
- 电路基本元件及其检测。
- 电路分析方法及其运用。
- 电路定理及其运用和测试。

知识目标

- 了解电路的组成与作用、电路模型的概念。
- 正确理解电路中的物理量的意义,电流、电压的正方向和参考正方向的概念及电位的概念;掌握电路中电位、电功率的计算。
- 掌握独立电源、电阻、电感、电容元件的伏安关系;了解受控源的概念。
- 掌握电阻串联、并联及混联电路的等效变换。
- 掌握基尔霍夫定律及用支路电流法求解电路,理解并会应用电阻的“星形-三角形”等效变换、电压源与电流源等效变换、节点电压法、叠加原理和戴维南定理求解复杂电路。

能力目标

- 初步具备识读电路图及按电路原理图接线的能力。
- 能够正确使用直流电压表、电流表及万用表进行直流电压、电流测量。
- 能够识别和测试电阻、电感、电容等元件。
- 会用万用表进行直流电路故障的检测。

素质目标

- 熟悉实验室规则及安全操作知识,使学生逐步养成遵章守纪和安全、规范操作的良好习惯与职业道德,树立正确的价值观。
- 加强学生逻辑思维能力的培养,增强理论联系实际的意识,逐步培养其分析问题及解决问题的能力,养成主动学习的良好习惯。
- 锻炼学生信息、资料搜集与查找的能力。

任务1.1 电路的基本知识及直流电流、电压的测试

任务描述

在人们的生活、生产实践及其他各类活动中,已普遍地使用电能,可以说人们已离不开电能

的使用,电路是传输或转换电能不可缺少的"载体"。学会分析电路是用电的最基本要求,也是本课程学习的基本要求。本任务学习电路的组成及作用、理想电路元件及电路模型、电路中的物理量、电路的三种工作状态、基尔霍夫定律,并进行简单直流电路的连接与测试。

任务目标

了解电路的组成,电路模型的概念;理解电路中的物理量的意义,以及电流、电压的正方向和参考正方向的概念;掌握电路中电位、电功率的计算方法;掌握电路三种工作状态的特征;掌握基尔霍夫定律及运用;学会安装简单直流电路;学会使用稳压电源、直流电压表和电流表。

任务实施

子任务1　电路和电路的模型与测试

〖知识先导〗——认一认

观察图1-1所示的手电筒电路,你能说出手电筒电路是由哪些部分组成及如何连接的吗?

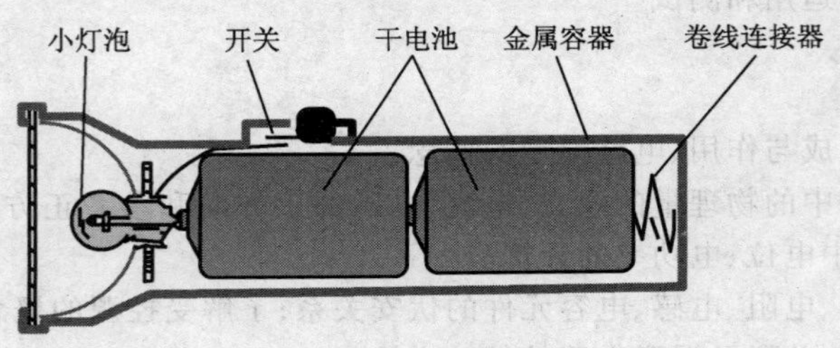

图1-1　手电筒电路

〖知识链接〗——学一学

1. 电路

电路是电流流通的路径,是为实现一定的目的将各种元器件(或电气设备)按一定方式连接起来的整体。电路一般主要由电源、负载及中间环节组成。

(1)电源。电源是产生电能和电信号的装置,如各种发电机、蓄电池、传感器、稳压电源、信号源等。

(2)负载。负载是取用电能并将其转换为其他形式能量的装置,如电灯、电动机、扬声器等。

(3)中间环节。中间环节是传输、分配和控制电能或信号的部分,如连接导线、控制电器、保护电器、放大器等。

电路的组成不同,其功能也就不同。电路的一种作用是实现电能的产生、传输、分配和转换,各类电力系统就是典型实例。图1-2(a)所示为一种简单的实际电路,它由干电池、开关、灯泡和连接导线等组成。当开关闭合时,电路中有电流流通,灯泡发光,干电池向电路提供电能。灯泡是耗能元件,它把电能转化为热能和光能;开关和连接导线的作用是把干电池和灯泡连接起来,构成电流通路。

电路的另一种作用是实现信号的传递和处理,如电话线路、有线电视电路和网络,传递着人们需要的信息。收音机、电视机、计算机的内部电路起着接收和处理信号的重要作用。如图1-2(b)所示,传声器(俗称"话筒")将语音信号转换为电信号,经放大器进行放大处理传递给扬声器,以驱动扬声器发音。

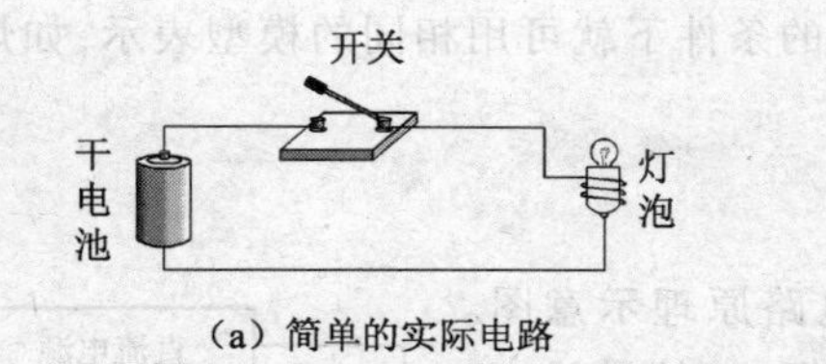

(a) 简单的实际电路

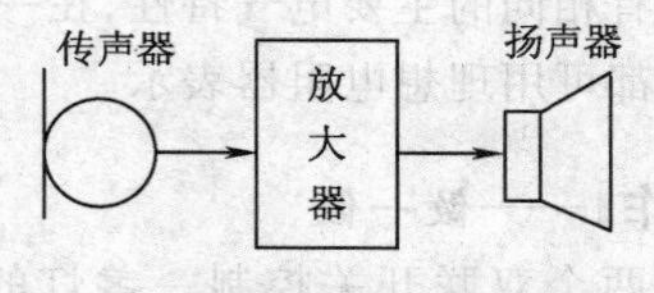

(b) 驱动扬声器发音的电路结构

图 1-2　电路示意图

2. 理想电路元件及电路模型

组成实际电路的元件种类繁多,但实际的电路元件在电路中所表现的电磁性质可以归纳为几类,而每一个元件所反映的电磁性质又以某一特定项为主,其他性质在一定条件下可以忽略,这样就可以把实际的电路元件理想化,将电路实体中的各种电气设备和元器件用一些能够表征它们主要电磁特性的元件模型来代替,而对它们的实际结构、材料、形状等非电磁特性不予考虑。即用一个假定的二端元件来代替实际电路元件,二端元件的电和磁的性质反映了实际电路元件的电和磁的性质,这个假定的二端理想电路元件,简称为电路元件,如电阻器(简称"电阻")、电感器(简称"电感")、电容器(简称"电容")、电源等。

电阻器:表示消耗电能的元件,如灯泡、电炉等。可以用理想电阻器来反映其在电路中消耗电能这一主要特征。

电感器:表示产生磁场、储存磁场能的器件,如各种电感线圈。可以用理想电感器来反映其储存磁场能的特征。

电容器:表示产生电场、储存电场能的器件,如各种电容器。可以用理想电容器来反映其储存电场能的特征。

电源器:电源有两种表示方式,即电压源和电流源。表示能将其他形式的能量转换为电能的元件。

理想电路元件特征:一是只有两个端子;二是可用电压或电流按数学方式描述;三是不能分解为其他元件。

实际电路是由一些电工设备、器件和电路元件所组成的。为了便于分析和计算,把实际元件和器件理想化并用国家统一的标准符号来表示,构成电路模型。即由理想电路元件组成的电路称为电路模型,也就是人们常说的电路图,如图 1-3 所示。

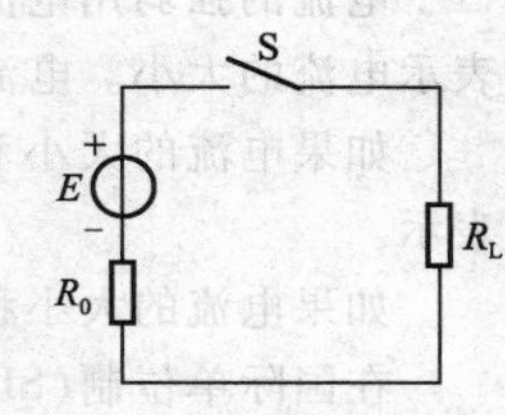

图 1-3　电路模型

将实际电路元件用基本图形符号代替,是一个将事物抽象成理想模型的过程。基本电路元件是抽象了的理想元件,如电阻器、电容器、电感器等。但实际的元件在电路中发生的作用是复杂的,如荧光灯电路,不能简单地把荧光灯整套设备用电阻器代替,荧光灯的辅助器件——镇流器,不仅具有电感的性质,还具有电阻和电容的性质。但由于镇流器的电阻很小,电容所起作用也很小,所以在一般情况下可以忽略次要因素,突出其主要作用,即将镇流器用理想电感元件来表示,再和表示荧光灯管灯丝的电阻器串联,但在分析要求较高的情况下,又要将镇流器用电感、电阻和电容三种元件相组合来代替。

本书所分析的电路,就是这种电路模型。在电路图中,各种电路元件用规定的图形符号表示。

需要注意的是,具有相同的主要电磁性能的实际电路部件,在一定条件下可用同一电路模型表示;同一实际电路部件在不同的应用条件下,其电路模型可以有不同的形式。不同的实际

电路部件只要有相同的主要电气特性，在一定的条件下就可用相同的模型表示，如灯泡、电炉等在低频电路中都可用理想电阻器表示。

〖实践操作〗——做一做

图 1-4 为两个双联开关控制一盏灯的电路原理示意图。在实验电路板上连接原理示意图，利用直流电源、连接导线、双联开关及小灯泡模拟实现两地控制一盏灯的电路。

直流电源
灯泡
开关A
开关B

图 1-4　两个双联开关控制一盏灯的电路原理示意图

〖问题研讨〗——想一想

(1)电路一般由哪几部分组成？各部分的作用是什么？

(2)什么是电路模型？理想电路元件与实际电路元件有什么不同？

(3)电源和负载的本质区别是什么？

(4)电力系统中的电路的功能是实现电能的______、______和______。

(5)实际电路元件，其电特性往往______而______，而理想电路元件的电特性则是______和______的。

子任务 2　电路中的物理量与测试

〖知识链接〗——学一学

1. 电流

电荷有规律地定向移动形成电流。金属导体中的自由电子带负电荷，在电场力的作用下，自由电子逆着电场方向定向运动就形成电流；同样，电解液中的正离子带正电荷，在电场力的作用下，正离子沿着电场方向定向运动也形成电流。

电流的强弱用电流强度来表示，简称电流。“电流”一词不仅可以表示电流的概念，也用来表示电流的大小。电流的数值等于单位时间内通过导体横截面的电荷[量]。

如果电流的大小和方向都不随时间变化，这样的电流称为稳恒直流电流，用大写字母 I 表示。

如果电流的大小和方向随时间变化，这样的电流称为交流电流，用小写字母 i 表示。

在国际单位制(SI)中，电流的单位是安[培](A)，电荷的单位是库[仑](C)，时间的单位是秒(s)，即 1 A = 1 C/s。

在实际使用中，电流还经常用到较小的单位，如毫安(mA)、微安(μA)等。

注意：直流电常用字母 DC 表示；交流电常用字母 AC 表示。

人们习惯上规定正电荷定向移动的方向为电流的正方向。

2. 电压

电压是反映电场能性质的物理量。电压的大小用电场力移动单位正电荷做功来定义，电场力将单位正电荷从一点移动到另一点所做的功越多，这两点间的电压就越大。

在电路中，电场力将单位正电荷从 a 点移动到 b 点所做的功称为 a、b 两点间的电压，直流电压用大写字母 U 表示，a、b 两点间的电压可表示为 U_{ab}。

在实际应用中，电压的单位除伏[特](V)以外，还常用到千伏(kV)、毫伏(mV)、微伏(μV)等单位。

电压的实际方向规定为正电荷所受电场力的方向。

需要强调的是，电压是对电路中两点而言的，习惯中所说某点或某导体上的电压，实际为该点的电位——该点与零电位参考点之间的电压。

通常用带双下标的字母表示某两点的电压，如 U_{ab} 表示 a、b 两点间电压。可以证明：$U_{ab}=-U_{ba}$。

3. 电位

在电气设备的调试和维修中，常要测量各点的电位，在分析电子电路时，通常要用电位的概念来讨论问题。电场中某一点的单位正电荷所具有的电位能，称为该点的电位。电位用字母 V 表示，如 a 点的电位表示为 V_a。

在电路中选一参考点，则其他点的电位就是由该点到参考点的电压。即如果参考点为 O，则 a 点的电位为

$$V_a=U_{aO} \tag{1-1}$$

电位的单位与电压的单位相同，为伏[特](V)。

参考点的电位规定为 0 V，所以，又称零电位点。其他各点的电位，比参考点电位高的电位为正，比参考点电位低的电位为负。参考点在电路中通常用符号"⊥"表示。

在工程中，常选大地作为电位参考点；在电子电路中，常选一条特定的公共点或机壳作为电位参考点。

要测量电路中某点的电位，只需要用电压表测量某点到零电位参考点的电压。而计算电路中某点电位的方法是：首先确认电位参考点的位置；然后从被求点开始通过一定的路径绕到电位参考点，则该点的电位等于此路径上所有电压降的代数和。

4. 电动势

电源是将其他形式的能转化为电能的装置。例如，干电池将化学能转化为电能，具体地说，它是利用化学反应的力量将正电荷移动到电源正极、负电荷移动到电源负极，使电荷的电势能增加，从而使电源两端产生电压。

电源将其他形式的能转化为电能的能力越强，移动单位电荷时所做的功就越多，电源提供的电压也就越大。电动势是表征电源提供电能能力大小的物理量，电动势在数值上等于电源未接入电路时两端的电压。

电源把单位正电荷从电源"－"极搬运到"＋"极，外力(非静电力)克服电场力所做的功，称为电源的电动势，用符号 E 表示。

电动势的单位和电压的单位相同，为伏[特](V)。电动势的方向规定为从电源的负极经过电源内部指向电源的正极，即与电源两端电压的方向相反。

5. 电流、电压的参考方向和关联参考方向

(1)电流、电压的参考方向。在电路的分析计算中，流过某一段电路或某一元件的电流实际方向或两端电压的实际方向往往很难确定，为了进行电路分析和计算，需要先引入电压参考方向以及电流参考方向的概念，即先假设电压的方向和电流的方向。

为了电路分析和计算，人为地指定的电压、电流方向，称为电压、电流的参考方向。

对于电路的某个电流、某两点的电压而言，它们的实际方向只有两种可能，当任意指定了一个参考方向后，实际方向要么与参考方向一致，要么与参考方向相反，实际方向与参考方向一致时，取正值；实际方向与参考方向相反时，取负值，如图 1-5 所示，它反映了电流的实际方向与参考方向的关系。

实际方向

参考方向

（a）当$I>0$时

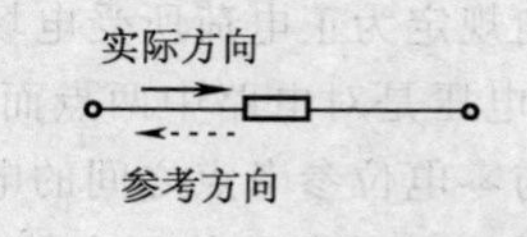

（b）当$I<0$时

图 1-5　电流实际方向与参考方向的关系

关于电流、电压的参考方向，要注意以下两点：

① 电流、电压的参考方向可以任意选定。但一经选定，在电路分析和计算过程中不能改变。

② 分析电路时，一般要先标出参考方向再进行计算。在电路中，所有标注的电流、电压方向均可认为是电流、电压的参考方向，而不是指实际方向；实际方向由计算结果确定。若计算结果为正，则实际方向与参考方向一致；若计算结果为负，则实际方向与参考方向相反。

（2）电流、电压的关联参考方向。电流、电压参考方向可以任意选取，因此电流、电压参考方向可以选取为一致，也可以选取为相反方向，如图 1-6 所示。

当电流、电压的参考方向一致时，称为关联参考方向，如图 1-6（a）所示；当电流、电压的参考方向相反时，称为非关联参考方向，如图 1-6（b）所示。

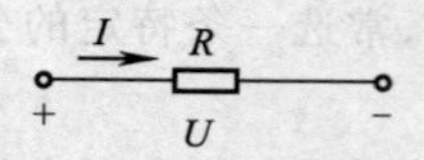

（a）电流、电压的参考方向一致

I　R

\+　U　−

（b）电流、电压的参考方向相反

图 1-6　电流和电压参考方向的选择

6. 电功率和电能

电功率是电路分析中常用到的一个物理量。传递转换电能的速率称为电功率，简称功率，用 P 表示直流电功率。

在直流电阻电路中，当电流和电压选取关联参考方向时，功率为

$$P=UI \tag{1-2}$$

$P=UI>0$，元件吸收功率；$P=UI<0$，元件发出功率。

当电流和电压选取非关联参考方向时，功率为

$$P=-UI \tag{1-3}$$

$P=-UI>0$，元件吸收功率；$P=-UI<0$，元件发出功率。

需要指出的是，一般在分析计算电路时，电流、电压都选取关联参考方向。

在 SI 中，功率的单位为瓦［特］（W），在实际应用中，还常用到千瓦（kW）、兆瓦（MW）、毫瓦（mW）等。

电阻在 t 时间内所消耗的电能 W 为

$$W=Pt \tag{1-4}$$

电能的 SI 单位是焦［耳］（J），它等于功率为 1 W 的用电设备在 1 s 内所消耗的电能。在实际生活中还采用千瓦·时（kW·h）作为电能的单位，它等于功率为 1 kW 的用电设备在 1 h（3 600 s）内所消耗的电能，即通常所说的 1 度电。1 度 = 1 kW·h = $10^3\times3\ 600$ J = 3.6×10^6 J。

例 1-1　如图 1-7 所示电路，已知 $E_1=140$ V，$E_2=90$ V，$R_1=20\ \Omega$，$R_2=5\ \Omega$，$R_3=6\ \Omega$，$I_1=4$ A，$I_2=6$ A，$I_3=10$ A，试

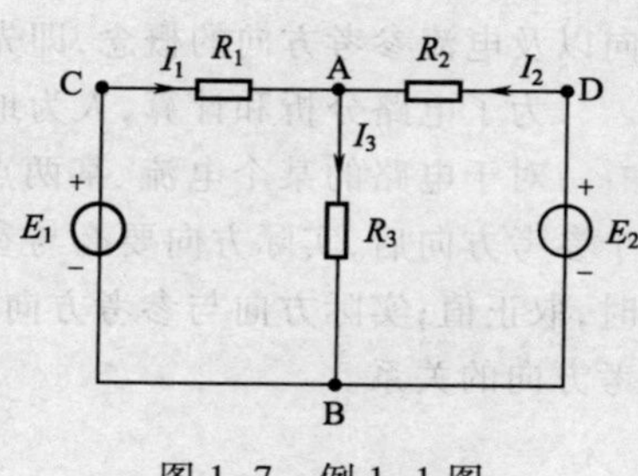

图 1-7　例 1-1 图

求:分别以 A 点、B 点为电位参考点时,各点的电位 V_A、V_B、V_C、V_D及电压 U_{CD}。

解 当以 A 点为电位参考点时,V_A、V_B、V_C、V_D及电压 U_{CD}分别为

$$V_A = 0\ \text{V}$$

$$V_B = -I_3R_3 = -10 \times 6\ \text{V} = -60\ \text{V}$$

$$V_C = I_1R_1 = 4 \times 20\ \text{V} = 80\ \text{V}$$

$$V_D = I_2R_2 = 6 \times 5\ \text{V} = 30\ \text{V}$$

$$U_{CD} = V_C - V_D = (80 - 30)\ \text{V} = 50\ \text{V}$$

当以 B 点为电位参考点时,V_A、V_B、V_C、V_D及电压 U_{CD}分别为

$$V_B = 0\ \text{V}$$

$$V_A = I_3R_3 = 10 \times 6\ \text{V} = 60\ \text{V}$$

$$V_C = E_1 = 140\ \text{V}$$

$$V_D = E_2 = 90\ \text{V}$$

$$U_{CD} = V_C - V_D = (140 - 90)\ \text{V} = 50\ \text{V}$$

由此可见,电路中两点间的电压是绝对的,不随电位参考点的不同而发生变化,即电压值与电位参考点的选择无关;而电路中某一点的电位则是相对的,即电位参考点不同,该点电位值也将不同。

例 1-2 图 1-8 所示为某电路的部分电路,已知 $E = 4$ V,$R = 1\ \Omega$,试求:(1)当 $U_{ab} = 6$ V 时,I 为多少?(2)当 $U_{ab} = 1$ V 时,I 为多少?

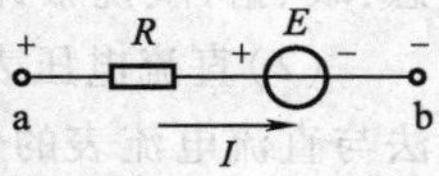

图 1-8 例 1-2 图

解 设定电路中电压、电流的参考方向如图 1-8 所示,则 $U_{ab} = IR + E$。

(1)当 $U_{ab} = 6$ V 时,I 为

$$I = \frac{U_{ab} - E}{R} = \frac{6-4}{1}\ \text{A} = 2\ \text{A}$$

$I > 0$,表明电流的实际方向与参考方向一致。

(2)当 $U_{ab} = 1$ V 时,I 为

$$I = \frac{U_{ab} - E}{R} = \frac{1-4}{1}\ \text{A} = -3\ \text{A}$$

$I < 0$,表明电流的实际方向与参考方向相反。

必须注意,在计算电路的某一电流或电压时,不事先标明电压和电流的参考方向,所求得的电流和电压的符号是没有意义的。

例 1-3 在图 1-9 所示的电路中,已知 $I = 1$ A,$U_1 = 12$ V,$U_2 = 8$ V,$U_3 = 4$ V。试求:各元件功率,并分析电路的功率平衡关系。

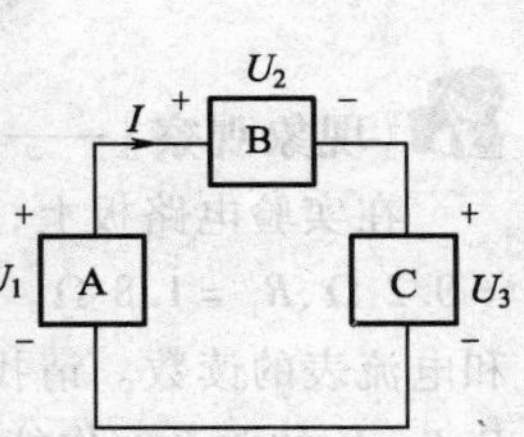

图 1-9 例 1-3 图

解 元件 A:电压 U_1和电流 I 为非关联参考方向,则

$$P_1 = -U_1I = -12 \times 1\ \text{W} = -12\ \text{W}$$

$P_1 < 0$,表明元件发出 12 W 功率,元件 A 为电源。

元件 B:电压 U_2和电流 I 为关联参考方向,则

$$P_2 = U_2I = 8 \times 1\ \text{W} = 8\ \text{W}$$

$P_2 > 0$,表明元件吸收 8 W 功率,元件 B 为负载。

元件 C:电压 U_3和电流 I 为关联参考方向,则

$$P_3 = U_3I = 4 \times 1\ \text{W} = 4\ \text{W}$$

$P_3>0$,表明元件C吸收10 W功率,元件C为负载。

$$P_1+P_2+P_3=(-12+8+4)\ \text{W}=0\ \text{W}。$$

$P_1+P_2+P_3=0$ W,表明功率平衡。

〖实践操作〗——做一做

在实验电路板上连接图1-7所示电路,用万用表测量各元件的电流及电压,在测量时应注意:

(1)直流电流表的使用方法。直流电流表用于测量直流电路中的电流,指针式直流电流表使用方法如下:

① 调零。直流电流表水平放置,当指针不在零刻度时,可以用螺钉旋具轻轻调仪表的指针机械调零螺钉,使指针指在零刻度位置。

② 量程的选择。测量前要预先计算被测电流的数值,选择合适的量程;在未知电流大小时,应将量程放置在最高挡位,以免损坏仪表。测量时如指针偏转角太小,为了提高读数的准确性,可改用小量程电流表进行测量。

③ 表头连接。测量时要把直流电流表串联到被测电路中,使电流从电流表的"+"接线端钮流入,从"-"接线端钮流出,不要接错。

④ 读数。根据仪表指针最后停留的位置,按指示刻度读出相对应的电流值。读数时要注意:眼、指针、镜影针三点为一线,这样读数的误差最小。

(2)直流电压表的使用方法。直流电压表用于测量直流电路中的电压。直流电压表使用方法与直流电流表的使用方法基本相同,不同之处在于表头的连接方法,测量时应把直流电压表并联到被测量元件或被测电路的两端,"+"接线端钮接在被测电路的高电位端,"-"接线端钮接在被测电路的低电位端。

〖问题研讨〗——想一想

(1)如何判断图1-7中的两电源在电路中的作用?

(2)在分析电路时,电压、电流的参考方向能否随意改变?为什么?

(3)在测量电流、电压时,电流表、电压表应分别如何连接在被测电路中?电流表、电压表的量程选择对测量结果有影响吗?

(4)电路中若两点电位都很高,是否说明这两点间的电压值一定很大?为什么说电位是相对的,电压是绝对的?

子任务3　电路的三种工作状态与测试

〖现象观察〗——看一看

在实验电路板上,连接图1-10所示电路,图1-10中 $E=2$ V,$R_0=0.2\ \Omega$,$R_L=1.8\ \Omega$。观察当开关S分别合于a、b、c点时的电压表和电流表的读数。请找出上述各种情况下,电路中的电压和电流与 E、R_0、R_L的关系?你能说出各种情况下,电路分别处于什么状态及各种状态的特点吗?

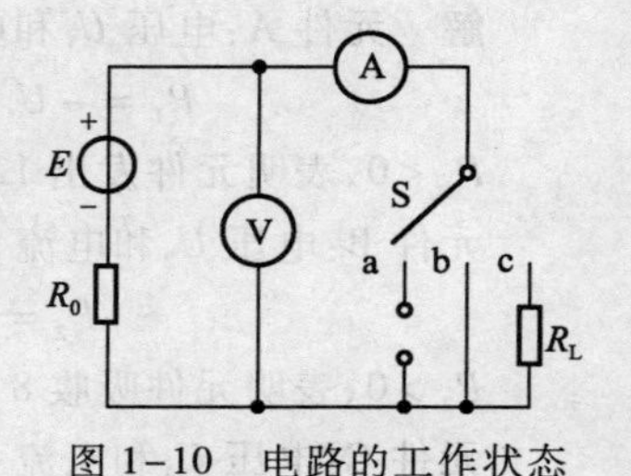

图1-10　电路的工作状态

〖知识链接〗——学一学

电路有三种可能的工作状态:通路、断路和短路。

1. 通路

通路就是电源与负载接成闭合回路，即图 1-11 所示电路中开关 S 合上时的工作状态。短距离输电导线的电阻很小，常忽略不计，于是负载的电压降 U_L 就等于端电压降 U，即

$$U = U_L = \frac{R_L}{R_0 + R_L}E \tag{1-5}$$

若输电导线较长，就应当考虑它的电阻。实际上，为了简化电路计算，常用等值的集中电阻来代表实际导线的分布电阻，如图 1-11 中用虚线表示的电阻 R_l。

输电导线的横截面积应根据线路上的容许电压损失（一般规定为额定电压的 5%）和最大工作电流适当选定，截面过小的导线的电压损失太大，过大则浪费材料。

2. 断路（开路）

断路就是电源与负载没有接通成闭合回路，也就是图 1-11 电路中开关 S 断开时的工作状态。断路状态相当于负载电阻等于无穷大，电路的电流等于零，即

$$R_L = \infty, I = 0$$

此时电源不向负载供给电功率，即

$$P_S = 0, P_L = 0$$

这种情况称为电源空载。电源空载时的端电压称为断路电压或开路电压。电源的开路电压 U_{OC} 就等于电源电动势 E，即

$$U_{OC} = E \tag{1-6}$$

3. 短路

短路就是电源未经负载而直接由导线接通成闭合回路，如图 1-12 所示。图 1-12 中折线是指明短路点的符号。电源输出的电流就以短路点为回路而不流过负载。

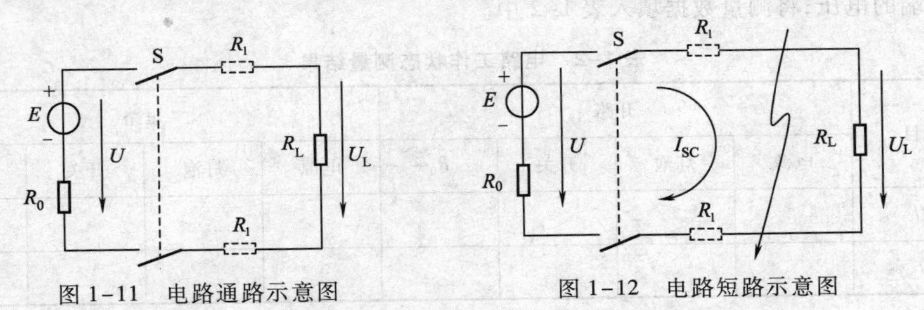

图 1-11　电路通路示意图　　　　图 1-12　电路短路示意图

若忽略输电线的电阻，短路时回路中只存在电源的内阻 R_0。这时的电流为

$$I_{SC} = \frac{E}{R_0} \tag{1-7}$$

I_{SC} 称为短路电流。因为电源内阻 R_0 一般都比负载电阻小得多，所以短路电流 I_{SC} 总是很大的。

实际工作中，若电源短路状态不迅速排除，由于电流热效应，很大的短路电流将会烧毁电源、导线以及短路回路中接有的电流表、开关等，以致引起火灾。**所以，电源短路是一种严重的事故，应严加防范。**

许多短路事故是因绝缘损坏引起的；错误的接线或误操作也常导致电源短路。

为了避免短路事故所引起的严重后果，通常在电路中接入熔断器或自动断路器，以便在发生短路时迅速将故障电路自动切断。

〖实践操作〗——做一做

在实验电路板上，按图 1-13 所示连接电路，电路图中的电源采用直流稳压电源，电压选择为 12V；灯泡选择为 12 V/2 W。进行以下操作：

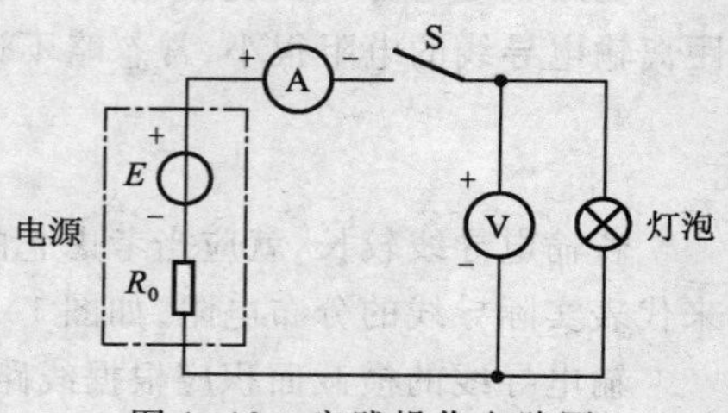

图 1-13　实践操作电路图

(1)合上开关 S，逐渐调大电源电压，直至 12 V，观察灯泡情况。

(2)合上开关 S，测量线路中的电流及灯泡两端的电压。断开开关 S，测量线路中的电流及灯泡两端的电压，将测量数据填入表 1-1 中。

(3)断开开关 S，将电压表接在电流表左侧时，再分别将开关 S 闭合、断开，测量线路中电流及电压。

表 1-1　直流电流、电压测量结果

测试项目	电压表在电流表右侧时		电压表在电流表左侧时	
	开关闭合	开关断开	开关闭合	开关断开
电流 I				
电压 U				

(4)在图 1-13 所示电路中，断开开关 S，电源电压调为 12 V，电阻 $R_0=10\ \Omega$，测量电源、灯泡、R_0及开关两端的电压。闭合开关 S，灯泡用一根导线短接，用电压表分别测量电源、灯泡、R_0及开关两端的电压，将测量数据填入表 1-2 中。

表 1-2　电路工作状态测量结果

测试项目	开路				短路			
	电源	灯泡	开关	R_0	电源	灯泡	开关	R_0
电压 U								
电流 I								

在测量时应注意：所有需要测量的电压值，均以电压表测量的读数为准。E_1、E_2 也需要测量，不应取电源本身的显示值。

〖问题研讨〗——想一想

(1)对图 1-13 所示电路，当开关 S 断开时，灯不亮，是因为电路中没有______。合上开关 S，当电源电压由 0V 逐渐增大至 12 V 时，观察灯泡发光情况______，要使灯泡正常发光，灯泡两端电压应______(大于/小于/等于)灯泡的额定电压。

(2)对图 1-13 所示电路，当开关 S 闭合时，电压表分别接在电流表的左侧、右侧时，电流表、电压表的读数有何变化？为什么？在什么情况下将电压表接在电流表的左侧？在什么情况下将电压表接在电流表的右侧？

(3)电路开路时，外电路的电阻对电源来说相当于多少？电路中电流为多少？电源两端的电压为多少？负载两端的电压为多少？

(4)电源短路时，外电路的电阻相当于______(零/无穷大)，电路中电流相当于______(零/

无穷大)。在电路的实际运行中,电源短路是不允许出现的,为了防止电源短路现象的发生,在实际电路中都采取了什么措施?

(5)“电压是产生电流的根本原因,因此电路中只要有电压,必定有电流。”这句话对吗?为什么?

子任务4　基尔霍夫定律与测试

〖现象观察〗——看一看

在实验电路板上,连接图1-14所示电路(图中 $E_1=6\ \text{V}$,$E_2=12\ \text{V}$,$R_1=510\ \Omega$,$R_2=510\ \Omega$,$R_3=1\ 000\ \Omega$)。测量 I_1、I_2、I_3的数值,它们之间有什么关系?测量 U_{ac}、U_{ce}、U_{ed}、U_{da}的数值,计算 $U_{ac}+U_{ce}+U_{ed}+U_{da}$为多少?

〖知识链接〗——学一学

基尔霍夫定律由德国物理学家基尔霍夫于1845年提出。它概述了电路中电流和电压分别遵循的基本定律,它包括基尔霍夫电流定律(KCL)和基尔霍夫电压定律(KVL)。

电路由电路元件相互连接而成,当电路只有一个电源且电路元件仅有串联、并联关系时,电路中的电流、电压的计算可以根据欧姆定律求出。但许多电子或电力线路中,大多含有两个及以上电源组成的多回路电路,它们不能直接运用电阻的串、并联计算方法将电路化简为无分支的单回路电路,这种电路习惯上称为复杂电路。对于复杂电路,常常应用基尔霍夫定律进行求解。基尔霍夫定律从电路连接方面阐明了电路的电流、电压应遵循的约束关系,它是分析复杂电路的基本依据之一。

1. 电路中几个常用术语

(1)支路。一段含有电路元件而又无分支的电路称为支路。如图1-14所示,该电路中共有3条支路,分别为cabd、cd、cefd段电路。

一条支路中可以由一个元件或者由几个元件串联组成,支路中流过的电流为同一个电流,称为支路电流,如图1-14所示的cabd、cd、cefd各支路对应的支路电流分别为 I_1、I_3、I_2。

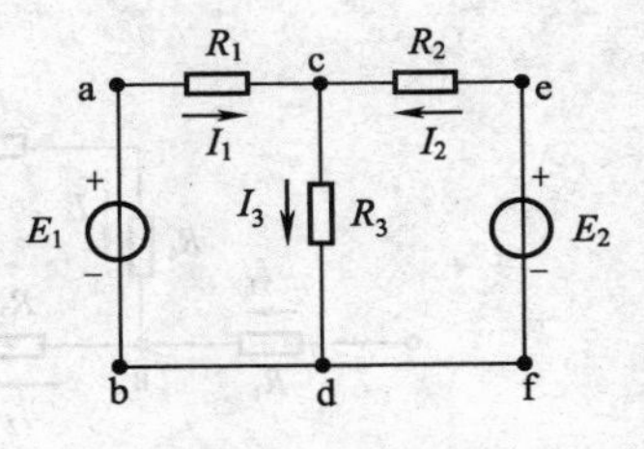

图1-14　电路术语例图

(2)节点。三条或三条以上的支路连接点称为节点,如图1-14所示的c、d点。

(3)回路。由支路组成的闭合路径称为回路。如图1-14所示的acdba、cefdc、acefdba等都是回路,该电路共有3条回路。一条回路由某个节点开始,绕行一周回到该节点,所经过的支路不可重复。

(4)网孔。如果回路内不再包含有支路,这样的回路称为网孔。如图1-14所示的acdba、cefdc是网孔,而acefdba不是网孔。

2. 基尔霍夫第一定律

基尔霍夫第一定律又称节点电流定律,简称KCL(Kirchhoff's Current Law)。它用来确定连接在同一节点上的各支路电流间的关系。根据电荷的守恒性,电路中任何一点(包括节点在内)均不能堆积电荷。因此任何时刻,流入某一节点的电流之和与流出该节点的电流之和相等,即

$$\sum I_{流入}=\sum I_{流出} \tag{1-8}$$

式(1-8)可以写成:$\sum I_{流入}-\sum I_{流出}=0$,即 $\sum I_{流入}+\sum(-I_{流出})=0$,式(1-8)中的 $I_{流入}$、$I_{流出}$皆为电流的大小,如果考虑电流的方向和符号,将流入某一节点的电流取“+”,流出该节点的电流

取“－”，则基尔霍夫第一定律可以表述为：在任何时刻，某一节点的电流代数和为零，即

$$\sum I = 0 \tag{1-9}$$

例如，在图 1-14 中，对于节点 c 有：$I_1 + I_2 - I_3 = 0$，根据基尔霍夫节点电流定律所列的节点电流关系式称为节点电流方程。

使用时应注意：列节点电流方程之前，必须先标明各支路的电流参考方向；对于含有 n 个节点的电路，只可以列出 $n-1$ 个独立的电流方程。

例 1-4　如图 1-15 所示的电路为某电路的一部分，已知 $I_1 = 25$ mA，$I_3 = 10$ mA，$I_4 = 12$ mA，试求：电流 I_2、I_5、I_6。

解　电路中共有 a、b、c 这 3 个节点，根据 KCL 可列 3 个节点电流方程分别为

节点 a，　$I_1 + I_4 = I_2$

节点 b，　$I_2 + I_5 = I_3$

节点 c，　$I_5 + I_4 = I_6$

所以

$$I_2 = (25 + 12)\ \text{mA} = 37\ \text{mA}$$

$$I_5 = I_3 - I_2 = (10 - 37)\ \text{mA} = -27\ \text{mA}$$

$$I_6 = I_5 + I_4 = (-27 + 12)\ \text{mA} = -15\ \text{mA}$$

求得 I_5、I_6 的值带负号，表示电流的实际方向与所标的参考方向相反。

基尔霍夫节点电流定律不仅适用于节点，也可以将其推广应用于包围部分电路的任一假设的封闭面，即广义节点。如图 1-16 所示，封闭面（虚线表示）将 3 个节点包围后可以看成一个节点，若已知 I_1 和 I_2，则可以利用 KCL 列出电流方程：$I_1 + I_2 = I_3$，从而求出 I_3，对于封闭面所包围的内部电路可以不考虑，从而使问题得到了简化。

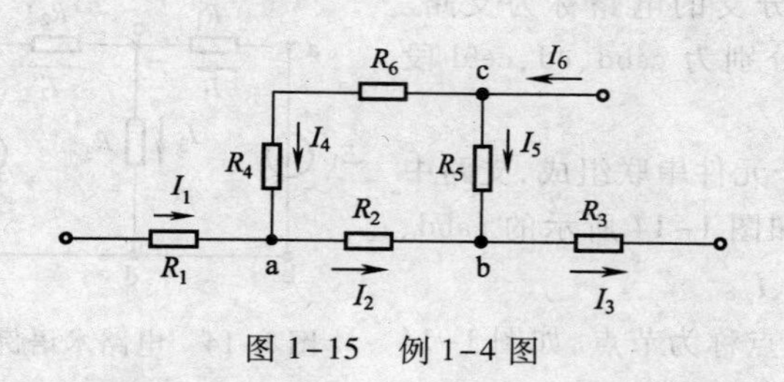

图 1-15　例 1-4 图

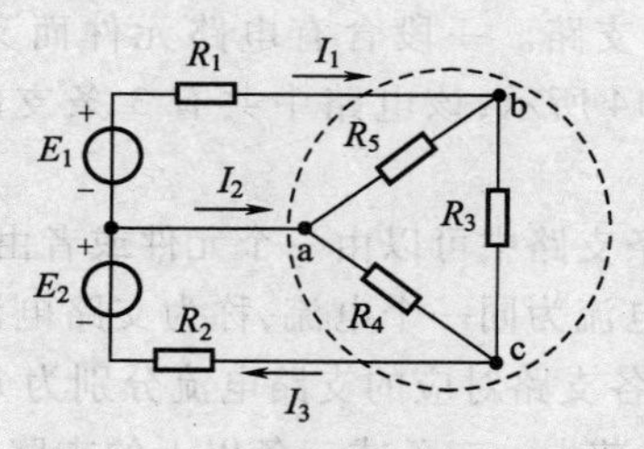

图 1-16　广义节点的示意图

3. 基尔霍夫第二定律

基尔霍夫第二定律又称回路电压定律，简称 KVL（Kirchhoff's Voltage Law）。它用来确定回路中各段电压间的关系。在任何时刻，如果从回路任何一点出发，以顺时针方向（或逆时针方向）沿回路绕行一周，回路的路径上各段电压的代数和恒等于零，即

$$\sum U = 0 \tag{1-10}$$

根据 $\sum U = 0$ 所列的方程，称为回路电压方程。

以图 1-17 所示电路为例进行说明。沿着回路 abcdea 绕行方向，有：

$$U_{ab} = R_1 I_1,\ U_{bc} = E_1,\ U_{cd} = -R_2 I_2,\ U_{de} = -E_2,\ U_{ea} = R_3 I_3$$

则

$$U_{ab} + U_{bc} + U_{cd} + U_{de} + U_{ea} = 0$$

即

$$R_1 I_1 + E_1 - R_2 I_2 - E_2 + R_3 I_3 = 0 \tag{1-11}$$

式（1-11）也可写成：

$$R_1I_1 - R_2I_2 + R_3I_3 = -E_1 + E_2 \tag{1-12}$$

所以,任何时刻在任何一条闭合回路的路径上各电阻上的电压降代数和等于各电源电动势的代数和,即

$$\sum(RI) = \sum E \tag{1-13}$$

使用基尔霍夫第二定律时应注意:列回路电压方程之前,必须先标明各段电路电压的参考方向和回路的绕行方向。当电压的参考方向与回路绕行方向一致时,该电压符号前取"+";否则,电压符号前取"-"。当利用$\sum(RI) = \sum E$时,若电源电动势的方向(注意电动势方向由"-"极指向"+"极)与回路绕行方向一致时,该电动势符号前取"+";否则,电动势符号前取"-"。对于含有n个节点、b条支路的电路,只可以列出$b-(n-1)$个独立的回路电压方程。

由上所述可知,KCL规定了电路中任何一个节点各支路电流必须服从的约束关系,而KVL则规定了电路中任何一条回路内各支路电压必须服从的约束关系。这两个定律仅与元件相互连接的方式有关,而与元件的性质无关,所以这种约束称为结构约束或拓扑约束。

例1-5 图1-18所示电路为某电路的一部分,已知$R_1 = 25\ \Omega$,$R_2 = 20\ \Omega$,$R_3 = 10\ \Omega$,$E_1 = 14\ \text{V}$,$E_2 = 24\ \text{V}$,$I_1 = 2\ \text{A}$,试求:U_{AB}。

解 对E_1、R_1、R_2、E_2组成的回路,由KVL得

$$I_1R_1 + I_2R_2 = -E_2 + E_1$$

$$I_2 = \frac{E_1 - E_2 - I_1R_1}{R_2} = \frac{14 - 24 - 2\times 25}{20}\ \text{A} = -3\ \text{A}$$

由KCL得

$$I_1 - I_2 - I_3 = 0$$

所以

$$I_3 = I_1 - I_2 = [2-(-3)]\ \text{A} = 5\ \text{A}$$

对E_2、R_2、R_3、U_{AB}所组成的回路,由KVL得

$$U_{AB} - I_2R_2 + I_3R_3 = E_2$$

所以

$$U_{AB} = E_2 + I_2R_2 - I_3R_3 = [24 + (-3)\times 20 - 5\times 10]\ \text{V} = -86\ \text{V}$$

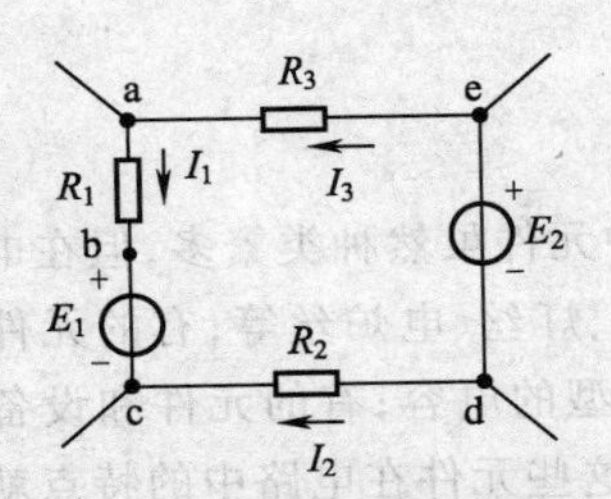

图1-17 说明回路电压定律的电路图

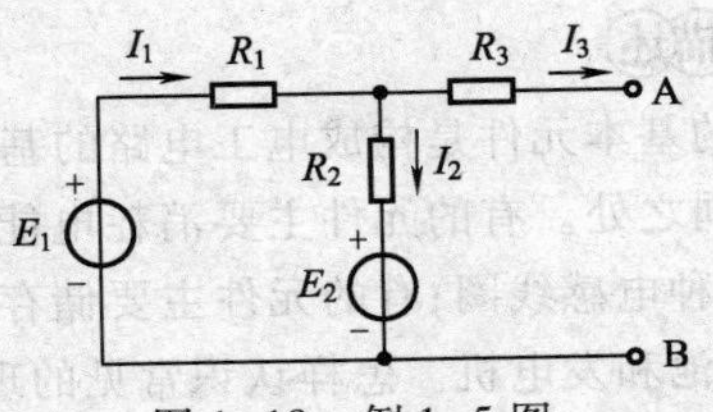

图1-18 例1-5图

〖实践操作〗——做一做

在实验电路板上,按图1-14连接电路,图中$E_1 = 5\ \text{V}$,$E_2 = 12\ \text{V}$,$R_1 = 430\ \Omega$,$R_2 = 100\ \Omega$,$R_3 = 100\ \Omega$。进行以下操作:

(1)用电流表分别测量各支路电流I_1、I_2和I_3,将测量数据填入表1-3中,按图1-14及所给的条件算出各支路电流值,填入表1-3中,并计算其误差。

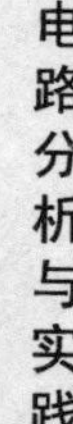

表 1-3　电流测量和计算值

测量项目	测量值	计算值	误差
I_1/mA			
I_2/mA			
I_3/mA			

(2)用电压表分别测量 U_{ab}、U_{dc}、U_{ca}、U_{ce} 和 U_{ef}，将测量数据填入表 1-4 中，按图 1-14 及所给的条件算出 U_{ab}、U_{dc}、U_{ca}、U_{ce} 和 U_{ef} 的值，填入表 1-4 中。

表 1-4　电压测量和计算值

测量项目	U_{ab}/V	U_{dc}/V	U_{ca}/V	U_{ce}/V	U_{ef}/V	$\sum U_{abdea}$/V	$\sum U_{cefdc}$/V
测量值							
计算值							

在测量时应注意：

① 注意电压表、电流表的极性，不要接错；测量时要选择适当的量程。

② 电压、电流应根据假定正方向在测量数据之前标以正负号。

〖问题研讨〗——想一想

(1)为什么电流、电压的测量值与计算值之间存在误差？

(2)已知某支路的电流约为 3 mA，现有量程分别为 5 mA 和 10 mA 的两只电流表，你将使用哪一只电流表进行测量？为什么？

(3)如图 1-19 所示电路，解答下列问题：

① 此电路有______条支路、______个节点、______条回路、______个网孔。

② 列出各节点的电流方程。

③ 列出各条回路的回路电压方程。

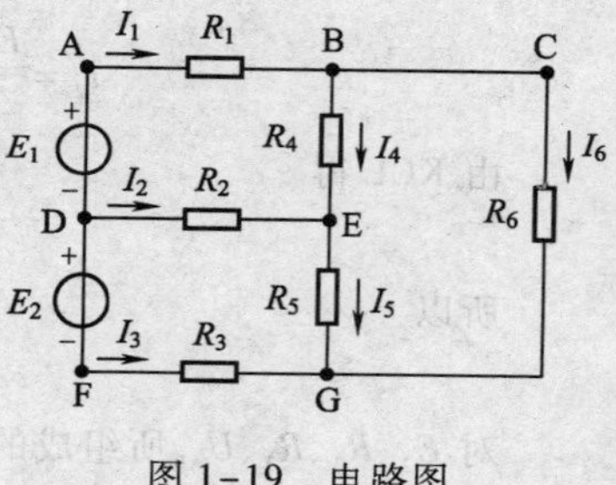

图 1-19　电路图

任务 1.2　电路的基本元件与检测

任务描述

电路的基本元件是构成电工电路的基础。实际电路中元件虽然种类繁多，但在电磁现象方面却有共同之处。有的元件主要消耗电能，如各种电阻器、灯丝、电炉丝等；有的元件主要储存磁场能，如种电感线圈；有的元件主要储存电场能，如种类型的电容；有的元件和设备主要供给电能，如电池和发电机。怎样认识常见的理想电路元件及这些元件在电路中的特点就显得尤为重要。本任务学习电阻器、电容器、电感器的参数，电流与电压的关系及其检测方法；电源元件、实际电源两种模型的等效变换及测试。

任务目标

了解电阻器、电容器、电感器的类型并能识别；理解电阻器、电容器、电感器的参数定义，掌握其检测方法和伏安特性，能较熟练地进行电阻连接、电容连接的等效变换。掌握独立源外特性，能较熟练地进行实际电源两种模型的等效变换。

子任务1　电阻元件与检测

〖知识先导〗——认一认

观察图1-20所示的一些常用电阻器的外形，你认识这些电阻器吗？

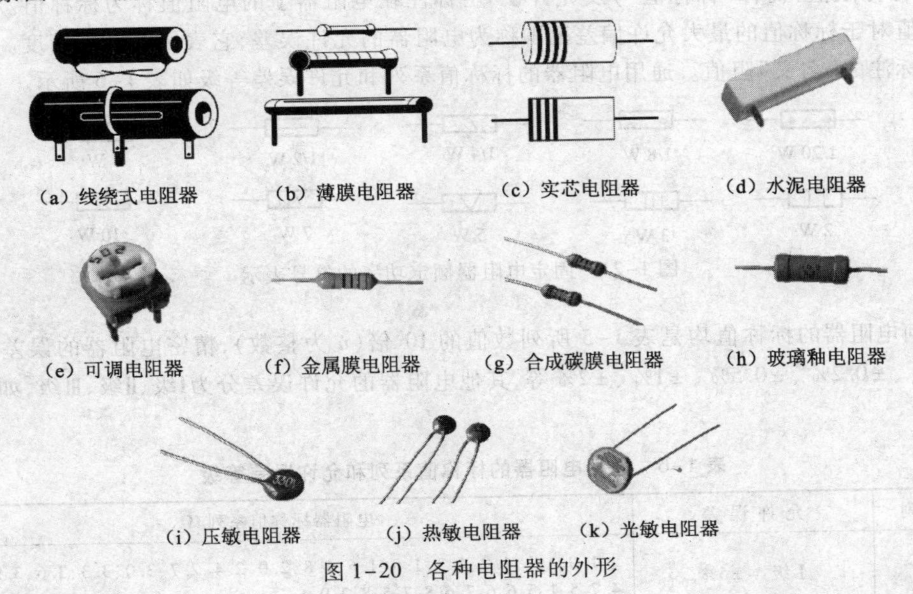

图1-20　各种电阻器的外形

〖知识链接〗——学一学

1. 电阻元件简介

(1)电阻元件。电阻是表示导体对电流起阻碍作用的物理量。任何导体对电流都具有阻碍作用，因此都有电阻。实际的电阻元件是利用某些对电流有阻碍作用的材料制成的，如实验用的电阻器、灯丝、电炉丝等，在使用中当然会表现出其他的电磁特性，如产生磁场等，但人们在研究其将电能转换成热能时，可以忽略其他次要的性质，只考虑其电阻性质，于是便抽象出电阻元件这一理想元件。

电阻常用的单位是欧[姆](Ω)，在实际使用中，有时还用到千欧(kΩ)、兆欧(MΩ)。

电阻的倒数称为电导，用G表示，即$G=\frac{1}{R}$。电导的单位为西[门子](S)，$1\ S=1\ \Omega^{-1}$。电导也是表征电阻元件的特性参数，它反映的是元件的导电能力。

(2)固定电阻器：

① 固定电阻器的主要参数如下：

a. 额定功率：额定功率是指电阻器在规定的环境温度和湿度下，假设周围空气不流通，在长期连续工作而不损坏或基本不改变电阻器性能的情况下，电阻器上允许消耗的最大功率。当超过其额定功率使用时，电阻器的电阻值及性能将会发生变化，甚至发热、冒烟、烧毁。因此，一般选用电阻器的额定功率时要有余量，即选用比实际工作中消耗的功率大1～2倍的额定功率。表1-5列出了常用电阻器的额定功率系列。

表 1-5 常用电阻器的额定功率系列

种类	电阻器额定功率系列/W
线绕式	0.05、0.125、0.25、0.5、1、2、4、8、10、16、25、40、50、75、100、150、250、500
非线绕式	0.05、0.125、0.25、0.5、1、2、5、10、25、50、100

电阻器的额定功率符号表示如图 1-21 所示。

b. 标称阻值(简称“标称值”)及允许误差:标注在电阻器上的电阻值称为标称值。电阻器的实际值对于标称值的最大允许偏差范围称为电阻器的允许误差,它表示产品的精度。标称值是产品标注的“名义”阻值。通用电阻器的标称值系列和允许误差等级如表 1-6 所示。

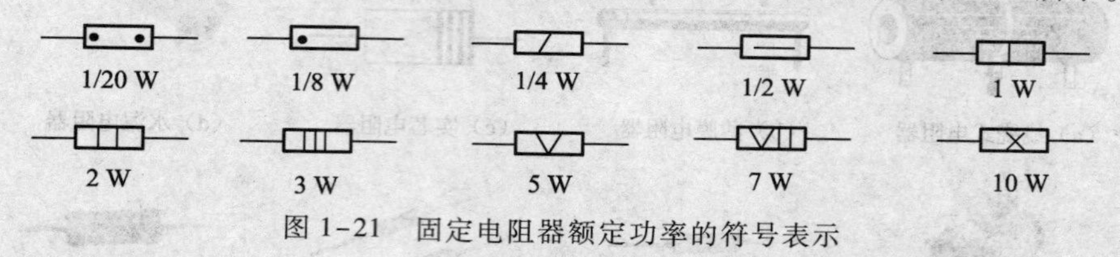

图 1-21 固定电阻器额定功率的符号表示

任何电阻器的标称值均是表 1-5 所列数值的 10^n 倍(n 为整数),精密电阻器的误差等级有 ±0.05%、±0.2%、±0.5%、±1%、±2% 等,其他电阻器的允许误差分为Ⅰ级、Ⅱ级、Ⅲ级,如表 1-6 所示。

表 1-6 通用电阻器的标称值系列和允许误差等级

系列	允许误差	电阻器标称值系列/Ω
E24	Ⅰ级 ±5%	1.0、1.1、1.2、1.3、1.5、1.6、1.8、2.0、2.4、2.7、3.0、3.3、3.6、3.9、4.3、4.7、5.1、5.6、6.2、6.8、7.5、8.2、9.1
E12	Ⅱ级 ±10%	1.0、1.2、1.5、1.8、2.2、2.7、3.3、3.9、4.7、5.6、6.8、8.2
E6	Ⅲ级 ±20%	1.0、1.5、2.2、3.3、4.7、6.8

c. 最高工作电压:最高工作电压是指电阻器长期工作不发生过热或电击穿的工作电压限度。

② 电阻器的参数表示方法有直标法、文字符号法及色环法。

a. 直标法:直标法是将电阻器的主要参数和技术性能用数字或字母直接标注在电阻器表面上,这种方法主要用于功率较大的电阻器。例如,电阻器表面上印有 RXYC-50-T-1K5-±10%,其含义是耐潮釉线绕式可调电阻器,额定功率为 50 W,电阻值为 1.5 kΩ,允许误差为 ±10%。对小于 1 000 Ω 的电阻值只标出数值,不标单位;对 kΩ、MΩ 只标注 k、M,如图 1-22(a)所示。

b. 文字符号法:文字符号法是将需要标出的主要参数与技术性能用文字、数字符号两者有规律地组合起来标注在电阻器上。随着电子元件的不断小型化,特别是表面安装元器件的制造工艺不断进步,使得电阻器的体积越来越小,因此其元件表面上标注的文字符号也进行了相应的改革。一般仅用 3 位数字标注电阻器的数值,精度等级不再表示出来(一般小于 ±5%)。具体规定为元件表面涂以黑色表示电阻器;电阻器的基本标注单位是欧[姆](Ω),其数值大小用 3 位数字标注,前 2 位数字表示数值的有效数字,第 3 位数字表示数值的倍率(乘数),例如,100 表示其电阻值为 $10\times10^0=10\ \Omega$,223 表示其电阻值为 $22\times10^3=22\ k\Omega$。

对于字母和数字组合表示的,字母符号 R、k、M 之前的数字表示电阻值的整数值,之后的数表示电阻值的小数值,字母符号表示小数点的位置和电阻值单位,例如,8k2 表示 8.2 kΩ。精度等级标Ⅰ级或Ⅱ级，Ⅲ级不标明，如图 1-22(b)所示。

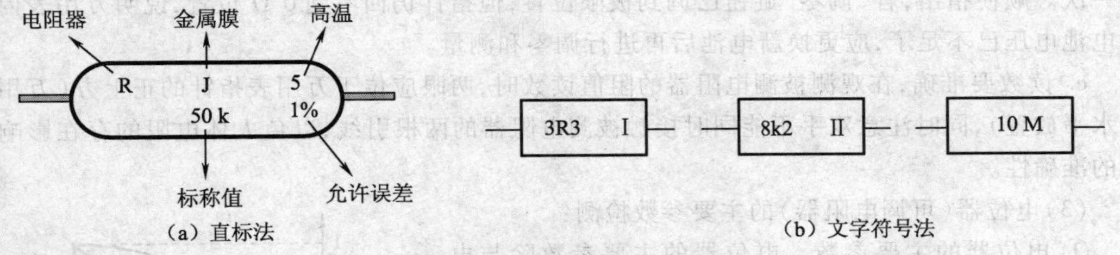

图 1-22　电阻器规格标注法

c. 色标法(又称色环表示法)：对体积很小的电阻器和一些合成电阻器，其电阻值和误差常用色环来标注，如图 1-23 所示。色环标注法有四色环和五色环两种。

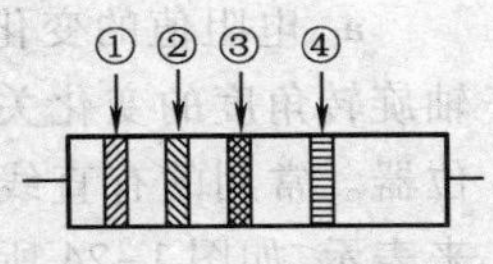

图 1-23　色环标注法

四色环电阻器的一端有 4 道色环，第 1 道色环和第 2 道色环分别表示电阻的第 1 位和第 2 位有效数字，第 3 道色环表示 10^n(n 为颜色所表示的数字)，第 4 道色环表示允许误差(若无第 4 道色环，则误差为 ±20%)。色环电阻器的单位一律为 Ω，表 1-7 列出了色环颜色所表示的有效数字和允许误差。例如，某电阻器有 4 道色环，分别为黄、紫、红、金，则其色环的意义为：黄色表示有效数字 4；紫色表示有效数字 7；红色表示 10^2；金色表示允许误差为 ±5%。其电阻值为 4 700 × (1 ± 5 %) Ω。

表 1-7 色环颜色所表示的有效数字和允许误差

色　别	银	金	黑	棕	红	橙	黄	绿	蓝	紫	灰	白	无色
有效数字	—	—	0	1	2	3	4	5	6	7	8	9	—
乘方数	10^{-2}	10^{-1}	10^0	10^1	10^2	10^3	10^4	10^5	10^6	10^7	10^8	10^9	—
允许误差	±10%	±5%	—	±1%	±2%	—	—	±0.5 %	±0.2%	±0.1%	—	—	±20%
误差代码	K	J	—	F	G	—	—	D	C	B	—	—	M

精密电阻器一般用 5 道色环标注，它用前 3 道色环表示 3 位有效数字，第 4 道色环表示 10^n(n 为颜色所表示的数字)，第 5 道色环表示允许误差。例如，如某电阻器的五道色环为橙橙红红棕，则其电阻值为 33 200 × (1 ±1%) Ω。

在色环电阻器的识别中，找出第 1 道色环是很重要的，可用如下方法识别：在四色环标注中，第 4 道色环一般是金色或银色，由此可推出第 1 道色环；在五色环标注中，第 1 道色环与电阻器的引脚距离最短，由此可识别出第 1 道色环。

采用色环标注的电阻器，颜色醒目、标注清晰、不易褪色，从不同的角度都能看清电阻值和允许偏差。目前在国际上广泛采用色标法。

③ 固定电阻器的检测。当电阻器的参数标注因某种原因脱落或欲知道其精确阻值时，就需要用仪器对电阻器的电阻值进行测量。对于常用的碳膜、金属膜电阻器以及线绕式电阻器的电阻值，可用普通指针式万用表的电阻挡直接测量。在具体测量时应注意以下几点：

a. 合理选择量程，先将万用表功能选择置于 Ω 挡，由于指针式万用表的电阻挡刻度线是一条非均匀的刻度线，因此必须选择合适的量程，使被测电阻的指示值尽可能位于刻度线的 0 刻度到全程 2/3 的这一段位置上，这样可提高测量的精度。对于上百千欧的电阻器，则应选用 $R\times10$ k 挡来进行测量。

b. 注意调零，所谓“调零”就是将万用表的两只表笔短接，调节“调零”旋钮使指针指向表盘

上的 0 Ω 位置上。"调零"是测量电阻器之前必不可少的步骤，而且每换一次量程都必须重新调零一次。顺便指出，若"调零"旋钮已调到极限位置，但指针仍回不到 0 Ω 位置，说明万用表内部的电池电压已不足了，应更换新电池后再进行调零和测量。

c. 读数要准确，在观测被测电阻器的阻值读数时，两眼应位于万用表指针的正上方（万用表应水平放置），同时注意双手不能同时接触被测电阻器的两根引线，以免人体电阻的存在影响测量的准确性。

（3）电位器（可调电阻器）的主要参数检测：

① 电位器的主要参数。电位器的主要参数除与电阻器相同的内容之外，还有如下参数：

a. 电阻值的变化形式：这是指电位器的电阻值随转轴旋转角度的变化关系，可分为线性电位器和非线性电位器。常用的有直线式、对数式、指数式，分别用 X、D、Z 来表示，如图 1-24 所示。

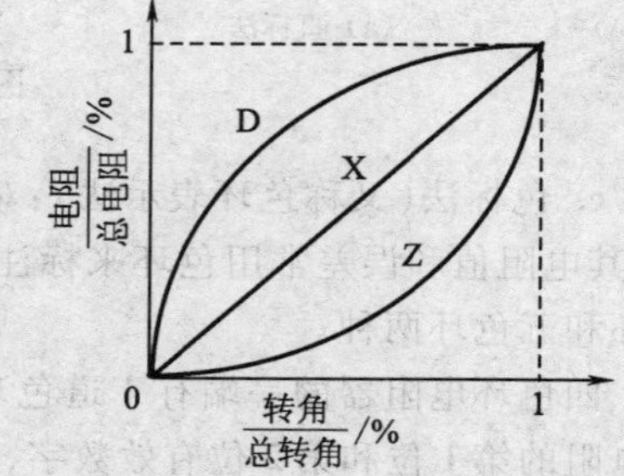

图 1-24　电位器输出特性的函数关系

直线式电位器适用于作为分压器，常用于示波器的聚焦和万用表的调零等方面；对数式电位器常用于音调控制和电视机的黑白对比度调节，其特点是先粗调、后细调；指数式电位器常用于收音机、录音机、电视机等的音量控制，其特点是先细调、后粗调。X、D、Z 字母符号一般印在电位器上，使用时应特别注意。

b. 动态噪声：由于电阻器体阻值分布的不均匀性和滑动触点接触电阻的存在，电位器的滑动端在电阻器体上滑动时会产生噪声，这种噪声对电子设备的工作将产生不良影响。

② 电位器的检测。主要检测要求：电位器的总电阻值要符合标注数值，电位器的中心滑动端与电阻器体之间要接触良好，其动噪声和静噪声应尽量小，其开关应动作准确可靠。

检测方法：先测量电位器的总电阻值，即两端片之间的电阻值应为标称值，然后再测量它的中心端片与电阻器体的接触情况。将一只表笔接电位器的中心焊接片，另一只表笔接其余两端片中的任意一个，慢慢将其转柄从一个极端位置旋转至另一个极端位置，其电阻值则应从零（或标称值）连续变化到标称值（或零）。在整个旋转过程中，万用表的指针不应有跳动现象。在电位器转柄的旋转过程中，应感觉平滑、松紧适中，不应有异常响声。开关接通时，开关两端之间的电阻值、应为零；开关断开时，其电阻值应为无穷大。

2. 电阻元件的伏安特性

电流和电压的大小成正比的电阻元件称为线性电阻元件。电阻元件两端的电压与流过的电流之间的关系，称为电阻元件的伏安特性。线性电阻的伏安特性为通过坐标原点的直线，直线的斜率反映了电阻值的大小。线性电阻的伏安特性是一条过原点的直线，其欧姆定律的表达式为

$$U = RI \tag{1-14}$$

电流和电压的大小不成正比的电阻元件称为非线性电阻元件。本书如不特别加以说明的电阻元件都是线性电阻元件。

电阻器是电路中应用最广泛的电子元件之一，在电路中起分压、分流、降压、限流、负载、阻抗匹配及与其他元器件配合完成相应的功能等作用。

3. 电阻的串联、并联和混联

（1）电阻的串联

在电路中，把几个电阻元件的首、尾端依次连接起来，中间没有分支，这种连接方式称为

电阻的串联。串联电路中，各元件（电阻元件）中通过同一电流，其端电压是各元件电压之和。图 1-25（a）所示为两个电阻串联的电路。

等效电阻：对图 1-25（a）所示的电阻串联电路，当 $R = R_1 + R_2$ 时，图 1-25（b）中所示的 R 便是对图 1-25（a）所示的 R_1 与 R_2 串联的等效电阻。

一般地

$$R = \sum_{i=1}^{n} R_i \tag{1-15}$$

式（1-15）说明：n 个线性电阻元件串联的等效电阻等于各电阻之和。

图 1-25（a）所示电路中，各电阻上所分配的电压分别为

$$\begin{cases} U_1 = R_1 I = R_1 \dfrac{U}{R} = \dfrac{R_1}{R} U \\ U_2 = R_2 I = R_2 \dfrac{U}{R} = \dfrac{R_2}{R} U \end{cases}$$

写成一般形式为

$$U_i = \frac{R_i}{R} U \tag{1-16}$$

式（1-16）是电阻串联电路的分压公式，它说明第 i 个电阻上分配到的电压取决于这个电阻与总的等效电阻的比值，这个比值称为分压比。尤其要说明的是，当其中某个电阻较其他电阻小很多时，分压比将很小，这个小电阻两端的电压也较其他电阻上的电压低很多，因此在工程估算时，这个小电阻的分压作用就可以忽略不计。

（2）电阻的并联。在电路中，把几个电阻元件的首、尾端分别连接在两个公共节点上，这种连接方式称为电阻的并联。在并联电路中，各并联支路（电阻元件）上受同一电压作用；总电流等于各支路电流之和。图 1-26（a）所示为两个电阻并联的电路。

等效电阻：图 1-26（a）中所示两个并联电阻可用图 1-26（b）中所示的一个等效电阻 R 来代替。

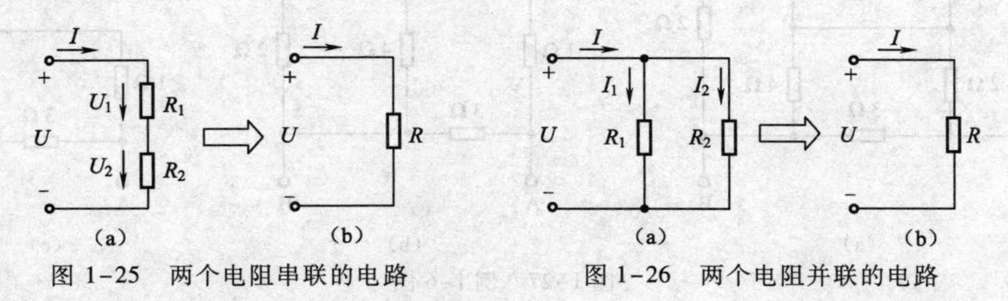

图 1-25　两个电阻串联的电路　　图 1-26　两个电阻并联的电路

当 $\dfrac{1}{R} = \dfrac{1}{R_1} + \dfrac{1}{R_2}$ 或 $G = G_1 + G_2$ 时，图 1-26（b）中所示的 R 便是图 1-26（a）所示的 R_1 与 R_2 并联的等效电阻。

一般地

$$\frac{1}{R} = \sum_{i=1}^{n} \frac{1}{R_i} \quad 或 \quad G = \sum_{i=1}^{n} G_i \tag{1-17}$$

可见，n 个电阻并联时，其等效电导等于各电导之和。由式（1-17）可知，如果 n 个阻值相同的电阻并联，其等效电阻是各支路电阻的 $1/n$ 倍。并联电阻的个数越多，等效电阻反而越小。

图 1-26（a）所示电路中，各支路电流分别为

$$\begin{cases} I_1 = \dfrac{U}{R_1} = \dfrac{R}{R_1}I = \dfrac{R_2}{R_1 + R_2}I \\ I_2 = \dfrac{U}{R_2} = \dfrac{R}{R_2}I = \dfrac{R_1}{R_1 + R_2}I \end{cases} \tag{1-18}$$

式(1-18)是两个电阻并联电路的分流公式。当总电流 I 求出后,利用此式可方便地求得各并联支路电流。

(3)电阻的混联。电阻的串联和并联相结合的连接方式,称为电阻的混联。只有一个电源作用的电阻串、并联电路,可用电阻串、并联等效变换化简的方法,化简成一个等效电阻和电源组成的单一回路,这种电路又称简单电路;反之,不能用串、并联等效变换化简为单一回路的电路则称为复杂电路。简单电路的计算步骤:首先将电阻逐步化简成一个总的等效电阻,算出总电流(或总电压),然后用分压、分流的公式逐步计算出化简前原电路中各电阻的电流和电压,再计算出功率。

例 1-6 如图 1-27(a)所示的电路,求 A、B 两点间的等效电阻 R_{AB}。

解 将电路图中间无电阻导线缩为一个点后,可看出左侧两个 2 Ω 电阻为并联关系,上面两个 4 Ω 电阻为并联关系,将并联后的等效电阻替换图 1-27(a),结果如图 1-27(b)所示。图 1-27(b)中右侧两个 2Ω 电阻串联后与中间 4Ω 电阻并联,等效为一个 2 Ω 电阻,如图 1-27(c)所示。由图 1-27(c)可得

$$R_{AB} = \frac{(2+1)\times 3}{(2+1)+3}\ \Omega = 1.5\ \Omega$$

求解简单电路,关键是判断哪些电阻串联,哪些电阻并联。一般情况下,通过观察可以进行判断。当电阻串、并联的关系不易看出时,可以在不改变元件间连接关系的条件下将电路画成比较容易判断的串、并联的形式,这时无电阻的导线最好缩为一点,并且尽量避免相互交叉。重画时可以先标出各节点代号,再将各元件连在相应的节点间。

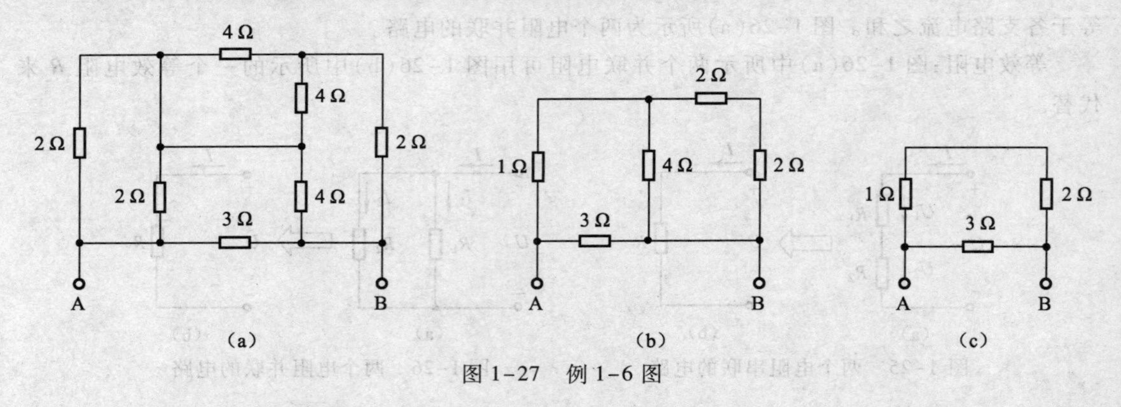

图 1-27 例 1-6 图

4. 等效网络及电阻的星形连接与三角形连接

(1)等效网络。如果一个电路只通过两个端钮与外部相连,在分析电路时可视其为一个整体,这样的电路就称为二端网络。例如,几个电阻的串联(或并联)电路就可看成二端网络;一个电流源与电阻并联电路亦可视为二端网络。每一个元件都是一个最简单的二端网络。图 1-28 所示为二端网络的一般符号,图中所选端电压 U、端电流 I 的参考方向为关联方向。

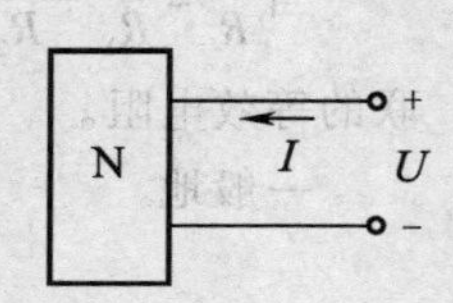

图 1-28 二端网络

若两个二端网络具有相同的外特性,则这样的两个二端网络是等效网络。各等效网络的内部结构虽不尽相同,但对外电路而言,它们的影响是相同的,即若把两个等效网络予以互换,它

们的外部情况不变。

一个内部没有独立源的电阻性二端网络总可以与一个电阻元件等效，这个电阻元件的电阻值等于该二端网络关联参考方向下端电压与端电流的比值，称为该二端网络的等效电阻或输入电阻，用 R_i 表示。

此外，还有三端网络，……，n 端网络。两个 n 端网络，如果对应各端钮的电压、电流关系相同，则它们也是等效的。进行网络的等效变换，是分析、计算电路的一个重要手段。用结构较简单的网络等效代替结构较复杂的网络，将简化电路的分析、计算。

(2)电阻的星形连接与三角形连接。3 个电阻元件首、尾相连，连成一个三角形，就称为三角形连接，简称△连接，如图 1-29(a)所示。3 个电阻元件的一端连接在一起，另一端分别连接到电路的 3 个节点，这种连接方式称为星形连接，简称Y连接，如图 1-29(b)所示。

在电路分析中，常利用Y网络与△网络的等效变换来简化电路的计算。根据等效网络的定义，在图 1-29 所示的△网络与Y网络中，若电压 U_{12}、U_{23}、U_{31} 和电流 I_1、I_2、I_3 都分别相等，则两个网络对外是等效的。据此，可导出Y连接电阻 R_1、R_2、R_3 与△连接电阻 R_{12}、R_{23}、R_{31} 之间的等效关系。

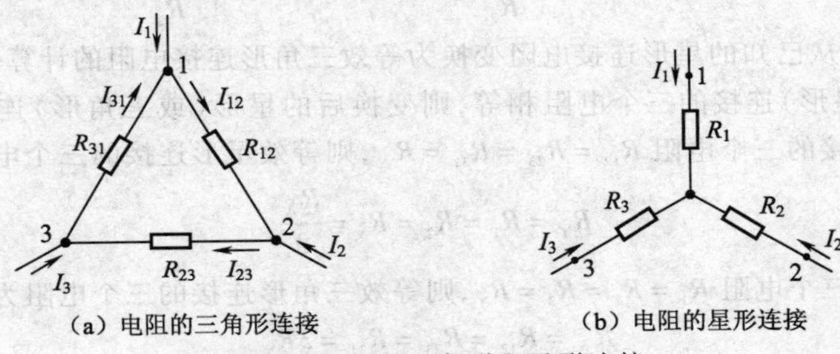

(a) 电阻的三角形连接　　(b) 电阻的星形连接

图 1-29　电阻三角形和星形连接

图 1-29(a)中的回路 1231 的回路电压方程为

$$R_{12}I_{12}+R_{23}I_{23}+R_{31}I_{31}=0$$

由 KCL 得

$$I_{23}=I_2+I_{12},\ I_{31}=I_{12}-I_1$$

将 I_{23}、I_{31} 代入上式可得

$$R_{12}I_{12}+R_{23}(I_2+I_{12})+R_{31}(I_{12}-I_1)=0$$

整理得

$$I_{12}=\frac{R_{31}}{R_{12}+R_{23}+R_{31}}I_1-\frac{R_{23}}{R_{12}+R_{23}+R_{31}}I_2$$

$$U_{12}=R_{12}I_{12}=\frac{R_{12}R_{31}}{R_{12}+R_{23}+R_{31}}I_1-\frac{R_{12}R_{23}}{R_{12}+R_{23}+R_{31}}I_2$$

同理

$$U_{23}=\frac{R_{12}R_{23}}{R_{12}+R_{23}+R_{31}}I_2-\frac{R_{23}R_{31}}{R_{12}+R_{23}+R_{31}}I_3$$

$$U_{31}=\frac{R_{23}R_{31}}{R_{12}+R_{23}+R_{31}}I_3-\frac{R_{12}R_{31}}{R_{12}+R_{23}+R_{31}}I_1$$

对于图 1-29(b)有 $U_{12}=R_1I_1-R_2I_2$，$U_{23}=R_2I_2-R_3I_3$，$U_{31}=R_3I_3-R_1I_1$。

比较电阻三角形连接时的 U_{12}、U_{23}、U_{31} 和星形连接时的 U_{12}、U_{23}、U_{31} 可知，若要满足等效的条件，则两种连接时的 I_1、I_2、I_3 前面的系数必须相等，即

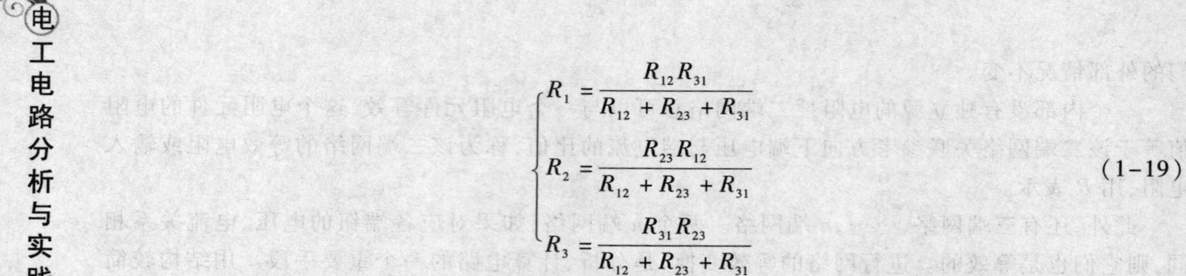

$$\begin{cases} R_1 = \dfrac{R_{12}R_{31}}{R_{12}+R_{23}+R_{31}} \\ R_2 = \dfrac{R_{23}R_{12}}{R_{12}+R_{23}+R_{31}} \\ R_3 = \dfrac{R_{31}R_{23}}{R_{12}+R_{23}+R_{31}} \end{cases} \tag{1-19}$$

式(1-19)就是从已知的三角形连接电阻变换为等效星形连接电阻的计算公式。

解方程组(1-19),可得

$$\begin{cases} R_{12} = \dfrac{R_1R_2+R_2R_3+R_3R_1}{R_3} = R_1+R_2+\dfrac{R_1R_2}{R_3} \\ R_{23} = \dfrac{R_1R_2+R_2R_3+R_3R_1}{R_1} = R_2+R_3+\dfrac{R_2R_3}{R_1} \\ R_{31} = \dfrac{R_1R_2+R_2R_3+R_3R_1}{R_2} = R_1+R_3+\dfrac{R_3R_1}{R_2} \end{cases} \tag{1-20}$$

式(1-20)就是从已知的星形连接电阻变换为等效三角形连接电阻的计算公式。

若三角形(或星形)连接的三个电阻相等,则变换后的星形(或三角形)连接的三个电阻也相等。若三角形连接的三个电阻 $R_{12}=R_{23}=R_{31}=R_{\triangle}$,则等效星形连接的三个电阻为

$$R_{\mathrm{Y}} = R_1 = R_2 = R_3 = \frac{R_{\triangle}}{3} \tag{1-21}$$

若星形连接的三个电阻 $R_1=R_2=R_3=R_{\mathrm{Y}}$,则等效三角形连接的三个电阻为

$$R_{\triangle} = R_{12} = R_{23} = R_{31} = 3R_{\mathrm{Y}} \tag{1-22}$$

例 1-7 求图 1-30(a)所示电路中 A、B 两端的输入电阻 R_{AB},已知 $R_1=R_2=R_3=6\ \Omega$,$R_4=R_5=R_6=2\ \Omega$。

解 将连成星形的电阻 R_4、R_5、R_6 变换为三角形连接的等效电阻,其电路如图 1-31(b)所示。

由于 $R_4=R_5=R_6=2\ \Omega$,所以应用式(1-20)得

$$R_1' = R_2' = R_3' = 3\times 2 = 6\ \Omega$$

由图 1-30(b)可得

$$R_{\mathrm{AB}} = (R_1//R_1')//(R_2//R_2'+R_3//R_3') = (6//6)//(6//6+6//6)\ \Omega = 2\ \Omega$$

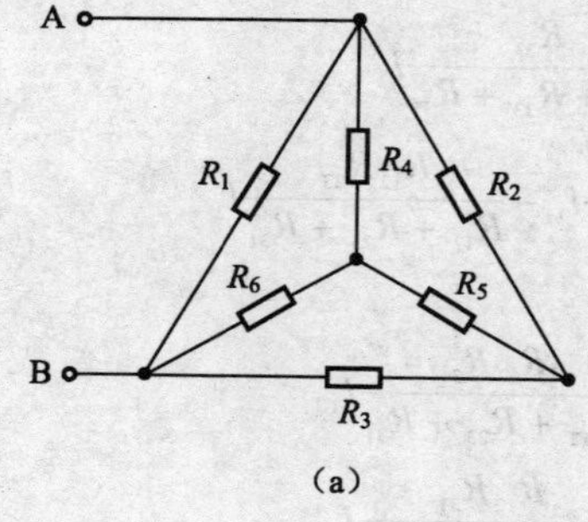

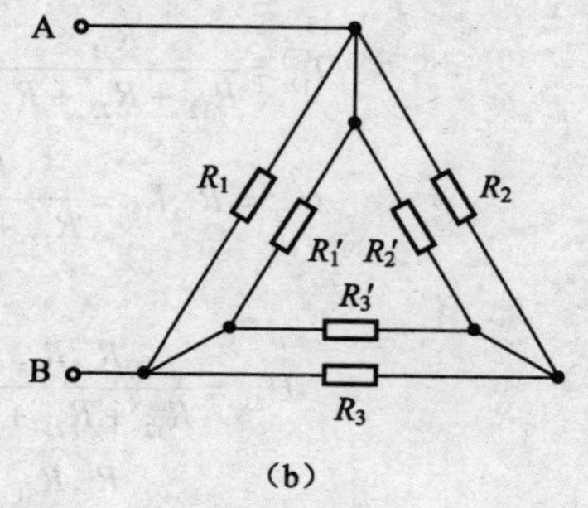

图 1-30 例 1-7 图

例 1-8 在图 1-31(a)所示电路中,已知 $U_{\mathrm{S}}=225\ \mathrm{V}$,$R_0=1\ \Omega$,$R_1=40\ \Omega$,$R_2=36\ \Omega$,$R_3=50\ \Omega$,$R_4=55\ \Omega$,$R_5=10\ \Omega$,试求各电阻的电流。

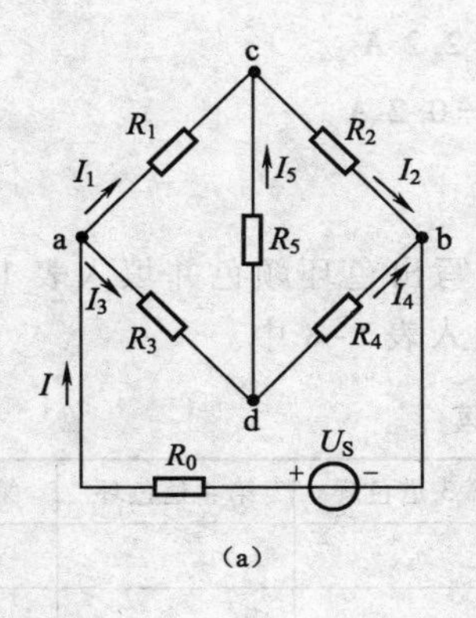

(a)

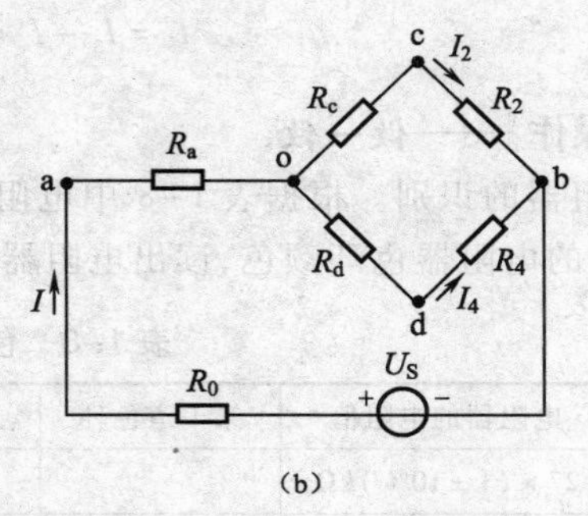

(b)

图 1-31　例 1-8 图

解　将图 1-31(a)中△连接的 R_1、R_3、R_5 等效变换为Y连接的 R_a、R_c、R_d，如图 1-31(b)所示，代入式(1-19)求得

$$R_a = \frac{R_3 R_1}{R_5 + R_3 + R_1} = \frac{50 \times 40}{10 + 50 + 40}\ \Omega = 20\ \Omega$$

$$R_c = \frac{R_1 R_5}{R_5 + R_3 + R_1} = \frac{40 \times 10}{10 + 50 + 40}\ \Omega = 4\ \Omega$$

$$R_d = \frac{R_5 R_3}{R_5 + R_3 + R_1} = \frac{10 \times 50}{10 + 50 + 40}\ \Omega = 5\ \Omega$$

图 1-31(b)是电阻混联网络，R_c 与 R_2 串联，其等效电阻为

$$R_{c2} = R_c + R_2 = (4 + 36)\ \Omega = 40\ \Omega$$

R_d 与 R_4 串联，其等效电阻为

$$R_{d4} = R_d + R_4 = (5 + 55)\ \Omega = 60\ \Omega$$

R_{c2} 与 R_{d4} 并联，其等效电阻为

$$R_{ob} = \frac{40 \times 60}{40 + 60}\ \Omega = 24\ \Omega$$

R_a 与 R_{ob} 串联，a、b 间桥式电阻的等效电阻为

$$R_{ab} = (20 + 24)\ \Omega = 44\ \Omega$$

则

$$I = \frac{U_S}{R_0 + R_{ab}} = \frac{225}{1 + 44}\ \text{A} = 5\ \text{A}$$

R_2、R_4 的电流分别为

$$I_2 = \frac{R_{d4}}{R_{c2} + R_{d4}} I = \frac{60}{40 + 60} \times 5\ \text{A} = 3\ \text{A}$$

$$I_4 = \frac{R_{c2}}{R_{c2} + R_{d4}} I = \frac{40}{40 + 60} \times 5\ \text{A} = 2\ \text{A}$$

为了求得 R_1、R_3、R_5 的电流，从图 1-31(b)求得：

$$U_{ac} = R_a I + R_c I_2 = (20 \times 5 + 4 \times 3)\ \text{V} = 112\ \text{V}$$

利用图 1-31(a)所示的电路，求得

$$I_1 = \frac{U_{ac}}{R_1} = \frac{112}{40}\ \text{A} = 2.8\ \text{A}$$

由 KCL 得

$$I_3 = I - I_1 = (5 - 2.8)\ \text{A} = 2.2\ \text{A}$$

$$I_5 = I_3 - I_4 = (2.2 - 2)\ \text{A} = 0.2\ \text{A}$$

〖实践操作〗——做一做

(1)电阻器的识别。根据表 1-8 中电阻器的电阻值,写出色环颜色并填入表 1-8 中;根据表 1-8 中的电阻器色环颜色,读出电阻器的电阻值并填入表 1-8 中。

表 1-8　色环电阻器的识读

色环数	电阻器的电阻值	第 1 道色环	第 2 道色环	第 3 道色环	第 4 道色环	第 5 道色环
四色环	27×(1±10%)kΩ					
	100×(1±5%)Ω					
		红	红	橙	无色	
五色环	1×(1±10%)kΩ					
	680×(1±2%)Ω					
		棕	紫	绿	金	棕

(2)用万用表的电阻挡,测量 10 只电阻器的电阻值,并记录于自拟表中。**应注意**:电阻器的电阻值的实际测量值与标称值存在误差。

(3)用直流稳压电源、毫安表、电阻(1 kΩ),在实验电路板上连接电路。接通电源,将电源电压从 0 V 开始逐渐增加到 10 V,用万用表测量电阻器两端的电压,每增加 2 V 记录一次电流值,画出该电阻器的伏安特性曲线。

〖问题研讨〗——想一想

(1)温度一定时,电阻器的大小取决于哪些方面?温度发生变化时,导体的电阻会随之发生变化吗?

(2)把一段电阻为 10 Ω 的导线对折起来使用,其电阻值如何变化?如果把它拉长一倍,其电阻值又会如何变化?

(3)精密电阻器的色环一般是______(四色环/五色环);色环电阻器上的色环一般可以表示电阻的______、______、______;按照色环的印制规定,距离电阻器端边______(最近/较远)的为首环,______(最近/较远)的为尾环。

子任务 2　电容元件与检测

〖知识先导〗——认一认

观察图 1-32 所示的一些常用电容器的外形,你认识这些电容器吗?

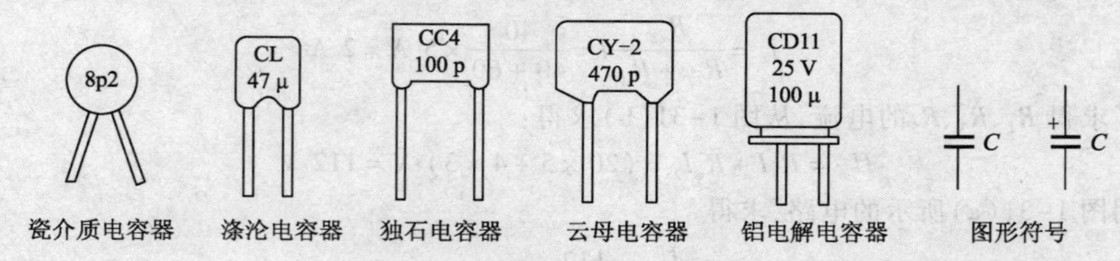

(a) 固定电容器

图 1-32　常见电容器的外形及图形符号

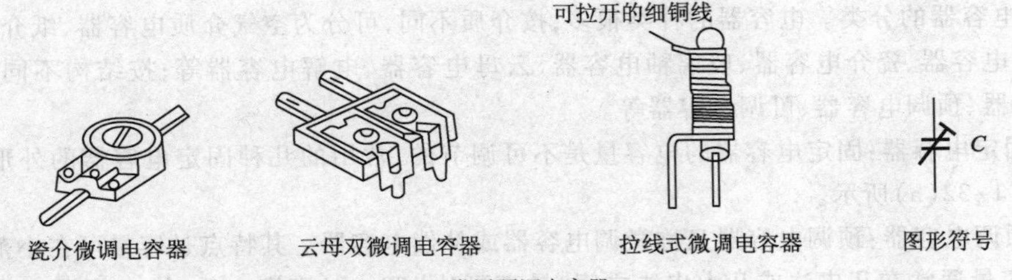

（b）常用预调电容器

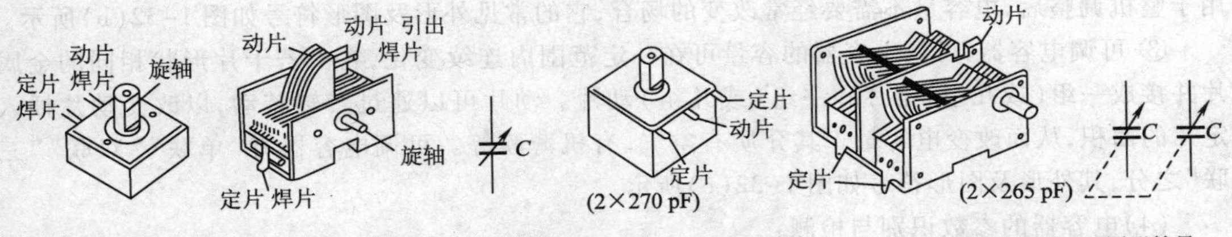

（c）单、双联可调电容器

图 1-32　常见电容器的外形及图形符号（续）

〖知识链接〗——学一学

1. 电容元件简介

（1）电容元件。由物理知识可知，任何两个彼此靠近而且又相互绝缘的导体都可以构成电容器。这两个导体称为电容器的极板，它们之间的绝缘物质称为介质。

在电容器的两极板间加上电源后，极板上分别积聚起等量的异性电荷，在介质中建立起电场，并且储存电场能量。电源移去后，由于介质绝缘，电荷仍然可以聚集在极板上，电场继续存在。所以，电容器是一种能够储存能量的器件，这就是电容器的基本电磁性能。但在实际中，当电容器两端的电压变化时，介质中往往有一定的介质损耗，而且介质也不可能完全绝缘，因而也存在一定的漏电流。如果忽略电容器的这些次要性能，就可以用一个代表其基本性能的理想二端元件作为模型，电容元件就是实际电容器的理想化模型。

（2）电容。电容元件是一个理想的二端元件，它的图形符号如图 1-33所示，其中 $+q$ 和 $-q$ 代表该元件正、负极板上的电荷量。若电容元件上的电压参考方向规定为由正极板指向负极板，则电容的容量与电荷量、电压之间的关系为

图 1-33　线性电容元件的图形符号

$$C=\frac{q}{u} \tag{1-23}$$

式(1-23)中，C 是用以衡量电容元件容纳电荷本领大小的一个物理量，称为电容元件的电容量，简称电容。

电容的 SI 单位为法[拉]，符号为 F，1 F = 1 C/V。电容器的电容往往比 1F 小得多，因此，常采用微法（μF）和皮法（pF）作为其单位，其换算关系为

$$1\ \text{F}=10^{6}\ \mu\text{F}=10^{12}\ \text{pF}$$

如果电容元件的电容为常量，不随它所带电荷量的变化而变化，这样的电容元件即为线性电容元件。本书不特别加以说明时，所说的电容元件都是线性电容元件。

电容元件和电容器也简称电容。所以，电容一词有时指电容元件（或电容器），有时则指电容元件（电容器）的电容量。

(3)电容器的分类。电容器的种类很多,按介质不同,可分为空气介质电容器、纸介电容器、有机薄膜电容器、瓷介电容器、玻璃釉电容器、云母电容器、电解电容器等;按结构不同,可分为固定电容器、预调电容器、可调电容器等。

① 固定电容器:固定电容器的电容量是不可调节的,常用的几种固定电容器的外形及图形符号如图 1-32(a)所示。

② 预调电容器:预调电容器又称微调电容器或补偿电容器。其特点是容量可在小范围内变化,可调容量通常在几皮法或几十皮法之间,最高可达 100 pF(陶瓷介质时)。预调电容器通常用于整机调整后,电容量不需要经常改变的场合,它的常见外形及图形符号如图 1-32(b)所示。

③ 可调电容器:可调电容器的容量可在一定范围内连续变化,它由若干片形状相同的金属片并接成一组(或几组)定片和一组(或几组)动片。动片可以通过转轴转动,以改变动片插入定片的面积,从而改变电容量。其介质有空气、有机薄膜等。可调电容器有"单联""双联""三联"之分,其外形及图形符号如图 1-32(c)所示。

(4)电容器的参数识别与检测:

① 电容器的主要参数如下:

a. 标称容量:电容器上标注的电容量值,称为标称容量(又称标称值)。固定电容器容量的标称值系列见表 1-9,任何电容器容量的标称值都满足表 1-9 中标称值系列再乘以 10^n(n 为正整数或负整数)。

表 1-9　固定电容器容量的标称值系列

电容器类别	允许误差	标称值系列
高频纸介质、云母介质、玻璃釉介质、高频(无极性)有机薄膜介质	±5%	1.0、1.1、1.2、1.3、1.5、1.6、1.8、2.0、2.2、2.4、2.7、3.0、3.3、3.6、3.9、4.3、4.7、5.1、5.6、6.2、6.8、7.5、8.2、9.1
纸介质、金属化纸介质、复合介质、低频(有极性)有机薄膜介质	±10%	1.0、1.5、2.0、2.2、3.3、4.0、4.7、5.0、6.0、6.8、8.2
电解电容器	±20%	1.0、1.5、2.2、3.3、4.7、6.8

电容器的标称容量标注方法如下:

- 直标法:在产品的表面上直接标注出产品的主要参数和技术指标的方法称为直标法。例如 33 ×(1 ±5%) μF、32 V。
- 文字符号法:将主要参数与技术性能用文字、数字符号有规律的组合标注在产品的表面上。采用文字符号法时,将容量的整数部分写在容量单位符号前面;小数部分写在单位符号后面。如 3.3 pF 标注为 3p3,1 000 pF 标注为 1n,6 800 pF 标注为 6n8,2.2 μF 标注为 2μ2。
- 数字表示法:体积较小的电容器常用数字表示法。一般用 3 位整数,第 1 位、第 2 位为有效数字,第 3 位表示有效数字后面零的个数,单位为 pF,但是当第 3 位数是 9 时,表示 10^{-1}。如 243 表示容量为 24 000 pF,而 339 表示容量为 33×10^{-1} pF(3.3 pF)。
- 色标法:电容器的色标法原则上与电阻器类似,其单位为 pF。

b. 允许误差:电容器的标称容量与其实际容量之差,再除以标称容量所得的百分比,就是允许误差。固定电容器的允许误差分为 8 个等级,如表 1-10 所示。

表 1-10　电容器允许误差等级

级别	01	02	Ⅰ	Ⅱ	Ⅲ	Ⅳ	Ⅴ	Ⅵ
允许误差	1%	±2%	±5%	±10%	±20%	+20% ~ -30%	+50% ~ -20%	+100% ~ -10%

误差的标注方法一般有 3 种:将容量的允许误差直接标注在电容器上。用罗马数字Ⅰ、

Ⅱ、Ⅲ分别表示 ±5%、±10%、±20%；用英文字母表示误差等级，用 J、K、M、N 分别表示 ±5%、±10%、±20%、±30%；用 D、F、G 分别表示 ±0.5%、±1%、±2%；用 P、S、Z 分别表示（+100%，-20%）、（+50%，-20%）、（+80%，-20%）。

c. 额定耐压：在规定温度范围下，电容器正常工作时能承受的最大电压。固定电容器的耐压系列值有：1.6 V、4 V、6.3 V、10 V、16 V、25 V、32 V*、40 V、50 V、63 V、100 V、125 V*、160 V、250 V、300 V*、400 V、450 V*、500 V、1 000 V 等（带 * 号表示只限于电解电容器使用）。耐压值一般直接标在电容器上，但有些电解电容器在正极根部用色点来表示耐压等级，如 6.3 V 用棕色，10 V 用红色，16 V 用灰色。电容器在使用时不允许超过这个耐压值，若超过此值，电容器就可能损坏或被击穿，甚至爆裂。

d. 绝缘电阻：指加到电容器上的直流电压和漏电流的比值，又称漏阻。漏阻越低，漏电流越大，介质耗能越大，电容器的性能就差，使用寿命也越短。

② 电容器的检测。对电容器进行性能检测，应视型号和容量的不同而采取不同的方法。

a. 电解电容器的检测。对电解电容器的性能检测，最主要的是容量和漏电流的测量。对正、负极标注脱落的电容器，还应进行极性判别。用万用表测量电解电容器的漏电流时，可用万用表电阻挡测电阻的方法来估测。万用表的黑表笔应接电容器的“+”极，红表笔接电容器的“-”极，此时指针迅速向右摆动，然后慢慢退回，待指针不动时其指示的电阻值越大，表示电容器的漏电流越小；若指针根本不向右摆动，则说明电容器内部已断路或电解质已干涸而失去容量。

用上述方法还可以鉴别电容器的正、负极。对失掉正、负极标注的电解电容器，可先假定某极为“+”，让其与万用表的黑表笔相接，另一个电极与万用表的红表笔相接，同时观察并记住表针向右摆动的幅度；将电容器放电后，把两只表笔对调重新进行上述测量。哪一次测量中，指针最后停留的摆动幅度较小，说明该次对其正、负极的假设是正确的。

b. 中、小容量电容器的测试。这类电容器的特点是无正、负极之分，绝缘电阻很大，因而其漏电流很小。若用万用表的电阻挡直接测量其绝缘电阻，则表针摆动范围极小，不易观察，用此法主要是检查电容器的断路情况。

对于 0.01 μF 以上的电容器，必须根据容量的大小，分别选择万用表的合适量程，才能正确加以判断。如测量 300 μF 以上的电容器可选择 $R\times10$ k 挡或 $R\times1$ k 挡；测量 0.47～10 μF 的电容器可选择 $R\times1$ k 挡；测量 0.01～0.47 μF 的电容器可用 $R\times10$ k 挡等。具体方法是：用两表笔分别接触电容器的两根引线（注意双手不能同时接触电容器的两极），若指针不动，将指针对调再测；仍不动，说明电容器断路。

对于 0.01 μF 以下的电容器，不能用万用表的欧姆挡判断其是否断路，只能用其他仪表（如阻抗测量仪）进行鉴别。

c. 可调电容器的测试。对可调电容器主要是测其是否发生碰片（短接）现象。选择万用表的电阻挡（$R\times1$ 挡），将表笔分别接在可调电容器的动片和定片的连接片上。旋转电容器动片至某一位置时，若发现有直通（即指针指零）现象，说明可调电容器的动片和定片之间有碰片现象，应予以排除后再使用。

2. 电容元件的伏安关系

由式（1-23）可知，当作用于电容元件的电压变化时，电容元件极板上的电荷量也随之变化，电路中就有电荷转移，于是该电容元件电路中出现电流。若电压与电流取关联参考方向时，则

$$i = C\frac{\mathrm{d}u}{\mathrm{d}t} \tag{1-24}$$

式(1-24)为电容元件上电压与电流的伏安关系式。它表明,电容元件在任一时刻的电流不是取决于该时刻电容元件的电压值,而是取决于此时电压的变化率,故称电容元件为动态元件。电压变化越快,电流越大;电压变化越慢,电流越小;当电压不随时间变化时,电容元件电流等于零,这时电容元件相当于开路。故电容元件有隔断直流的作用。

3. 电容元件储存的电场能

电容元件两极板间加上电源后,极板间产生电压,介质中建立起电场,并储存电场能,因此,电容元件是一种储能元件。

如果电容元件从零电压开始充电到 $u(t)$,则在时刻 t 所储存的能量为

$$w_C = \frac{1}{2}Cu^2(t) \tag{1-25}$$

式(1-25)说明,电容元件是一种储能元件,某一时刻 t 的储能只取决于电容 C 及这一时刻电容元件的电压值,并与其上电压的二次方成正比。当电压增大时,电容元件从外界吸收能量;电压减小时,电容元件向外界释放能量,但电容元件在任何时刻不可能释放出多于它吸收的能量,因此,它是一种无源元件。

电容元件在电路中主要用于调谐、滤波、隔直、交流旁路和能量转换等。

4. 电容的串联和并联

在实际工作中,经常会遇到电容器的电容量大小不合适,或电容器的额定耐压不够高等情况。为此,就需要将若干个电容器适当地加以串联、并联以满足要求。

(1)电容的串联。图 1-34 所示电路为两个电容串联的电路,其等效电容为

$$\frac{1}{C} = \frac{1}{C_1} + \frac{1}{C_2} \tag{1-26}$$

当有几个电容串联时,其等效电容的倒数等于各串联电容的倒数之和。

(2)电容的并联。图 1-35 所示电路为两个电容并联的电路,其等效电容为

$$C = C_1 + C_2 \tag{1-27}$$

当有几个电容并联时,其等效电容等于各并联电容之和。

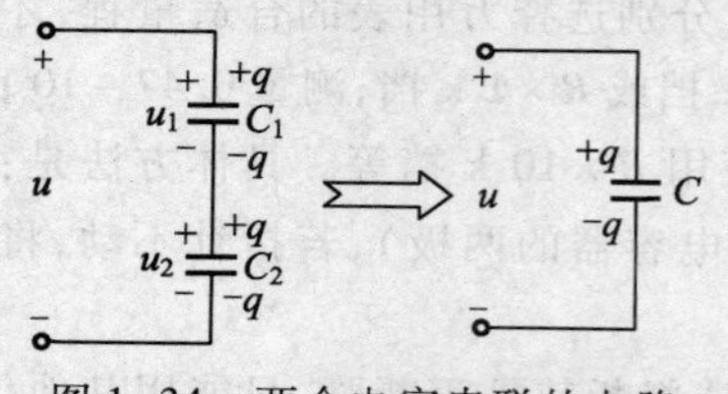

图 1-34　两个电容串联的电路

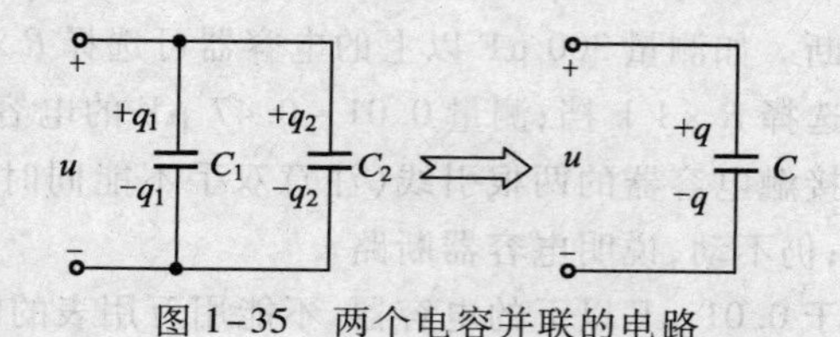

图 1-35　两个电容并联的电路

〖实践操作〗——做一做

(1)分别给出直标法、数字表示法、色标法的电容器,每种 2 个,进行识别,将识别结果填入表 1-11 中。

(2)电容器质量的检测,用万用表对给定的 2 ~ 3 个电容器进行漏电和容量检测,将检测结果分别填入表 1-12 中。

表 1-11　电容器的识读

标注方法	序　号	电　容　量	耐　压　值	偏　　差
直标法	电容器 1			
	电容器 2			

续表

标注方法	序　号	电容量	耐压值	偏　差
数字标注法	电容器3			
	电容器4			
色标法	电容器5			
	电容器6			

表 1-12　固定电容器的漏电和电容容量判别

电容器	电容器漏电判别			电容器容量判别		
	万用表指针偏转的最大值	万用表指针复位的位置	质量分析	万用表指针有偏转情况	万用表指针不偏转	质量分析
电容器1						
电容器2						
电容器3						

注意:在进行固定电容器漏电判别时,用万用表电阻挡的 $R\times10$ k 量程。对 5 000 pF 以上的电容器进行电容器容量的判别时可用万用表最高电阻挡;对 5 000 pF 以下的小容量电容器,用万用表的最高电阻挡已看不出充电与放电现象,应采用专门的测量仪器判别。

〖问题研讨〗——**想一想**

(1)电容器的基本工作方式有哪些?电容器在电路中具有什么特点?通常用于哪些场合?

(2)电容器的标注方法有______、______、______等几种,其中最常用的是______。电解电容器的极性判断方法是______;电风扇上启动器用的电容器是______(电解电容器/普通电容器)。对于 0.01 μF 以上的电容器如何测试?对于 0.01 μF 以下的电容器,又该如何测试?

(3)电容串联和并联时,其等效电容量是增大还是减小?

子任务 3　电感元件与检测

〖**知识先导**〗——**认一认**

观察图 1-36 所示的一些常用电感器的外形,你认识这些电感器吗?

脱胎空芯线圈

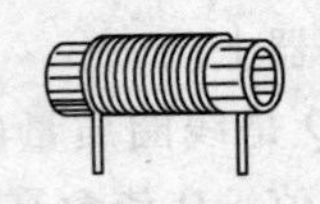

单层空芯线圈

空芯线圈

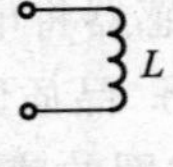

图形符号

(a) 空芯线圈电感器

图形符号

铁芯线圈电感器

高频阻流圈

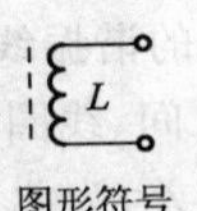

图形符号

磁芯线圈电感器

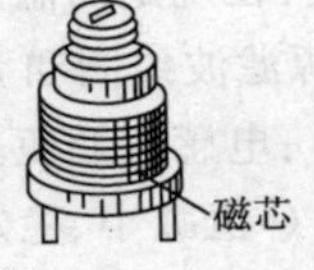

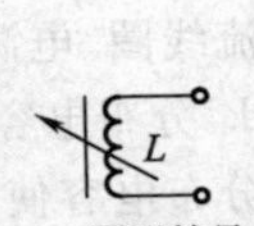

图形符号

带铁芯可调电感器

(b) 有芯线圈电感器

图 1-36　电感器的外形及图形符号

〖知识链接〗——学一学

1. 电感元件简介

(1)电感元件。由物理知识可知,有电流通过导线时,导线周围就会产生磁场。为了加强磁场,常把导线绕成线圈,如图1-37所示,其中磁通ϕ与电流i的方向总是符合右手螺旋定则的。

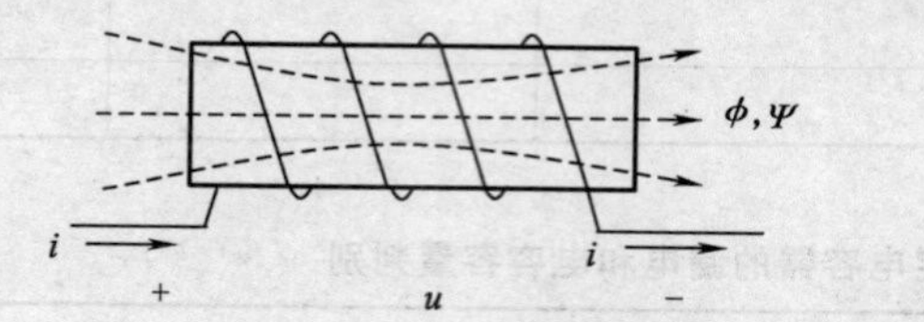

(a) 线圈的磁通和磁链

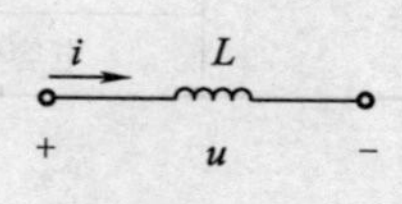

(b) 图形符号

图1-37 电感元件

(2)电感。当线圈中的电流变化时,它周围的磁场也要变化,变化着的磁场,在线圈中将产生感应电动势。这种感应现象称为自感应,相应的器件称为自感元件,简称自感或电感。

线圈一般是由许多线匝密绕而成,与整个线圈相交链的磁通总和称为线圈的磁链Ψ。磁链通常是由线圈的电流产生的,当线圈中没有铁磁材料时,磁链与电流成正比,即

$$L = \frac{\Psi}{i} \tag{1-28}$$

式(1-28)中,比例系数L称为电感元件的自感系数或电感系数,简称电感。电感的单位为亨[利],简称亨,用H表示,另有毫亨(mH)和微亨(μH)。

如果电感元件的电感为常数,而不随通过它的电流的改变而变化,则称为线性电感元件。本书如不特别加以说明时,所说的电感元件都是线性电感元件。

电感元件和电感线圈也简称电感。所以,电感一词有时指电感元件(电感线圈),有时则是指电感元件(电感线圈)的电感系数。

(3)电感器的参数识别与检测:

① 电感器的主要参数如下:

a. 电感量标称值与误差:电感器的电感量也有标称值,单位有μH(微亨)、mH(毫亨)和H(亨[利]);电感量的误差是指线圈的实际电感量与标称值的差异。对振荡线圈的要求较高,允许误差为0.2% ~0.5%;对耦合阻流线圈要求则较低,一般在10% ~15%之间。电感器的标称电感量和误差的常见标注方法有直标法和色标法,标注方式类似于电阻器。目前大部分国产固定电感器将电感量、误差直接标在电感器上。

b. 品质因数:电感器的品质因数Q是线圈质量的一个重要参数。它表示在某一工作频率下,线圈的感抗对其等效直流电阻的比值。Q值愈高,线圈的铜损耗愈小。在选频电路中,Q值愈高,电路的选频特性也愈好。

c. 额定电流:在规定的温度下,线圈正常工作时所能承受的最大电流值称为额定电流。对于阻流线圈、电源滤波线圈和大功率的谐振线圈,这是一个很重要的参数。

d. 分布电容:电感线圈匝与匝之间、线圈与地以及屏蔽盒之间存在的寄生电容称为分布电容。分布电容使Q值减小、稳定性变差,为此可将导线用多股线或将线圈绕成蜂房式,对天线线圈则采用间绕法,以减少分布电容的数值。

② 电感器的检测。首先进行外观检查,看线圈有无松散,引脚有无折断、生锈现象。然后用万用表的欧姆挡测线圈的直流电阻,若为无穷大,说明线圈(或与引出线间)有断路;若比正常值

小很多,说明有局部短路;若为零,则线圈被完全短路。对于有金属屏蔽罩的电感线圈,还需要检查它的线圈与屏蔽罩间是否短路;对于有磁芯的可调电感器,螺纹配合要好。

2. 电感元件的伏安关系

当流过电感元件的电流变化时,其磁链也随之变化,它两端将产生感应电压。如图 1-37(b)所示,如选 u 与 i 为关联参考方向,根据电磁感应定律与楞次定律,电感元件的感应电压为

$$u=\frac{\mathrm{d}\Psi}{\mathrm{d}t}=\frac{\mathrm{d}(Li)}{\mathrm{d}t}=L\frac{\mathrm{d}i}{\mathrm{d}t} \qquad (1-29)$$

由式(1-29)可知,任何时刻,电感元件的电压并不取决于这一时刻电流的大小,而是与这一时刻电流的变化率成正比。当电流不随时间变化时,电感电压为零。所以,在直流电路中,电感元件相当于短路。

当电感线圈中通入电流时,电流在电感线圈内及电感线圈周围建立起磁场,并储存磁场能量,因此,电感元件也是一种储能元件。

3. 电感元件储存的磁场能

如果电感元件从零电流开始充到 $i(t)$,则在时刻 t 所储存的能量为

$$w_{\mathrm{L}}=\frac{1}{2}Li^{2}(t) \qquad (1-30)$$

式(1-30)说明,电感元件也是一种储能元件,某一时刻 t 的储能只取决于电感量 L 及这一时刻流过的电感的电流值,并与其电流的二次方成正比。当电流增大时,电感元件从外界吸收能量;电流减小时,电感元件向外界释放能量,但电感元件在任何时刻不可能释放出多于它吸收的能量,因此,它也是一种无源元件。

电感器(简称"电感")也是构成电路的基本元件,在电路中有阻碍交流电通过的特性。其基本特性是通低频、阻高频,在交流电路中常用于扼流、降压、谐振等。

〖实践操作〗——做一做

分别给出直标法、色标法电感器,每种 2 个,进行识别,将识别结果填入表 1-13 中。

表 1-13　电感器的识读

标注方法	序　号	电感量	偏　差
直标法	电感器 1		
	电感器 2		
色标法	电感器 3		
	电感器 4		

〖问题研讨〗——想一想

(1)电感器的技术参数主要有哪些?何谓电感线圈的品质因数?

(2)电感器是根据______(电磁感应/电场强度)原理,用______(导线/绝缘线)绕制在绝缘管或铁芯、磁芯上的一种常用的电子元件;电感器的常见标注方法有______、______。

子任务 4　电源元件与测试

〖知识链接〗——学一学

电源可分为独立电源和受控电源。独立电源元件是指能独立向电路提供电压、电流的器

件、设备或装置，如日常生活中常见的干电池、蓄电池和稳压电源等。

1. 独立电源

实际电源可以用两种不同的电路模型来表示，一种以电压的形式向电路供电的，称为电压源；一种以电流的形式向电路供电的，称为电流源。

(1)电压源：

① 实际电压源。任何一个电源，都含有电动势E（或源电压U_S）和内阻R_0，在分析和计算电路时，用电源电动势E（或电源电压，简称源电压U_S）和内阻R_0串联的电路模型来表示的电源，称为实际电压源，如图1-38(a)所示，图1-38(a)中U是电源端电压，I是流过负载的电流。由图1-38(a)可得

$$U = E - IR_0 \tag{1-31}$$

输出电流取决于负载R_L，端电压U略小于电源电动势E，其差值为内阻R_0所分电压IR_0。实际电压源的伏安特性如图1-38(b)所示，内阻R_0越小，直线越趋于水平。

电压源开路时，$I=0$，$U=E$，电路中的电流为零，电源的端电压等于电源的电动势，U_{OC}称为开路电压。电压源短路时，由于外电路电阻为零（或被短路），则$U=0$，$I_{SC}=E/R_0$，电源端电压为零，输出电流为零，I_{SC}称为短路电流。由于短路电流很大，所以在实际应用中是不允许电压源短路的，否则短路电流很大，会将电源烧坏。

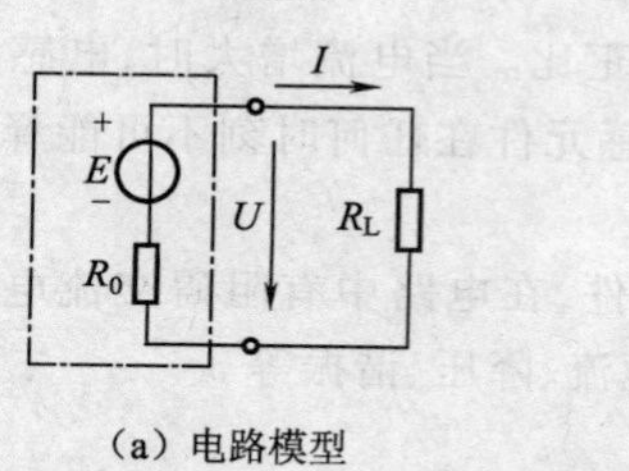

(a) 电路模型

(b) 伏安特性

图1-38　实际电压源

② 理想电压源。理想电压源就是电源内阻$R_0=0$的电压源，如图1-39(a)所示。电源输出电压U恒等于电源电动势E，是一定值，而输出电流I随负载电阻R_L的变化而变化，所以又称恒压源。

理想电压源的伏安特性为$U=E$的水平直线，如图1-39(b)所示。如果一个电压源的内阻$R_0 \ll R_L$（负载电阻），则可认为是理想电压源。通常用的稳压电源可认为是理想电压源。

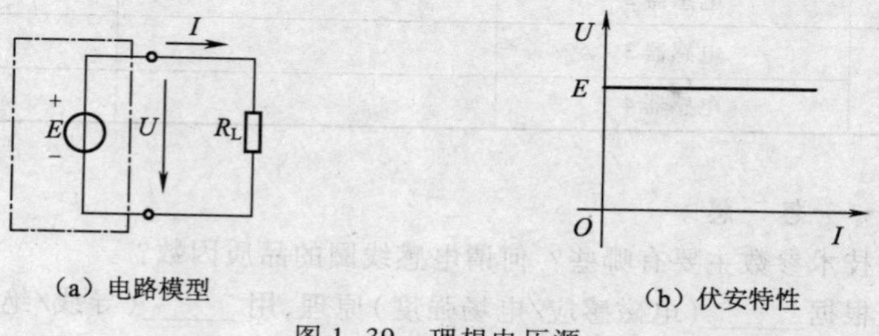

(a) 电路模型

(b) 伏安特性

图1-39　理想电压源

(2)电流源：

① 实际电流源。实际电源除用实际电压源模型表示外，还可以用恒定电流（源电流）I_S和内阻R_0并联的电路模型来表示，称为电流源，如图1-40(a)所示。

由图1-40(a)可得

$$I_S = \frac{U}{R_0} + I \tag{1-32}$$

式(1-32)中,I 是流过负载的电流,U 是负载的端电压,U/R_0 是流过 R_0 的电流。对于负载 R_L 而言,当电源用电流源表示时,其上电压 U 和流过电流 I 并未改变。实际电流源的伏安特性如图 1-40(b)所示,内阻 R_0 越大,特性曲线越趋于水平。

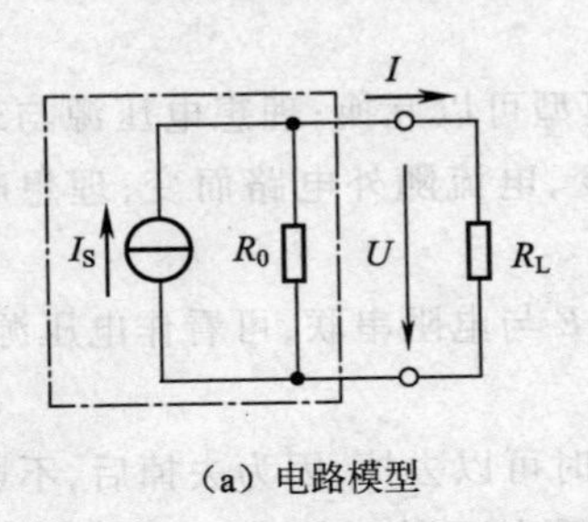

图 1-40　实际电流源

② 理想电流源。理想电流源就是电源内阻 $R_0 \to \infty$ 时的电流源,如图 1-41(a)所示。理想电流源输出的电流 I 恒等于电流源电流 I_S,是一定值,而输出电压 U 随负载电阻 R_L 的变化而变化,所以又称恒流源。

理想电流源的伏安特性为 $I = I_S$ 的水平直线,如图 1-41(b)所示。如果一个电流源的内阻 $R_0 \gg R_L$(负载电阻),则可认为是理想电流源。

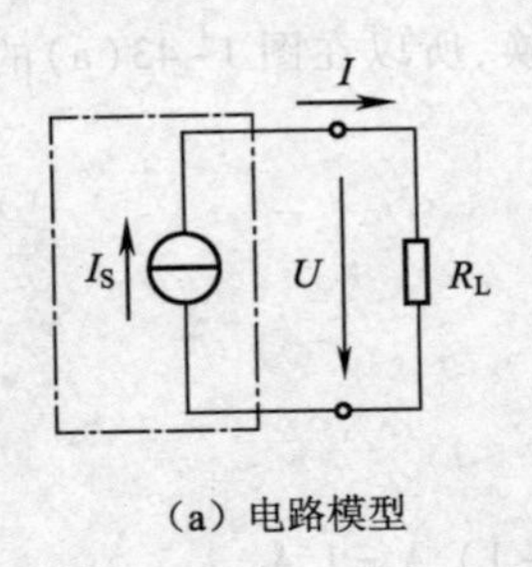

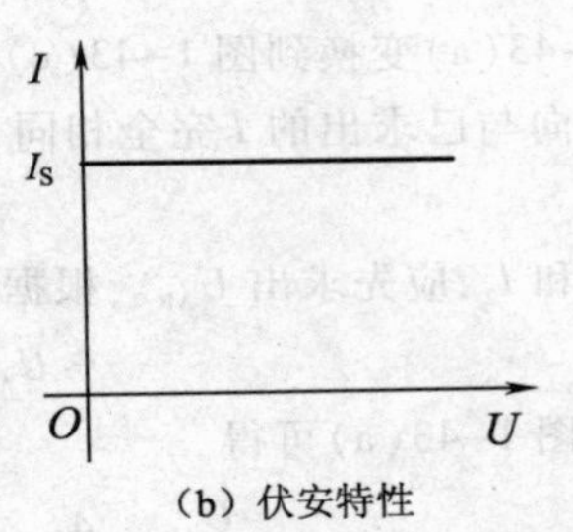

图 1-41　理想电流源

(3) 电压源和电流源的等效变换。对照电压源模型的伏安特性曲线和电流源模型的伏安特性曲线,两者是相同的,即电压源和电流源在对同一外电路,相互间是等效的,可以等效变换。一个实际的电源可以用电压源模型(E 与 R_0 串联)等效,也可用电流源模型(I_S 与 R_0 并联)等效,如图 1-42 所示。在两种模型的 U、I 保持不变的情况下,等效变换的条件为

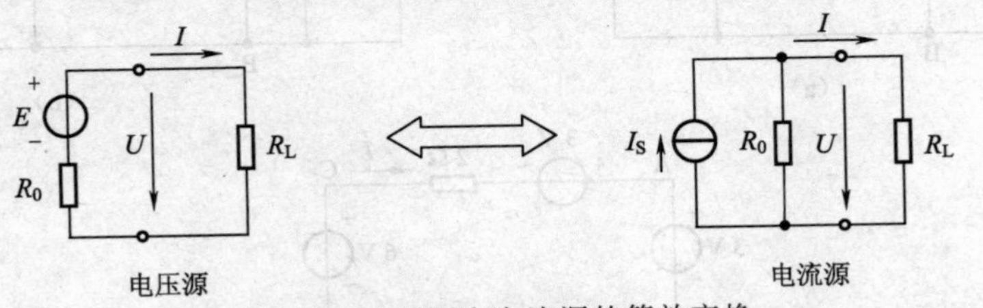

图 1-42　电压源和电流源的等效变换

$$I_S = \frac{E}{R_0} \quad 或 \quad E = I_S R_0 \tag{1-33}$$

等效变换时,R_0 保持不变,但接法改变。

电压源与电流源等效变换是分析复杂电路的方法之一。在进行电压源和电流源的等效变换时应注意以下几点：

① 电源等效变换是电路等效变换的一种方法。这种等效是电源对外电路输出电流 I、端电压 U 的等效，而对电源内部并不等效。

② 等效变换时，两种电路模型的极性必须一致，电流源流出电流的一端与电压源的正极性端相对应（即电流源电流方向与电压源电动势方向一致）。

③ 有内阻 R_0 的实际电源，它的电压源模型与电流源模型可以互换；理想电压源与理想电流源之间不能进行等效变换。因理想电压源的电压恒定不变，电流随外电路而变；理想电流源的电流恒定不变，电压随外电路而变，不满足等效变换条件。

④ 电源互换等效方法可以推广使用，如果理想电压源 E 与电阻串联，可看作电压源；理想电流源 I_S 与电阻并联，可看作电流源。

⑤ 与恒压源并联的元件对外电路不起作用，等效变换时可以去掉，因为去掉后，不影响外电路对该恒压源的响应，去掉的方法是将其开路；与恒流源串联的元件对外电路毫无影响，等效变换时可以去掉，去掉的方法是将其短路。

例 1-9 求图 1-43(a) 所示电路中的电流 I_1、I_2、I_3。

解 根据电源模型等效变换原理，可将图 1-43(a) 依次变换为图 1-43(b)、(c)。

根据图 1-43(c) 可得

$$I=\frac{6+3-3}{3+2+1}\ \mathrm{A}=1\ \mathrm{A}$$

从图 1-43(a) 变换到图 1-43(c)，只有 AC 支路未经变换，所以在图 1-43(a) 的 AC 支路中电流大小方向与已求出的 I 完全相同，即为 1 A，则

$$I_3=(2-1)\ \mathrm{A}=1\ \mathrm{A}$$

为求 I_1 和 I_2，应先求出 U_{AB}。根据图 1-43(c) 得

$$U_{AB}=(3+1\times 1)\ \mathrm{V}=4\ \mathrm{V}$$

再根据图 1-43(a) 可得

$$I_2=\frac{U_{AB}}{2}=\frac{4}{2}\ \mathrm{A}=2\ \mathrm{A},\ I_1=I_2-I=(2-1)\ \mathrm{A}=1\ \mathrm{A}$$

(a)

(b)

(c)

图 1-43 例 1-9 图

2. 受控源

电压源的电压或电流源的电流,受电路中其他支路电压或电流的控制,这类电源统称为受控电源,简称受控源,它是非独立电源。受控源不同于独立源,它本身不能直接起激励作用,而只是用来反映电路中某一支路电压或电流对另一支路电压或电流的控制关系,因此受控源是一种非独立源。在电路理论中,受控源主要用来描述和构成各种电子器件的模型,为电子电路的分析计算提供基础。

受控源有两对端钮:一对为输入端钮或控制端口,一对为输出端钮或受控端口。所以受控源是一个二端口元件。受控源可以是电压源,也可以是电流源;受控源的控制量可以是电压,也可以是电流。因此,受控源可以分为以下四类。

电压控制电压源(VCVS):在图 1-44(a)中,输出电压 U_2 是受输入电压 U_1 控制的,其外特性为

$$U_2=\mu U_1$$

式中,μ 为转移电压比或电压放大系数,它没有量纲。

电压控制电流源(VCCS):在图 1-44(b)中,输出电压 I_2 是受输入电压 U_1 控制的,其外特性为

$$I_2=gU_1$$

式中,g 为输出电流与输入电压的比值,它具有电导的量纲,称为转移电导,其基本单位是 S。

电流控制电压源(CCVS):在图 1-44(c)中,输出电压 U_2 是受输入电流 I_1 控制的,其外特性为

$$U_2=rI_1$$

式中,r 为输出电压与输入电流的比值,它具有电阻的量纲,称为转移电阻,其基本单位是 Ω。

电流控制电流源(CCCS):在图 1-44(d)中,输出电流 I_2 是受输入电流 I_1 控制的,其外特性为

$$I_2=\beta I_1$$

式中,β 为输出电流与输入电流的比值或电流放大系数,它没有量纲。

图 1-44 所示的是 4 种理想受控源。在电路图中,受控源用菱形符号表示,以便与独立源的圆形符号相区别。受控电压源或受控电流源的参考方向的表示方法与独立源一样。

当图 1-44 中的转移系数 μ、g、r、β 为常数时,表明受控量与控制量成正比,这种受控源称为线性受控源。

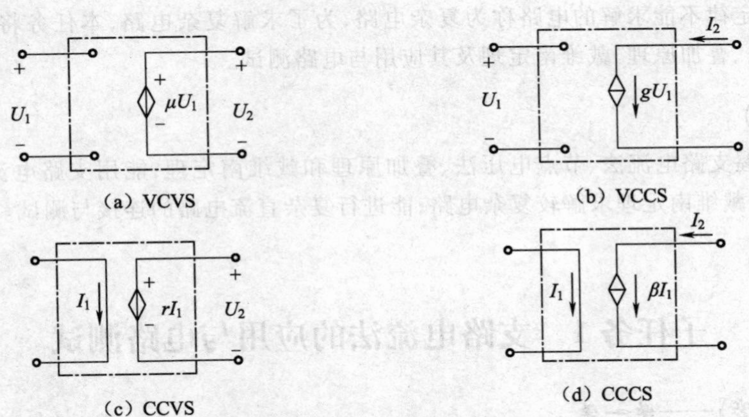

图 1-44　4 种受控源模型

【实践操作】——做一做

验证电压源与电流源等效变换。提示:参考图1-45所示电路接线,其中各电源的内阻R_0 = 51 Ω,负载电阻R_1 = 200 Ω。在图1-45(a)所示的电路中,E用恒压源中的+6 V输出端,记录电压表、电流表的读数。然后调节图1-45(b)电路中的恒流源I_S,令两表的读数与图1-45(a)的数值相等,记录I_S值,验证等效变换条件的正确性。

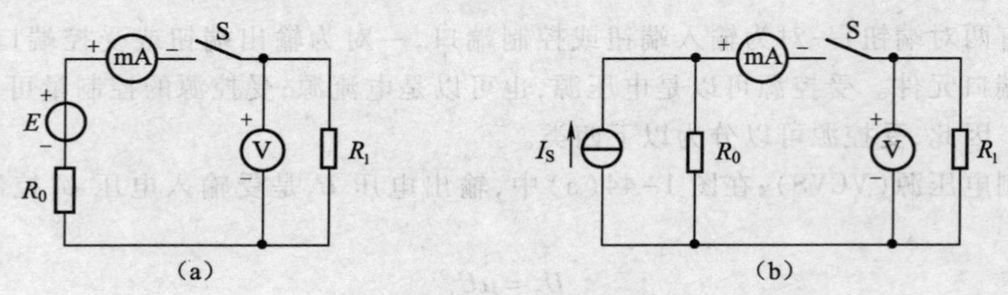

图1-45 实验电路图

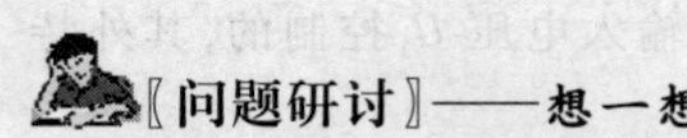
【问题研讨】——想一想

(1)理想电源元件和实际电源器件有什么不同?实际电源器件在哪种情况下的数值可以用一个理想电源来表示?

(2)两种电源模型的组成和它们之间等效变换的条件是什么?

(3)两个恒压源U_{S1}、U_{S2}顺向串联或反向串联时,等效恒压源的U_S如何计算?能否将两个恒压源并联?什么情况下可以并联?可以并联的两个恒压源等效恒压源的U_S为多少?

(4)两个恒流源I_{S1}、I_{S2}顺向并联或反向并联时,等效恒流源的I_S如何计算?能否将两个恒流源串联?什么情况下可以串联?可以串联的两个恒流源等效恒流源的I_S为多少?

(5)受控源分为_____、_____、_____、_____4种,其作用为反映电路中控制与被控制的关系。

任务1.3 复杂直流电路的分析与测试

任务描述

仅用欧姆定律不能求解的电路称为复杂电路,为了求解复杂电路,本任务将学习支路电流法、节点电压法、叠加原理、戴维南定理及其应用与电路测试。

任务目标

理解并掌握支路电流法、节点电压法、叠加原理和戴维南定理;能用支路电流法、节点电压法、叠加原理和戴维南定理求解较复杂电路;能进行复杂直流电路的连接与测试。

任务实施

子任务1 支路电流法的应用与电路测试

【知识链接】——学一学

1. 支路电流法

以支路电流为未知量,根据基尔霍夫定律和欧姆定律列出所需的方程组,然后解出各未知电流，这就是支路电流法，简称支路法。

以图 1-46 所示的电路为例来说明支路电流法。在这个电路中，支路数 $b=6$，各支路电流的参考方向如图 1-46 所示。根据数学知识，需要列出 6 个彼此独立的方程，才能解出这 6 个未知电流。如何得到所需的方程组呢？

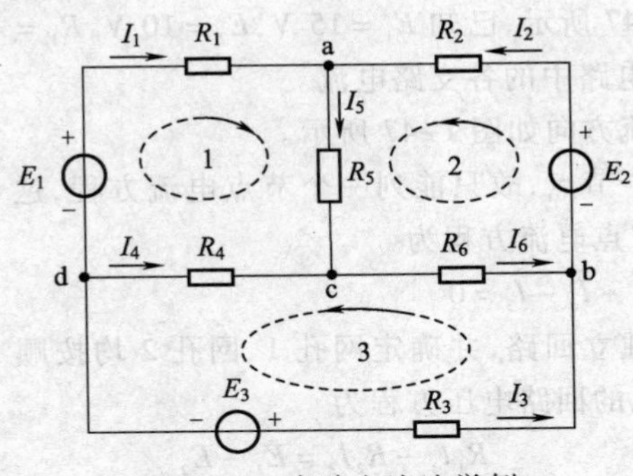

图 1-46　支路电流法举例

首先，列出电路的节点电流方程。

图 1-46 所示的电路中的节点数 $n=4$，这 4 个节点分别为 a、b、c、d 点。根据 KCL，列写 4 个节点电流方程分别为

节点 a：$I_1+I_2-I_5=0$

节点 b：$-I_2+I_3+I_6=0$

节点 c：$I_4+I_5-I_6=0$

节点 d：$-I_1-I_3-I_4=0$

将上述 4 个方程相加，得恒等式 $0=0$，说明这 4 个方程中的任何一个均可从其余 3 个推出。因此，对具有 4 个节点的电路，应用 KCL 只能列出 $4-1=3$ 个独立方程。至于列方程时选哪 3 个节点作为独立节点，则是任意的。

一般地说，对具有 n 个节点的电路，运用 KCL 只能得到 $n-1$ 个独立方程。

根据 KCL 得到 3 个独立的电流方程后，另外 3 个独立方程可由 KVL 得到，通常取网孔作为独立回路，列出回路电压方程。如按图 1-46 所标的各网孔的绕行方向，则列出所需的 3 个独立回路的电压方程分别为

设网孔 1 顺时针绕行，则

$$R_1I_1+R_5I_5-R_4I_4=E_1$$

设网孔 2 逆时针绕行，则

$$R_2I_2+R_5I_5+R_6I_6=E_2$$

设网孔 3 逆时针绕行，则

$$R_3I_3-R_6I_6-R_4I_4=E_3$$

可以证明：一个电路的网孔数恰好等于 $b-(n-1)$。

运用基尔霍夫定律和欧姆定律，一共可以列出 $(n-1)+[b-(n-1)]=b$ 个独立方程，所以能解出 b 个支路电流。

2. 支路电流法的应用

利用支路电流法，求解电路的一般步骤如下：

(1) 确定支路数，并标注各支路电流及其参考方向。

(2) 任取 $n-1$ 个独立节点，列出 $n-1$ 个节点电流方程。

(3)选取独立回路(一般选网孔作为独立回路),并确定各独立回路的绕行方向,列出所选独立回路的回路电压方程。

(4)将已知参数代入所列的独立方程,并联立成方程组。

(5)求解方程组,可得所需的支路电流。

例 1-10 电路如图 1-47 所示,已知 $E_1=15$ V,$E_2=10$ V,$R_1=2$ Ω,$R_2=4$ Ω,$R_3=12$ Ω,求电路中的各支路电流。

图 1-47 例 1-10 图

解 (1)假定各支路电流方向如图 1-47 所示。

(2)由于该电路只有两个节点,故只能列一个节点电流方程,这里取节点 a 为独立节点,其节点电流方程为

节点 a: $I_1+I_2-I_3=0$

(3)选定两个网孔作为独立回路,并确定网孔 1、网孔 2 均按顺时针方向绕行,列出两个网孔的回路电压方程为

网孔 1: $R_1I_1-R_2I_2=E_1-E_2$

网孔 2: $R_2I_2+R_3I_3=E_2$

(4)将已知参数代入所列方程,联立成方程组,即

$$\begin{cases}I_1+I_2-I_3=0\\2I_1-4I_2=15-10\\4I_2+12I_3=10\end{cases}$$

(5)解此方程组可得

$$I_1=1.5\ \text{A},I_2=-0.5\ \text{A},I_3=1\ \text{A}$$

其中,I_2为负值,说明假定方向与实际方向相反。

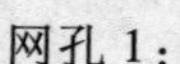

〖实践操作〗——做一做

在实验电路板上,连接图 1-48 所示电路。

(1)实验前先任意设定 3 条支路电流的正方向和 3 条闭合回路绕行方向,如图 1-48 中的 I_1、I_2、I_3的方向已设定,3 条闭合回路的绕行方向可分别设为 ADEFA、BADCB 和 FABCDEF。

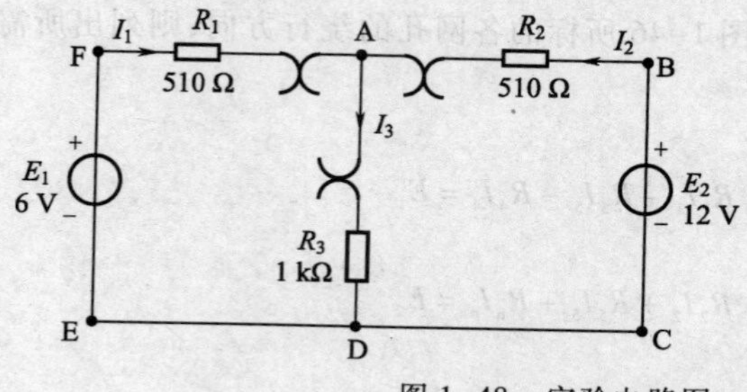

图 1-48 实验电路图

(2)分别将两路直流稳压源接入电路,令 $E_1=6$ V,$E_2=12$ V。

(3)熟悉电流插头的结构,将电流插头的两端接至数字直流电流表的"+、-"两端。将电流插头分别插入 3 条支路的 3 个电流插座中,读出电流值并填入表 1-14 中。

(4)用万用表分别测量两路电源及电阻元件上的电压值,将测量数据填入表 1-14 中。

(5)根据测量的数据,选定实验电路中的任何一条闭合回路,验证 KVL 的正确性,并进行误差分析。

(6)根据图 1-48 中的电路参数，计算出待测的电流 I_1、I_2、I_3和各电阻元件上的电压值，填入表 1-14 中，以便实验测量时可正确地选定毫安表和电压表的量程。

表 1-14　基尔霍夫定律的测量数据

被　测　量	I_1/mA	I_2/mA	I_3/mA	U_{FA}/V	U_{BA}/V	U_{AD}/V	U_{FE}/V	U_{BC}/V
计算值								
测量值								
相对误差								

〖问题研讨〗——想一想

(1)直流电表在什么情况下可能出现指针反偏？应如何处理？在记录数据时应注意什么？若用直流数字毫安表进行测量时，则会有什么显示？

(2)如果电路中既含有电压源，又含有电流源，如何用支路电流法求解各支路电流或各元件两端的电压？

子任务 2　节点电压法的应用与电路测试

〖知识链接〗——学一学

1. 节点电压法

节点电压法是以电路的节点电压为未知量来分析电路的一种方法，它不仅适用于平面电路，同时也适用于非平面电路。

在电路的 n 个节点中，任选一个节点为参考点，把其余的$(n-1)$个节点对参考点的电压，称为该节点的节点电压。电路中所有支路两端的电压都可以用节点电压来表示。电路中的支路分成两种：一种接在独立节点和参考节点之间，它的支路两端的电压就是节点电压；另一种接在各独立节点之间，它的支路两端的电压则是两个节点电压之差。

如能求出各节点电压，就能求出各支路两端的电压及其他待求量。要求$(n-1)$个节点电压，需要$(n-1)$个独立方程。用节点电压代替支路两端的电压，已满足 KVL 的约束，只需要列 KCL 的约束方程即可，而所能列出的独立的 KCL 方程正好是$(n-1)$个。

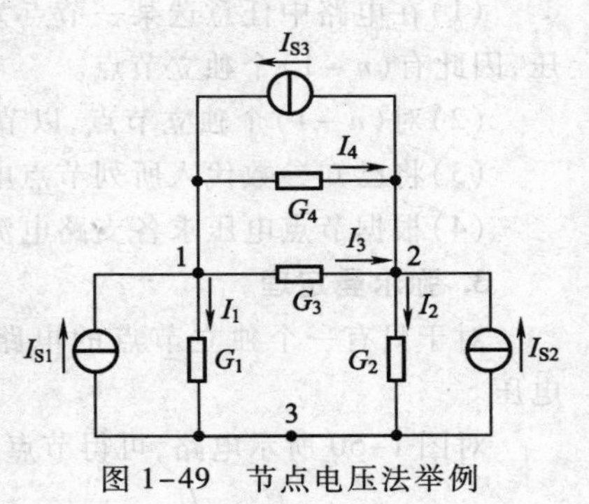

图 1-49　节点电压法举例

以图 1-49 为例，独立节点数为 $n-1=2$。选取各支路电流的参考方向，如图 1-49 所示，对节点 1、节点 2 分别由 KCL 列出节点电流方程为

$$\begin{cases}-I_1-I_3-I_4+I_{S1}+I_{S3}=0\\-I_2+I_3+I_4+I_{S2}-I_{S3}=0\end{cases}\tag{1-34}$$

设以节点 3 为参考点，则节点 1、节点 2 的节点电压分别为 U_1、U_2。

将支路电流用节点电压表示为

$$\begin{cases}I_1=G_1U_1\\I_2=G_2U_2\\I_3=G_3U_{12}=G_3(U_1-U_2)=G_3U_1-G_3U_2\\I_4=G_4U_{12}=G_4(U_1-U_2)=G_4U_1-G_4U_2\end{cases}\tag{1-35}$$

将式(1-35)代入式(1-34)中，经移项整理得

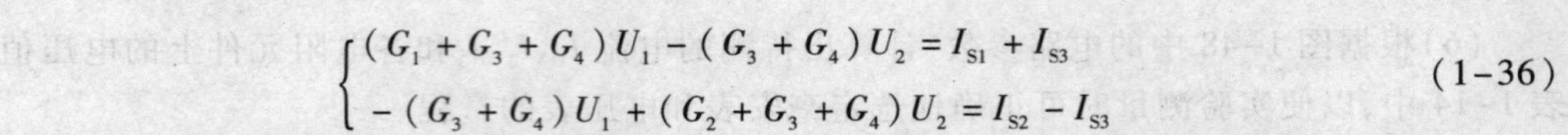

$$\begin{cases}(G_1+G_3+G_4)U_1-(G_3+G_4)U_2=I_{S1}+I_{S3}\\-(G_3+G_4)U_1+(G_2+G_3+G_4)U_2=I_{S2}-I_{S3}\end{cases}\tag{1-36}$$

式(1-36)就是图1-49所示的电路以节点电压U_1、U_2为未知量列出的节点电压方程。

将式(1-36)写成

$$\begin{cases}G_{11}U_1+G_{12}U_2=I_{S11}\\G_{21}U_1+G_{22}U_2=I_{S22}\end{cases}\tag{1-37}$$

这就是当电路具有3个节点时,电路的节点电压方程的一般形式。

式(1-37)中的左边$G_{11}=(G_1+G_3+G_4)$、$G_{22}=(G_2+G_3+G_4)$分别是节点1、节点2相连接的各支路电导之和,称为各节点的自电导,自电导总是正的。$G_{12}=G_{21}=-(G_3+G_4)$是连接在节点1与节点2之间的各公共支路的电导之和的负值,称为两相邻节点的互电导,互电导总是负的。

式(1-37)中的右边$I_{S11}=(I_{S1}+I_{S3})$、$I_{S22}=(I_{S2}-I_{S3})$分别是流入节点1和节点2的各电流源电流的代数和,称为节点电源电流,流入节点的取正号,流出节点的取负号。

上述关系可推广到一般电路,对具有n个节点的电路,其节点电压方程为

$$\begin{cases}G_{11}U_1+G_{12}U_2\cdots+G_{1(n-1)}U_{n-1}=I_{S11}\\G_{21}U_1+G_{22}U_2\cdots+G_{2(n-1)}U_{n-1}=I_{S22}\\\cdots\cdots\\G_{(n-1)1}U_1+G_{(n-1)2}U_2\cdots+G_{(n-1)(n-1)}U_{n-1}=I_{S(n-1)(n-1)}\end{cases}\tag{1-38}$$

当电路中含有电压源支路时,可以采用以下措施:

(1)尽可能取电压源支路的负极性端作为参考点。

(2)把电压源中的电流作为变量列入节点方程,并将其电压与两端节点电压的关系作为补充方程一并求解。

2. 节点电压法的应用

(1)在电路中任意选某一节点为参考点,则其余节点与参考点间的电压就是独立的节点电压,因此有$(n-1)$个独立节点。

(2)对$(n-1)$个独立节点,以节点电压为未知量,列写节点电压方程。

(3)将已知参数代入所列节点电压方程,并联立成方程组,求解节点电压方程组。

(4)根据节点电压求各支路电流。

3. 弥尔曼定理

对于只有一个独立节点的电路,如图1-50所示,可用节点电压法直接求出独立节点的电压。

对图1-50所示电路,可得节点电压的表达式为

$$U_{10}=\frac{\dfrac{U_{S1}}{R_1}-\dfrac{U_{S2}}{R_2}+I_S}{\dfrac{1}{R_1}+\dfrac{1}{R_2}+\dfrac{1}{R_4}}=\frac{\sum GU_S+\sum I_S}{\sum G}\tag{1-39}$$

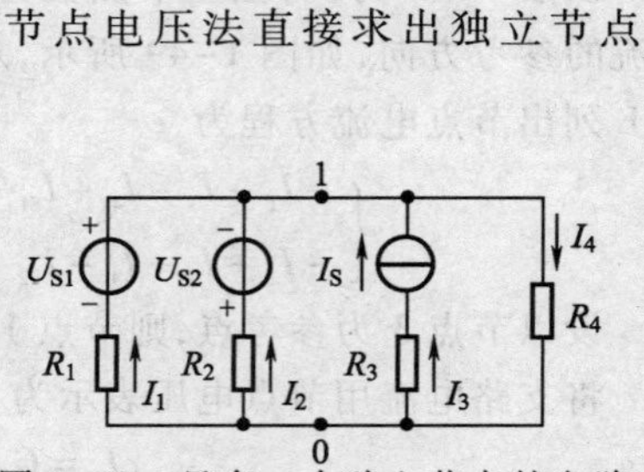

式(1-39)称为弥尔曼定理。

图1-50　只有一个独立节点的电路

式(1-39)中$\sum GU_S+\sum I_S=\dfrac{U_{S1}}{R_1}-\dfrac{U_{S2}}{R_2}+I_S$,为节点电流的代数和。方向流向节点1的,电流为正;从节点1流出的,电流为负。恒流源支路电流等于此恒流源的电流,且流向节点1的,电流为正;从节点1流出的,电流为负,而恒流源支路的电阻对节点电压U_{10}不起作用,在公式中不出

现。$\sum G$ 为各支路电导的和，恒为正值，但要去除含恒流源支路的电导。

例 1-11 试用节点电压法求图 1-51 所示电路中的各支路电流。

解 取节点 0 为参考节点，节点 1、节点 2 的节点电压为 U_1、U_2，根据式(1-37)得

$$\begin{cases}\left(\dfrac{1}{1}+\dfrac{1}{2}\right)U_1-\dfrac{1}{2}U_2=3\\ -\dfrac{1}{2}U_1+\left(\dfrac{1}{2}+\dfrac{1}{3}\right)U_2=7\end{cases}$$

解之得：$U_1=6\ \text{V}$，$U_2=12\ \text{V}$。

取各支路电流的参考方向，如图 1-51 所示。根据支路电流与节点电压的关系有

$$I_1=\frac{U_1}{1}=\frac{6}{1}\ \text{A}=6\ \text{A}$$

$$I_2=\frac{U_1-U_2}{2}=\frac{6-12}{2}\ \text{A}=-3\ \text{A}$$

$$I_3=\frac{U_2}{3}=\frac{12}{3}\ \text{A}=4\ \text{A}$$

例 1-12 应用弥尔曼定理求图 1-52 所示电路中的各支路电流。

解 本电路只有一个独立节点，设节点 1 的电压为 U_{10}，由式(1-39)得

$$U_{10}=\frac{\dfrac{20}{5}+\dfrac{10}{10}}{\dfrac{1}{5}+\dfrac{1}{20}+\dfrac{1}{10}}\ \text{V}=14.3\ \text{V}$$

设各支路电流 I_1、I_2、I_3的参考方向如图 1-52 所示，求得各支路电流为

$$I_1=\frac{20-U_1}{5}=\frac{20-14.3}{5}\ \text{A}=1.14\ \text{A}$$

$$I_2=\frac{U_1}{20}=\frac{14.3}{20}\ \text{A}=0.72\ \text{A}$$

$$I_3=\frac{10-U_1}{10}=\frac{10-14.3}{10}\ \text{A}=-0.43\ \text{A}$$

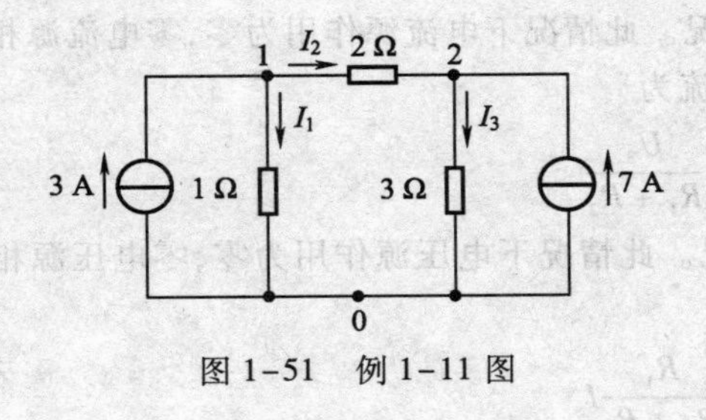

图 1-51 例 1-11 图

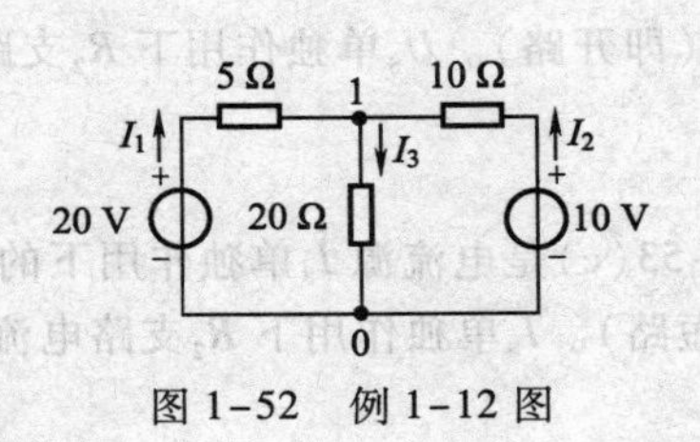

图 1-52 例 1-12 图

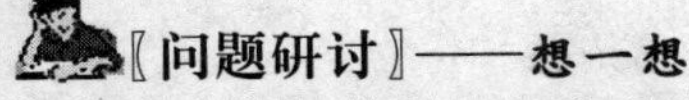

〖实践操作〗——**做一做**

按图 1-48 所示电路接线，改变 E_2的极性，用直流电压表测量电压 U_{AD}，当 $E_1=6\ \text{V}$ 时，调节 E_2从 0 逐渐增大，U_{AD}的大小会随之改变，当 E_2达到某一值时，U_{AD}的方向会改变，请从理论上分析其原因。

〖问题研讨〗——**想一想**

如果电路中含有理想电压源支路，如何列写节点电压方程？

子任务3 叠加原理的应用与电路测试

〖知识链接〗——学一学

1. 叠加原理

叠加原理是线性电路的一个重要原理，它反映出线性电路中各激励作用独立性的基本性质。叠加原理可叙述为：在线性电路中，所有独立源共同作用产生的响应（电流、电压），等于各独立源单独作用产生响应（电流、电压）的代数和。对不作用的独立源以零值处理，即恒压源短路、恒流源开路，但内阻保留。

下面通过图 1-53(a)中 R_2 支路电流 I 为例说明叠加原理在线性电路中的体现。

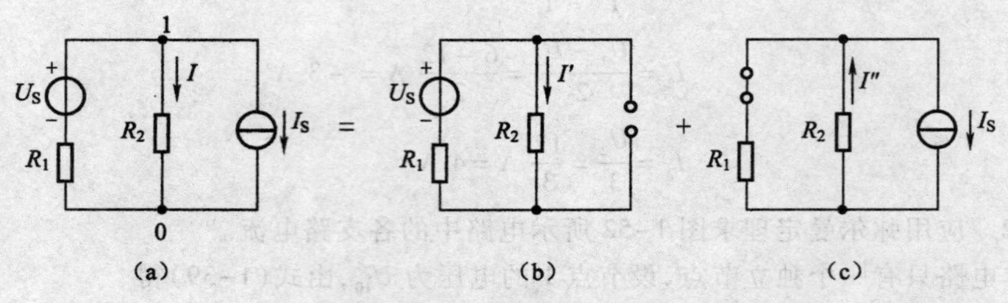

图 1-53　叠加原理举例

图 1-53(a)是一个含有两个独立源的线性电路，根据弥尔曼定理，可得电路两个节点间的电压为

$$U_{10}=\frac{\dfrac{U_S}{R_1}-I_S}{\dfrac{1}{R_1}+\dfrac{1}{R_2}}=\frac{R_2U_S-R_1R_2I_S}{R_1+R_2}$$

R_2 支路电流为

$$I=\frac{U_{10}}{R_2}=\frac{U_S-R_1I_S}{R_1+R_2}=\frac{U_S}{R_1+R_2}-\frac{R_1}{R_1+R_2}I_S$$

图 1-53(b)是电压源 U_S 单独作用下的情况。此情况下电流源作用为零，零电流源相当于无限大电阻（即开路）。U_S 单独作用下 R_2 支路电流为

$$I'=\frac{U_S}{R_1+R_2}$$

图 1-53(c)是电流源 I_S 单独作用下的情况。此情况下电压源作用为零，零电压源相当于零电阻（即短路）。I_S 单独作用下 R_2 支路电流为

$$I''=\frac{R_1}{R_1+R_2}I_S$$

所有独立源作用时，R_2 支路电流的代数和为

$$I=I'-I''=\frac{U_S}{R_1+R_2}-\frac{R_1}{R_1+R_2}I_S$$

对 I' 取正号，是因为它的参考方向选择得与 I 的参考方向一致；对 I'' 取负号，是因为它的参考方向选择得与 I 的参考方向相反。

应用叠加原理分析电路时应注意以下几点：

(1) 叠加原理适用于多电源的线性电路，分成多个单电源电路，使分析大为简化。

(2)要注意电压、电流的参考方向。若各电源单独作用时的电压、电流方向与原电路中的电压、电流方向一致,则取正号;否则则取负号。

(3)电功率和电能的计算不能应用叠加原理,因为它们和电流(电压)之间不是线性关系,而是二次方关系。

(4)电路中存在受控源时,受控源不能按独立源处理。独立源可以单独作用,受控源在叠加过程中一般应保留在电路中,注意到其控制关系即可,然后将计算结果叠加。

(5)根据具体电路,各独立源也可以分批作用。

(6)某电源单独作用时,其他电源均应按零值处理。零值恒压源相当于短路,而零值恒流源相当于开路,但保留其内阻。

2. 叠加原理的应用

运用叠加原理解题和分析电路的基本步骤如下:

(1)分解电路:将多个独立源共同作用的电路分解成一个(或几个)独立源作用的分电路,每一个分电路中,不作用的电源按零值处理,并将待求的电压、电流的正方向在原电路、分电路中标出。

(2)求解每一个分电路:分电路往往是比较简单的电路,有时可由电阻的连接及基本定律直接求解。

(3)叠加:原电路中待求的电压、电流等各分电路中对应求出的量的代数和。

例 1-13 在图 1-54(a)所示的桥形电路中,已知 $R_1=2\ \Omega$,$R_2=1\ \Omega$,$R_3=3\ \Omega$,$R_4=0.5\ \Omega$,$U_S=4.5\ \text{V}$,$I_S=1\ \text{A}$。试用叠加原理求电压源的电流 I 和电流源的端电压 U。

解 (1)当电压源单独作用时,电流源开路,如图 1-54(b)所示,各支路电流分别为

$$I_1'=I_3'=\frac{U_S}{R_1+R_3}=\frac{4.5}{2+3}\ \text{A}=0.9\ \text{A}$$

$$I_2'=I_4'=\frac{U_S}{R_2+R_4}=\frac{4.5}{1+0.5}\ \text{A}=3\ \text{A}$$

$$I'=I_1'+I_2'=(0.9+3)\ \text{A}=3.9\ \text{A}$$

电流源支路的端电压 U' 为

$$U'=R_4I_4'-R_3I_3'=(0.5\times3-3\times0.9)\ \text{V}=-1.2\ \text{V}$$

(2)当电流源单独作用时,电压源短路,如图 1-54(c)所示,各支路电流分别为

$$I_1''=\frac{R_3}{R_1+R_3}I_S=\frac{3}{2+3}\times1\ \text{A}=0.6\ \text{A}$$

$$I_2''=\frac{R_4}{R_2+R_4}I_S=\frac{0.5}{1+0.5}\times1\ \text{A}=0.333\ \text{A}$$

$$I''=I_1''-I_2''=(0.6-0.333)\ \text{A}=0.267\ \text{A}$$

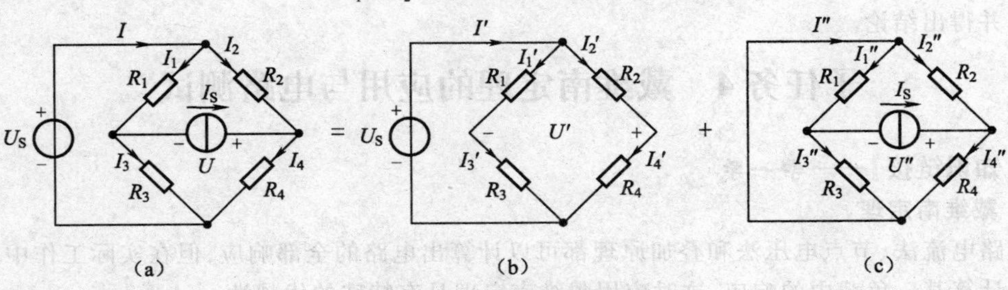

图 1-54 例 1-13 的图

电流源的端电压 U'' 为

$$U''=R_1I_1''+R_2I_2''=(2\times0.6+1\times0.333)\ \text{V}=1.5333\ \text{V}$$

(3)两个独立源共同作用时，电压源的电流为

$$I=I'+I''=(3.9+0.267)\ \text{A}=4.167\ \text{A}$$

电流源的端电压为

$$U=U'+U''=(-1.2+1.5333)\ \text{V}=0.333\ \text{V}$$

〖实践操作〗——做一做

按图1-55所示电路连接线路。

(1)令 E_1 电源单独作用，用万用表和毫安表（接电流插头）测量各支路电流及各电阻元件两端电压，数据填入表1-15中。

(2)令 E_2 电源单独作用，重复上述的测量，将测量数据填入表1-15中。

(3)令 E_1 和 E_2 电源共同作用，重复上述的测量，将测量数据填入表1-15中。

表1-15 叠加原理的测量数据

被 测 量	I_1/mA	I_2/mA	I_3/mA	U_{FA}/V	U_{BA}/V	U_{AD}/V
E_1电源单独作用						
E_2电源单独作用						
所测量的代数和						
E_1、E_2电源共同作用						

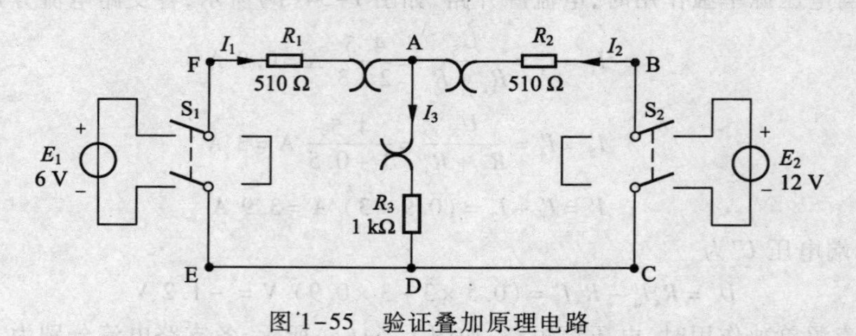

图1-55 验证叠加原理电路

〖问题研讨〗——想一想

(1)叠加原理实验中，让各电源分别单独作用，应如何操作？可否直接将不作用的电源置零（短接）？

(2)各电阻元件所消耗的功率能否用叠加原理计算得出？为什么？试用上述实验数据，进行计算并得出结论。

子任务4 戴维南定理的应用与电路测试

〖知识链接〗——学一学

1. 戴维南定理

支路电流法、节点电压法和叠加原理都可以计算出电路的全部响应，但在实际工作中，经常只需要计算某一负载中的响应，这时应用戴维南定理具有特殊的优越性。

把一个电路或网络(网络通常指较为复杂的电路)所要计算响应的支路断开,剩余部分是一个含有电源,只有两个端子的网络,即有源二端网络。对所需要计算的这条支路来说,有源二端网络相当于一个电源。戴维南定理给出了有源二端网络等效电路的一般性结论,为确定等效电压源的参数(E'和R_0')提供了简明的解析方法和实验方法,它是线性电路中又一重要定理。

戴维南定理可表述为:任何一个线性有源二端网络,都可以用一个等效电压源代替。等效电压源的电动势(E')等于有源二端网络的开路电压U_{OC},内阻R_0'等于除源网络(即有源二端网络中电源均为零时),即无源二端网络的等效电阻R_0。

等效电压源的内阻计算方法有以下3种:

(1)设有源二端网络内所有电源为零,即成为无源二端网络,用电阻串联、并联和混联或三角形连接与星形连接等效变换进行化简,计算二端网络端口处的等效电阻。

(2)设网络内所有电源为零,在有源二端网络端口处施加一电压U,计算或测量输入端口的电流I,则等效电阻$R_0'=U/I$。

(3)用实验方法测量或用计算方法求得有源二端网络开路电压U_{OC}和短路电流I_{SC},则等效电阻$R=U_{OC}/I_{SC}$(注意:此时有源二端网络内所有独立源和受控源均保留不变)。

2. 戴维南定理的应用

应用戴维南定理解题的步骤如下:

(1)将电路分为待求支路和有源二端网络两部分。

(2)将待求支路断开,求有源二端网络的等效电压源,即求E'和R'_0。

(3)将待求支路接入由E'和R_0'构成的等效电压源中,求待求支路的电流。

在应用戴维南定理时应注意:求E'和R_0'时,均不考虑被断开的待求支路的影响。注意U_{OC}的正负以确定E'的方向;有源二端网络和所求支路之间不应有受控源或磁耦合等联系,即负载支路的性质和变化不影响E'和R_0'的值。

例1-14　在图1-56(a)所示的电路中,已知$E_1=6\ \text{V}$,$E_2=1.5\ \text{V}$,$R_1=0.6\ \Omega$,$R_2=0.3\ \Omega$,$R_3=9.8\ \Omega$,求通过电阻R_3的电流。

解　将电路分成有源二端网络和待求支路两部分,其有源二端网络如图1-56(b)所示,由此图可求得

$$U_{OC(AB)}=E_1-\frac{E_1-E_2}{R_1+R_2}R_1=\left(6-\frac{6-1.5}{0.6+0.3}\times0.6\right)\ \text{V}=3\ \text{V}$$

即$E'=U_{OC(AB)}=3\ \text{V}$。

将有源二端网络中的电源按零值处理,得无源二端网络,如图1-56(c)所示,由此图可求得

$$R_0'=R_1/\!/R_2=(0.6/\!/0.3)\ \Omega=0.2\ \Omega$$

将待求支路R_3支路接入所求得的等效电压源上,如图1-56(d)所示,则可求得通过R_3的电流

$$I_{R3}=\frac{E'}{R_0'+R_3}=\frac{3}{0.2+9.8}\ \text{A}=0.3\ \text{A}$$

例1-15　如图1-57(a)所示的电路,已知$E=48\ \text{V}$,$R_1=12\ \Omega$,$R_2=24\ \Omega$,$R_3=36\ \Omega$,$R_4=12\ \Omega$,$R_5=33\ \Omega$,求通过R_5的电流。

解　将电路分成有源二端网络和待求支路两部分,其有源二端网络如图1-57(b)所示,由此图可求得

$$U_{OC(AB)}=-\frac{E}{R_1+R_2}R_1+\frac{E}{R_3+R_4}R_3=\left(-\frac{48}{12+24}\times12+\frac{48}{36+12}\times36\right)\ \text{V}=20\ \text{V}$$

即 $E' = U_{OC(AB)} = 20$ V。

将有源二端网络中的电源按零值处理，得无源二端网络，如图 1-57(c)所示，由此图可求得

$$R'_0 = R_1 /\!/ R_2 + R_3 /\!/ R_4 = (12 /\!/ 24 + 36 /\!/ 12)\ \Omega = 17\ \Omega$$

将待求支路 R_5 支路接入所求得的等效电压源上，如图 1-57(d)所示，则可求得通过 R_5 的电流

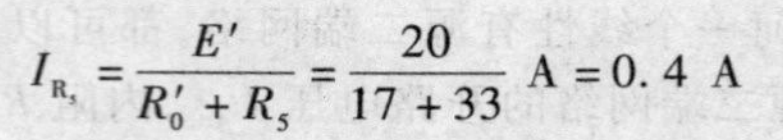

$$I_{R_5} = \frac{E'}{R'_0 + R_5} = \frac{20}{17+33}\ \text{A} = 0.4\ \text{A}$$

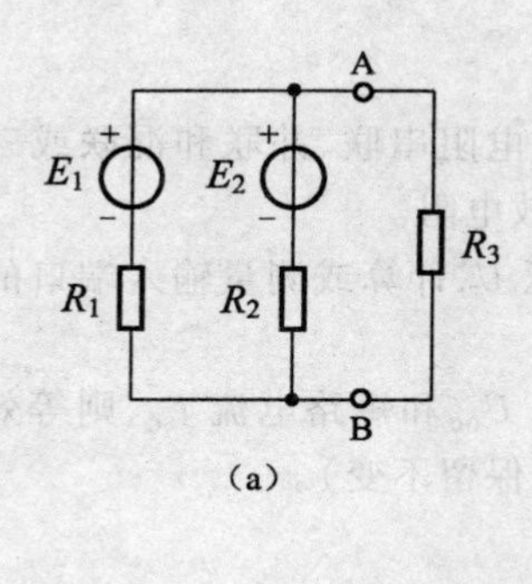
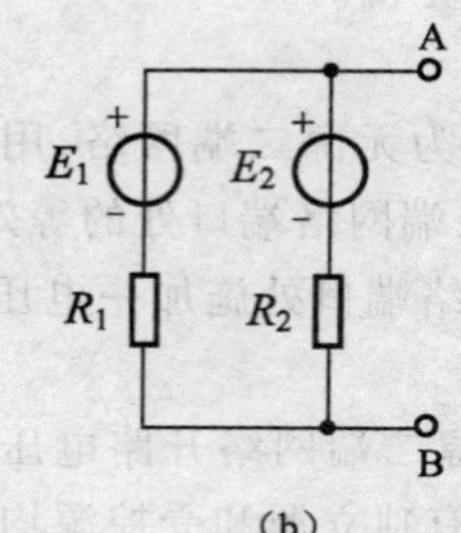
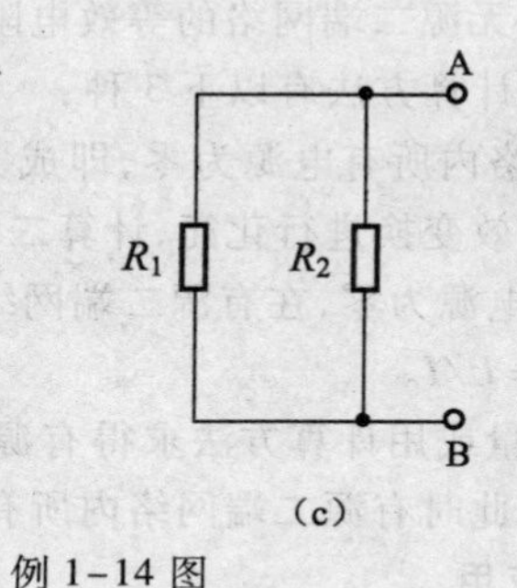
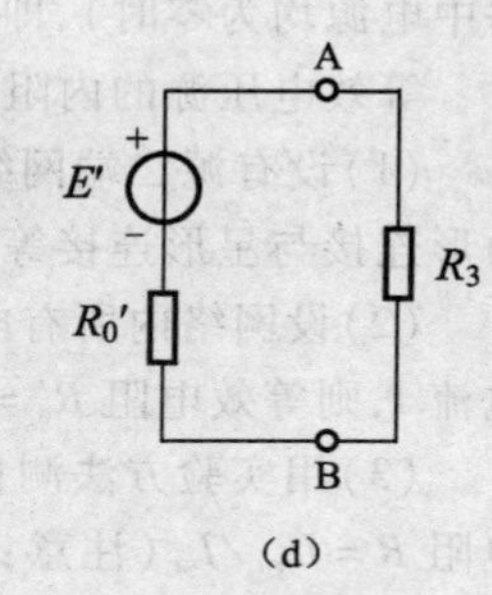

图 1-56　例 1-14 图

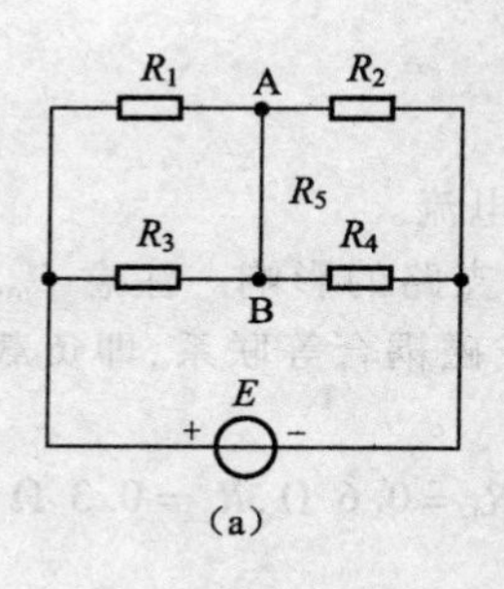
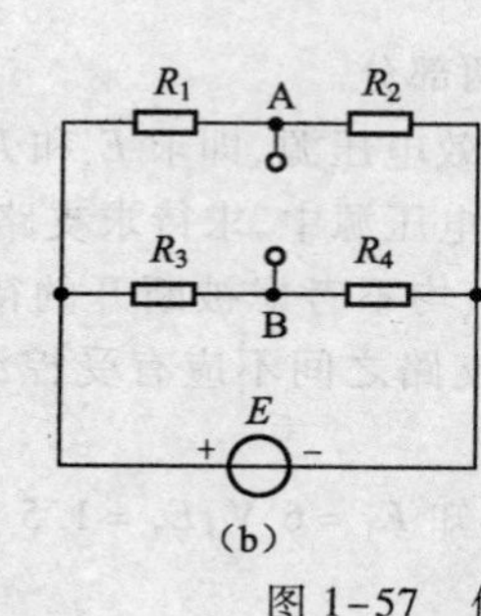
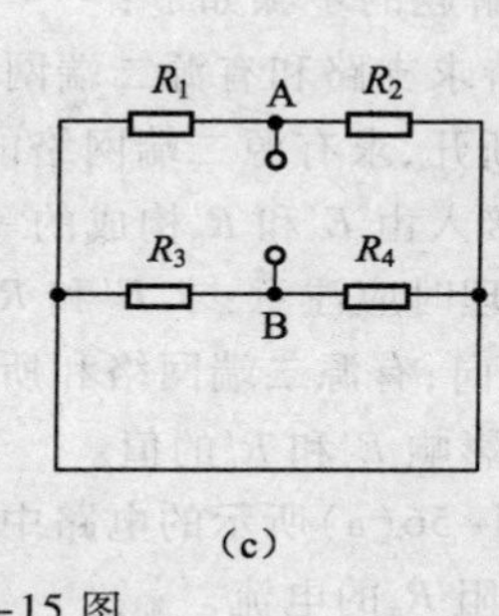
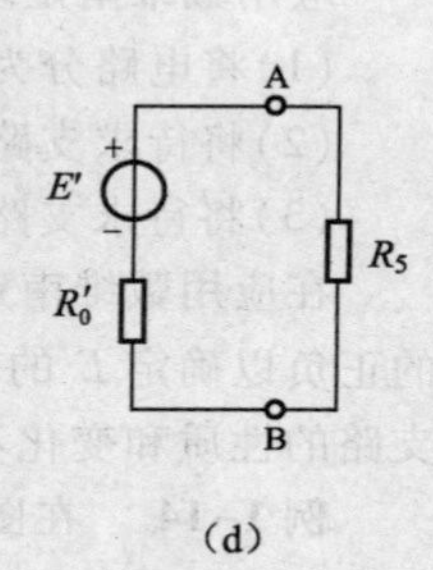

图 1-57　例 1-15 图

〖实践操作〗——做一做

按图 1-56(a)连接电路，令 $E_1 = 6$ V，$E_2 = 12$ V，$R_1 = 510\ \Omega$，$R_2 = 510\ \Omega$，$R_3 = 1$ kΩ。

(1)将电流表串联到 R_3 支路，测量通过 R_3 的电流，将数据填入表 1-16 中。

(2)选择万用表的直流电压挡合适量程，断开 R_3 支路，如图 1-56(b)所示，测量 A、B 间的开路电压值，将数据填入表 1-16 中。

(3)测量有源二端网络的短路电流，求得等效电阻 R'_0。

(4)将待求支路(R_3)支路接到所求得的等效电压源上，再用电流表测量 R_3 支路的电流，将数据填入表 1-16 中。

表 1-16　戴维南定理的测量数据

被测量	I_3/A	$U_{OC(AB)}$/V	$I_{SC(AB)}$/A	$R_o = U_{OC(AB)}/I_{SC(AB)}/\Omega$	I_3/A
测量值					

〖问题研讨〗——想一想

(1)在用戴维南等效电路做短路实验时，测 I_{SC} 的条件是什么？在本实验中可否直接做负载

短路实验？

(2)测量有源二端网络开路电压及等效内阻有哪几种方法？各有何优缺点？

小　结

(1)电路通常由电源、负载、中间环节3部分组成，电路的主要作用是传输和变换电能、传递和处理信号。实际电路可用由理想电气元件组成的电路模型表示。

(2)电路中的主要物理量是电压、电流、电位、电动势、功率和能量，要了解它们的定义，掌握它们的单位。

(3)在分析电路时，必须首先标出电流、电压的参考方向。在参考方向下进行电路分析计算，若求得的为正值，表明实际方向与参考方向一致；若求得的为负值，表明实际方向与参考方向相反。

在电压、电流选取关联参考方向时，$P=UI$。当 $P=UI>0$ 时，元件吸收功率；当 $P=UI<0$ 时，元件发出功率。

(4)要确定电路中任意一点的电位，必须先选取电位参考点，任意一点的电位就是该点到参考点的电压。参考点选的不同，各点电位也不同，但两点间的电位差(电压)不变。

(5)基尔霍夫定律是电路的基本定律。基尔霍夫电流定律：$\sum I=0$，既适用于节点，还可推广到闭合面；基尔霍夫电压定律：$\sum U=0$ 或 $\sum E=\sum IR$，既适用于闭合回路，还可推广到开口回路，运用两定律时要注意正、负号。

(6)等效变换：

① n 个电阻串联的等效电阻为 $R=\sum_{i=1}^{n}R_i$。分压公式为 $U_i=\frac{R_i}{R}U$。

② n 个电阻并联的等效电阻为 $\frac{1}{R}=\sum_{i=1}^{n}\frac{1}{R_i}$ 或 $G=\sum_{i=1}^{n}G_i$。

两电阻并联时的分流公式为 $I_1=\frac{R_2}{R_1+R_2}I, I_2=\frac{R_1}{R_1+R_2}I$。

③ △-Y电阻网络的等效变换。

$$R_Y=\frac{\text{△连接相邻两电阻的乘积}}{\text{△连接所有电阻之和}}$$

$$R_\triangle=\frac{\text{Y连接电阻两两乘积之和}}{\text{Y连接对面的电阻}}$$

三个电阻相等时，$R_Y=\frac{1}{3}R_\triangle$ 或 $R_\triangle=3R_Y$。

④ 电源可用两种等效电路表示。电压源用电源电动势 E 与内阻 R_0 串联的电路模型表示；电流源用恒定电流 I_S 与内阻 R_0 并联的电路模型表示。理想电压源是内阻 $R_0=0$ 的电压源，输出恒定的电压 E，输出电流随负载而变；理想电流源，输出恒定的电流 I_S，输出电压随负载而变。在分析复杂电路时，对外电路而言实际电压源与电流源可以相互转换，转换公式为 $I_S=E/R_0$，R_0 的大小不变，只是连接位置改变。

(7)网络方程法：

① 支路电流法：支路电流法以 b 个支路的电流为未知数，列 $(n-1)$ 个节点电流方程，用支路电流表示电阻电压，列 $b-(n-1)$ 个回路电压方程，共列 b 个方程。

② 节点电压法：节点电压法以 $(n-1)$ 个节点电压为未知数，用节点电压表示支路电压、支

路电流，列$(n-1)$个节点电流方程联立求解。

(8)网络定理：

① 叠加原理适用于线性电路的电压和电流的计算。依据叠加原理可将多个电源共同作用的复杂电路分解为各个电源单独作用的简单电路，在各分解电路中分别计算，最后将代数和相加，求出结果。注意电压源不作用时视为短路，电流源不作用时视为开路，而电源内阻必须保留。

② 戴维南定理适用于求解线性含源二端网络中某一支路的电流。戴维南定理将一个有源二端网络等效为一个电压源，等效电压源的源电压E'等于有源二端网络开路时的开路电压U_{OC}，即$E'=U_{OC}$；等效电压源的内阻R_0'等于有源二端网络除去各电源(E短路，I_S开路)后的等效电阻。

习　题

一、填空题

1. 电路由______、______和______组成。

2. 电源和负载的本质区别是：电源是把______能转换成______能的设备，负载是把______能转换成______能的设备。

3. 实际电路元件与理想电路元件的区别是______。

4. 电荷的______形成电流，电流的实际方向为______的方向。

5. 在全电路中，电源内部的电路称为______，电源外部的电路称为______。电源内部的电流是从______流向______，电源外部的电流是从______流向______。

6. 电位和电压的区别是______；当电位的参考点变动时，同一电路中各点的电位______变化，任意两点间的电压______。

7. 若$U_{ab}=10$ V，则$U_{ba}=$______，说明U_{ab}与U_{ba}的关系为______。

8. 测量电流时，应把电流表______接在待测电路中；测量电压时，应把电压表______接在待测电路两端。

9. 沿电动势的方向电位逐点______，沿电压的方向电位逐点______。

10. 常见的无源电路元件有______、______和______；常见的有源电路元件是______和______。

11. 在电器商场买回的导线，每卷导线的电阻值为0.5 Ω，将2卷这样的导线接长使用，电阻值为______ Ω，将2卷这样的电线并联起来使用，电阻值为______ Ω。

12. 已知电阻R_1与R_2串联时的等效电阻为9Ω，R_1与R_2并联时的等效电阻为2 Ω，则$R_1=$______ Ω，$R_2=$______ Ω。

13. 用指针式万用表测量电阻时，应断开电路使被测电阻______带电。测量一个电阻值在200 Ω左右的电阻时，应选择______挡，测量前指针式万用表应先进行______。当万用表挡位旋钮置于"$R\times100$"位置，指针指示数为3.6，则该被测量的电阻的电阻值为______ Ω。

14. 一个量程为10 V，内阻为20 kΩ的直流电压表串联了一个180 kΩ的分压电阻后量程扩大到______ V。

15. 一个量程为0.1 A，内阻为5 Ω的直流电流表，要测量1A的电流需要并联______ Ω的分流电阻。

16. 电感元件的电压与电流的关系为______，在直流电路中，电感元件相当于______。电容元件的电压与电流关系为______，在直流电路中，电容元件相当于______。

17. 电感元件具有储存______能的作用。电容元件具有储存______能的作用。

18. 电压源是以______和______串联形式表示的电源模型。电流源是以______和______并联形式表示的电源模型。在进行电流源和电压源等效变换时，电流源的I_S与电压源的E两者的______必须保持一致。

19. 支路是指______；节点是______的点；电路中______称为回路。

20. 基尔霍夫第一定律又称______定律，其数学表达式为______；基尔霍夫第二定律又称______定律，其数学表达式为______。用基尔霍夫定律求解电路时，必须先标定______和______。

21. 节点电压的含义是______；节点电压法是以节点电压为______量，根据基尔霍夫的______定律列出节点的电流方程，联立方程解出节电压，进而求解电路中其他物理量的方法。

22. 叠加原理只能应用于______电路中的______、______叠加，但功率不能叠加。应用叠加原理分析电路时，当某个电源单独作用时，其余电压源相当于______，电流源相当于______。

23. 有源二端网络是指具有______，并含有______的电路。

24. 任何一个复杂的有源二端网络均可用______来代替，称为______定理，又称______定理。

25. 一个有源二端网络的开路电压为10V，短路电流为100 mA，则其戴维南等效电路的电压是______V，内阻是______Ω。

二、选择题

1. 电流的单位是（　），电压的单位是（　），电能的单位是（　），电功率的单位是（　）。

A. 瓦[特]　B. 焦[耳]　C. 安[培]　D. 伏[特]

2. 测量电压和电流时，指针的偏角与误差成（　）。

A. 正比　B. 反比

3. 电流表的内阻（　），其精度越高；电压表的内阻（　），其精度越高。

A. 越大　B. 越小

4. 电压和电位的关系为（　）。

A. 电位是特殊的电压

B. 电位与电压毫无关系

C. 电压等于电位差

5. 一只额定功率为1 W，电阻值为100 Ω的电阻，允许通过的最大电流为（　）。

A. 100 A　B. 0.1 A　C. 0.01 A　D. 4 A

6. 一只10 W、500 Ω的电阻R_1与一只15 W、500 Ω的电阻R_2并联后的等效电阻及其额定功率为（　）。

A. 250 Ω，10 W　B. 1 kΩ，25 W　C. 250 Ω，20 W　D. 250 Ω，25 W

7. 有两只电阻R_1和R_2，且$R_1=2R_2$，将它们串联后加电压，其消耗的功率分别为P_1和P_2，则（　）；若它们并联，则（　）。

A. $P_1>P_2$　B. $P_1<P_2$　C. $P_1=P_2$

8. 一条导线的电阻值为4Ω，在温度不变的情况下把它均匀拉长为原来的4倍，其电阻值为（　）。

A. 4 Ω　B. 16 Ω　C. 20 Ω　D. 64 Ω

9. 长度和横截面积相等的3种材料的电阻率$\rho_A>\rho_B>\rho_C$，则电阻（　）。

A. $R_A>R_B>R_C$　B. $R_B>R_A>R_C$　C. $R_A>R_C>R_B$　D. $R_C>R_B>R_A$

10. 万用表的指针停留在"Ω"刻度线上"12"的位置，被测量电阻的电阻值为（　）。

A. 12 Ω　B. 12 kΩ　C. 1.2 kΩ　D. 不能确定

11. 电路中的三大基本元件分别代表了实用技术中的三大电磁特性，其中(　　)代表的是实用中耗能的电特性。

A. 电阻元件　B. 电感元件　C. 电容元件　D. 无法判断

12. 用数字表示法标示电容量通常用3位整数标示，其单位是(　　)。

A. 法[拉]　B. 微法　C. 皮法

13. 具有通高频、阻低频特性的电气元件是(　　)。

A. 电阻器　B. 电感器　C. 电容器

14. 3个电阻串联的电路中，电阻之比为$R_1:R_2:R_3=1:2:3$，则3个电阻上的电压之比$U_1:U_2:U_3$为(　　)。

A. 6∶3∶2　B. 1∶2∶3　C. 3∶2∶1　D. 2∶3∶6

15. 3个电阻并联电路中，电阻之比为$R_1:R_2:R_3=1:2:3$，则各支路中的电流之比$I_1:I_2:I_3$为(　　)。

A. 6∶3∶2　B. 1∶2∶3　C. 3∶2∶1　D. 2∶3∶6

16. 电流源开路时，该电流源内部(　　)

A. 有电流，有功率损耗

B. 无电流，无功率损耗

C. 有电流，无功率损耗

17. 实际工程技术中，向负载提供电压形式的电源，其电源内阻的阻值(　　)；如向负载提供电流形式的电源，其电源内阻的阻值(　　)。

A. 越大越好　B. 越小越好

18. 在耦合、滤波、旁路的电路中，通常选用(　　)。

A. 云母电容器　B. 有机薄膜电容器　C. 电解电容器　D. 瓷介电容器

19. 基尔霍夫两定律的适用范围是(　　)。

A. 直流电路　B. 交流电路　C. 正弦电路　D. 非正弦电路

20. 负载获得最大功率时，电源的利用率为(　　)。

A. 100%　B. 70%　C. 50%　D. 无法判断

21. 应用戴维南定理求有源二端网络的等效电压源时，该有源二端网络应是(　　)。

A. 线性网络　B. 非线性网络　C. 线性与非线性网络　D. 任何网络

三、判断题

1. 电压和电流都是既有大小又有方向的物理量，所以它们都是矢量。(　　)

2. 当用电流表测量直流电流时，若电流表指针反向偏转，表示电路电流的实际方向为从电流表的负极流向正极侧。说明电流表正、负极接反了，有可能损坏仪表。(　　)

3. 电源永远都是向电路提供能量的。(　　)

4. 直流电路中，电流总是从高电位端流向低电位端。(　　)

5. 电路中A点的电位就A点与参考点之间的电压，所以电位是特殊的电压。(　　)

6. 电路中断处，电压和电流均为零。(　　)

7. 电路中电流的实际方向与所选取的参考方向无关。(　　)

8. 选取不同的零电位参考点，某元件两端的电压值将随之改变。(　　)

9. 对所有材料来说电阻是一个固定不变的常数。(　　)

10. "线性电阻"的含义是其阻值随电压增大按正比例增加。(　　)

11. 当电容元件两端没有电压时，极板上就有电荷，此时元件的电容也等于零。(　　)

12. 恒压源接任何负载，其端电压均为定值。(　　)

13. 恒流源接任何负载，其输出电流均为定值。(　　)

14. 电压源与电流源可以等效变换，恒压源与恒流源也能等效变换。(　　)

15. 流入一个封闭面中的电流之和等于流出该封闭面的电流之和。(　　)

16. 若实际电压源和电流源的内阻为零时，即为理想电压源和理想电流源。(　　)

17. 并联电阻数目越多，等效电阻越小，因此向电路取用的电流也越少。(　　)

18. 当几个直流电压源相串联时，可提高向电路提供的电压值。(　　)

19. 实际应用中，新、旧电池可以混在一起使用。(　　)

20. 有极性的电解电容器，其两个引脚中较长的一根是负极引线。(　　)

21. 电感线圈的品质因数 Q 值越高，其选频能力越强。(　　)

22. 在用万用表测量电阻时，每次换挡后都要调零。(　　)

23. 温度一定时，导体的长度和横截面积越大，电阻越大。(　　)

24. 当参考点发生变化时，电位随之改变，电压等于电位差也改变。(　　)

25. 电位是相对的量，电压是绝对的量，二者没有关系。(　　)

四、计算题

1. 某电池未带负载时，测其电压值为 1.5 V，接上一个 5 Ω 的小电珠后测得电流为 250 mA。试计算电池的电动势和内阻。

2. 在图 1-58 所示的电路中，图 1-58(a) 中 $U_{ab}=-5$ V，试问 a、b 两点哪点电位高？在图 1-58(b) 中 $U_1=-6$ V，$U_2=4$ V，试问 U_{ab} 等于多少伏？

3. 试问一只 110 V、100 W 的电灯与另一只 110 V、40 W 的电灯串联后，可以接到电压为 220 V 的电源供电线路上吗？

4. 在图 1-59 所示的电路中，方框表示电流或负载，若各电压、电流的参考方向如图 1-59 所示，并已知 $I_1=2$ A，$I_2=1$ A，$I_3=-1$ A，$U_1=1$ V，$U_2=-3$ V，$U_3=8$ V，$U_4=-4$ V，$U_5=7$ V，$U_6=-3$ V。(1)试标出各电流的实际方向和各电压的实际极性；(2)判断哪些元件是电源？哪些元件是负载？(3)计算各元件的功率，判断电源发出的功率和负载取用的功率是否平衡。

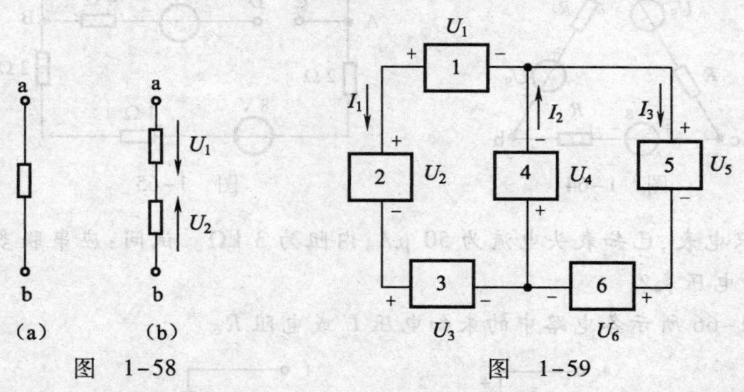

图 1-58　　　　图 1-59

5. 某楼内有 100 W、220 V 的灯泡 100 只，平均每天使用 3 h，计算每月消耗多少电能(一个月按 30 天计算)？

6. 在图 1-60 所示的电路中，已知各支路的电流 I、电阻 R 和电动势 E。试写出：各支路电压 U 的表达式。

7. 在图 1-61 所示的电路中，当开关 S 闭合时，$V_A=?$ $U_{AB}=?$；当 S 断开时，$V_A=?$ $U_{AB}=?$

8. 已知电源电动势 $E=6$ V，接入负载电阻 $R_L=2.9$ Ω 时，测得电流 $I_L=2$ A；再将负载电阻改变为 $R_2=5.9$ Ω 时。试求：电源的内阻 R_0 和负载电阻为 R_2 时的电流 I_2。

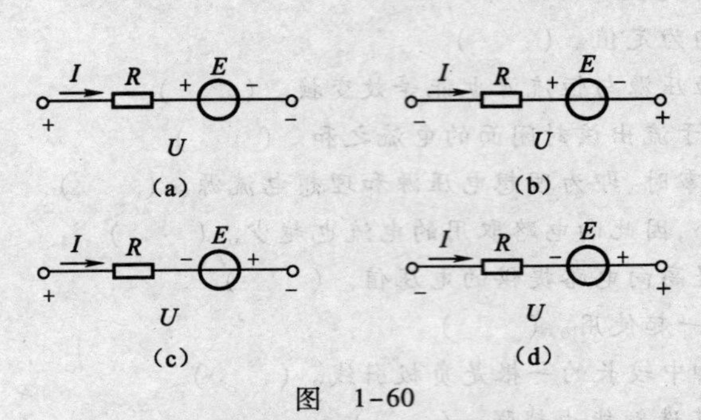

图 1-60

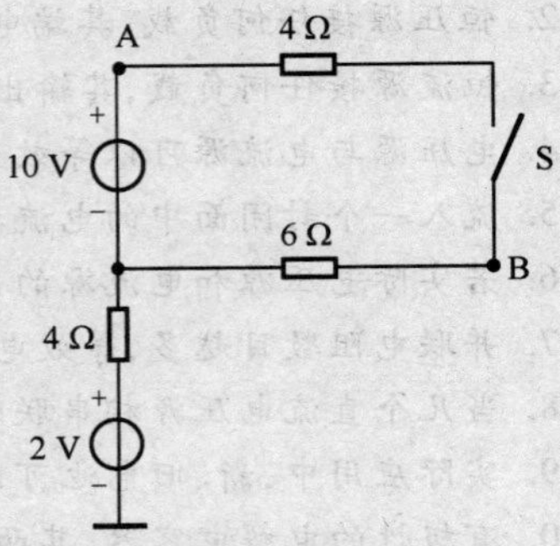

图 1-61

9. 求图 1-62 所示电路中的未知电流 I_1 和 I_2。

10. 求图 1-63 所示电路中的 I_a、I_b、I_c。

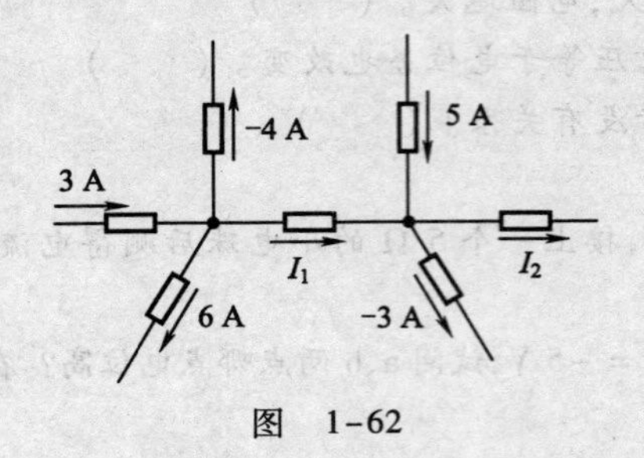

图 1-62

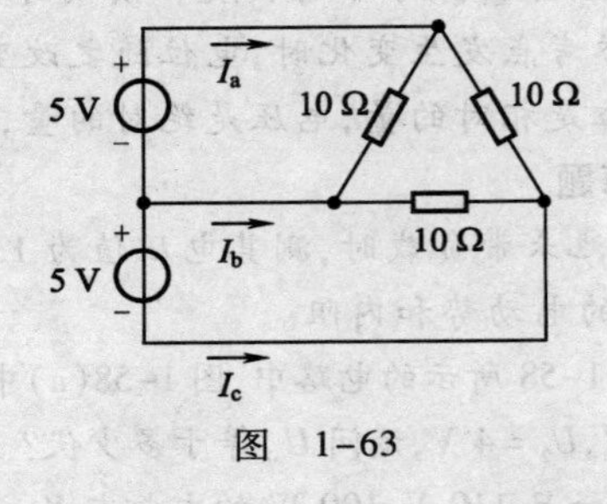

图 1-63

11. 求图 1-64 所示电路中的 U_{ab}。

12. 求图 1-65 所示电路中的 U_{CD}、U_{AB}。

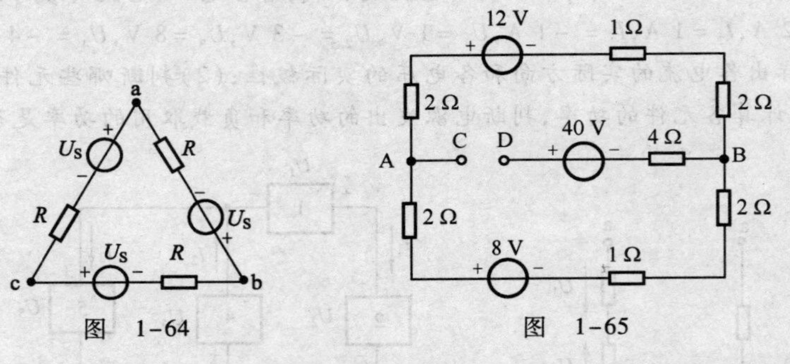

图 1-64

图 1-65

13. 现有一只电表，已知表头电流为 50 μA，内阻为 3 kΩ。试问：应串联多大电阻才能改装成量程为 10 V 的电压表？

14. 计算图 1-66 所示各电路中的未知电压 U 或电阻 R。

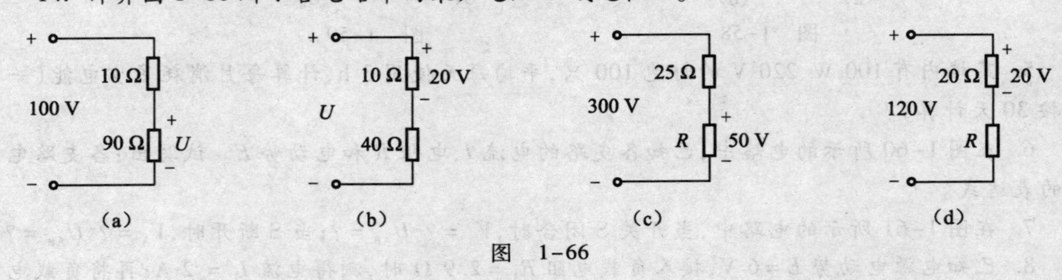

图 1-66

15. 两个电阻串联时的等效电阻为 180 Ω,并联时的等效电阻为 40 Ω。试问:这两个电阻各是多少欧?

16. 计算图 1-67 所示电路中的等效电阻 R_{ab}。

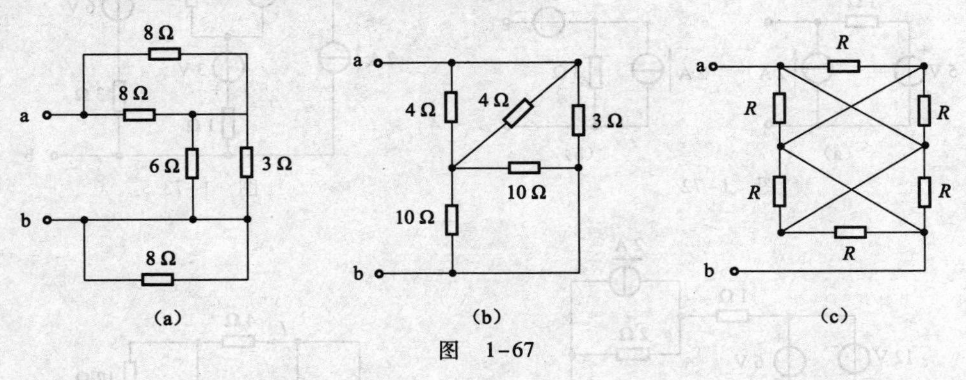

图 1-67

17. 将图 1-68(a)等效变换为三角形电阻网络,将图 1-68(b)等效变换为星形电阻网络。

18. 求图 1-69 所示电路中 4 Ω 电阻的电流。

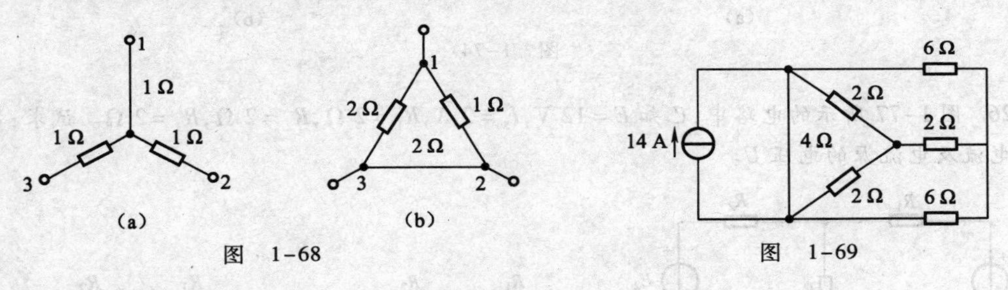

图 1-68

图 1-69

19. 求图 1-70 所示电路中的电流 I。

20. 在图 1-71 所示的电路中,已知 $R_1 = 10\ \Omega$, $R_2 = 30\ \Omega$, $R_3 = 22\ \Omega$, $R_4 = 4\ \Omega$, $R_5 = 60\ \Omega$, $U_S = 22$ V。求电流 I。

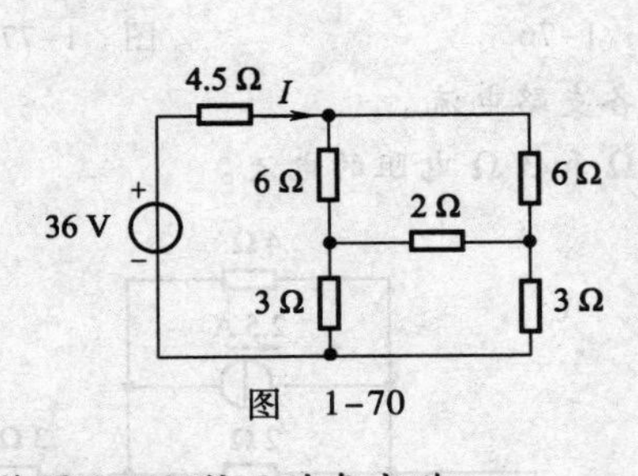

图 1-70

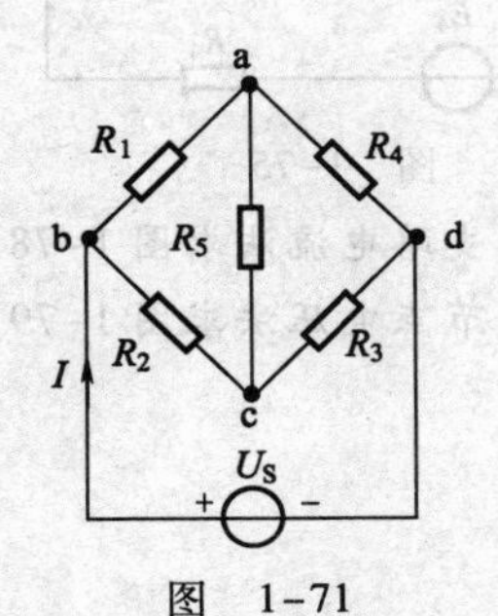

图 1-71

21. 化简图 1-72 所示的各电路。

22. 试等效化简图 1-73 所示的网络。

23. 在图 1-74 所示的电路中,试用电源等效变换方法计算图 1-74(a)中的电压 U 及图 1-74(b)中的电流 I。

24. 图 1-75 所示的电路中,有多少条支路?在图 1-75 上标明支路电流,并选定参考方向,然后列出求解各支路电流所需的全部方程。

25. 图 1-76 所示的电路中,已知 $E_1 = 15$ V, $E_2 = 10$ V, $R_1 = 18\ \Omega$, $R_2 = 4\ \Omega$, $R_3 = 4\ \Omega$。试求:

各支路的电流。

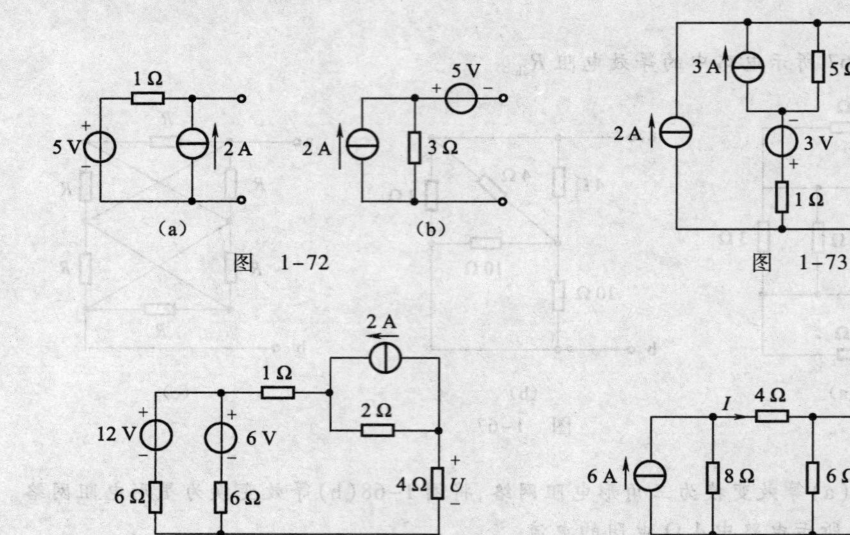

图 1-72

图 1-73

图 1-74

26. 图 1-77 所示的电路中，已知 $E=12\ \text{V}, I_S=2\ \text{A}, R_1=2\ \Omega, R_2=2\ \Omega, R_3=2\ \Omega$。试求：各支路的电流及电流源的电压 U。

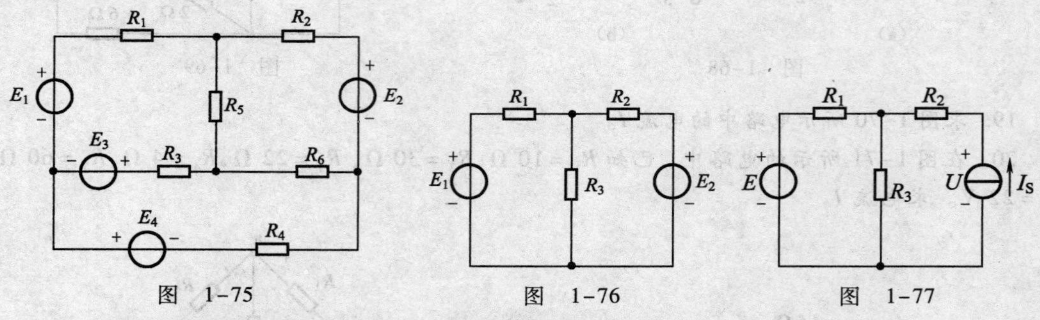

图 1-75

图 1-76

图 1-77

27. 试用支路电流法求图 1-78 所示电路中的各支路电流。

28. 试用节点电压法求图 1-79 所示电路中 5 Ω 和 3 Ω 电阻的电流。

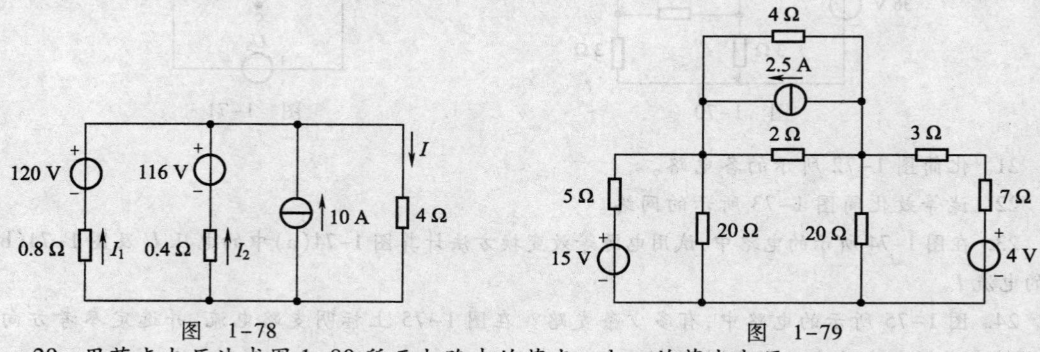

图 1-78

图 1-79

29. 用节点电压法求图 1-80 所示电路中的节点 a、b、c 的节点电压。

30. 用弥尔曼定理求解图 1-81 所示电路中的各支路电流。

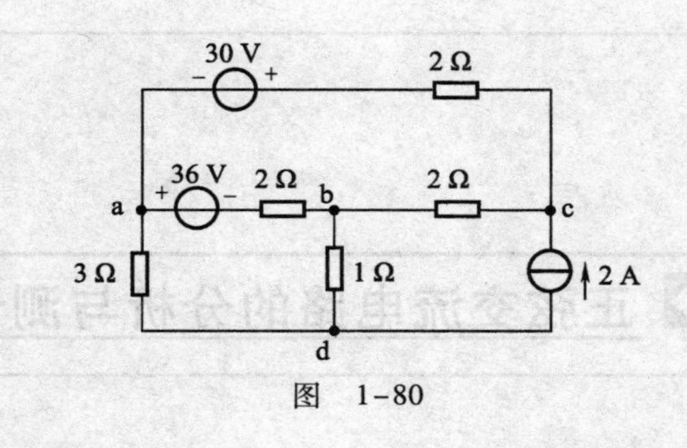

图 1-80

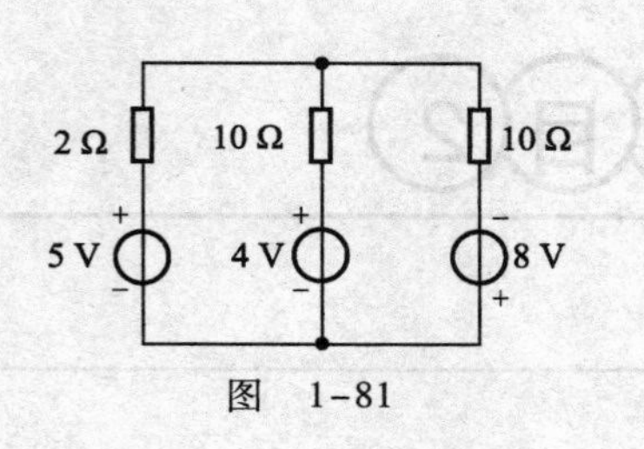

图 1-81

31. 试用叠加原理求图 1-82 所示电路中的各电流 I。

32. 试用叠加原理求图 1-83 所示电路中 4 Ω 电阻支路的电流 I，并计算该电阻吸收的功率 P。

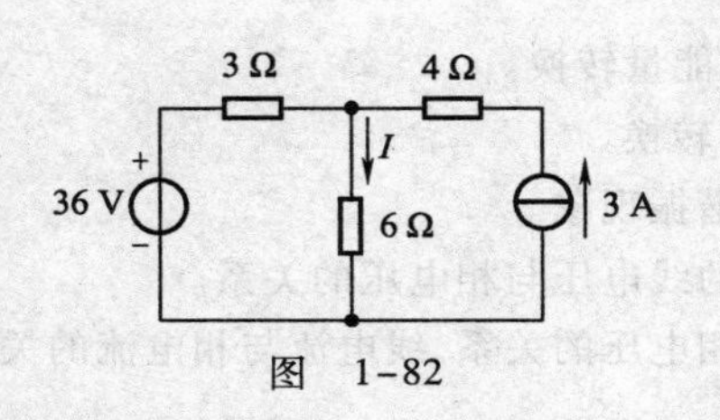

图 1-82

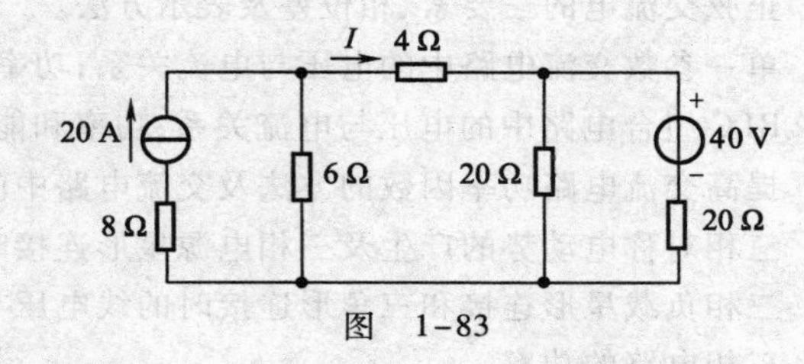

图 1-83

33. 在图 1-84 所示电路中，已知 $R_1=8\ \Omega$，$R_2=4\ \Omega$，$R_3=6\ \Omega$，$R_4=2\ \Omega$，$E=8$ V，$I_S=2$ A。试用戴维南定理求通过 R_2 的电流。

34. 试用戴维南定理求图 1-85 所示电路的电流 I。

35. 试用戴维南定理求图 1-86 所示电路中的 8 Ω、5 V 支路的电流。

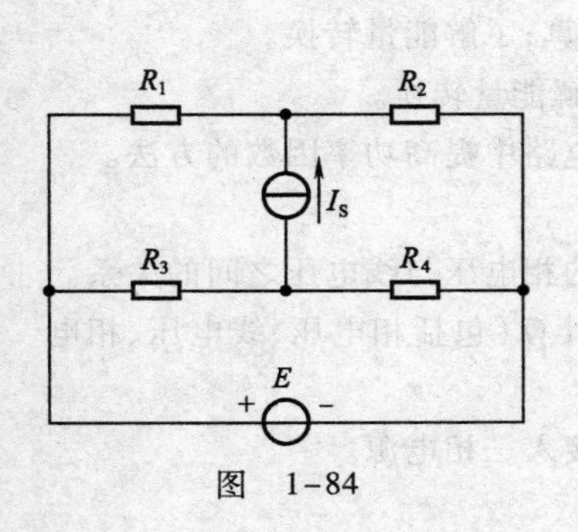

图 1-84

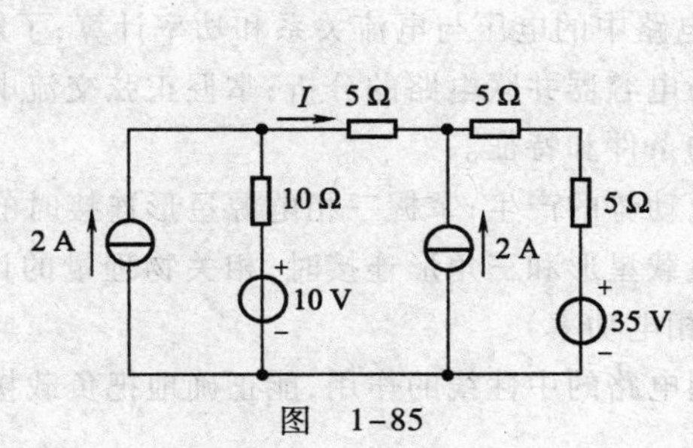

图 1-85

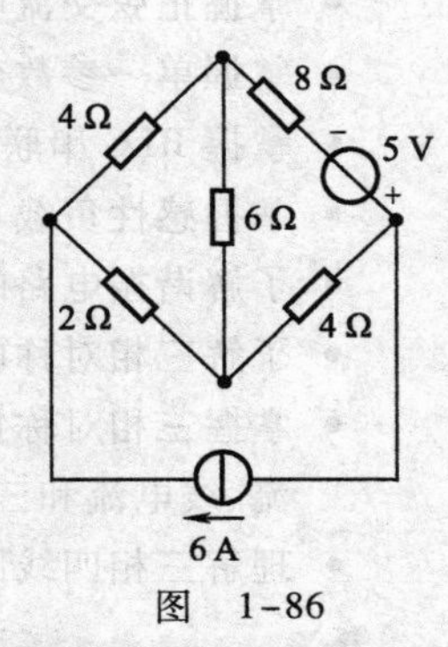

图 1-86

项目2 正弦交流电路的分析与测试

项目内容

- 正弦交流电的三要素、相位差及表示方法。
- 单一参数交流电路中的电压与电流关系;功率和能量转换。
- RLC 组合电路中的电压与电流关系;功率和能量转换。
- 提高交流电路功率因数的方法及交流电路中的谐振现象。
- 三相对称电动势的产生及三相电源星形连接时的线电压与相电压的关系。
- 三相负载星形连接和三角形连接时的线电压与相电压的关系,线电流与相电流的关系。
- 三相电路的功率。

知识目标

- 理解交流电的基本概念,正弦交流电的三要素;掌握正弦交流电最大值与有效值的关系。
- 掌握正弦交流电的三角函数、波形图及相量表示法;会用相量图分析正弦交流电路。
- 掌握单一参数交流电路中的电压与电流的关系和功率计算;了解能量转换。
- 掌握 RLC 串联电路中的电压与电流关系和功率计算;了解能量转换。
- 掌握感性负载与电容器并联电路的分析;掌握正弦交流电路中提高功率因数的方法。
- 了解谐振电路的条件和特征。
- 了解三相对称电动势的产生;掌握三相电源星形连接时的相电压与线电压之间的关系。
- 掌握三相对称负载星形和三角形连接时,相关物理量的计算(包括相电压、线电压、相电流、线电流和三相电功率)。
- 理解三相四线制电路的中性线的作用,能正确地把负载接入三相电源。

能力目标

- 会分析简单及较复杂的交流电路,并会使用交流电压表(毫伏表)、万用表测量交流电压及用交流电流表测量交流电流。
- 会使用示波器测试低频信号发生器产生的典型信号。
- 会进行白炽灯照明电路、电感式镇流器荧光灯电路的安装、检测与维修。

素质目标

- 培养学生高度的职业责任心和安全意识,遵章守纪、规范操作。
- 训练团队精神,培养协同工作的素质和组织管理能力。
- 锻炼学生信息、资料搜集与查找的能力。

任务 2.1　正弦交流电路的认识与测试

任务描述

在生产和生活中所用的电路几乎都是正弦交流电路。正弦交流电路是指含有正弦电源(激励)而且电路各部分所产生的电压和电流(响应)均随时间按正弦规律变化的电路。本任务主要讲述正弦交流电的基本概念,正弦交流电的三要素、相位差,正弦交流电的表示方法及正弦交流电的测试。

任务目标

理解交流电的基本概念、正弦交流电的三要素;掌握正弦交流电最大值与有效值的关系,正弦交流电的三角函数、波形图及相量图表示方法;能熟练地进行单相交流电路的测试。

任务实施

子任务 1　正弦交流电的基本知识与交流信号的测试

〖现象观察〗——看一看

用示波器观察低频函数信号发生器的正弦波输出信号,输出信号的频率为 1 kHz,信号的大小约 2 V。调节示波器使得在荧光屏上出现两个完整的波形,分别观察频率不同、幅度不同、计时起点不同时的波形。

〖知识链接〗——学一学

大小和方向都随时间做周期性变化的电压、电流、电动势分别称为交流电压、交流电流、交流电动势,统称为交流电。大小和方向随时间按正弦规律变化的交流电称为正弦交流电。本书以后如不加说明,所说的交流电都是指正弦交流电。

在线性电路中,若激励为时间的正弦函数,则稳定状态下的响应也为时间的正弦函数,这样的电路称为正弦交流稳态电路,简称正弦交流电路。

正弦交流电广泛应用于生产与生活的各个领域,它具有易产生、便于输送和使用的特点。与直流电比较,正弦交流电具有发电成本低、便于远距离传输、转换效率高等优点。

正弦交流电路和直流电路具有根本的区别,但直流电路的分析方法原则上也适用于正弦交流电路。由于正弦交流电路电压和电流的大小和方向随时间按正弦规律变化,因此分析和计算比直流电路要复杂得多。

正弦交流电路的基本理论和分析方法是学习交流电机、电器的重要基础,因此,分析与讨论正弦交流电路具有十分重要的意义。

1. 正弦交流电的基本知识

现代生产生活中用电大多属于交流电。交流电在其电能的产生、输送和使用方面,都有很大的优越性。例如,交流供电系统可以利用变压器方便而又经济地升高或降低电压,远距离输电时采用较高的电压可以减少线路上的电能损失;而用户用较低的电压,既安全又可降低电气设备的绝缘费用。又如,广泛应用的交流异步电动机与同等功率的直流电动机相比,具有构造简单、价格低廉、运行可靠、维护方便等优点。目前一些需用直流电的场合,如工业用的电解和电镀等,也是利用整流设备将交流电能转变为直流电能的。

交流电循环变化一周的时间称为周期,用 T 表示,周期的单位是秒(s)。单位时间内交流电变化循环的次数称为频率,用 f 表示,频率的单位是赫[兹](Hz)简称赫。由定义可知,频率与周期互为倒数,即

$$f=\frac{1}{T} \quad 或 \quad T=\frac{1}{f} \tag{2-1}$$

我国和世界上大多数国家都采用50 Hz 作为工业和民用电频率,称为工频。有些国家(如美国、日本等)用60 Hz 作为电力标准频率。通常交流动力电路、照明电路都用工频电,在其他不同技术领域内使用不同的频率。例如,高频炉的频率是200 ~ 300 kHz,中频炉的频率是500 ~ 800 Hz,高速电动机的频率是150 ~ 2 000 Hz,无线电调频广播载波频率是88 ~ 108 MHz,广播电视载波频率是30 ~ 300 MHz 等。

对于某一时刻 t,交流电的值称为交流电在 t 时刻的瞬时值。如图 2-1(b)所示,设 $t=t_1$ 时,$i=i_1$;$t=t_2$ 时,$i=i_2$;…则 $i_1,i_2,\cdots$ 就是对应于时刻 $t_1,t_2,\cdots$ 的电流瞬时值。一般地,电流 i 是时间 t 的函数:$i=i(t)$。规定用小写字母表示交流电的瞬时值,交流电动势、交流电压分别用 e、u 来表示。在一个周期内,交流电出现最大的绝对值,称为交流电的最大值或振幅(有时又称幅值或峰值)。交流电的最大值用大写字母加下标 m 来表示,如 E_m、U_m、I_m 分别表示电动势、电压、电流的最大值。

正弦交流电也可用正弦曲线表示,如图 2-1(b)所示。由于交流电的方向是周期性变化的,所以必须在电路中先假定交流电的参考正方向,如图 2-1(a)所示电路中的两箭头分别指示 e 和 i 的参考正方向。

当电流的瞬时值为正值,即电流的实际方向与其参考正方向一致时,曲线就处于横坐标轴的上方;当电流的瞬时值为负值,即电流的实际方向与参考正方向相反时,曲线就处于横坐标轴的下方。

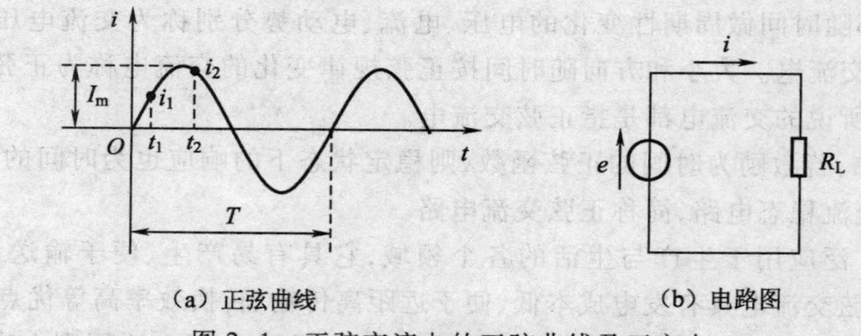

(a) 正弦曲线　　　　(b) 电路图

图 2-1　正弦交流电的正弦曲线及正方向

正弦电压、电流、电动势统称为正弦电量。正弦电量的特征表现在快慢、大小及初始值三个方面,分别由周期(或频率)、幅值(或有效值)、初相位来确定,周期、幅值、初相位称为正弦交流电的三要素。

2. 正弦交流电的三要素和相位差

(1)正弦交流电的三要素。图 2-2 画出了正弦交流电(以电流 i 为例)的一般变化曲线。对应于图 2-2 所示正弦曲线的瞬时值 i 的解析式,即正弦函数表达式为

$$i=I_m\sin(\omega t+\varphi_0) \tag{2-2}$$

式(2-2)中,$\omega t+\varphi_0$ 称为正弦交流电的相位角,简称相位。相位是研究正弦交流电必须要掌握的一个重要概念,它表示正弦交流电在某一时刻所处的变化状态,它不仅决定该时刻瞬时值的大小和方向,还决定了该时刻交流电变化的趋势(即增加或减少)。

当 $t=0$ 时，交流电的相位角 φ_0 称为初相角，简称初相。初相表示计时开始时交流电所处的变化状态。图 2-1(b) 中所绘制的正弦曲线是假设初相 $\varphi_0=0$ 时的曲线。

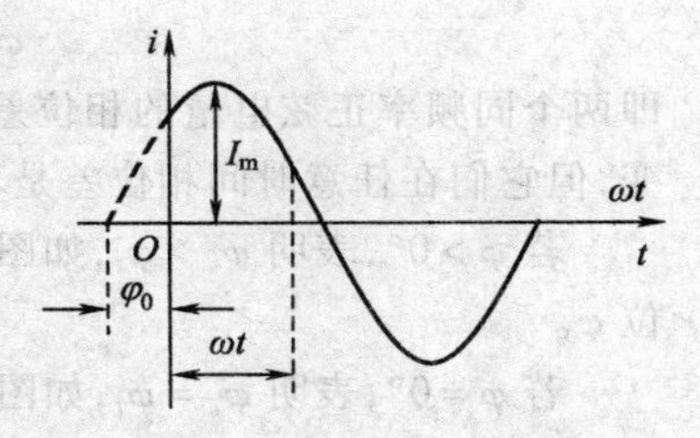

图 2-2　正弦交流电流变化曲线

初相的取值范围一般规定为 $-\pi \leqslant \varphi_0 \leqslant \pi$。

最大值、角频率(或频率，或周期)、初相角合称为正弦交流电的三要素。它们分别表示正弦交流电的幅度、变化快慢及起始状态。由式(2-2)看出，正弦交流电的瞬时值是时间 t 的函数，只要 I_m、f、φ_0 这三个量给定了，这个函数也就完全确定了。

(2) 正弦交流电的有效值。交流电的瞬时值随时间而变化，不便于用它来计量交流电的大小。在工程技术中，规定用有效值来衡量交流电发热和做功的能力。交流电有效值的定义为：假设交流电流 i 通过一个电阻 R 在一个周期内产生的热量 Q，与一个恒定的直流电流 I 通过相同的电阻 R，在相同时间内所产生的热量 Q' 相等，就可以说这个直流电流 I 与交流电流 i 在发热方面是等效的，就把这个直流电流的数值 I 定义为该交流电流 i 的有效值。简而言之，交流电流的有效值就是热效应与它等同的直流值。用大写字母 I、U、E 分别表示交流电流、电压、电动势的有效值。

交流电流 i 一个周期内在 R 上产生的热量为

$$Q = \int_0^T i^2 R \mathrm{d}t$$

直流电流 I 同一周期内在 R 上产生的热量为

$$Q' = I^2 RT$$

若两者相等，即 $Q=Q'$，则

$$I^2 RT = \int_0^T i^2 R \mathrm{d}t$$

可得出周期电流的有效值为

$$I = \sqrt{\frac{1}{T}\int_0^T i^2 \mathrm{d}t}$$

设 $i = I_m \sin\omega t$，则

$$I = \sqrt{\frac{1}{T}\int_0^T I_m^2 \sin^2\omega t \mathrm{d}t} = \sqrt{\frac{1}{T}\int_0^T \frac{1}{2} I_m^2 (1-\cos 2\omega t)\mathrm{d}t} = \frac{I_m}{\sqrt{2}} = 0.707 I_m \tag{2-3}$$

即当电流 i 按正弦规律变化时，其有效值等于最大值的 $1/\sqrt{2}$。

这个结论同样适用于正弦电压和电动势，即

$$U = \frac{U_m}{\sqrt{2}}, E = \frac{E_m}{\sqrt{2}} \tag{2-4}$$

一般所说的正弦电压或电流的大小，都是指它的有效值；交流电压表、电流表的读数都是它们的有效值；交流电机和电器的额定电压、额定电流也都是指它的有效值。

(3) 相位差。分析交流电路时，经常会遇到若干个正弦交流电量，不仅要分析它们的数量关系，还必须分析它们的相位关系。通常只需要研究几个同频率的正弦电量之间的相位关系。

把两个同频率正弦电量相位之差称为它们的相位差，记作 φ。

设两个同频率的正弦电量 $u=U_m\sin(\omega t+\varphi_u)$，$i=I_m\sin(\omega t+\varphi_i)$，则 u 与 i 的相位差为

$$\varphi=(\omega t+\varphi_u)-(\omega t+\varphi_i)=\varphi_u-\varphi_i \tag{2-5}$$

即两个同频率正弦电量的相位差等于它们的初相位之差。虽然每个正弦电量的相位随时间而变，但它们在任意时间相位差是不变的。

若 $\varphi>0°$，表明 $\varphi_u>\varphi_i$，如图 2-3(a)所示，称 u 超前 i 的相位为 φ，或者说 i 滞后于 u 一个相位 φ。

若 $\varphi=0°$，表明 $\varphi_u=\varphi_i$，如图 2-3(b)所示，称 u 与 i 同相位，两正弦电量同时达到最大值或同时为零。

若 $\varphi=\pm180°$，如图 2-3(c)所示，称 u 与 i 反相位，当 u 为正的最大值时，i 为负的最大值。

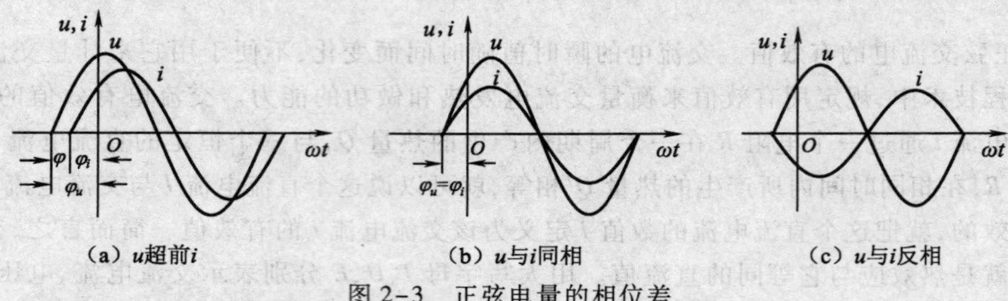

图 2-3　正弦电量的相位差

综上所述，两个同频率的正弦电量计时起点 $t=0$ 不同时，它们的相位和初相位不同，但它们之间的相位差不变。

例 2-1　已知 $u=311\sin(314t+30°)$ V，$i=14.14\sin(314t-60°)$ A，试求：(1)电压、电流的有效值及相位差；(2)若以电压 u 为参考量，重新写出电压 u 和电流 i 的瞬时值表达式。

解　(1)电压、电流有效值为

$$U=\frac{U_m}{\sqrt{2}}=\frac{311}{\sqrt{2}}\ \text{V}=220\ \text{V}$$

$$I=\frac{I_m}{\sqrt{2}}=\frac{14.14}{\sqrt{2}}\ \text{A}=10\ \text{A}$$

u 与 i 的相位差为

$$\varphi=\varphi_u-\varphi_i=30°-(-60°)=90°$$

(2)若以电压 u 为参考量 $\varphi_u=0°$，则 $\varphi_i=90°$，u 和 i 的瞬时表达式分别为

$$u=U_m\sin\omega t=310\sin 314t\ \text{V}$$

$$i=I_m\sin(\omega t+\varphi_i)=14.1\sin(314t-90°)\ \text{A}$$

〖实践操作〗——做一做

(1)交流信号频率、大小的测量。调节信号发生器，使其输出正弦信号，将示波器与函数信号发生器连接，分别用示波器、晶体管毫伏表测量正弦信号的参数，将数据填入表 2-1 中。

表 2-1　交流信号的频率、大小的测量

测试项目	频　率/Hz			信号值/mV		
	1	2	3	1	2	3
用示波器测量						
用晶体管毫伏表测量	—	—	—			

(2)交流电压、电流的测量。按图 2-4 所示电路正确连接。电路图中的交流电源电压为220 V、50 Hz,3 个电阻可用3 个1 kΩ 的电阻,也可以用3个相同的灯泡(220 V、25 W)。

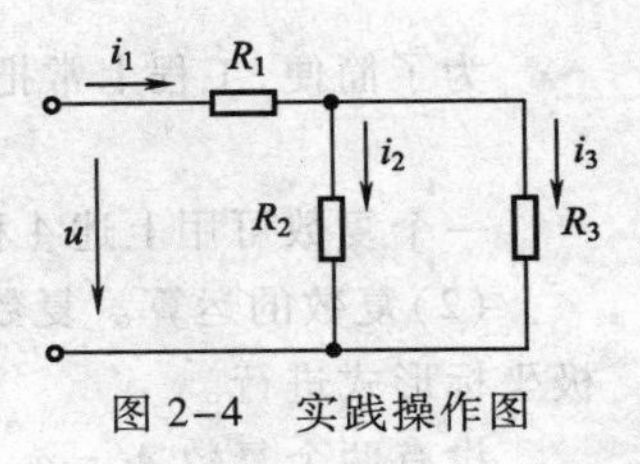

图 2-4 实践操作图

测量电源两端电压 U 及负载两端电压 U_{R_1}、U_{R_2}、U_{R_3} 大小及负载电流 I_1、I_2、I_3大小,将测量数据填入表 2-2 中。

表 2-2 交流电压、电流的测量

测试项目	U	U_{R_1}	U_{R_2}	U_{R_3}	I_1	I_2	I_3
测量值							

测量时应注意:如果事先不知道被测电压、电流的大小,应尽量选用较大的量程测一次,然后根据实际情况再选择合适的量程;测试时手一定不能碰到表笔的金属部分,以免引起电击。

〖问题研讨〗——想一想

(1)某交流供电的频率 $f=400$ Hz,试求其角频率 ω 和周期 T。

(2)对两个不同频率的正弦电量,在某一时刻同时达到正的最大值,能否断定它们是同相的?为什么?

子任务 2 正弦交流电的相量表示与电路测试

〖现象观察〗——看一看

如图 2-5 所示电路,调节低频信号发生器的输出电压 U 为 5 V,频率为 1 kHz。测量 RC 串联电路中电阻两端电压 U_R及电容两端的电压 U_C。由测量的数据,请思考:为什么 $U\neq U_R+U_C$?

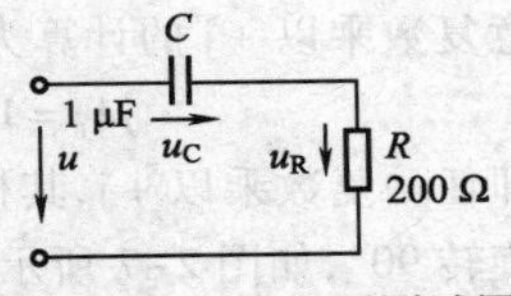

图 2-5 交流电压测试图

〖知识链接〗——学一学

正弦电量可以用三角函数或波形图来表示,当分析正弦交流电路时,在图 2-5 所示电路中,由基尔霍夫定律得 $u=u_R+u_C$,无论是用三角函数表示法还是用波形图表示法进行同频率的正弦电量的加、减、乘、除运算,都非常烦琐,故一般不采用。下面介绍的正弦电量的相量表示法,将给分析、计算正弦交流电路带来极大的方便。

正弦电量的相量表示法的基础是复数,即用复数来表示正弦电量。

1. 复数的基本知识

(1)复数的表示式。设 A 为复数,其代数式为

$$A=a+\mathrm{j}b \tag{2-6}$$

a、b 分别为复数 A 的实部和虚部,$\mathrm{j}=\sqrt{-1}$为虚数单位。复数 A 可以用由实数轴(单位 +1)、虚数轴(单位 +j)的复平面的有向线段 OA 矢量来表示,如图 2-6 所示。其中,$r=\sqrt{a^2+b^2}$为复数的大小,称为复数的模;$\varphi=\arctan\dfrac{b}{a}$为复数与实轴正方向间的夹角,称为复数的辐角。在 r、φ已知时,由图 2-6 可知 $a=r\cos\varphi$,$b=r\sin\varphi$。

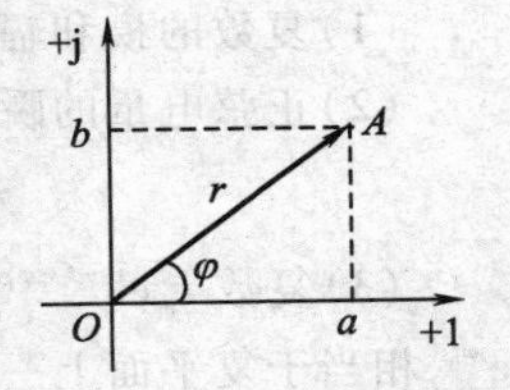

图 2-6 复数的相量表示

复数的三角函数式为

$$A=r(\cos\varphi+\mathrm{j}\sin\varphi) \tag{2-7}$$

将欧拉公式 $\mathrm{e}^{\mathrm{j}\varphi}=\cos\varphi+\mathrm{j}\sin\varphi$ 代入式(2-7),可得复数的指数形式为

$$A=r\mathrm{e}^{\mathrm{j}\varphi} \tag{2-8}$$

为了简便，工程上常把指数形式写成极坐标形式，即

$$A = r\angle\varphi \tag{2-9}$$

一个复数可用上述4种复数形式来表示，复数的4种表示式可相互转换。

(2)复数的运算。复数的加减运算可采用代数式进行，复数的乘除运算可采用指数形式或极坐标形式进行。

设有两个复数 $A_1 = a_1 + jb_1 = r_1\angle\varphi_1, A_2 = a_2 + jb_2 = r_2\angle\varphi_2$

加减运算：

$$A = A_1 \pm A_2 = = (a_1 + jb_1) \pm (a_2 + jb_2) = (a_1 \pm a_2) + j(b_1 \pm b_2) \tag{2-10}$$

即复数相加减时，实部和虚部分别相加减。

乘法运算：

$$A = A_1 \cdot A_2 = r_1 \cdot r_2\angle(\varphi_1 + \varphi_2) \tag{2-11}$$

即复数相乘时，其模相乘，辐角相加。

除法运算：

$$A = \frac{A_1}{A_2} = \frac{r_1}{r_2}\angle(\varphi_1 - \varphi_2) \tag{2-12}$$

即复数相除时，其模相除，辐角相减。

作为两个复数相乘的特例，是一个复数乘以 +j 或 -j。

因为，$e^{\pm j90^\circ} = \cos 90^\circ \pm j\sin 90^\circ = 0 \pm j = \pm j$。所以，±j 是模为1，辐角为±90°的复数，所以任意复数乘以 +j 的计算为

$$jA_1 = 1\angle 90^\circ \cdot r_1\angle\varphi_1 = r_1\angle(\varphi_1 + 90^\circ)$$

即任一复数乘以 +j，其模不变，辐角增大90°，相当于把复矢量 A 逆时针旋转90°，如图2-7所示。

同理

$$-jA_1 = 1\angle(-90^\circ) \cdot r_1\angle\varphi_1 = r_1\angle(\varphi_1 - 90^\circ)$$

即任一复数乘以 -j，其模不变，辐角顺时针转过90°，如图2-7所示。

±j 称为旋转因子。

图2-7　j的几何意义

2. 正弦电量的相量表示法

用复数表示正弦电量的方法称为正弦电量的相量表示法。将复数表示法及四则运算用于正弦电路的分析与计算的方法称为正弦电量的相量表示法。

设正弦电流为 $i = I_m\sin(\omega t + \varphi_i) = I\sqrt{2}\sin(\omega t + \varphi_i)$ 和一个复数 $I_m e^{j(\omega t + \varphi_i)}$，将二者加以比较，发现它们之间有如下对应关系。

(1)复数的模和辐角分别等于正弦电量的最大值 I_m 和相位 $(\omega t + \varphi)$；

(2)正弦电量的瞬时值恰好为复数的虚部，即

$$I_m e^{j(\omega t + \varphi_i)} = I_m\cos(\omega t + \varphi_i) + jI_m\sin(\omega t + \varphi_i)$$

(3)复数 $I_m e^{j(\omega t + \varphi_i)} = I_m e^{j\varphi_i} \cdot e^{j\omega t} = \dot{I}_m \cdot e^{j\omega t}$，等于一个复常数（又称复振幅）$\dot{I}_m$ 乘以旋转因子 $e^{j\omega t}$，相当于复平面上一个模不变、辐角随时间而变化的旋转矢量（旋转角速度为正弦电量角频率 ω）。该旋转矢量在虚轴上的投影，等于正弦电量的瞬时值。显然，这个复数完整地表示了正弦电量的三要素，如图2-8所示。

$t = t_1$ 时，旋转矢量对应的复数为 $\dot{I}_m \cdot e^{j\omega t_1}$，此时电流为

$$i_1 = J_m[\dot{I}_m e^{j\omega t_1}] = I_m\sin(\omega t_1 + \varphi_i)$$

式中，J_m 表示取[　]内的虚部。

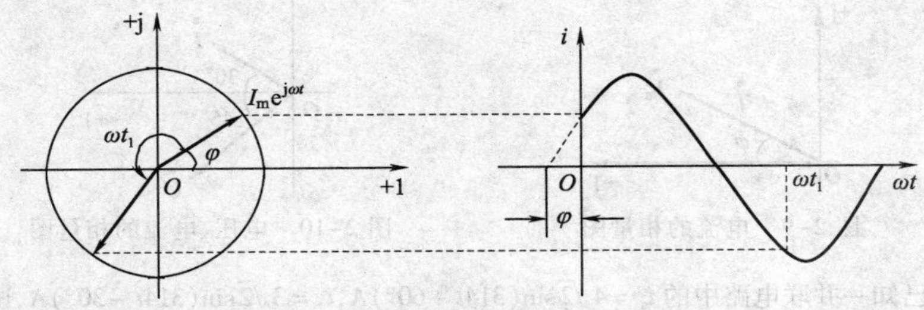

图 2-8　旋转相量与正弦电量的示意图

(4)在线性电路中，如果所给的激励都是同频率的正弦电量，则电路各部分的响应是与激励同频率的正弦电量。就是说，为了确定或区分正弦电压、电流，只需考虑最大值和初相位这两个要素就足够了。因此，正弦电量可由初位置($t=0$ 时)的矢量 $\dot{I}_m = I_m\angle\varphi_i$ 唯一确定，即正弦电流 $i=I_m\sin(\omega t+\varphi_i)$ 可以用复数(复常数) $\dot{I}_m = I_m\angle\varphi_i$ 来表示，并称复数 $\dot{I}_m$ 为电流 i 的相量。复数不再是时间的函数，可以参与一般的复数运算，但是，它所表示的电流仍是时间的正弦函数。由于在电路分析中经常使用有效值，所以正弦电量的相量也常用有效值表示，即将其模除以 $\sqrt{2}$，辐角保持不变。为与一般复数相区别，用大写字母表示，并在大写字母的上方加一小圆点，即 $\dot{I} = I\angle\varphi_i$。

正弦电量可用复平面上的一复矢量表示，如图 2-9 所示。复数的模为正弦电量的最大值或有效值，复数的辐角为正弦电量的初相位。

同理，正弦电压、电动势的幅值相量和有效值相量分别为 $\dot{U}_m = U_m\angle\varphi_u$，$\dot{E}_m = E_m\angle\varphi_e$；$\dot{U} = U\angle\varphi_u$，$\dot{E} = E\angle\varphi_e$。

注意：相量只是表示正弦电量，而不是等于正弦电量。用相量表示正弦电量后，就可把烦锁的三角函数运算转换为简单的复数运算。由于在分析线性电路时，正弦电动势、电压、电流均为同频率的正弦电量，频率是已知的或特定的，可以不考虑，只要求出正弦电量的幅值(或有效值)和初相位，即可写出正弦电量函数表达式。

多个同频率的正弦电量，按各正弦电量的大小和初相位，用矢量画在同一坐标的复平面上的若干个相量图形，称为相量图。例如，$\dot{I} = 10\angle 30°$ A，$\dot{U} = 20\angle(-45°)$ V 用相量图表示如图 2-10 所示。在相量图上可直观地看出正弦电量的大小和相互间的相位关系，电流相量 $\dot{I}$ 比电压相量 $\dot{U}$ 超前 75°。正弦电量的相量表示法有两种形式：一是复数式，常用代数式(或三角函数式)做相量的加减运算，常用指数形式(或极坐标形式)做相量的乘除运算；二是相量图，它是配合复数式进行电路分析和计算的一个很有用的辅助工具。

正弦电量用相量表示后，基尔霍夫定律的瞬时值(任一瞬间都成立)形式 $\sum i = 0$，$\sum u = 0$ 就变换为

$$\sum \dot{I} = 0 \tag{2-13}$$

$$\sum \dot{U} = 0 \tag{2-14}$$

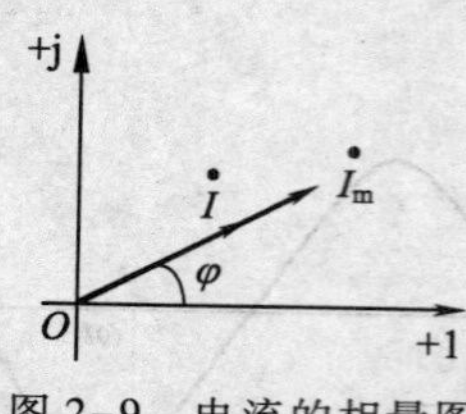

图 2-9　电流的相量图

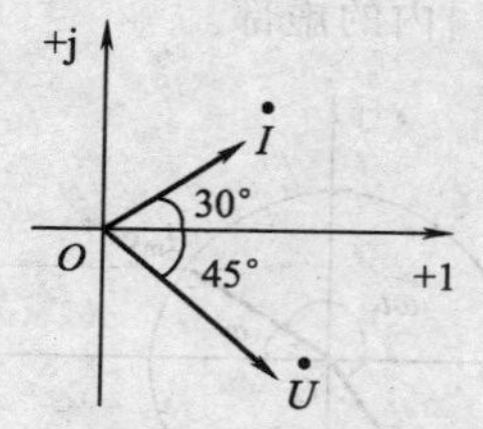

图 2-10　电压、电流的相量图

例 2-2　已知一并联电路中的 $i_1=4\sqrt{2}\sin(314t+60°)$ A，$i_2=3\sqrt{2}\sin(314t-30°)$ A，试求：总电流 i。

解　(1)借助相量图求解，画出 i_1、i_2 的相量图，如图 2-11 所示。

用平行四边形法则画出总电流 i 的相量 $\dot{I}$，由相量图可知，由于 $\dot{I}_1$ 和 $\dot{I}_2$ 的夹角为 90°，

所以

$$I=\sqrt{I_1^2+I_2^2}=\sqrt{4^2+3^2}\ \text{A}=5\ \text{A}$$

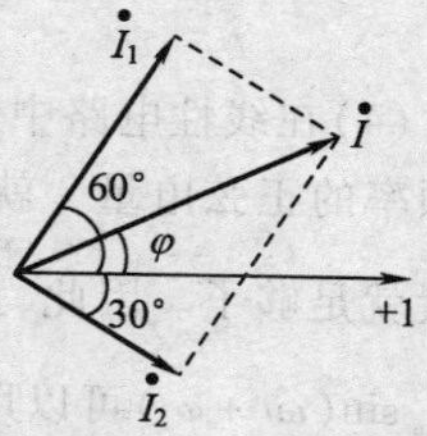

图 2-11　例 2-2 的相量图

相量 $\dot{I}$ 与横轴的夹角 φ 就是总电流 $\dot{I}$ 的初相位。

$$\varphi=\arctan\frac{4}{3}-30°=23.1°$$

总电流的瞬时值表达式为

$$i=5\sqrt{2}\sin(314t+23.1°)\ \text{A}$$

(2)用相量法求解，将 $i=i_1+i_2$ 转化为基尔霍夫电流定律的相量表达式为 $\dot{I}=\dot{I}_1+\dot{I}_2$。

所以

$$\begin{aligned}\dot{I}&=\dot{I}_1+\dot{I}_2\\&=(4\cos 60°+\text{j}4\sin 60°)+[3\cos(-30°)+\text{j}3\sin(-30°)]\\&=(2+\text{j}3.47)+(2\cdot 6-\text{j}1.5)=(4.6+\text{j}1.87)\ \text{A}=5\angle 23.1°\ \text{A}\end{aligned}$$

总电流瞬时值的表示式为：

$$i=5\sqrt{2}\sin(314t+23.1°)\ \text{A}$$

由例 2-2 可知，用相量表示正弦电量后，可简化正弦电量的运算，并能同时求出正弦电量的大小和初相位，相量法是正弦交流电路的普遍运算方法。常用相量图表示各正弦电量之间的关系，并借助相量图进行相量运算。

〖实践操作〗——做一做

在实验电路板上连接图 2-12 所示电路，测试并联电路各支路电流，思考所测得的结果。

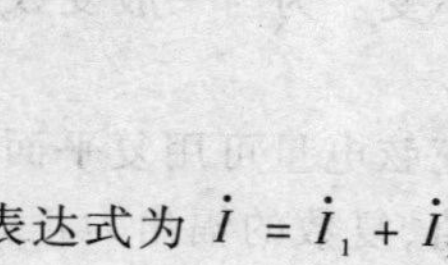

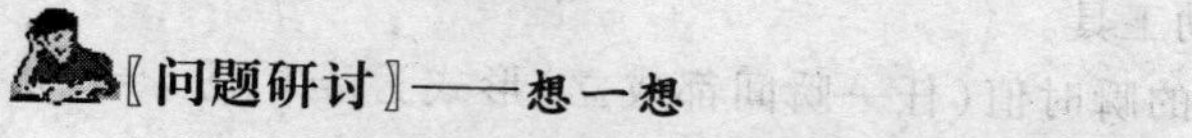

〖问题研讨〗——想一想

(1)对两个频率不相同的正弦电量，能否比较它们之间的相位关系？为什么？能否把它们画在同一张相量图中？为什么？

图 2-12　并电路电流关系测试电路

(2)判断下列各式是否正确？如不正确请指出错误。

① $u=220\angle 30°$ V；② $I=30\angle 60°$ A；③ $\dot{I}=20\text{e}^{20°}$ A；④ $U=220\sqrt{2}\sin(\omega t+30°)$ V；⑤ $i=10\sin(\omega t-45°)=10\text{e}^{-\text{j}45°}$ V。

(3)查阅资料，分析、讨论非正弦交流电的有效值和最大值之间的关系。

任务 2.2　单一参数的正弦交流电路的分析与测试

任务描述

在直流电路中，由于在恒定电压的作用下，电感相当于短路，电容相当于开路，所以只考虑了电阻这一参数。而在交流电路中，由于电压、电流都随时间按正弦规律变化的，因此，分析和计算交流电路时，电阻、电感和电容三个参数都必须同时考虑。为方便起见，先分别讨论只有某一个参数的电路。由电阻、电感、电容单一参数和交流电源组成的正弦交流电路，是最简单的交流电路，它们在交流电路中的特性是分析实际交流电路的基础。本任务主要讲述单一参数交流电路中电压与电流的关系，功率、能量转换及电路测试。

任务目标

理解纯电阻、纯电感、纯电容电路中的能量转换；掌握单一元件电路中电压与电流关系和功率的计算；能较熟练地画出相应的相量图；能正确地测试单一参数交流电路。

任务实施

子任务 1　纯电阻正弦交流电路的分析与测试

〖现象观察〗——看一看

按图 2-13 所示连接电路。信号发生器输出的电压为 3 V，调节频率从 200 Hz 逐渐增至 5 kHz，用交流毫伏表测量 U_R，观察 u_R 大小的变化，即电流 i_R（等于 u_R/R）随频率的变化；调整信号发生器输出信号的频率为 1 kHz，输出电压为 3 V，并保持不变，用示波器观测 u_R 的波形和 u_R 的相位。

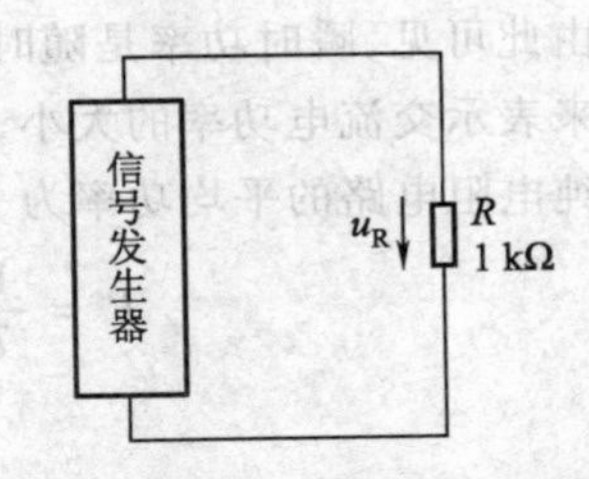

图 2-13　纯电阻交流电路阻抗频率特性及电压、电流波形测试图

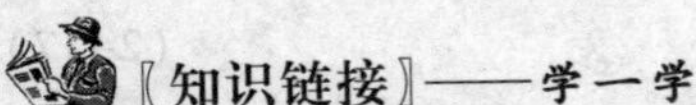

〖知识链接〗——学一学

在交流电路中，凡是由电阻起主导作用的各种负载（如白炽灯、电阻炉及电烙铁等）都称为电阻性负载，由电阻性负载和交流电源组成的电路，称为纯电阻电路。

1. 纯电阻正弦交流电路中的电压与电流关系

图 2-14(a)所示为一线性电阻元件的交流电路，图中标明了电压、电流的参考正方向。设 $i = I_m \sin \omega t$，根据欧姆定律得

$$u = iR = I_m R\sin \omega t = U_m \sin \omega t$$

式中，$U_m = I_m R$。

电流与电压有效值之间的关系为

$$I = \frac{U}{R} \tag{2-15}$$

相量关系为

$$\dot{U} = \dot{I} R \tag{2-16}$$

在交流线性电阻电路中，电阻元件的电压和电流同频率；电压与电流相位相同；电压、电流有效值（或最大值）之间的关系符合欧姆定律。它们的波形图和相量图如图2-14（b）、（c）所示。

2. 纯电阻正弦交流电路中的功率和能量转换

在任一瞬时，电路所吸收的功率称为瞬时功率，用小写字母 p 表示，它等于该瞬时的电压 u 和电流 i 的乘积。电阻电路所吸收的瞬时功率为

$$p = ui = U_m \sin \omega t I_m \sin \omega t = \sqrt{2}U\sqrt{2}I\sin^2 \omega t = UI(1-\cos 2\omega t)$$

功率波形图如图2-14（d）所示。由于 $p \geqslant 0$，电阻元件总是吸收功率，并不断地将电能转换为热能。

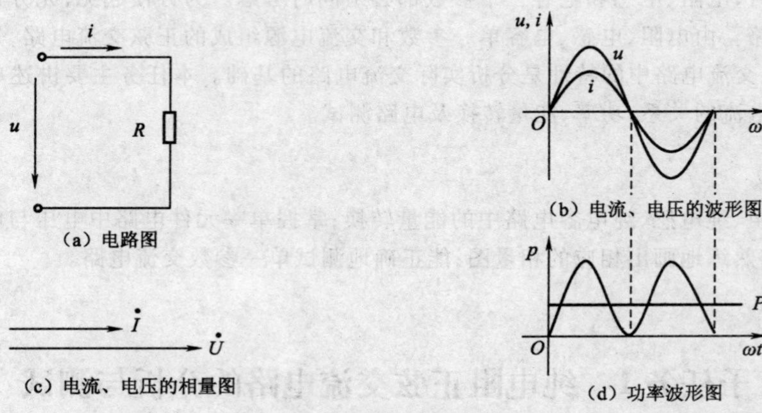

（a）电路图

（b）电流、电压的波形图

（c）电流、电压的相量图

（d）功率波形图

图2-14　纯电阻交流电路

由此可见，瞬时功率是随时间周期变化的，电工技术上，通常取瞬时功率在一个周期内的平均值来表示交流电功率的大小，称为平均功率（又称有功功率，简称功率），用大写字母 P 表示。

纯电阻电路的平均功率为

$$P = \frac{1}{T}\int_0^T p\mathrm{d}t = \frac{1}{T}\int_0^T UI(1-\cos 2\omega t)\mathrm{d}t = UI$$

$$P = UI = I^2R = \frac{U^2}{R} \tag{2-17}$$

例2-3　有一个电阻 $R=20\ \Omega$，加在其上电压 $u=200\sin(314t+30°)$ V，试求：（1）流过电阻元件电流的最大值和有效值，写出瞬时值表达式；（2）计算电阻元件1 h所消耗的电能。

解　（1）

$$I_m = \frac{U_m}{R} = \frac{200}{20}\ \text{A} = 10\ \text{A}$$

$$I = \frac{I_m}{\sqrt{2}} = \frac{10}{\sqrt{2}}\ \text{A} = 7.07\ \text{A}$$

$$i = 10\sin(314t+30°)\ \text{A}$$

（2）

$$W = Pt = I^2Rt = (7.07^2 \times 20) \times 10^{-3} \times 1\ \text{kW}\cdot\text{h} = 1.0\ \text{kW}\cdot\text{h}$$

〖实践操作〗——做一做

纯电阻交流电路的测试，按图2-13连接电路，电路中的电阻 $R=1\ \text{k}\Omega$，交流电源用信号发生器代替，信号发生器的输出信号：$U=10$ V，$f=1$ kHz。

（1）将双踪示波器的CH1通道接电源电压探头，采样电源两端电压信号，CH2通道接电阻元件电压探头，实际是采样流过电阻元件的电流信号，读出相关数据，填入表2-3中。

(2)选择合适的水平和垂直标度，将触发电平设置到 CH1 上，即可得到相应的电压与电流的波形图。

(3)用交流毫伏表测量电阻两端的电压，用交流电流表测量流过电阻中的电流，将读出的数据填入表 2-3 中。

(4)对表 2-3 中的有关数据进行分析计算，将计算值填入表 2-3 中。

表 2-3 纯电阻正弦交流电路的测试

测试项目	频率	相位	最大值	有效值	交流晶体管毫伏表测量值
电源电压					
电阻元件电压					
交流电流					
U_m/I_m		U/I		电阻元件电压与电流的相位差	

测试时应注意：有的函数信号发生器设定值是信号的幅值，请参见有关仪器的说明书进行设定；采用双踪示波器才可观察到两波形的相位差；电阻两端的电压波形的相位代表通过电阻电流的相位。

〖问题研讨〗——**想一想**

(1)将在交流电路中使用的 220 V、60 W 的白炽灯接在 220 V 的直流电源上，试问：发光亮度是否相同？为什么？

(2)在纯电阻交流电路中，下列表达式是否正确？

① $i=\dfrac{u}{R}$；② $\dot{i}=\dfrac{\dot{u}}{R}$。

子任务 2　纯电感正弦交流电路的分析与测试

〖现象观察〗——**看一看**

按图 2-15 所示连接电路。信号发生器输出的电压为 3 V，调节频率从 200 Hz 逐渐增至 5 kHz，用交流毫伏表测量 U_R，观察 u_R 大小的变化，即电流 i_L（等于 u_R/R）随频率的变化；调信号发生器输出信号的频率为 1 kHz，输出电压为 3 V，并保持不变，用双踪示波器分别观测 u_L、u_R 的波形，观察 u_L、u_R 的相位关系。

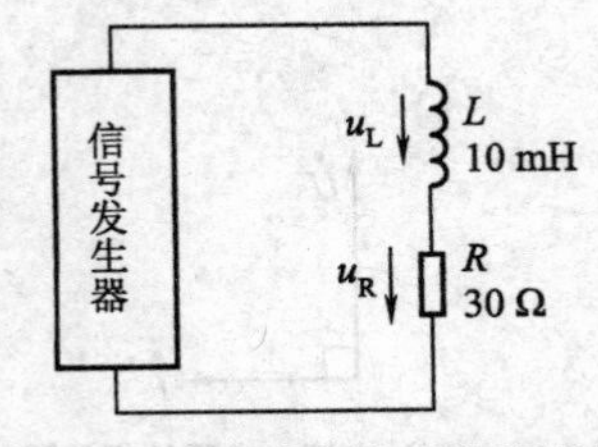

图 2-15　纯电感交流电路阻抗频率特性及电压、电流波形测试图

〖知识链接〗——**学一学**

1. 纯电感正弦交流电路中的电压与电流关系

如图 2-16(a)所示，设电感元件中的电流 $i=I_m\sin\omega t$，若电压与电流的方向采用关联参考方向，则

$$u=L\frac{di}{dt}=I_m\omega L\cos\ \omega t=I_m\omega L\sin(\omega t+90°)=U_m\sin(\omega t+90°)$$

式中，$U_m=I_m\omega L$。

由 $U=I\omega L$，得 $I=\dfrac{U}{\omega L}$，即 U 一定时，ωL 越大，I 越小。ωL 反映了电感元件对电流的阻碍作

用，称为电感电抗，简称感抗。用 X_L 表示感抗，即

$$X_L = \omega L = 2\pi f L \tag{2-18}$$

X_L 的单位为欧[姆]（Ω）。感抗 X_L 与电感 L、频率 f 成正比。可见，电感元件对高频电流有较大的阻力；对直流电，由于直流电的频率 $f=0$，所以感抗 $X_L=0$，可视为短路。

纯电感电路中，电压与电流的有效值关系为

$$I = \frac{U}{X_L} \tag{2-19}$$

相量关系为

$$\dot{U} = jX_L \dot{I} \tag{2-20}$$

在正弦电路中，电感的电压与电流同频率；电压在相位上超前电流 90°，或者说电流在相位上滞后于电压 90°；电压、电流有效值（或最大值）之间的关系符合欧姆定律。它们的波形图和相量图如图 2-16（b）、（c）所示。

2. 纯电感正弦交流电路中的功率和能量转换

纯电感电路的瞬时功率为

$$p = ui = U_m I_m \cos \omega t \cdot \sin \omega t = UI \sin 2\omega t$$

功率变化曲线如图 2-16（b）中的虚线所示。在第一个与第三个 1/4 周期内，电感元件中的电流值在增大、磁场在建立，电感元件从电源吸收能量并转换为磁场能，所以 $p>0$（u 与 i 方向一致）。在第二个与第四个 1/4 周期内，电感元件中的电流值在减小、磁场在减小，电感元件将储存的磁场能又转换为电能还回电源，即 $p<0$（u 与 i 方向相反）。

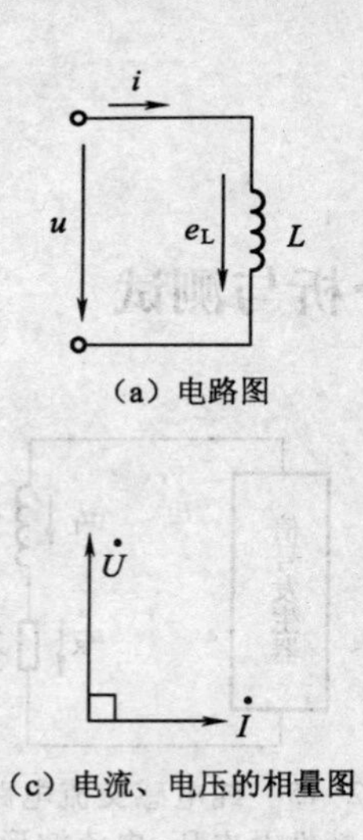

（a）电路图

（c）电流、电压的相量图

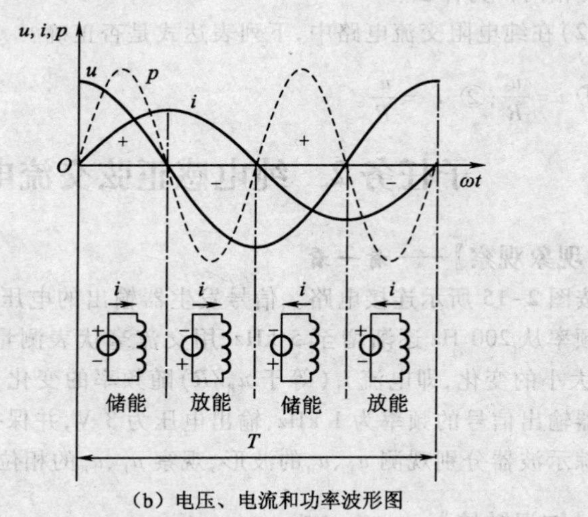

（b）电压、电流和功率波形图

图 2-16　纯电感交流电路

电感元件电路的平均功率为

$$P = \frac{1}{T}\int_0^T p\mathrm{d}t = \frac{1}{T}\int_0^T UI\sin 2\omega t\mathrm{d}t = 0$$

平均功率等于零，说明电感元件只与电源往复不断地交换能量。能量交换的大小用无功功率 Q_L 来衡量，即

$$Q_L = UI = I^2 X_L = \frac{U^2}{X_L} \tag{2-21}$$

为了与有功功率相区别，无功功率的单位用乏(var)或千乏(kvar)表示。

例 2-4 有一个电感线圈 $L=50\ \text{mH}$，接在电压 $u=220\sqrt{2}\sin(314t+60°)\ \text{V}$ 的电源上，试求：(1)流过该电感的电流 i；(2)画出电流、电压的相量图；(3)电感元件的无功功率。

解 (1)感抗为

$$X_L=\omega L=314\times 50\times 10^{-3}\ \Omega=15.7\ \Omega$$

电流有效值为

$$I=\frac{U}{X_L}=\frac{220}{15.7}\ \text{A}=14\ \text{A}$$

由于纯电感电路中电流滞后电压 90°，所以，电流瞬时值表达式为

$$i=14\sqrt{2}\sin(314t-30°)\ \text{A}$$

(2)电压、电流的相量图如图 2-17 所示。

(3)电路的无功功率为

$$Q_L=UI=220\times 14\ \text{var}=3\ 080\ \text{var}$$

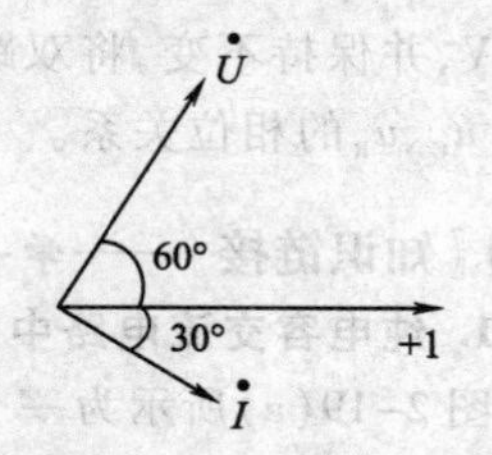

图 2-17 电压、电流的相量图

〖实践操作〗——做一做

纯电感交流电路的测试，按图 2-15 连接电路，若电路中的电感 $L=100\ \text{mH}$，为了能测试电流，在电路中串联一个很小的电阻 $R=10\ \Omega$，交流电源用信号发生器代替，$U=10\ \text{V}$，$f=1\ \text{kHz}$。

(1)将双踪示波器的 CH1 通道接电感元件电压探头，采样电感两端电压信号；CH2 通道接电阻元件电压探头，读出相关数据，填入表 2-4 中。

(2)选择合适的水平和垂直标度，将触发电平设置到 CH1 上，即可得到相应的电压与电流的波形图。

(3)用交流毫伏表测量电阻、电感元件两端的电压，用交流电流表测量流过电阻元件中的电流，将读出的数据填入表 2-4 中。

(4)对表 2-4 中的有关数据进行分析计算，并将计算值填入表中。

表 2-4 电感电路的测量

测试项目	频率	相位	最大值	有效值	交流毫伏表测量值
电感元件电压					
电阻元件电压					
交流电流					
U_m/I_m		U/I		电感元件电压与电流的相位差	

〖问题研讨〗——想一想

(1)为什么人们常把电感线圈称为“低通”元件(意即低频电流容易通过)。

(2)在纯电感交流电路中，下列表达式是否正确？

① $i=\dfrac{u}{X_L}$；② $\dot{I}=\dfrac{\dot{U}}{X_L}$；③ $I=\dfrac{U}{jX_L}$。

子任务3 纯电容正弦交流电路的分析与测试

〖现象观察〗——看一看

按图2-18所示连接电路。信号发生器输出的电压为3 V,调节频率从200 Hz逐渐增至5 kHz,用交流毫伏表测量U_R,观察u_R大小的变化,即电流i_C(等于u_R/R)随频率的变化;调信号发生器输出信号的频率为1 kHz,输出电压为3 V,并保持不变,将双踪示波器分别观测u_C、u_R的波形,观察u_C、u_R的相位关系。

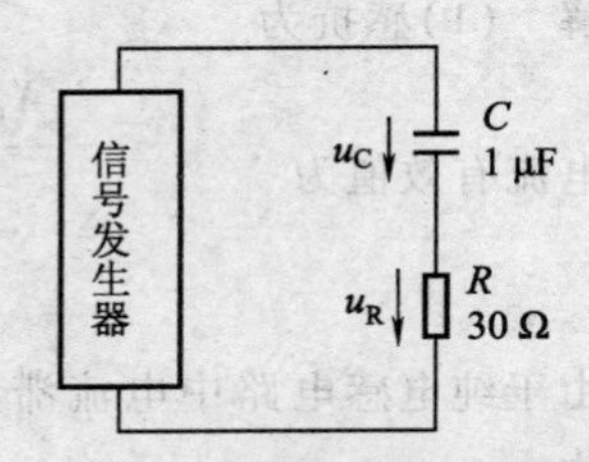

图2-18 纯电容交流电路阻抗频率特性及电压、电流波形测试图

〖知识链接〗——学一学

1. 纯电容交流电路中的电压与电流的关系

图2-19(a)所示为一个理想电容元件的交流电路,图中标明了电压、电流的参考正方向。当电压发生变化时,电容元件极板上电荷量也要随之发生变化。

设电容元件两端的电压$u=U_m\sin\omega t$,则

$$i=C\frac{\mathrm{d}u}{\mathrm{d}t}=U_m\omega C\cos\omega t=U_m\omega C\sin(\omega t+90°)=I_m\sin(\omega t+90°)$$

式中,$I_m=U_m\omega C$,即$I=\dfrac{U}{1/\omega C}$,$\varphi_i=90°$。

由$I=\dfrac{U}{1/\omega C}$得:当U一定时,$1/\omega C$越大,I就越小,$1/\omega C$反映了电容元件对电流的阻碍作用,称为容性电抗,简称容抗。用X_C表示,即

$$X_C=\frac{1}{\omega C}=\frac{1}{2\pi fC} \tag{2-22}$$

容抗的单位为欧[姆](Ω)。容抗X_C与电容C、频率f成反比。可见,电容元件对高频电流阻力较小,对低频电流阻力较大;对直流电,由于其频率$f=0$,所以容抗$X_C\to\infty$,可视为开路。电容元件有隔断直流的作用。

纯电容电路中,电流与电压的有效值关系为

$$I=\frac{U}{X_C} \tag{2-23}$$

相量关系为

$$\dot{U}=-\mathrm{j}X_C\dot{I} \tag{2-24}$$

在正弦电路中,电容元件的电压与电流同频率;电流在相位上超前电压90°,或者说电压在相位上滞后于电流90°,电压、电流有效值(或最大值)之间的关系符合欧姆定律。它们的波形图和相量图如图2-19(b)、(c)所示。

2. 纯电容正弦交流电路中的功率和能量转换

纯电容电路中的功率变化曲线如图2-19(b)中的虚线所示。在纯电容电路中,电压与电流的相位差为90°,不消耗电能,平均功率等于零。只是电容元件与电源之间不断地进行能量交换。能量交换的大小用无功功率Q_C来衡量,即

$$Q_C=UI=I^2X_C=\frac{U^2}{X_C} \tag{2-25}$$

Q_C的单位为乏(var)或千乏(kvar)。

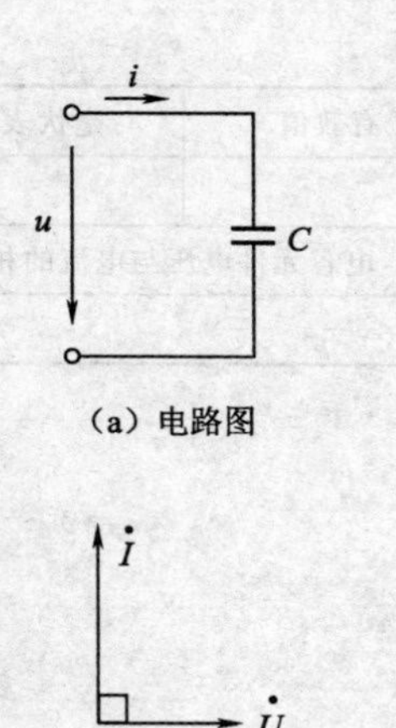

（a）电路图

（c）电流、电压的相量图

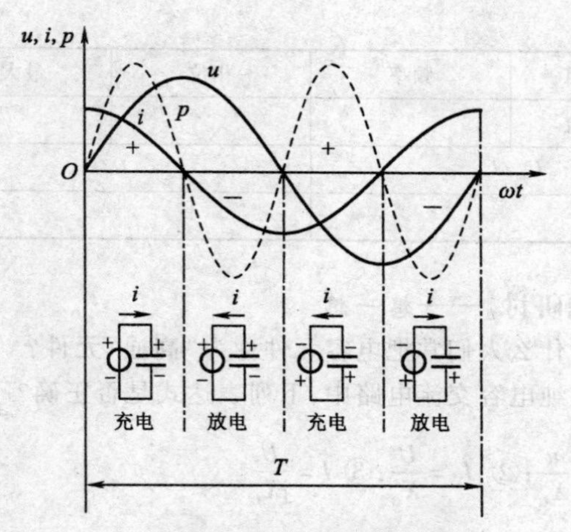

（b）电压、电流和功率的波形图

图 2-19 纯电容交流电路

例 2-5 有一电容元件 $C = 39.5\ \mu F$，接在频率为 50 Hz、电压有效值为 220 V 的正弦电源上，试求：(1)电容元件的容抗；(2)电容元件的无功功率 Q_C。

解 (1)容抗为

$$X_C = \frac{1}{2\pi fC} = \frac{1}{2\pi \times 50 \times 39.5 \times 10^{-6}}\ \Omega = 80\ \Omega$$

(2)电流的有效值为

$$I = \frac{U}{X_C} = \frac{220}{80}\ A = 2.75\ A$$

电容元件的无功功率为

$$Q_C = I^2 X_C = 2.75^2 \times 80\ \text{var} = 605\ \text{var}$$

〖实践操作〗——做一做

纯电容交流电路的测试，按图 2-18 连接电路，若电路中的电容 $C = 10\ \mu F$，为了能测试电流，在电路中串联了一个很小的电阻 $R = 10\ \Omega$，交流电源用信号发生器代替，$U = 10$ V，$f =$ 100 Hz。

(1)将双踪示波器的 CH1 通道接电容元件电压探头，采样电容元件两端电压信号，CH2 通道接电阻元件电压探头，读出相关数据，填入表 2-5 中。

(2)选择合适的水平和垂直标度，将触发电平设置到 CH1 上，即可得到相应的电压与电流的波形图。

(3)用交流毫伏表测量电阻、电容元件两端的电压，用交流电流表测量流过电阻元件中的电流，将读出的数据填入表 2-5 中。

(4)对表 2-5 中的有关数据进行分析计算，将计算值填入表 2-5 中。

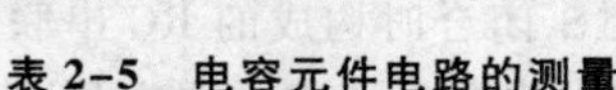

表 2-5 电容元件电路的测量

测试项目	频率	相位	最大值	有效值	毫伏表测量值
电容元件电压					
电阻元件电压					

续表

测试项目	频率	相位	最大值	有效值	毫伏表测量值
交流电流					
U_m/I_m		U/I		电容元件电压与电流的相位差	

〖问题研讨〗——想一想

(1)为什么人们常把电容元件称为“高通”元件?

(2)在纯电容交流电路中,下列表达式是否正确?

① $i=\dfrac{u}{X_C}$;② $\dot{I}=\dfrac{\dot{U}}{X_C}$;③ $I=\dfrac{U}{jX_C}$。

任务2.3　多参数组合的正弦交流电路的分析与测试

任务描述

实际的电路元件不可能是单一参数的“纯”电路元件,如一个线圈既含有电感也含有电阻,一个电容元件一般既含有电容又含有电阻等,所以实际的电路元件可以等效为电阻元件、电感元件、电容元件的不同组合。本任务学习RLC串联、感性负载与电容元件并联交流电路中的电压与电流的关系,功率和能量转换,谐振电路及复杂正弦交流电路的分析;RLC串联正弦交流电路的测试;荧光灯照明电路的安装与测试。

任务目标

了解RLC串联、感性负载与电容元件并联交流电路中的能量转换、谐振的条件及特点;掌握RLC串联、感性负载与电容元件并联交流电路中的电压与电流关系;能较熟练地画出相应的相量图;学会用相量分析较复杂的交流电路;掌握RLC串联正弦交流电路中的功率计算,感性负载与电容元件并联交流电路中的功率计算及提高电路功率因数的意义和方法;能熟练地测试单相交流电路中的电压、电流和功率。

任务实施

子任务1　RLC串联正弦交流电路的分析与测试

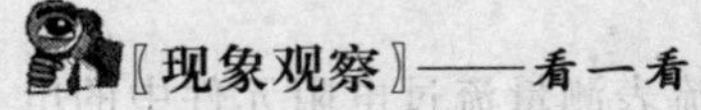

〖现象观察〗——看一看

连接图2-20所示电路,图2-20中 $R=200\ \Omega$,$C=0.1\ \mu F$,$L=30\ mH$,$f=500\ Hz$,$U=3\ V$。分别测试在开关 S_1 闭合、S_2 断开时构成的RL串联电路,在开关 S_1 断开、S_2 闭合时构成的RC串联电路和在开关 S_1、S_2 都断开时构成的RLC串联电路中的总电压与各分电压的关系。利用图2-20所示电路观察对应状态的总电压与总电流的相位关系;对RLC串联电路,在改变电源的频率时,找到 U_R 出现最大值及其前后的波形变化。

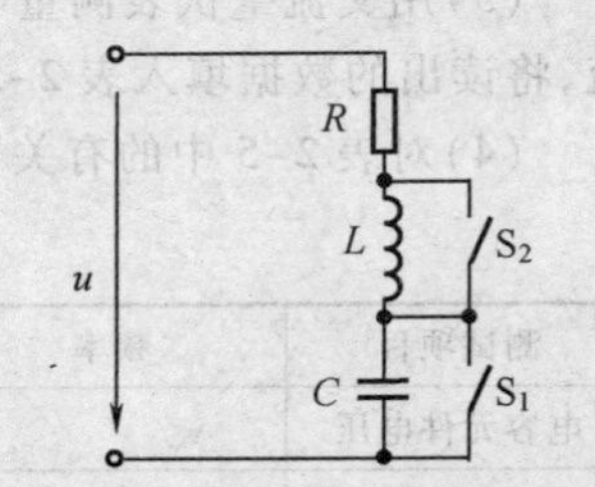

图2-20　串联电路的测试电路

〖知识链接〗——学一学

实际电路一般可看成由几种理想电路元件组成，RLC 的串联电路是一种典型电路，其中的一些概念和结论可用于各种复杂的交流电路，而单一参数电路、RC 串联电路、RL 串联电路则可看成是它的特例。

1. RLC 串联正弦交流电路中的电压与电流关系

RLC 串联电路如图 2-21(a)所示。电路各元件流过同一电流，图 2-21(a)中标出了电流与各元件电压的正方向。设电流 $i=I_m\sin\omega t$，根据基尔霍夫电压定律，$u=u_R+u_L+u_C$。

(1)相量图分析法。RLC 串联电路，外加电压的有效值 U 可以用 u_R、u_L、u_C 的相量和求得，做出相量合成图，如图 2-21(b)所示，或简化成图 2-21(c)的形式。

由相量合成图得

$$U=\sqrt{U_R^2+(U_L-U_C)^2} \tag{2-26}$$

由电阻元件电路、电感元件电路、电容元件电路的电压与电流关系及相量合成图得

$$U=\sqrt{U_R^2+(U_L-U_C)^2}=\sqrt{(IR)^2+(IX_L-IX_C)^2}=I\sqrt{R^2+(X_L-X_C)^2}$$

令 $|Z|=\sqrt{R^2+(X_L-X_C)^2}$，称为电路的阻抗，单位也是欧[姆]($\Omega$)，则

$$I=\frac{U}{|Z|} \tag{2-27}$$

图 2-21(b)中所示 $\dot{U}$ 与 $\dot{I}$ 的夹角 φ，即为总电压 u 与电流 i 之间的相位差。由相量合成图可得

$$\varphi=\arctan\frac{U_L-U_C}{U_R}=\arctan\frac{X_L-X_C}{R} \tag{2-28}$$

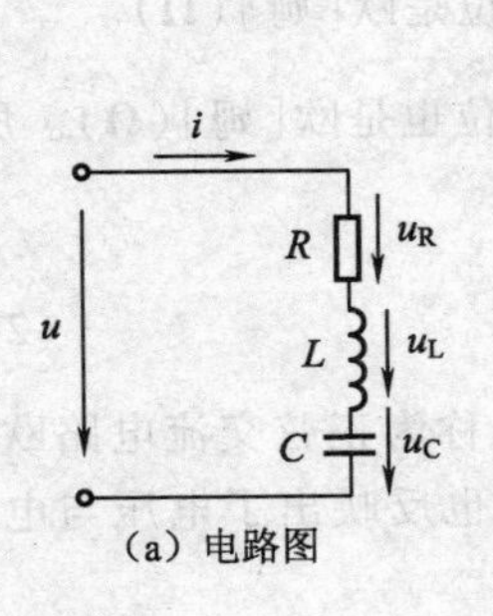

(a) 电路图

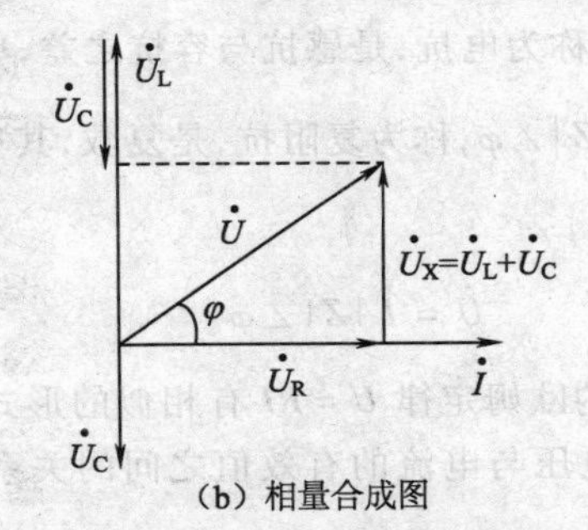

(b) 相量合成图

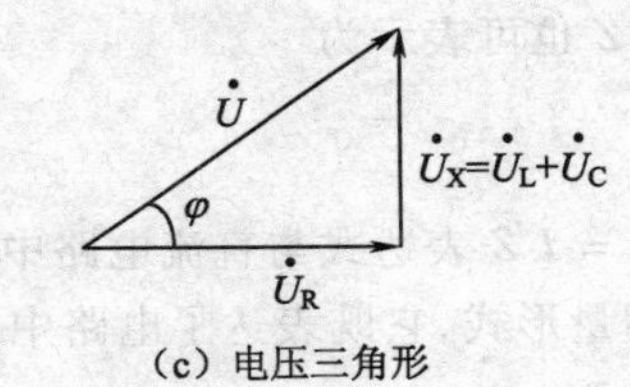

(c) 电压三角形

图 2-21　RLC 串联电路

图 2-21(c)表征了总电压与有功电压、无功电压之间的关系，这个三角形称为电压三角形。

如果把电压三角形的各边同除以电流相量，即得到表征电路阻抗与电阻、电抗之间关系的三角形，称为阻抗三角形，如图 2-22 所示。

复阻抗的阻抗角 φ 即为电压与电流的相位差 φ。求出了复阻抗的阻抗角，就求得了该电路电压与电流的相位差 φ。在电流频率一定时，电压与电流的大小关系、相位关系、电路性质完全由负载的电路参数决定。下面对阻抗角 φ 进行讨论。

① 如果 $X_L>X_C$，即 $U_L>U_C$，则 $\varphi>0°$，电压 u 超前于电流 i 角度 φ，电感元件的作用大于电容元件的作用，电路呈电感性，如图 2-21(b)所示。

② 如果 $X_L<X_C$，即 $U_L<U_C$，则 $\varphi<0°$，电压 u 滞后于电流 i 角度 φ，电容元件的作用大于电感元件的作用，电路呈电容性，如图 2-23(a)所示。

③ 如果 $X_L = X_C$，即 $U_L = U_C$，则 $\varphi = 0$，电压 u 与电流 i 同相位，电感元件电压 u_L 与电容元件电压 u_C 正好平衡，互相抵消，电路呈电阻性，如图 2-23(b) 所示。

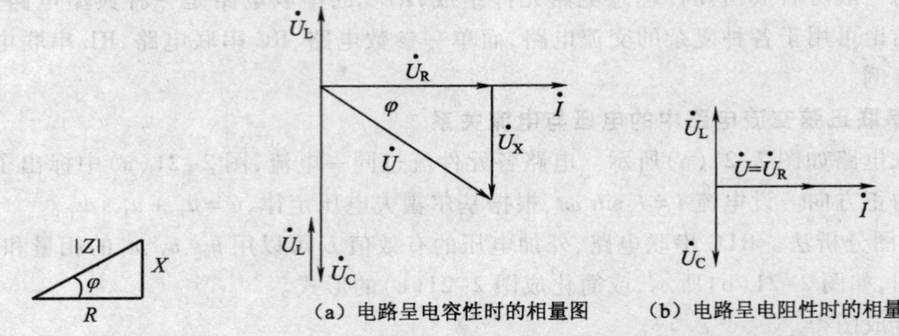

(a) 电路呈电容性时的相量图　　(b) 电路呈电阻性时的相量图

图 2-22　阻抗三角形　　图 2-23　电容性与电阻性电路的相量图

注意：在分析与计算交流电路时必须时刻注意交流的概念，首先要有相位的概念。在串联电路中，电源电压相量等于各参数上的电压相量之和，而电源电压的有效值不等于各参数上的电压有效值之和，即 $U \neq U_R + U_L + U_C$。

(2) 相量运算分析法。电流 $i = I_m \sin \omega t$ 对应的相量表示式为 $\dot{I} = I\angle 0°$。

若 u_R、u_L、u_C 用相量表示，则 $u = u_R + u_L + u_C$ 对应的相量形式为

$$\dot{U} = \dot{U}_R + \dot{U}_L + \dot{U}_C \tag{2-29}$$

将 $\dot{U}_R = \dot{I} R$，$\dot{U}_L = \mathrm{j}\dot{I} X_L$，$\dot{U}_C = -\mathrm{j}\dot{I} X_C$ 代入式(2-29)中可得

$$\dot{U} = \dot{I} R + \mathrm{j}\dot{I} X_L - \mathrm{j}\dot{I} X_C = \dot{I}\,[R + \mathrm{j}(X_L - X_C)] = \dot{I}\,(R + \mathrm{j}X) = \dot{I} Z$$

上式中，$X = X_L - X_C = \omega L - \dfrac{1}{\omega C}$，称为电抗，是感抗与容抗之差，单位是欧[姆]($\Omega$)。

$Z = R + \mathrm{j}(X_L - X_C) = R + \mathrm{j}X = |Z|\angle\varphi$，称为复阻抗，是复数，其单位也是欧[姆]($\Omega$)。所以，$\dot{U} = \dot{I} Z$ 也可表示为

$$\dot{U} = \dot{I}\,|Z|\angle\varphi \tag{2-30}$$

$\dot{U} = \dot{I} Z$ 表达式与直流电路中的欧姆定律 $U = RI$ 有相似的形式，称为正弦交流电路欧姆定律的相量形式，它既表达了电路中电压与电流的有效值之间的关系，也反映出了电压与电流的相位关系。

由图 2-22 所示的阻抗三角形得

$$R = |Z|\cos\varphi,\ X = |Z|\sin\varphi$$

2. RLC 串联正弦交流电路中的功率和能量转换

在分析单一元件的交流电路时，已知电阻元件消耗电能，电感、电容元件不消耗电能，仅与电源进行能量交换。下面以 RLC 串联正弦交流电路为例，分析正弦交流电路能量交换的情况及能量计算关系式。

(1) 平均功率（又称有功功率，简称功率）。在 RLC 串联正弦交流电路中，仍然只有电阻消耗功率，所以电路的平均功率为

$$P = I^2 R = I(IR) = IU_R$$

由电压三角形得 $U_R = U\cos\varphi$，则

$$P = IU\cos\varphi \tag{2-31}$$

某一电路的平均功率大小表示了这个电路消耗功率的大小，如 60 W 灯泡是指灯泡的平均功率为 60 W。

式(2-31)中 $\cos\varphi$ 称为功率因数，φ 又称功率因数角。因为 $-90°\leqslant\varphi\leqslant 90°$，所以 $0\leqslant\cos\varphi\leqslant 1$，有功功率一般小于电压和电流有效值的乘积 UI。

(2)无功功率。由于电路中有储能元件，即电感元件和电容元件，它们不消耗能量，仅与电源进行能量交换。一般交流电路的无功功率是电路中全部电感元件和电容元件无功功率的代数和。应注意，无论是串联电路还是并联电路，电感元件和电容元件的瞬时功率符号始终相反，所以电路的无功功率为

$$Q=Q_L-Q_C=I^2X_L-I^2X_C=IU_L-IU_C=I(U_L-U_C)$$

由图 2-21(c)电压三角形可得 $U_L-U_C=U\sin\varphi$，则

$$Q=IU\sin\varphi \tag{2-32}$$

无功功率可正可负，对于感性电路，$Q=Q_L-Q_C>0$；对于容性电路，$Q=Q_L-Q_C<0$。为计算方便，取电感元件的无功功率为正值，电容元件的无功功率为负值。

(3)视在功率。在 RLC 串联正弦交流电路中，端电压的有效值 U 和电流的有效值 I 的乘积称为视在功率，用符号 S 表示，即

$$S=UI \tag{2-33}$$

视在功率用于表示发电机、变压器等电气设备的容量。交流电气设备是按照规定的额定电压 U_N 和额定电流 I_N 来设计和使用的，电源向电路提供的容量就是额定电压与额定电流的乘积，称为额定视在功率 S_N，即 $S_N=U_NI_N$。视在功率的单位是伏·安(V·A)或千伏·安(kV·A)。

有功功率 P、无功功率 Q、视在功率 S 各代表不同的意义，各采取不同的单位，三者的关系式为

$$\begin{cases}P=UI\cos\varphi=S\cos\varphi\\Q=UI\sin\varphi=S\sin\varphi\\S=\sqrt{P^2+Q^2}\end{cases} \tag{2-34}$$

三者之间的关系也可用三角形表示，称为功率三角形，如图 2-24 所示。功率不是相量，三角形的 3 条边均不带箭头。

对于同一个交流电路，阻抗三角形、电压三角形和功率三角形是相似直角三角形，把这 3 个三角形画在一起，如图 2-25 所示。

借助于 3 个三角形可帮助分析、记忆、求解角度。计算某一负载电路的功率因数可以用式(2-35)计算，即

$$\cos\varphi=\frac{P}{S}=\frac{U_R}{U}=\frac{R}{|Z|} \tag{2-35}$$

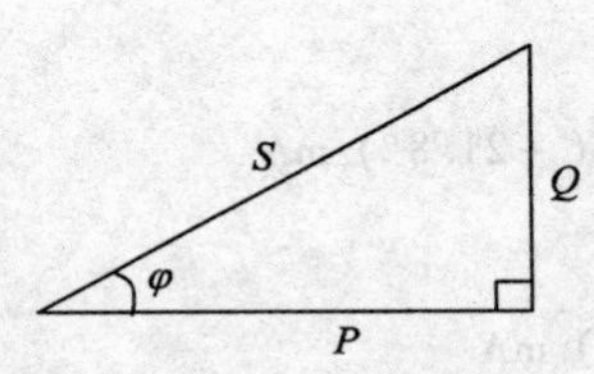

图 2-24　功率三角形

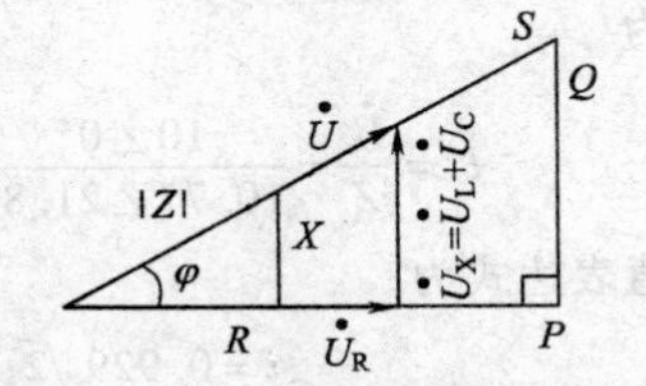

图 2-25　阻抗三角形、电压三角形和功率三角形

注意：根据电路的功率守恒定律，电路中总的有功功率等于各部分有功功率之和，即 $P_{总}=\sum P=\sum I^2R$。总的无功功率等于各部分无功功率之和，即 $Q_{总}=\sum Q=\sum I^2X_L-\sum I^2X_C$。但是，一

般情况下总的视在功率不等于各部分视在功率之和，即 $S \neq S_1 + S_2$。

例 2-6　$R = 22\ \Omega$，$L = 0.6$ H 的电感线圈与 $C = 63.7\ \mu\text{F}$ 电容元件串联后，接到 220 V、50 Hz 的交流电源上，求电路中的电流、电路的功率因数、有功功率、无功功率和视在功率。

解　感抗、容抗、阻抗分别为

$$X_L = 2\pi f L = 2 \times 3.14 \times 50 \times 0.6\ \Omega = 188.4\ \Omega$$

$$X_C = \frac{1}{2\pi f C} = \frac{1}{2 \times 3.14 \times 50 \times 63.7 \times 10^{-6}}\ \Omega = 50\ \Omega$$

$$|Z| = \sqrt{R^2 + (X_L - X_C)^2} = \sqrt{22^2 + (188.4 - 50)^2}\ \Omega = 140.1\ \Omega$$

电流的有效值为

$$I = \frac{U}{|Z|} = \frac{220}{140.1}\ \text{A} = 1.57\ \text{A}$$

电路的功率因数为

$$\cos\varphi = \frac{R}{|Z|} = \frac{22}{140.1} = 0.157$$

有功功率为

$$P = I^2 R = 1.57^2 \times 22\ \text{W} = 54\ \text{W}$$

无功功率为

$$Q = I^2 (X_L - X_C) = 1.57^2 \times (188.4 - 50)\ \text{var} = 341.1\ \text{var}$$

视在功率为

$$S = UI = 220 \times 1.57\ \text{V} \cdot \text{A} = 345.4\ \text{V} \cdot \text{A}$$

例 2-7　在 RLC 串联正弦交流电路中，已知 $R = 10\ \text{k}\Omega$，$L = 5$ mH，$C = 0.001\ \mu\text{F}$，接到端电压 $u = 10\sqrt{2}\sin 10^6 t$ V 的电源上。试求：(1)感抗、容抗和复阻抗；(2)电路中的电流 i；(3)电阻、电感、电容元件的电压瞬时值表达式；(4)绘出相量图并判断电路性质；(5)求功率 P 和 Q。

解　(1)感抗为

$$X_L = \omega L = 10^6 \times 5 \times 10^{-3}\ \Omega = 5\ \text{k}\Omega$$

容抗为

$$X_C = \frac{1}{\omega C} = \frac{1}{10^6 \times 0.001 \times 10^{-6}}\ \Omega = 1\ \text{k}\Omega$$

复阻抗为

$$Z = R + \text{j}(X_L - X_C) = [10 + \text{j}(5 - 1)]\ \text{k}\Omega = 10.77\angle 21.8°\ \text{k}\Omega$$

(2)电压相量为

$$\dot{U} = 10\angle 0°\ \text{V}$$

电流相量为

$$\dot{I} = \frac{\dot{U}}{Z} = \frac{10\angle 0°}{10.77\angle 21.8°}\ \text{mA} = 0.929\angle(-21.8°)\ \text{mA}$$

电流瞬时值表达式为

$$i = 0.929\sqrt{2}\sin(10^6 t - 21.8°)\ \text{mA}$$

(3)电阻元件电压相量为

$$\dot{U}_R = \dot{I} R = [0.929 \times 10^{-3}\angle(-21.8°) \times 10 \times 10^3]\ \text{V} = 9.29\angle(-21.8°)\ \text{V}$$

电感元件电压相量为

$$\dot{U}_L = j\dot{I}X_L = [\angle 90° \times 0.929\times 10^{-3}\angle(-21.8°)\times 5\times 10^3]\ \text{V} = 4.65\angle(68.2°)\ \text{V}$$

电容元件电压相量为

$$\dot{U}_C = -j\dot{I}X_C = [\angle(-90°)\times 0.929\times 10^{-3}\angle(-21.8°)\times 1\times 10^3]\ \text{V}$$
$$= 0.929\angle(-111.8°)\ \text{V}$$

电阻、电感、电容元件的电压瞬时值表达式分别为

$$u_R = 9.29\sqrt{2}\sin(10^6 t - 21.8°)\ \text{V}$$

$$u_L = 4.65\sqrt{2}\sin(10^6 t + 68.2°)\ \text{V}$$

$$u_C = 0.929\sqrt{2}\sin(10^6 t - 111.8°)\ \text{V}$$

(4)相量图如图 2-26 所示。判断电路性质,可从总电路阻抗角 φ 判断,也可以看复阻抗的虚部电抗 X,由于电抗 $X>0$,$\varphi>0$,电路呈电感性。从相量图上也可以看出 $\dot{U}$ 超前 $\dot{I}$。

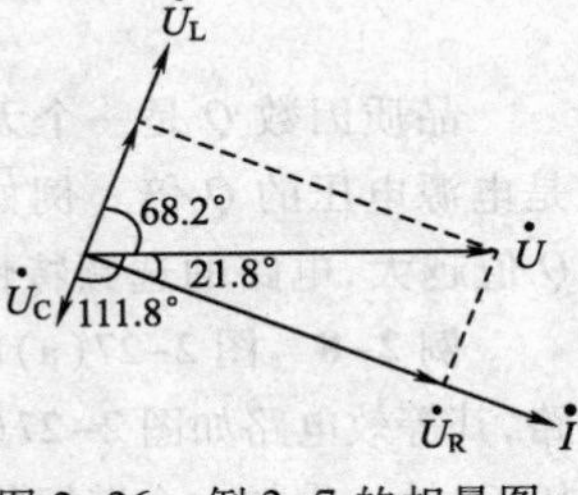

图 2-26　例 2-7 的相量图

(5)有功功率为

$$P = UI\cos\varphi = 10\times 0.929\times 10^{-3}\times 0.93\ \text{W} = 8.6\times 10^{-3}\ \text{W}$$

无功功率为

$$Q = UI\sin\varphi = 10\times 0.929\times 10^{-3}\times 0.37\ \text{var} = 3.4\times 10^{-3}\ \text{var}$$

3. 串联谐振

在具有电感元件和电容元件的电路中,电路两端的电压与电路中的电流一般是不同相位的。如果调节电路的参数或电源的频率,使电压与电流同相位,这时电路中就发生谐振现象。电路中的谐振现象在电子技术上有很大的应用价值,但在电力系统中谐振会带来严重的危害。

(1)串联谐振的条件及谐振频率。在如图 2-21(a)所示的 RLC 串联电路中,当 $X_L = X_C$ 时,$X = X_L - X_C = 0$,$\varphi = 0$,总电压与电流同相位,电路呈电阻性,这种情况称为电路发生了谐振现象。由于电路中电感、电容、电阻元件串联,所以称为串联谐振。

由于当 $X_L = X_C$,即 $2\pi fL = \dfrac{1}{2\pi fC}$ 时发生串联谐振,所以谐振频率为

$$f_0 = \frac{1}{2\pi\sqrt{LC}} \tag{2-36}$$

f_0 称为电路的固有频率,由电路自身参数 L、C 决定。当电源频率 f 与电路固有频率 f_0 相等时,电路发生谐振。可见只要改变电路自身参数 L、C 或电源频率 f 都可使电路发生谐振或消除谐振。

(2)串联谐振的特征:

① 电路的阻抗最小、电流最大。谐振时 $X_L = X_C$,谐振时电路的阻抗为

$$Z = R + j(X_L - X_C) = R$$

谐振时电流为

$$I = I_0 = \frac{U}{|Z_0|} = \frac{U}{R}$$

② 谐振时总电压与电流同相位($\varphi = 0$),电路呈电阻性。有功功率 $P = UI\cos\varphi = UI$,表示电源功率全部消耗在电阻上,总的无功功率 $Q = UI\sin\varphi = 0$,表示电源与电路之间没有能量的交换。但 $Q_L = Q_C$,表明能量的交换是在电感元件与电容元件之间进行的,即当电容元件释放电场能时,这些能量正好被电感元件吸收建立磁场;而当电感元件释放磁场能时,这些能量又正好被电容元件吸收建立电场。

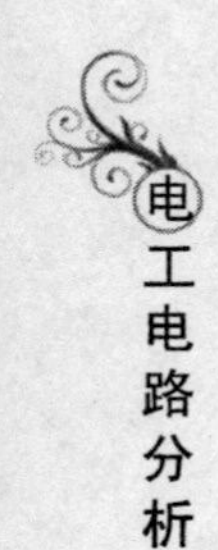

③ 谐振时，$X_L = X_C$，$U_L = U_C$，u_L与 u_C大小相等、相位相反、互相抵消，所以，电源电压 $U = U_R$。

④ 当 $X_L = X_C \gg R$ 时，$U_L = U_C \gg U_R = U$，电感元件两端的电压与电容元件两端的电压大小相等，并远远大于电源电压 U，所以串联谐振又称电压谐振。

串联谐振在电力工程中是有害的，由于 U_L和 U_C都高于电源电压 U，会击穿电感元件和电容元件的绝缘，在电力工程中应避免发生串联谐振。但在无线电工程中，常利用串联谐振在电感元件或电容元件上获得高于电源电压几十倍或几百倍的电压，以达到选频的目的。

在工程上，常把谐振时电容元件两端电压或电感元件两端电压与总电压之比，称为电路的品质因数，用符号 Q 表示，即

$$Q = \frac{U_L}{U} = \frac{U_C}{U} = \frac{\omega_0 L}{R} = \frac{1}{\omega_0 CR} \tag{2-37}$$

品质因数 Q 是一个无量纲的物理量。它的意义是，在谐振时电感元件或电容元件上的电压是电源电压的 Q 倍。例如，$Q = 100$，$U = 4$ V，谐振时电容元件或电感元件上的电压高达 400 V。Q 值越大，电路的选频特性越好。

例 2-8 图 2-27(a)所示为一个收音机天线输入回路，L_1是天线线圈，L_2、C 组成串联谐振电路，其等效电路如图 2-27(b)所示。若电容调至 $C = 300$ pF，天线线圈电感 $L = 0.3$ mH，电阻 $R = 10\ \Omega$，输入端加一个谐振信号电压 $U = 1$ mV。试求：(1)电路的固有频率 f_0；(2)谐振电流 I_0；(3)电路品质因数 Q；(4)电容元件两端电压 U_C；(5)若 U 不变，但频率偏离 f_0 的 10%［即 $f = (1 + 10\%)f_0$］时 U'_C为多少？

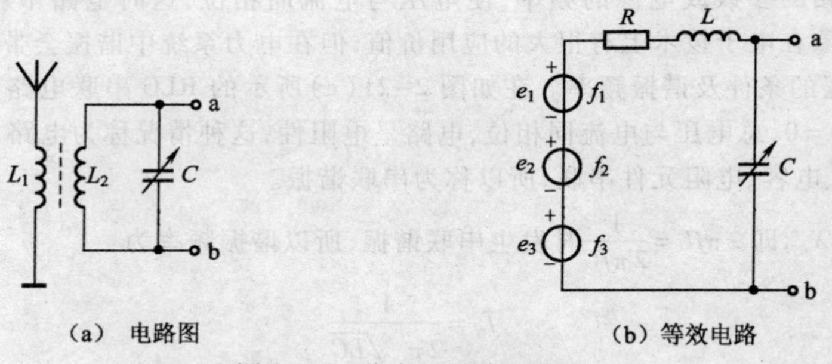

(a) 电路图　　(b) 等效电路

图 2-27　收音机天线原理图

解　(1)电路的固有频率为

$$f_0 = \frac{1}{2\pi\sqrt{LC}} = \frac{1}{2\pi\sqrt{0.3 \times 10^{-3} \times 300 \times 10^{-12}}}\ \text{Hz} = 531\ \text{kHz}$$

(2)谐振电流为

$$I_0 = \frac{U}{R} = \frac{1 \times 10^{-3}}{10}\ \text{A} = 0.1\ \text{mA}$$

(3)品质因数为

$$Q = \frac{\omega_0 L}{R} = \frac{2\pi f_0 L}{R} = \frac{2\pi \times 531 \times 10^3 \times 0.3 \times 10^{-3}}{10} = 100$$

(4)电容元件两端电压为

$$U_C = QU = 100 \times 1 \times 10^{-3}\ \text{V} = 100\ \text{mV}$$

(5)当 $f = (1 + 10\%)f_0 = 1.1 \times 531 \times 10^3\ \text{Hz} = 584\ \text{kHz}$ 时，

$$X_L = 2\pi fL = 2\pi \times 584 \times 10^3 \times 0.3 \times 10^{-3}\ \Omega = 1\ 101\ \Omega$$

$$X_C = \frac{1}{2\pi fC} = \frac{1}{2\pi \times 584 \times 10^3 \times 300 \times 10^{-12}}\ \Omega = 908\ \Omega$$

$$|Z| = \sqrt{R^2 + (X_L - X_C)^2} = \sqrt{10^2 + (1\ 101 - 908)^2}\ \Omega = 193.3\ \Omega$$

$$U_C' = \frac{U}{|Z|}X_C = \frac{1}{193.3} \times 908\ \text{mV} = 4.7\ \text{mV}$$

此时电容元件两端输出电压 U_C' 比谐振时的输出电压 U_C 下降了

$$\frac{U_C - U_C'}{U_C} \times 100\% = \frac{100 - 4.7}{100} \times 100\% = 95.3\%$$

该电路由于品质因数较高，故选频效果明显。

〖实践操作〗——做一做

(1) RLC串联正弦交流电路的测试：

① 在实验电路板上按图2-21(a)所示连接线路，电路中的 $R = 100\ \Omega$，$L = 47$ mH，$C = 10$ μF，交流电源用信号发生器代替，$U = 5$ V，频率分别为50 Hz、1 kHz、10 kHz。

② 用双踪示波器的CH1测试电源两端的电压信号，用CH2分别测试电阻、电感、电容元件两端的电压信号，将读出的数据填入表2-6中。

③ 用CH2测试电阻元件两端的电压信号，选择合适的水平和垂直标度，将触发电平设置到CH1上，即可得到相应的电压与电流的波形。

④ 用交流毫伏表测量频率分别为50 Hz、1 kHz、10 kHz时的电源、电阻元件、电感元件、电容元件两端的电压，将读出的数据填入表2-6中。

表2-6 RLC串联电路的电压测试

测试项目	频率	用示波器测量的最大值	计算有效值	交流毫伏表测量值
电源电压 U	$f = 50$ Hz			
	$f = 1$ kHz			
	$f = 10$ kHz			
电阻元件电压 U_R	$f = 50$ Hz			
	$f = 1$ kHz			
	$f = 10$ kHz			
电感元件电压 U_L	$f = 50$ Hz			
	$f = 1$ kHz			
	$f = 10$ kHz			
电容元件电压 U_C	$f = 50$ Hz			
	$f = 1$ kHz			
	$f = 10$ kHz			

(2) 串联谐振电路的测试：

① 测试电路如图2-21(a)所示，电路中的电阻 $R = 100\ \Omega$，$L = 47$ mH，$C = 10$ μF，交流电源用信号发生器代替，$U = 5$ V，保持不变。

②找出电路的谐振频率 f_0，其方法是：将交流毫伏表接在 R 的两端，令信号发生器的频率由小逐渐变大（注意要维持信号源的输出幅度不变），当 U_R 的读数为最大时，读得频率计上的频率

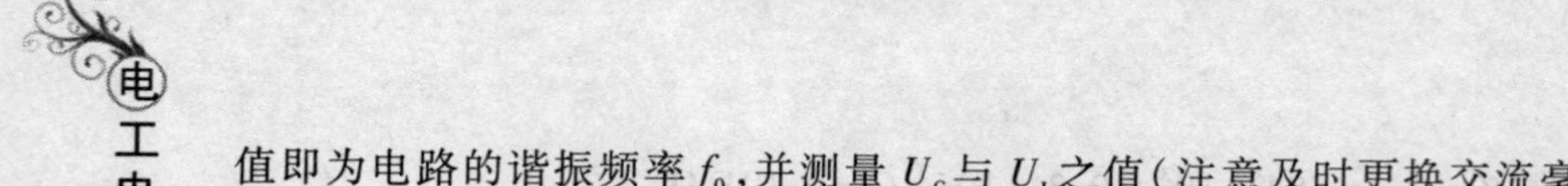

值即为电路的谐振频率 f_0，并测量 U_C 与 U_L 之值（注意及时更换交流毫伏表的量限）。

③ 在谐振点两侧，按频率递增或递减 50 Hz 或 100 Hz，依次各取 8 个测量点，逐点测出 U_R、U_L、U_C 的值，将数据记入表 2-7 中。

表 2-7　串联谐振电路的测量

频　　率												
电阻元件电压 U_R												
电感元件电压 U_L												
电容元件电压 U_C												

测量时应注意：RLC 串联电路谐振测试时，测试频率点的选择应在靠近谐振频率附近多取几点。在变换频率测试前，应调整信号输出幅度（用示波器监视输出幅度），使其维持在 5 V；测量 U_C 和 U_L 数值前应将交流毫伏表的量限改大，而且在测量 U_L 与 U_C 时，交流毫伏表的“+”端应接 C 与 L 的公共点，其接地端应分别触及 L 和 C 的另一端；在测试过程中，信号源的外壳应与毫伏表的外壳绝缘（不共地），如能用浮地式交流毫伏表测量，则效果更佳。

〖问题研讨〗——想一想

(1) 为什么 RLC 串联电路中，$U \neq U_R + U_L + U_C$？

(2) 三个同样的白炽灯，分别与电阻、电感、电容元件串联后接到相同的交流电源上，如果 $R = X_L = X_C$，那么三个白炽灯亮度是否一样？为什么？如果把它们改接在直流电源上，白炽灯的亮度各有什么变化？

(3) 有“110 V、100 W”和“110 V、40 W”两盏白炽灯，能否将它们串联后接在 220 V 的工频交流电源上使用？为什么？

(4) 图 2-27(a) 中，L 与 C 是并联的，为什么说是串联谐振电路？

(5) 试说明当频率低于或高于谐振频率时，RLC 串联电路是容性的还是感性的？

子任务 2　感性负载与电容元件并联正弦交流电路的分析与测试

〖现象观察〗——看一看

连接图 2-28 所示电路，特别要注意功率表的接法。图中的灯泡为“220 V、25 W”的白炽灯，用万用表测量其电阻 R；L 为铁芯线圈，$C = 4.7\ \mu F$。合上 S_1，观察 S_2 断开与闭合时，各电表的读数变化情况。

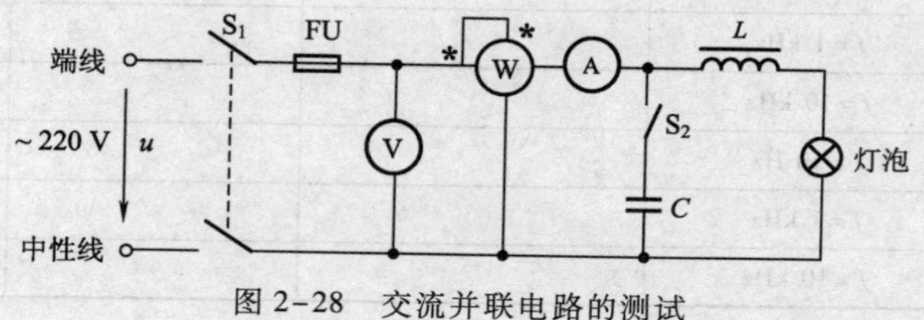

图 2-28　交流并联电路的测试

〖知识链接〗——学一学

一个实际线圈与电容元件并联也是一种常用的电路。例如，为了提高电路的功率因数，往往将电容元件与荧光灯或异步电动机并联运行；在电子电路的晶体管振荡器中用这种电路作为

振荡回路等。

1. 感性负载与电容元件并联正弦交流电路中的电压、电流

在图 2-29(a)所示线圈与电容元件并联电路中，设电源电压 u 为已知，通过线圈的电流有效值为

$$I_1=\frac{U}{|Z_1|}=\frac{U}{\sqrt{R^2+X_L^2}}$$

i_1 比 u 滞后 φ_1 角，其值为

$$\varphi_1=\arctan\frac{X_L}{R}$$

通过电容元件支路的电流有效值为

$$I_C=\frac{U}{X_C}$$

i_C 比 u 超前 $\frac{\pi}{2}$。

由图 2-29(a)可得，线路总电流 $i=i_1+i_C$。

在并联电路中，一般选择电压为参考正弦电量比较方便，然后绘出各电流的相量图，如图 2-29(b)所示。从相量图上可以求出总电流与支路电流的量值关系，以及总电流与电压之间的相位关系。

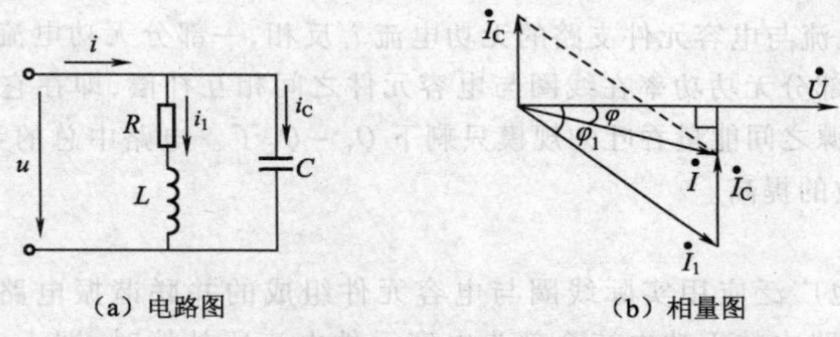

图 2-29 感性负载与电容元件并联正弦交流电路

把通过线圈的电流 $\dot{I}_1$ 分解为两个分量：与电压同相的电流分量（大小为 $I_1\cos\varphi_1$）称为电流 $\dot{I}_1$ 的有功分量或简称有功电流；垂直于电压相量的电流分量（大小为 $I_1\sin\varphi_1$）称为电流 $\dot{I}_1$ 的无功分量或简称无功电流。由 I_1、$I_1\cos\varphi_1$、$I_1\sin\varphi_1$ 组成一个直角三角形，称为 $\dot{I}_1$ 的电流三角形。电流三角形的底角 φ_1 是电流 $\dot{I}_1$ 与电压 $\dot{U}$ 的相位差。

流过电容元件支路的电流 $\dot{I}_C$ 超前于电压 $\frac{\pi}{2}$，所以 $\dot{I}_C$ 的有功分量为零，而无功分量就是 I_C。

由相量图可得

$$I=\sqrt{(I_1\cos\varphi_1)^2+(I_1\sin\varphi_1-I_C)^2} \tag{2-38}$$

总电流滞后于电压的相位差 φ 可由式(2-39)求得

$$\varphi=\arctan\frac{I_1\sin\varphi_1-I_C}{I_1\cos\varphi_1} \tag{2-39}$$

由式(2-39)及图 2-29(b)可看出，当 $I_1\sin\varphi_1>I_C$ 时，总电流 $\dot{I}$ 滞后于电压 $\dot{U}$，整个电路为感性负载；当 $I_1\sin\varphi_1<I_C$ 时，总电流 $\dot{I}$ 超前于电压 $\dot{U}$，整个电路为容性负载；当 $I_1\sin\varphi_1=I_C$ 时，总电流 $\dot{I}$ 与电压 $\dot{U}$ 同相，整个电路为阻性负载，此时总电流 I 的数值最小，而总的功率因数为最大，$\cos\varphi=1$。

从相量图中比较 $\dot{I}$ 与 $\dot{I}_1$ 的大小，发现并联电路的总电流 I 比线圈支路的电流 I_1 还要小。总电流小于并联负载中的电流，这在直流电路中是不可能的，但在交流电路中却是可能的，而且不难理解：因为线圈支路的电流 $\dot{I}_1$ 的无功分量与电容元件支路的电流 $\dot{I}_C$ 的无功分量在相位上相差 π 角，即它们是反相的，因而在并联后的总电流中有一部分无功电流互相抵消了。

2. 感性负载与电容元件并联正弦交流电路中的功率

线圈支路的有功功率 $P_1 = UI_1\cos\varphi_1$，无功功率 $Q_L = UI_1\sin\varphi_1$；电容元件不取用有功功率，它的无功功率 $Q_C = UI_C$，故电路的总有功功率就等于线圈支路的有功功率，即

$$P = UI\cos\varphi = UI_1\cos\varphi_1 \tag{2-40}$$

由式(2-38)及图 2-29(b)可以看出，因为 $I < I_1$，所以 $\cos\varphi > \cos\varphi_1$，表示并联电路总的功率因数大于线圈的功率因数，这从相量图中也可以看出。一般地，电感性负载并联适当的电容元件，可以提高电路总的功率因数，这在实用上有很大的经济意义。

并联电路总的无功功率为

$$Q = Q_L - Q_C = I_1^2X_L - I_C^2X_C = UI\sin\varphi_1 \tag{2-41}$$

由式(2-41)可见，$Q < Q_L$，即总的无功功率比线圈支路的无功功率要小。这是因为线圈支路的电流 i_1 的无功电流与电容元件支路的无功电流 i_C 反相，一部分无功电流在线圈与电容元件之间流通，也就有一部分无功功率在线圈与电容元件之间相互补偿，即在它们之间相互吞吐能量。这样，电路与电源之间能量吞吐的规模只剩下 $Q_L - Q_C$ 了。电路中总的无功功率的减小，就意味着电路功率因数的提高。

3. 并联谐振

在电子电路中也广泛应用实际线圈与电容元件组成的并联谐振电路，如图 2-29(a)所示。如上所述，当线路中的无功电流全部为电容元件电流所补偿时，即 $I_1\sin\varphi_1 = I_C$ 时，总电流与电压同相，整个电路呈纯电阻性，这种状态称为并联谐振。这种并联谐振电路的谐振频率 f_0 为

$$f_0 = \frac{1}{2\pi}\sqrt{\frac{1}{LC} - \frac{R^2}{L^2}} \tag{2-42}$$

一般线圈的电阻 R 很小，可忽略不计，于是式(2-42)就变为

$$f_0 \approx \frac{1}{2\pi\sqrt{LC}} \tag{2-43}$$

并联谐振的特点：总电流最小，阻抗值最大。即并联谐振时呈现高阻抗，故可与高内阻的电源配合使用；支路的谐振电流很大，是总电流的 Q 倍，一般 Q 值为 100 左右。

并联谐振在无线电技术和工业电子技术中也常用到，例如，利用并联谐振高阻抗的特点可制成选频放大器、振荡器、滤波器等。

4. 电路功率因数的提高

在交流供电电路上，负载是多种多样的，负载功率因数的大小取决于负载的性质，实际用电器的功率因数都在 0 和 1 之间。白炽灯和电炉是纯电阻负载，只消耗有功功率，其功率因数为 1；荧光灯是感性负载，功率因数为 0.45～0.6；异步电动机可等效看作由电阻元件和电感元件组成的感性负载，满载时功率因数为 0.9 左右，空载时会降到 0.2；交流电焊机的功率因数为 0.3～0.4。由于电力系统中接有大量的感性负载，电路的功率因数小于 1，发电厂在发出有功功率的同时也输出无功功率与负载间进行能量的交换，这样就会产生以下两个问

题：一是电源容量不能得到充分利用，发电设备的容量是由其视在功率$S_N = U_N I_N$决定的，它表示这台发电机能向外电路提供的最大功率，负载能获得多少功率取决于负载的性质。发电设备向外电路输出的有功功率$P_N = U_N I_N \cos\varphi = S_N \cos\varphi$，如果所带负载$\cos\varphi < 1$，则发电设备输出有功功率$P < S_N$。负载功率因数越低，发电设备输出的有功功率越低，发电设备的容量就越不能充分利用。二是增加线路和发电机绕组的功率损耗，当发电机的电压及对负载输送的有功功率一定时，电路电流$I = \dfrac{P}{U\cos\varphi}$，负载功率因数越低，电路电流$I$越高，电路和发电机绕组上的功率损耗越大。

因此，提高供电电路的功率因数，对电力工业的建设和节约电能有重大意义。我国电力部门规定新建和扩建的电力用户的功率因数不应低于0.9，否则不予供电。

功率因数不高的根本原因就是由于感性负载的存在，而感性负载本身需要一定的无功功率。一般来说，负载（设备）本身的功率因数是不能改变的，提高功率因数是在保证负载正常工作的前提下，提高整个电路的功率因数。提高整个电路的功率因数的方法很多，其中一个最常用的方法就是在感性负载的两端并联电容量适当的电容元件。这种方法不会改变负载原来的工作状态，负载取用的电流、有功功率以及负载本身的功率因数仍和原来一样，但是负载的一部分无功电流、无功功率从电容元件支路得到了补偿，从而使线路的功率因数提高了，总电流减小了，电源设备得到了充分利用。因此，变电室内常并联有专用的电力电容器，用来提高该变电室所供负载线路的功率因数。

用并联电容元件提高功率因数，一般提高到0.9左右就可以了，因为要补偿到功率因数接近1时，所需的电容量太大，反而不经济。

设需求的$\cos\varphi$已知，由图2-29(b)相量图可容易地分析求得应并联的电容为

$$C = \frac{P}{\omega U^2}(\tan\varphi_1 - \tan\varphi) \tag{2-44}$$

例2-9　有一台发电机的额定容量$S_N = 10\ \text{kV}\cdot\text{A}$，额定电压$U_N = 220\ \text{V}$，角频率$\omega = 314\ \text{rad/s}$，给一负载供电，该负载的有功功率$P = 5\ \text{kW}$，功率因数$\cos\varphi_1 = 0.5$。试求：(1)该负载所需的电流值，该负载是否超载？(2)在负载不变的情况下，将一个电容元件与负载并联，使供电系统的功率因数提高到0.85，需要并联多大的电容元件？此时线路电流是多少？

解　(1)负载电流为

$$I = \frac{P}{U\cos\varphi_1} = \frac{5\times10^3}{220\times0.5}\ \text{A} = 45.45\ \text{A}$$

发电机的额定电流为

$$I_N = \frac{S_N}{U_N} = \frac{10\times10^3}{220}\ \text{A} = 45.45\ \text{A}$$

可见，发电机正好满载。

(2)由式(2-44)计算并联电容元件的电容值。

当$\cos\varphi_1 = 0.5$时，$\tan\varphi_1 = 1.732$；当$\cos\varphi = 0.85$时，$\tan\varphi = 0.62$，则

$$C = \frac{P}{\omega U^2}(\tan\varphi_1 - \tan\varphi) = \frac{5\times10^3}{314\times220^2}(1.732 - 0.62)\ \text{F} = 365.8\ \mu\text{F}$$

并联电容元件后电路的电流为

$$I = \frac{P}{U\cos\varphi_2} = \frac{5\times10^3}{220\times0.85}\ \text{A} = 26.7\ \text{A}$$

并联电容器后线路的电流由45.45A下降到26.7A，发电设备还可多并联负载。

5. 复杂正弦交流电路的分析(选学内容)

以上对简单的正弦交流电路进行了分析,对复杂的正弦交流电路,如果构成电路的电阻、电感、电容元件等都是线性的,电路中正弦电源都是同频率的,那么电路中各部分的电压和电流仍将是同频率的正弦电量,可用相量法进行分析。

与相量形式的欧姆定律及基尔霍夫定律类似,只要把电路中的无源元件表示为复阻抗或复导纳(复阻抗的倒数),所有正弦电量均用相量表示,那么讨论直流电路时所采用的各种网络分析方法、原理、定理都完全适用于线性正弦交流电路,下面通过例题来讨论。

例 2-10 在图 2-30(a)所示的电路中,已知 $\dot{U}_S = 50\angle 0°\ \text{V}$, $\dot{I}_S = 10\angle 30°\ \text{A}$, $X_L = 5\ \Omega$, $X_C = 3\ \Omega$,求图 2-30(a)中的 $\dot{U}$。

解 (1)用电源等效变换求解。先将 $\dot{U}_S$ 与 jX_L 串联的电压源变换成 $\dot{I}_{S1}$ 与 jX_L 并联的电流源,如图 2-30(b)所示。其中

$$\dot{I}_{S1} = \frac{\dot{U}_S}{jX_L} = \frac{50\angle 0°}{j5}\ \text{A} = 10\angle(-90°)\ \text{A}$$

再将电流源 $\dot{I}_S$ 与 $\dot{I}_{S1}$ 并联,得到电流源 $\dot{I}_{S2}$,如图 2-30(c)所示。

$$\dot{I}_{S2} = \dot{I}_{S1} + \dot{I}_S = [10\angle(-90°) + 10\angle 30°]\ \text{A} = 10\angle(-30°)\ \text{A}$$

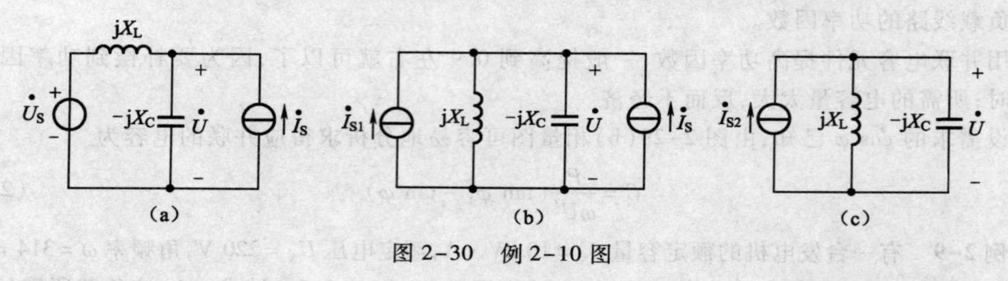

图 2-30 例 2-10 图

计算等效复阻抗 Z

$$Z = \frac{jX_L(-jX_C)}{jX_L - jX_C} = \frac{j5 \times (-j3)}{j5 - j3}\ \Omega = -j7.5\ \Omega$$

所以

$$\dot{U} = \dot{I}_S Z = 10\angle(-30°) \times (-j7.5)\ \text{V} = 75\angle(-120°)\ \text{V}$$

(2)用叠加原理求解。电压 $\dot{U}$ 是 $\dot{U}_S$ 单独作用时的 $\dot{U}'$[见图 2-31(a)]和 $\dot{I}_S$ 单独作用时的电压 $\dot{U}''$[见图 2-31(b)]的代数和。

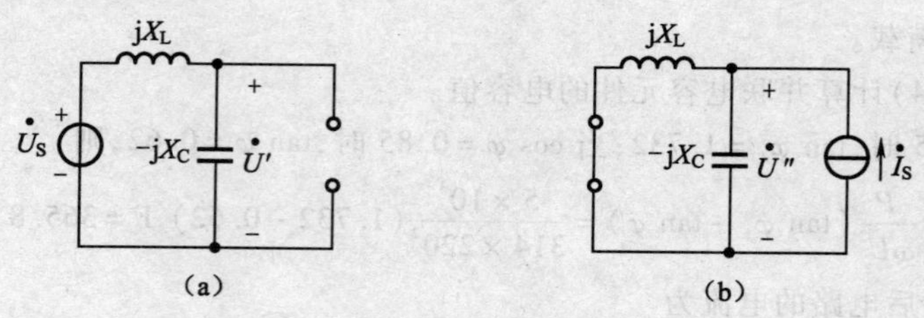

图 2-31 例 2-10 图

对图 2-31(a)有

$$\dot{U}' = \frac{-\mathrm{j}X_{\mathrm{C}}}{\mathrm{j}X_{\mathrm{L}} - \mathrm{j}X_{\mathrm{C}}}\dot{U}_{\mathrm{S}} = \frac{-\mathrm{j}3}{\mathrm{j}5 - \mathrm{j}3} \times 50\angle 0° \ \mathrm{V} = -75\angle 0° \ \mathrm{V}$$

对图 2-31(b)有

$$\dot{U}'' = \frac{\mathrm{j}X_{\mathrm{L}}(-\mathrm{j}X_{\mathrm{C}})}{\mathrm{j}X_{\mathrm{L}} - \mathrm{j}X_{\mathrm{C}}}\dot{I}_{\mathrm{S}} = \frac{\mathrm{j}5 \times (-\mathrm{j}3)}{\mathrm{j}5 - \mathrm{j}3} \times 10\angle 30° \ \mathrm{V} = 75\angle(-60°) \ \mathrm{V}$$

所以

$$\dot{U} = \dot{U}' + \dot{U}'' = (-75\angle 0° + 75\angle 60°) \ \mathrm{V} = 75\angle(-120°) \ \mathrm{V}$$

例 2-11 在图 2-32 所示的电路中，已知 $\dot{U}_{\mathrm{S1}} = 100\angle 0° \mathrm{V}$，$\dot{U}_{\mathrm{S2}} = 100\angle 53.1° \ \mathrm{V}$，$Z_1 = 5 + \mathrm{j}5 \ \Omega$，$Z_2 = 5 - \mathrm{j}5 \ \Omega$，$Z_3 = -\mathrm{j}5 \ \Omega$，分别用节点电压法和戴维南定理求图中的电流 $\dot{I}$。

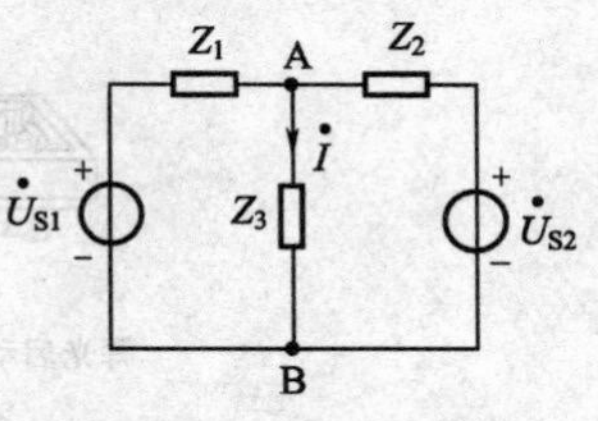

图 2-32 例 2-11 图

解 (1)用节点电压法求解

列节点电压方程为

$$\dot{U}_{\mathrm{AB}} = \frac{\dfrac{\dot{U}_{\mathrm{S1}}}{Z_1} + \dfrac{\dot{U}_{\mathrm{S2}}}{Z_2}}{\dfrac{1}{Z_1} + \dfrac{1}{Z_2} + \dfrac{1}{Z_3}} = \frac{\dfrac{100\angle 0°}{5 + \mathrm{j}5} + \dfrac{100\angle 53.1°}{5 - \mathrm{j}5}}{\dfrac{1}{5 + \mathrm{j}5} + \dfrac{1}{5 - \mathrm{j}5} + \dfrac{1}{-\mathrm{j}5}} \ \mathrm{V} = (30 - \mathrm{j}10) \ \mathrm{V}$$

所以

$$\dot{I} = \frac{\dot{U}_{\mathrm{AB}}}{Z_3} = \frac{30 - \mathrm{j}10}{-\mathrm{j}5} \ \mathrm{A} = 6.32\angle 71.6° \ \mathrm{A}$$

(2)用戴维南定理求解。将电路分为有源二端网络和待求支路两部分，其有源二端网络如图 2-33(a)所示。求有源二端网络的端口 A、B 处的开路电压 $\dot{U}_{\mathrm{OC(AB)}}$。

$$\dot{U}_{\mathrm{OC(AB)}} = \frac{\dot{U}_{\mathrm{S1}} - \dot{U}_{\mathrm{S2}}}{Z_1 + Z_2}Z_2 + \dot{U}_{\mathrm{S2}} = \left[\frac{100\angle 0° - 100\angle 53.1°}{5 + \mathrm{j}5 + 5 - \mathrm{j}5} \times (5 - \mathrm{j}5) + 100\angle 53.1°\right] \ \mathrm{V} = (40 + \mathrm{j}20) \ \mathrm{V}$$

即

$$\dot{U}'_{\mathrm{S}} = \dot{U}'_{\mathrm{OC(AB)}} = (40 + \mathrm{j}20) \ \mathrm{V}$$

将有源二端网络中的所有电源去掉(按零值处理)，如图 2-33(b)所示，计算端口 A、B 的等效内阻抗 Z'_0。

$$Z'_0 = \frac{Z_1 Z_2}{Z_1 + Z_2} = \frac{(5 + \mathrm{j}5) \times (5 - \mathrm{j}5)}{(5 + \mathrm{j}5) + (5 - \mathrm{j}5)} \ \Omega = 5 \ \Omega$$

将待求支路接入戴维南等效电路，如图 2-33(c)所示，求 $\dot{I}$，即

$$\dot{I} = \frac{\dot{U}'_{\mathrm{S}}}{Z'_0 + Z_3} = \frac{40 + \mathrm{j}20}{5 - \mathrm{j}5} \ \mathrm{A} = 6.32\angle 71.6° \ \mathrm{A}$$

(a) (b) (c)

图 2-33 例 2-11 戴维南定理求解图

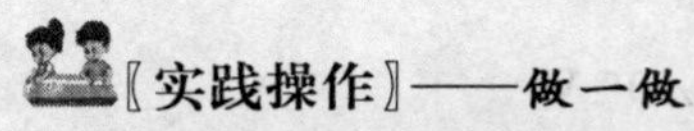

〖实践操作〗——做一做

荧光灯电路的安装与测试

1. 荧光灯电路的结构

荧光灯电路由灯管、镇流器、辉光启动器、灯架和灯座等组成，如图 2-34 所示。

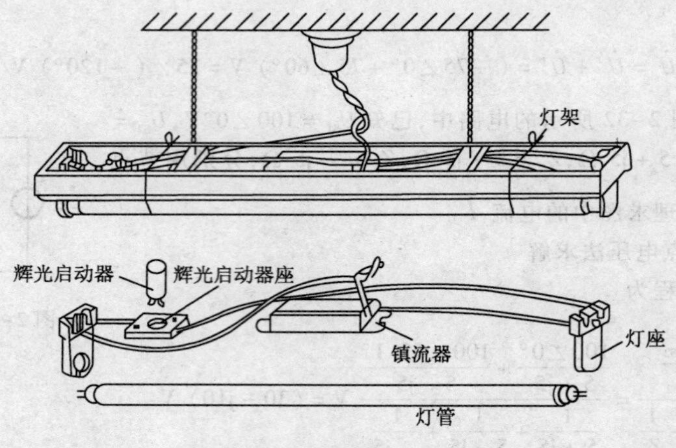

图 2-34　荧光灯的结构与布线

(1)灯管。灯管是内壁涂有荧光粉的玻璃管，灯管两端各有一个由钨丝绕成的灯丝，灯丝上涂有易发射电子的氧化物。管内抽成真空并充有一定的氩气和少量水银。氩气具有使灯管易发光和保护电极、延长使用寿命的作用。

(2)镇流器。镇流器是具有铁芯的线圈，在电路中起如下作用：在接通电源的瞬间，使流过灯丝的预热电流受到限制，以防止预热电流过大时烧断灯丝；荧光灯启动时，和辉光启动器配合产生一个瞬时高电压，促使管内水银蒸气发生弧光放电，致使灯管管壁上的荧光粉受激而发光；灯管发光后，保持稳定放电，并将其两端电压和通过的电流限制在规定值内。镇流器的外形和结构如图 2-35 所示。

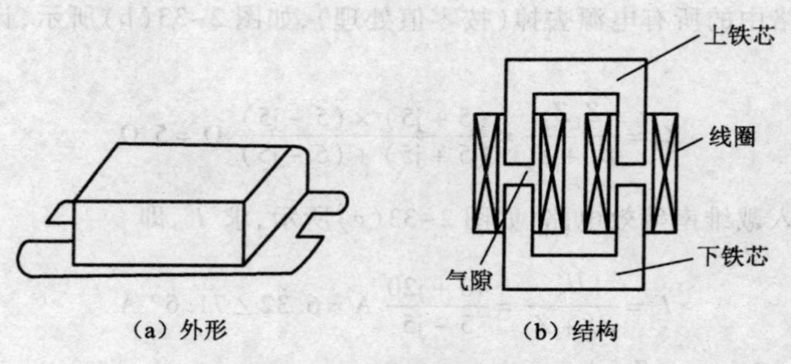

图 2-35　镇流器的外形和结构

(3)辉光启动器。辉光启动器的作用是在灯管发光前接通灯丝电路，使灯丝通电加热后又突然切断电路，类似一个开关。

辉光启动器的外壳是用铝或塑料制成的，壳内有一个充有氖气的小玻璃泡和一个纸质电容器，其结构如图 2-36 所示。纸质电容器的作用是避免辉光启动器的触片断开时产生的火花将触片烧坏，同时也防止管内气体放电时产生的电磁波辐射对电视机等家用电器的干扰。

(4)灯架。灯架有木制和铁制两种,规格应配合灯管长度。

(5)灯座。灯座有开启式和弹簧式两种。大型的适用于 15 W 及以上的灯管,小型的适用于 6 W、8 W、12 W 的灯管。

2. 荧光灯的工作原理

荧光灯的工作原理图如图 2-37 所示。接通电源后,电源电压(～220 V)全部加在辉光启动器静触片和双金属片的两端,由于两触片间的高电压产生的电场较强,故使氖气游离而放电(红色辉光),放电时产生的热量使双金属片弯曲与静触片连接,电流经镇流器、灯管灯丝及辉光启动器构成通路。电流流过灯丝后,灯丝发热并发射电子,致使管内氖气电离,水银蒸发为水银蒸气。因辉光启动器玻璃泡内两触片连接,故电场消失,氖气也随之立即停止放电。随后,玻璃泡内温度下降,两金属片因此冷却而恢复原状,使电路断开,此时镇流器中的电流突变,故在镇流器两端产生一个很高的自感电动势,这个自感电动势和电源电压串联后,全部加到灯管两管,形成一个很强的电场,致使管内水银蒸气产生弧光放电,在弧光放电时产生的紫外线激发了灯管壁上的荧光粉,发出近似日光的灯光。灯管点燃后,由于镇流器的存在,灯管两端的电压比电源电压低得很多(具体数值与灯管功率有关,一般在 50～100 V 范围内)不足以使辉光启动器放电,其触点不再闭合。

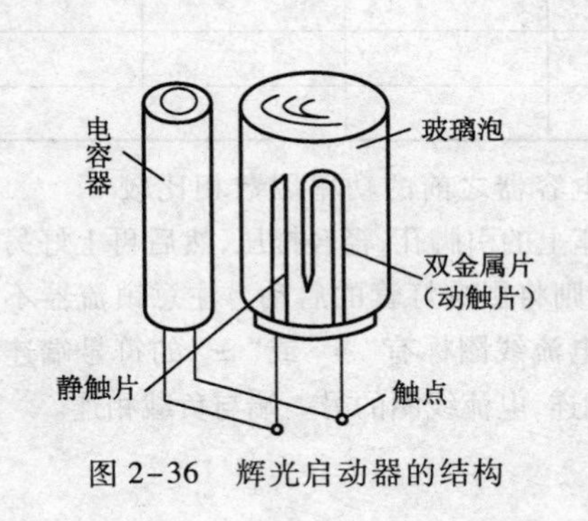

图 2-36 辉光启动器的结构

灯管
辉光启动器
镇流器
电容器
电源开关

图 2-37 荧光灯的工作原理图

3. 荧光灯电路的连接、观测及测量

(1)荧光灯电路的连接和观测:

① 按图 2-38 所示接线(电容器先不接),如所用镇流器有多个线圈或线圈引出线有其他标号时,请参照镇流器上的接线图接线。经教师检查同意后通电,荧光灯应立即发光。

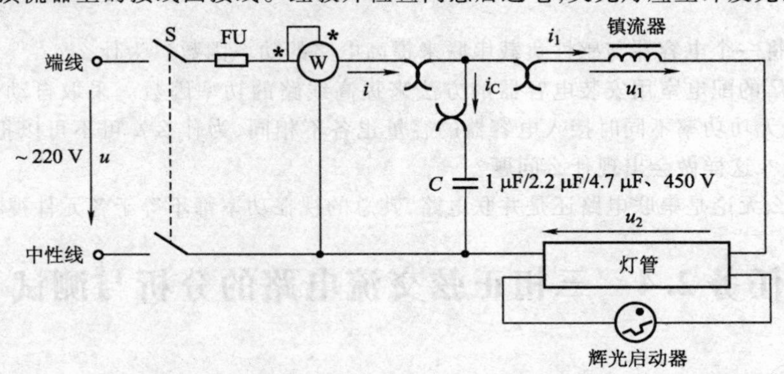

图 2-38 荧光灯电路的安装与测试电路

② 分别测量电路中各部分的电压 U、U_1、U_2，电流 I，功率 P，测量时要注意仪表量程的选择。将测量数据填入表 2-8 中。

表 2-8　日光灯电路的观测

测量值					计算值		
P/W	I/A	U/V	U_1/V	U_2/V	P_2/W	P_1/W	$\cos\varphi$

③ 根据测量结果计算出灯管消耗的功率 $P_2=U_2I$，镇流器消耗的功率 $P_1=P-P_2$ 和总功率因数，将数值填入表 2-8 中。

(2) 并联电容器后的测量：

① 将实验图 2-38 中的电容器 C 接上，逐步增加电容量，观察 I_1、I_C、I 及 P 的变化情况，将每次的电容量和相应各量的读数记在表 2-9 中。

表 2-9　并联电容器后的测量与计算

顺　序	电容量 C/μF	测量值					计算值
		U/V	I_1/A	I_C/A	I/A	P/W	$\cos\varphi$
1	1						
2	2.2						
3	4.7						

② 分别计算上述情况时的电路功率因数，与并联电容器之前的功率因数相比较。

注意：安装荧光灯管时，应先将灯管引脚对准弹簧管座上的引脚孔，轻轻推压，然后再上好另一头管座。辉光启动器安装时不能有松动或接触不良现象，否则将影响灯管的启动。注意镇流器不要漏接，以免烧坏灯管。在接单相功率表时，应将电压线圈和电流线圈标有“*”或“±”的符号端连在一起，与电源的端线相连，电压线圈的另一端与电源中性线相连，电流线圈的另一端与负载相连。

〖问题研讨〗——**想一想**

(1) 并联电容器提高电路的功率因数，是否是通过提高感性负载的功率因数来提高的？为什么？此时增加了一条电流支路，那么电路的总电流是增加了还是减小了？此时感性负载上的电流和功率是否改变？为什么？

(2) 根据相量图 2-29(b)，推导感性负载两端并联电容器以提高电路功率因数的补偿电容计算公式。

(3) 能否将一个电容器与感性负载串联来提高电路的功率因数？为什么？

(4) 某工厂的配电室用安装电容器的方法来提高线路的功率因数。采取自动调控方式，即线路上吸收的无功功率不同时接入电容器的容量也各不相同，为什么？可不可以把全部电容器都接到电路上？这样做会出现什么问题？

(5) 为什么无论是串联电路还是并联电路，其总的视在功率都不等于各元件视在功率之和？

任务 2.4　三相正弦交流电路的分析与测试

三相制供电比单相制供电更有优越性，例如，三相交流发电机比同样尺寸的单相交流发电

机输出功率大;在相同条件下输送同样大的功率,三相输电线比单相输电线节省材料,因此,电力系统广泛采用三相制供电。本任务研究三相对称电动势的产生、三相电源的连接及三相电源的测试,三相负载的星形连接、三角形连接电路中的线电压与相电压的关系、线电流与相电流的关系,三相电功率及测试。

了解三相对称电动势的产生。掌握三相电源星形连接时线电压与相电压之间的关系;三相对称负载星形、三角形连接时的计算(包括相电压、线电压、相电流、线电流和三相电功率),理解三相四线制电路中的中线作用,能正确地把三相负载接入三相电源。能测试三相电路中的电流、电压、电功率。

子任务1 三相电源的连接与测试

〖现象观察〗——看一看

用万用表的交流电压挡测量两根相线间的电压值及一根相线与中性线间的电压值,分析两根相线间的电压及一根相线与中性线间的电压值的关系。

〖知识链接〗——学一学

在现代电力网中,从电能的产生到输送、分配及应用,大多是采用三相交流电路。所谓三相交流电路是由幅值相等、频率相同、相位互差120°的3个正弦交流电源同时供电的系统。由于三相交流电在发电、输电、配电、用电等各方面都比单相交流电优越,所以在各个领域得到广泛的应用。日常生活中使用的单相电源,实际上是三相电源中的一相。

1. 三相对称电动势的产生

三相对称电动势是由三相交流发电机产生的,三相交流发电机的结构示意图如图2-39(a)所示,它的主要组成部分是电枢和磁极。

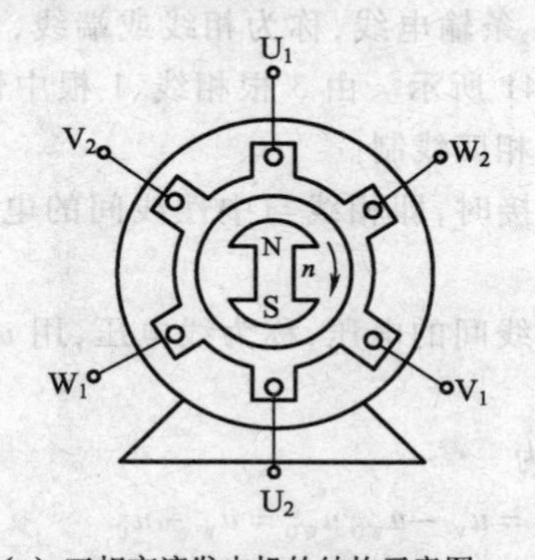

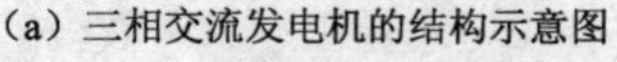

(a)三相交流发电机的结构示意图

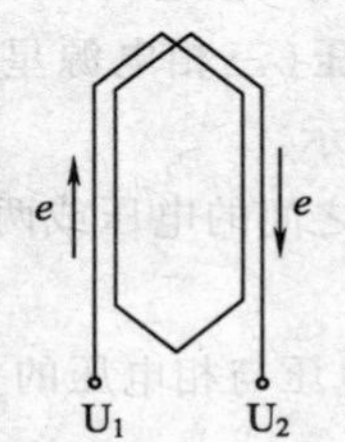

(b)正弦电动势的方向

图2-39 三相交流发电机示意图

电枢是固定的,称为定子。定子铁芯由硅钢片叠成,其内圆周表面沿径向冲有嵌线槽,用以放置3个结构相同、彼此独立的三相绕组,三相绕组的始端分别标以U_1、V_1、W_1,末端分别标以U_2、V_2、W_2,三相绕组在定子内圆周上彼此之间相隔120°。

磁极是转动的,称为转子。转子铁芯上绕有励磁线圈,通入直流电流励磁,选择合适的极面

形状,可使空气隙中的磁场按正弦规律分布。当转子恒速转动时,每相定子绕组依次切割磁感线,产生频率相同、幅值相等、相位互差 120°的三相感应电动势 e_U、e_V、e_W。电动势的正方向选定为由绕组的末端指向始端。如图 2-39(b)所示,若以 e_U 为参考正弦量,则三相电动势的瞬时值表达式为

$$\begin{cases} e_U = E_m \sin \omega t \\ e_V = E_m \sin(\omega t - 120°) \\ e_W = E_m \sin(\omega t - 240°) = E_m \sin(\omega t + 120°) \end{cases} \quad (2-45)$$

三相电动势的正弦波形图和相量图分别如图 2-40(a)、(b)所示。

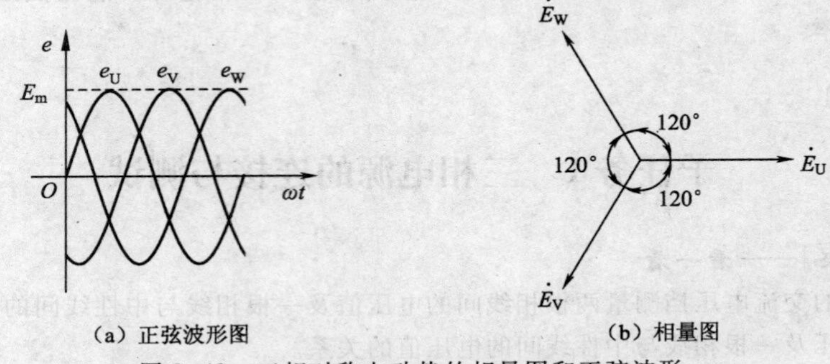

(a)正弦波形图　　(b)相量图

图 2-40　三相对称电动势的相量图和正弦波形

三相电动势达到最大值(或零值)的先后次序称为三相交流电的相序,由图 2-40(a)所示的波形可知,三相电动势的相序是 U→V→W→U,在工程上,通常用黄、绿、红三色来分别表示 U 相、V 相和 W 相。按 U→V→W→U 的次序循环下去的称为顺相序,而按 U→W→V→U 的次序循环下去的称为逆相序。

2. 三相电源的连接

(1)星形(Y)连接。实际发电机的三个绕组总是连接成一个整体对负载供电。如果把三相发电机绕组的 3 个末端连在一点,这个点称为中性点,记为 N,从中性点引出的导线称为中性线(简称"中线")。而从绕组的 3 个始端引出 3 条输电线,称为相线或端线,俗称火线。这种连接方法称为三相电源的星形(Y)连接,如图 2-41 所示。由 3 根相线、1 根中性线构成的供电系统称为三相四线制。通常低压供电网都采用三相四线制。

每相绕组两端的电压(三相电源星形连接时,即相线与中性线间的电压),称为相电压,用 u_U、u_V、u_W或一般用 u_P表示。

任意两相绕组始端之间的电压或两根相线间的电压,称为线电压,用 u_{UV}、u_{VW}、u_{WU}或一般用 u_L表示。

由图 2-41 可得线电压与相电压的关系为

$$u_{UV} = u_U - u_V, u_{VW} = u_V - u_W, u_{WU} = u_W - u_U$$

相量关系式为

$$\begin{cases} \dot{U}_{UV} = \dot{U}_U - \dot{U}_V \\ \dot{U}_{VW} = \dot{U}_V - \dot{U}_W \\ \dot{U}_{WU} = \dot{U}_W - \dot{U}_U \end{cases} \quad (2-46)$$

相量图如图 2-42 所示。做相量图时可先做出相电压相量,再根据式(2-46)分别做出线电

压相量。由相量图 2-42 可知，由于三相电动势对称、相电压对称，则线电压也对称，线电压在相位上超前对应的相电压 30°。

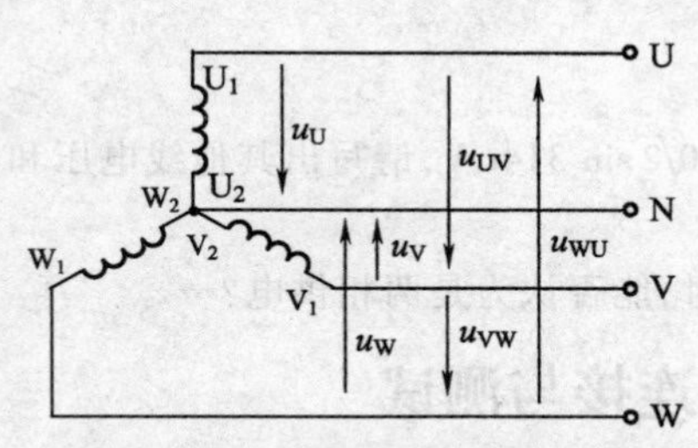

图 2-41　三相电源的星形连接

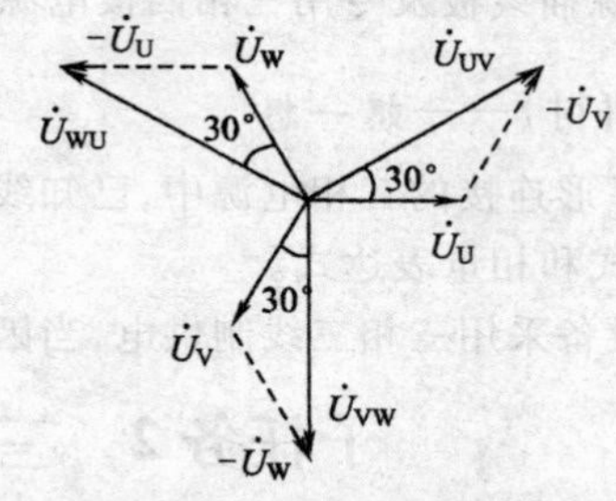

图 2-42　三相电源星形连接时线电压与相电压相量图

线电压与相电压的大小关系为

$$U_{\mathrm{UV}} = 2U_{\mathrm{U}}\cos 30° = \sqrt{3}\,U_{\mathrm{U}}$$

同理

$$U_{\mathrm{VW}} = \sqrt{3}\,U_{\mathrm{V}},\ U_{\mathrm{WU}} = \sqrt{3}\,U_{\mathrm{W}}$$

写成一般形式为

$$U_{\mathrm{L}} = \sqrt{3}\,U_{\mathrm{P}} \tag{2-47}$$

所以，三相对称电源做星形连接时，各相电压的有效值相等（即 $U_{\mathrm{U}} = U_{\mathrm{V}} = U_{\mathrm{W}}$），各线电压的有效值也相等（即 $U_{\mathrm{UV}} = U_{\mathrm{VW}} = U_{\mathrm{WU}}$），线电压与相电压的关系为 $U_{\mathrm{L}} = \sqrt{3}\,U_{\mathrm{P}}$，并且 u_{L} 超前对应的 u_{P} 30°。

三相电源星形连接时，线电压的大小是相电压大小的 $\sqrt{3}$ 倍，因此，三相发电机绕组星形连接时，可给负载提供两种电压，我国低压供电系统线电压为 380 V，相电压为 220 V，标为 380 V/220 V。

（2）三角形（△）连接。如果将三相发电机 3 个绕组的首、末端依次连接，从 3 个连接点引出 3 根端线，这种连接方法称为三相电源的三角形（△）连接，如图 2-43 所示。由图 2-43 可知：三相电源接成三角形时，线电压等于对应的相电压，即 $u_{\mathrm{UV}} = u_{\mathrm{U}}$，$u_{\mathrm{VW}} = u_{\mathrm{V}}$，$u_{\mathrm{WU}} = u_{\mathrm{W}}$。由于三相电源对称，所以其有效值关系为

$$U_{\mathrm{L}} = U_{\mathrm{P}} \tag{2-48}$$

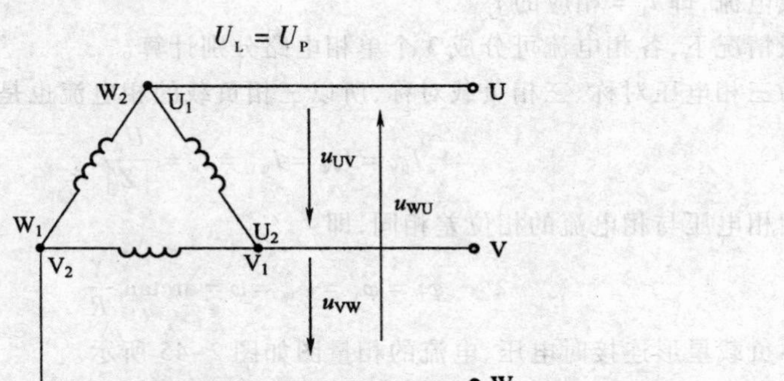

图 2-43　三相电源的三角形连接

由对称概念可知，在任何时刻，三相对称电压之和等于零，因此，当三相绕组接成闭合回路时，只要连接正确，在电源内部无环流；若接错，将形成很大的环流，造成事故。在大容量的三相交流发电机中极少采用三角形连接。

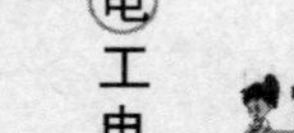

〖实践操作〗——做一做

安装电源插线板及专用三相四极电源插座,并用试电笔检查接线是否正确。

〖问题研讨〗——想一想

(1)在星形连接的三相电源中,已知线电压 $u_{UV}=380\sqrt{2}\sin 314t$ V,请写出其他线电压和各相电压的解析式和相量表达式。

(2)某设备采用三相三线制供电,当因故断掉一相时,能否认为是两相供电?

子任务2　三相负载的连接与测试

〖现象观察〗——看一看

三相电源的负载包括单相负载(如家用电器、实验仪器、电灯、小型电动工具等)和三相负载(如三相交流电动机、三相变压器等)。仔细观察家用电器、三相交流电动机等负载各用几根线?各有什么作用?

〖知识链接〗——学一学

三相电路的负载由3部分组成,其中每一部分称为一相负载。若三相负载的阻抗相同(即阻抗值相等,且阻抗角相同,或表示为 $|Z_U|=|Z_V|=|Z_W|$ 且 $\varphi_U=\varphi_V=\varphi_W$),则称为三相对称负载;否则称为三相不对称负载。三相负载的连接方式有两种:星形(Y)连接和三角形(△)连接。

1. 三相负载的星形(Y)连接

(1)三相对称负载的星形连接。三相负载星形连接的三相四线制电路,如图2-44所示,每相负载的阻抗分别为 Z_U、Z_V、Z_W。如忽略导线上损失压降,则加在各相负载上的电压就等于电源对应的各相电压。

在三相交流电路中,流过各相线的电流称为线电流,分别用 i_U、i_V、i_W 表示,可用 i_L 表示线电流;流过各相负载的电流称为相电流,用 i_P 表示;流过中性线的电流称为中性线电流,用 i_N 表示。习惯上,选定线电流的参考正方向由电源流向负载,中性线电流参考正方向由负载中性点流向电源中性点。由图2-44可知,负载星形连接时,由于每根相线只和一相负载连接,相电流等于对应的线电流,即 $i_L=$ 相应的 i_P。

一般情况下,各相电流可分成3个单相电路分别计算。

因为三相电压对称、三相负载对称,所以三相负载的相电流也是对称的,即

$$I_{UV}=I_{VW}=I_{WU}=I_P=\frac{U_P}{|Z|} \tag{2-49}$$

各相相电压与相电流的相位差相同,即

$$\varphi_U=\varphi_V=\varphi_W=\varphi=\arctan\frac{X}{R} \tag{2-50}$$

对称负载星形连接时电压、电流的相量图如图2-45所示。

由图2-44可得,中性线电流为 $i_N=i_{UN}+i_{VN}+i_{WN}$。

在对称负载星形连接时,由于各相电流是对称的,利用相量合成可得 $i_N=i_{UN}+i_{VN}+i_{WN}=0$,即在对称的三相电路中,中性线电流等于零,中性线不起作用,可去掉中性线,电路可采用三相三线制,如三相电动机接线电路。

在对称电路中,各相阻抗对称,各相相电压、相电流对称,三相电路可归结为一相电路的计算,计算出一相,可推知其他两相。

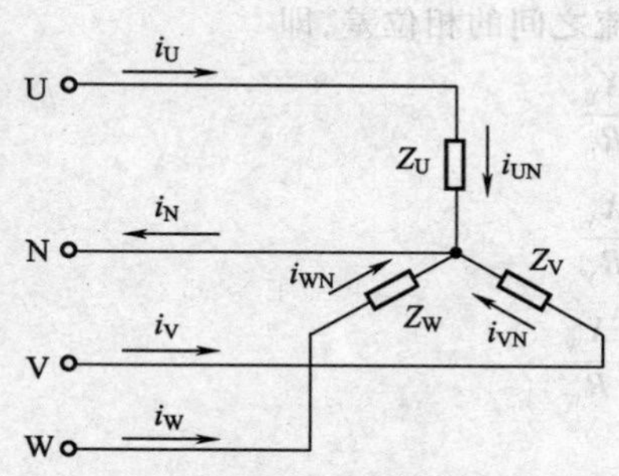

图 2-44 三相负载星形连接电路图

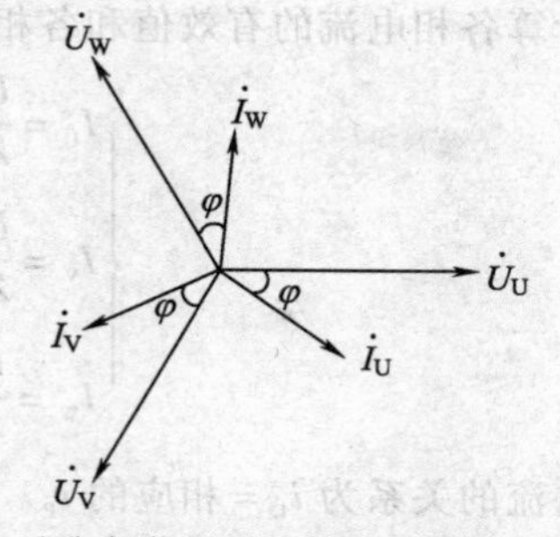

图 2-45 对称负载星形连接时电压、电流的相量图

例 2-12 三相对称负载星形连接，接在线电压为 380 V 的电源上。已知每相的电阻 $R=3\ \Omega$，感抗 $X_L=4\ \Omega$，$u_{UN}=220\sqrt{2}\sin(314t+30°)$ V。试求：各相负载的相电流的表达式。

解 因负载对称，故用“只算一相，推知其他两相”的方法计算，现只算 U 相。

各相的阻抗为

$$|Z|=\sqrt{R^2+X_L^2}=\sqrt{3^2+4^2}\ \Omega=5\ \Omega$$

各相的阻抗角为

$$\varphi=\arctan\frac{X_L}{R}=\arctan\frac{4}{3}=53.1°$$

U 相的相电流有效值为

$$I_{UN}=\frac{U_{UN}}{|Z|}=\frac{220}{5}\ \text{A}=44\ \text{A}$$

U 相的相电流 i_U 滞后 U 相的相电压 u_{UN} 的角度为 53.1°，则 U 相的相电流 i_U 的初相为

$$30°-53.1°=-23.1°$$

所以，U 相的相电流表达式为

$$i_U=44\sqrt{2}\sin(314t-23.1°)\ \text{A}$$

由于 3 个相电流是对称的，所以 V 相、W 相的相电流表达式分别为

$$i_V=44\sqrt{2}\sin(314t-23.1°-120°)=44\sqrt{2}\sin(314t-143.1°)\ \text{A}$$

$$i_W=44\sqrt{2}\sin(314t-23.1°+120°)=44\sqrt{2}\sin(314t+96.9°)\ \text{A}$$

(2)三相不对称负载的星形连接。在三相电路中，若电源或负载有一部分不对称，此电路称为不对称电路。下面主要讨论三相电源对称、负载不对称的三相不对称电路。

在三相不对称负载采用星形连接接入三相电源时，一定要有中性线，即采用三相四线制，如图 2-46 所示。电源电压对称，负载不对称（$Z_U\neq Z_V\neq Z_W$）。但由于中性线的存在，所以负载的相电压仍等于电源的相电压，即仍然是对称的，各相负载均可正常工作，这时与对称负载不同之处，就是三相电流不再是对称的。这时各相电流分成 3 个单相电路分别计算，即

$$\begin{cases}\dot{I}_U=\dfrac{\dot{U}_U}{Z_U}\\[2ex]\dot{I}_V=\dfrac{\dot{U}_V}{Z_V}\\[2ex]\dot{I}_W=\dfrac{\dot{U}_W}{Z_W}\end{cases}$$

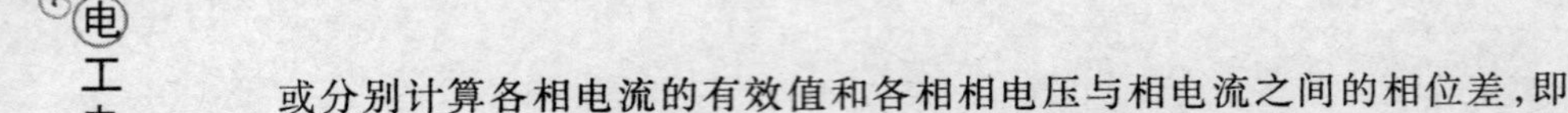

或分别计算各相电流的有效值和各相相电压与相电流之间的相位差，即

$$\begin{cases} I_{\mathrm{U}} = \dfrac{U_{\mathrm{U}}}{Z_{\mathrm{U}}},\ \varphi_{\mathrm{U}} = \arctan \dfrac{X_{\mathrm{U}}}{R_{\mathrm{U}}} \\ I_{\mathrm{V}} = \dfrac{U_{\mathrm{V}}}{Z_{\mathrm{V}}},\ \varphi_{\mathrm{V}} = \arctan \dfrac{X_{\mathrm{V}}}{R_{\mathrm{V}}} \\ I_{\mathrm{W}} = \dfrac{U_{\mathrm{W}}}{Z_{\mathrm{W}}},\ \varphi_{\mathrm{W}} = \arctan \dfrac{X_{\mathrm{W}}}{R_{\mathrm{W}}} \end{cases}$$

线电流与相电流的关系为 i_{L} = 相应的 i_{P}。

中性线电流为 $i_{\mathrm{N}} = i_{\mathrm{UN}} + i_{\mathrm{VN}} + i_{\mathrm{WN}} \neq 0$。

在三相不对称负载星形连接时应注意：当三相负载不对称且无中性线时，负载的相电压就不对称，分析得知，阻抗越小的相电压越低，阻抗越大的相电压越高。若低于或高于额定电压，负载将不能正常工作。中性线的作用是使星形连接的不对称负载获得对称的相电压，保证负载正常工作。故三相不对称负载星形连接时，必须有中性线，并且中性线不能断开，中性线上不装接开关、熔丝等设备，并且要用机械强度较大的钢线作为中性线，以免它自行断开造成事故。

例 2-13　图 2-46(a) 所示为三相四线制供电的电路，电源线电压 $U_{\mathrm{L}} = 380$ V，负载由 3 只白炽灯组成，每相负载的电阻值分别为 $R_{\mathrm{U}} = 5\ \Omega$，$R_{\mathrm{V}} = 10\ \Omega$，$R_{\mathrm{W}} = 20\ \Omega$，每只灯的额定电压 $U_{\mathrm{N}} = 220$ V。试求：(1) 负载相电压、各相相电流及中性线电流；(2) V 相断路，而中性线又断开时，各相负载的电压和电流；(3) V 相短路，而中性线又断开时，各相负载的电压和电流。

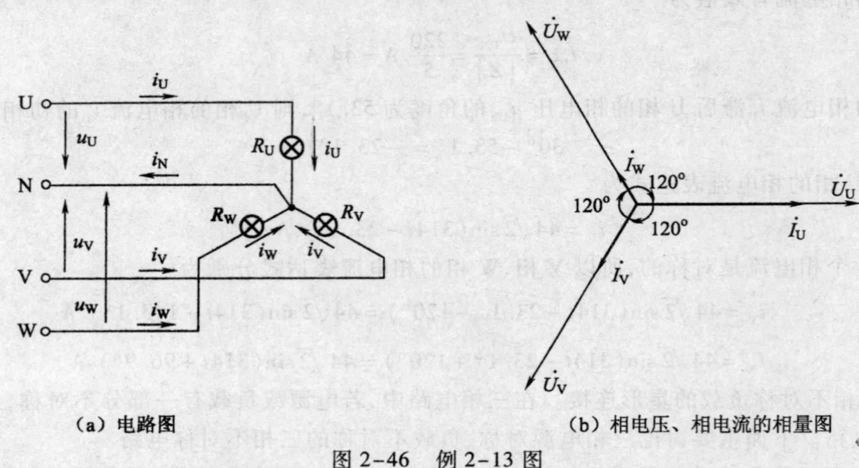

(a) 电路图　　(b) 相电压、相电流的相量图

图 2-46　例 2-13 图

解　(1) 当负载不对称而有中性线的情况下，负载相电压对称等于对应的电源相电压，即

$$U_{\mathrm{P}} = \frac{U_{\mathrm{L}}}{\sqrt{3}} = \frac{380}{\sqrt{3}}\ \mathrm{V} = 220\ \mathrm{V}$$

设 $\dot{U}_{\mathrm{U}} = 220\angle 0°$ V，则各相电流分别为

$$\dot{I}_{\mathrm{U}} = \frac{\dot{U}_{\mathrm{U}}}{R_{\mathrm{U}}} = \frac{220\angle 0°}{5}\ \mathrm{A} = 44\angle 0°\ \mathrm{A}$$

$$\dot{I}_{\mathrm{V}} = \frac{\dot{U}_{\mathrm{V}}}{R_{\mathrm{V}}} = \frac{220\angle(-120°)}{10}\ \mathrm{A} = 22\angle(-120°)\ \mathrm{A}$$

$$\dot{I}_W=\frac{\dot{U}_W}{R_W}=\frac{220\angle 120°}{20}\ \text{A}=11\angle 120°\ \text{A}$$

各相电流的有效值分别为 $I_U=44\ \text{A}, I_V=22\ \text{A}, I_W=11\ \text{A}$。

相量图如图 2-46(b)所示。

中性线电流为

$$\dot{I}_N=\dot{I}_U+\dot{I}_V+\dot{I}_W=[44\angle 0°+22\angle(-120°)+11\angle 120°]\ \text{A}=29.1\angle(-19°)\ \text{A}$$

由于负载不对称程度较高，中性线电流较大。所以在实际工作中，尽量做到均匀分配三相负载，以减小中性线电流。

(2) V 相断路，而中性线又断开时，各相负载的电压和电流。这种情况下，电路已成为单相电路，U 相与 W 相串联，接在线电压 $U_{UW}=380\ \text{V}$ 的电源上，如图 2-47(a)所示。U 相和 W 相负载电流、电压分别为

$$I_{UW}=\frac{U_{UW}}{R_U+R_W}=\frac{380}{5+20}\ \text{A}=15.2\ \text{A},\quad U_U=I_{UW}R_U=15.2\times 5\ \text{V}=76\ \text{V}$$

$$U_W=I_{UW}R_W=15.2\times 20\ \text{V}=304\ \text{V}$$

U 相电灯组的电压远低于额定电压，W 相电灯组的电压远高于额定电压（烧坏），这些情况是不允许的。

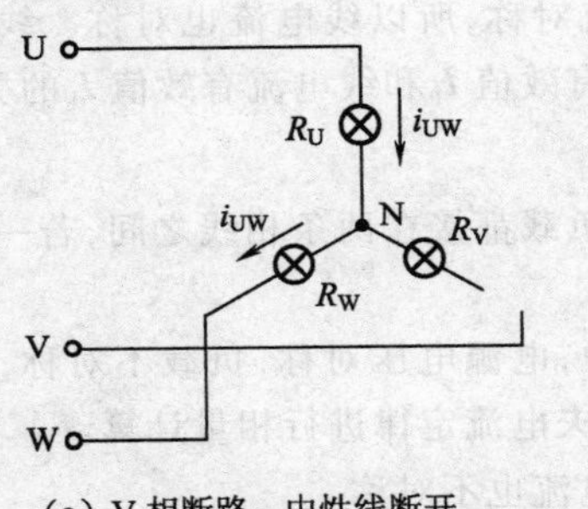

(a) V 相断路，中性线断开

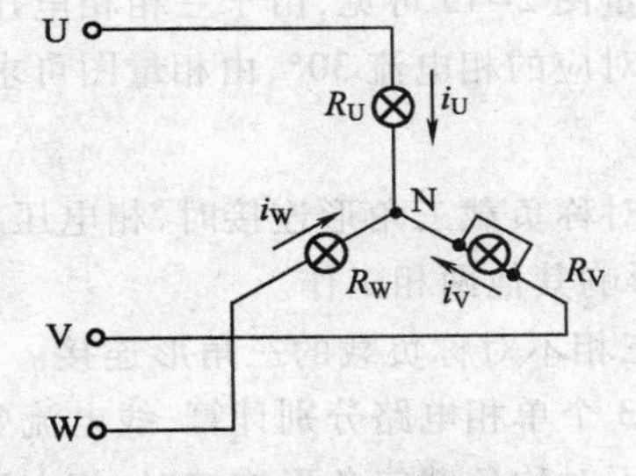

(b) V 相短路，中性线断开

图 2-47　例 2-13(2)、(3)图

(3) V 相短路，而中性线又断开时，各相负载的电压和电流。这种情况下，负载的中性点 N 即为 V 端线，如图 2-47(b)所示。U 相、W 相负载接在两相线间，负载相电压为线电压，即

$$U_V=0, U_U=U_{UV}=380\ \text{V}, U_W=U_{WV}=380\ \text{V}$$

负载相电流分别为

$$I_U=\frac{U_U}{R_U}=\frac{380}{5}\ \text{A}=76\ \text{A}$$

$$I_W=\frac{U_W}{R_W}=\frac{380}{20}\ \text{A}=19\ \text{A}$$

U 相和 W 相都越过额定电压，是不允许的。

由例 2-13 分析可知：当三相负载不对称且无中性线时，负载的相电压就不对称，阻抗越小的相电压越低；阻抗越大的相电压越高，低于或高于额定电压，负载不能正常工作。所以，三相不对称负载星形连接时必须要有中性线。

2. 三相负载的三角形(△)连接

如果 3 个单相负载 Z_U、Z_V、Z_W 的额定电压等于电源线电压，则必须把负载分别接在电源的各相线之间，这就构成了负载三角形(△)连接电路，如图 2-48 所示。

(1)三相对称负载的三角形连接。三相对称负载的三角形连接电路如图 2-48 所示,因为各相负载接在两根相线之间,所以各相负载的相电压就等于对应的电源线电压,即 u_P = 相应的 u_L,在数值上 $U_P = U_L$。

由图 2-48 可得,$i_U = i_{UV} - i_{WU}$,$i_V = i_{VW} - i_{UV}$,$i_W = i_{WU} - i_{VW}$,由于三相负载是对称的,所负载的相电流是对称的,线电流也是对称的,相量图如图 2-49 所示。

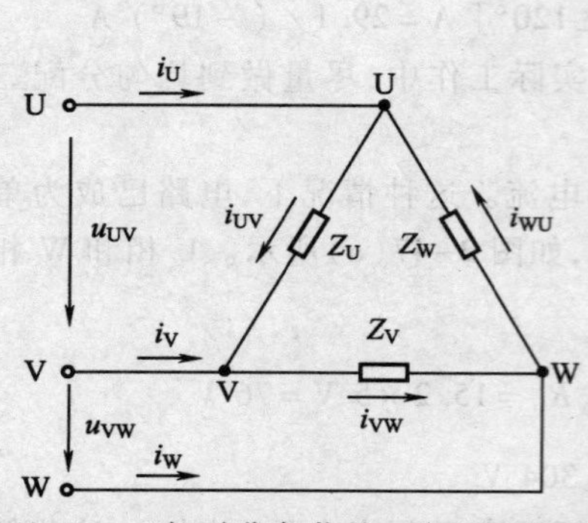

图 2-48　三相对称负载的三角形连接电路

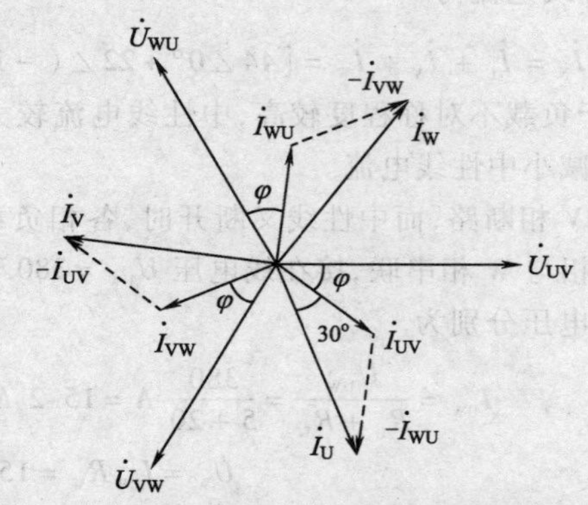

图 2-49　三相对称负载三角形连接时电压、电流相量图

由相量图 2-49 可见,由于三相相电压对称、相电流对称,所以线电流也对称。线电流在相位上落后对应的相电流 30°,由相量图可求得相电流的有效值 I_P和线电流有效值 I_L的关系为

$$I_L = \sqrt{3} I_P \tag{2-51}$$

三相对称负载三角形连接时,相电压对称,因每相负载都接在两条相线之间,若一相负载断开,并不影响其他两相工作。

(2)三相不对称负载的三角形连接。在三相电路中,电源电压对称,负载不对称,各相相电流可分成 3 个单相电路分别计算,线电流要根据基尔霍夫电流定律进行相量计算。

三相不对称负载三角形连接时,相电流不对称,线电流也不对称。

例 2-14　有一台三相交流电动机,每相绕组的等效电阻 $R = 6\ \Omega$,感抗 $X_L = 8\ \Omega$,连成三角形,接在线电压 $U_L = 380$ V 的三相电源上,试求:电动机的相电流和线电流。

解　因为三相负载是对称的,所以各相的相电流相等,线电流也相等,并且 $I_L = I_P$。

负载相电压为

$$U_P = U_L = 380\ \text{V}$$

每相阻抗为

$$|Z| = \sqrt{R^2 + X_L^2} = \sqrt{6^2 + 8^2}\ \Omega = 10\ \Omega$$

相电流有效值为

$$I_P = \frac{U_P}{|Z|} = \frac{380}{10}\ \text{A} = 38\ \text{A}$$

线电流有效值为

$$I_L = \sqrt{3} I_P = 65.7\ \text{A}$$

例 2-15　在图 2-50 所示的电路中。已知电源电压对称,$U_L = 220$ V,由 3 个灯泡组成三角形负载,V 相和 W 相之间并联一个带开关 S 的灯泡。灯泡的额定值为 $P_N = 100$ W,$U_N = 220$ V。试求:(1)开关 S 断开时,相电流和线电流各为何值?画出相量图;(2)开关 S 闭合后,相电流和线电流各为何值?

解 (1)开关 S 断开时,为对称负载三角形连接,各相电流值相等,各线电流值也相等。

$$I_{P}=\frac{P_{N}}{U_{N}}=\frac{100}{220}\ \text{A}=0.455\ \text{A}$$

$$I_{L}=\sqrt{3}I_{P}=0.788\ \text{A}$$

设$\dot{U}_{UV}=220\angle 0°\ \text{V}$,因为各相为纯电阻性负载,各相电流是对称的,所以各相电流的相量分别为

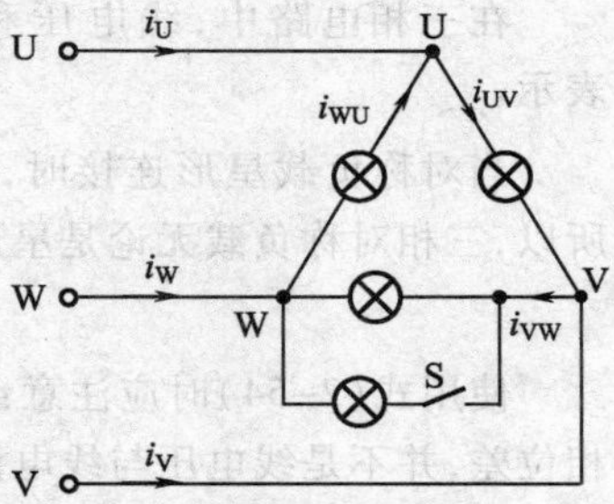

$$\dot{I}_{UV}=0.455\angle 0°\ \text{A}$$

$$\dot{I}_{VW}=0.455\angle(-120°)\ \text{A}$$

$$\dot{I}_{WU}=0.455\angle 120°\ \text{A}$$

各线电流也是对称的,所以各线电流的相量分别为

$$\dot{I}_{U}=\sqrt{3}\,\dot{I}_{UV}\angle(-30°)=0.788\angle(-30°)\ \text{A}$$

$$\dot{I}_{V}=0.788\angle(-150°)\ \text{A}$$

$$\dot{I}_{W}=0.788\angle 90°\ \text{A}$$

图 2-50 例 2-15 图

对称负载三角形连接时的相量图如图 2-51(a)所示。

(2)开关 S 闭合后,为不对称负载三角形连接,各相负载相电流相量分别为

$$\dot{I}_{UV}=0.455\angle 0°\text{A},\ \dot{I}_{VW}=0.91\angle(-120°)\text{A},\ \dot{I}_{WU}=0.455\angle 120°\ \text{A}$$

各相线的线电流相量分别为

$$\dot{I}_{U}=\dot{I}_{UV}-\dot{I}_{WU}=(0.455\angle 0°-0.455\angle 120°)\ \text{A}=0.788\angle(-30°)\ \text{A}$$

$$\dot{I}_{V}=\dot{I}_{VW}-\dot{I}_{UV}=[0.91\angle(-120°)-0.455\angle 0°]\ \text{A}=1.2\angle(-139.1°)\text{A}$$

$$\dot{I}_{W}=\dot{I}_{WU}-\dot{I}_{VW}=[0.455\angle 120°-0.91\angle(-120°)]\ \text{A}=1.2\angle 79.1°\ \text{A}$$

不对称负载三角形连接时的电流相量图如图 2-51(b)所示。

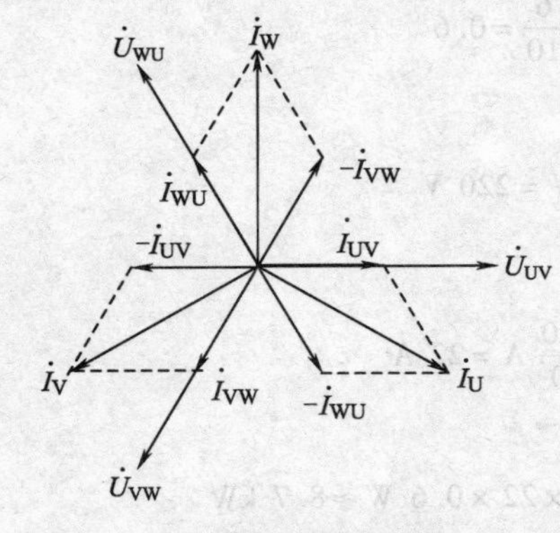

(a) 负载对称时的相量图

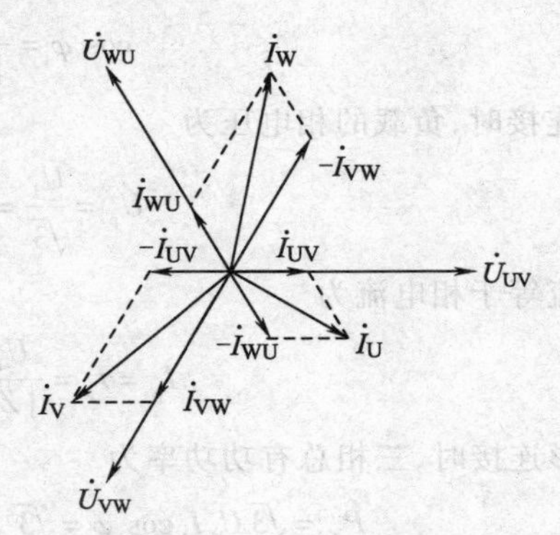

(b) 负载不对称时的相量图

图 2-51 例 2-15 的相量图

3. 三相电路的功率

三相电路无论是星形连接还是三角形连接,也无论是对称负载还是不对称负载,三相电路的有功功率都等于各相有功功率之和,即

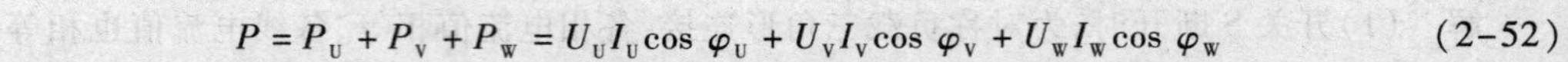

$$P = P_U + P_V + P_W = U_U I_U \cos\varphi_U + U_V I_V \cos\varphi_V + U_W I_W \cos\varphi_W \tag{2-52}$$

式中，各电压、电流为各相的相电压、相电流；φ 是各相相电压与相电流的相位差。

对于三相对称负载，各相电压和相电流有效值相等、相位差相同、各相有功功率也相等，则

$$P = 3P_P = 3U_P I_P \cos\varphi \tag{2-53}$$

在三相电路中，线电压和线电流的测量比较方便，所以功率公式常用线电压、线电流表示。

当对称负载星形连接时，$U_L = \sqrt{3}U_P$、$I_L = I_P$；当对称负载三角形连接时，$U_L = U_P$、$I_L = \sqrt{3}I_P$。所以，三相对称负载无论是星形连接或三角形连接，其有功功率表达式为

$$P = \sqrt{3}U_L I_L \cos\varphi \tag{2-54}$$

使用式(2-54)时应注意：φ 角取决于负载阻抗的阻抗角，仍是某相相电压与该相相电流的相位差，并不是线电压与线电流的相位差。

同理，三相电路的无功功率也等于各相无功功率之和，即

$$Q = Q_U + Q_V + Q_W = U_U I_U \sin\varphi_U + U_V I_V \sin\varphi_V + U_W I_W \sin\varphi_W \tag{2-55}$$

对于三相对称负载，三相电路的无功功率表达式为

$$Q = 3Q_P = 3U_P I_P \sin\varphi = \sqrt{3}U_L I_L \sin\varphi \tag{2-56}$$

三相电路的视在功率的表达式为

$$S = \sqrt{P^2 + Q^2} \tag{2-57}$$

在三相对称负载电路中，视在功率为

$$S = 3U_P I_P = \sqrt{3}U_L I_L \tag{2-58}$$

例 2-16 三相对称负载，每相负载的电阻 $R = 6\ \Omega$，感抗 $X_L = 8\ \Omega$，接入 380 V 的三相三线制电源。试比较星形和三角形两种连接时消耗的三相功率。

解 各相负载的阻抗为

$$|Z| = \sqrt{R^2 + X_L^2} = \sqrt{6^2 + 8^2}\ \Omega = 10\ \Omega$$

负载的功率因数为

$$\cos\varphi = \frac{R}{|Z|} = \frac{6}{10} = 0.6$$

星形连接时，负载的相电压为

$$U_P = \frac{U_L}{\sqrt{3}} = \frac{380}{\sqrt{3}}\ \text{V} = 220\ \text{V}$$

线电流等于相电流为

$$I_L = I_P = \frac{U_P}{|Z|} = \frac{220}{10}\ \text{A} = 22\ \text{A}$$

故星形连接时，三相总有功功率为

$$P_Y = \sqrt{3}U_L I_L \cos\varphi = \sqrt{3} \times 380 \times 22 \times 0.6\ \text{W} \approx 8.7\ \text{kW}$$

三角形连接时，负载的相电压等于电源的线电压为

$$U_P = U_L = 380\ \text{V}$$

负载的相电流为

$$I_P = \frac{U_P}{|Z|} = \frac{380}{10}\ \text{A} = 38\ \text{A}$$

则线电流为

$$I_L=\sqrt{3}I_P=\sqrt{3}\times38\ \text{A}\approx66\ \text{A}$$

故三角形连接时,三相总有功功率为

$$P_{\triangle}=\sqrt{3}U_LI_L\cos\varphi=\sqrt{3}\times380\times66\times0.6\ \text{W}\approx26.1\ \text{kW}$$

可见,$P_{\triangle}\neq P_Y$;且 $P_{\triangle}=3P_Y$。

上述结果表明,在三相电源线电压一定的条件下,对称负载三角形连接消耗的功率是星形连接的3倍。这是因为,三角形连接时负载相电压是星形连接时的$\sqrt{3}$倍,因而相电流也增为$\sqrt{3}$倍;且三角形连接时线电流又是相电流的$\sqrt{3}$倍,所以,三角形连接时的线电流是星形连接的3倍。因此,$P_{\triangle}$就是P_Y的3倍。无功功率和视在功率也都是如此。

负载消耗的功率与连接方式有关,要使负载正常运行,必须采用正确的接法,例如,在同一电源条件下负载应接成星形的就不能接成三角形,否则负载会因3倍的过载而烧毁;反之,在同一电源条件下负载应接成三角形的也不能接成星形,否则负载也不能正常工作。

〖实践操作〗——做一做

1. 三相负载星形连接电路的测试

(1)按图2-52所示连接电路,将电流表接在各相线及中性线上。电源线电压 $U_L=380$ V。经教师检查后,接通电源进行实验。

(2)将开关S_1断开、S_2闭合,形成三相四线制对称负载。然后,合上电源开关QS测量各线电压、相电压、线电流、中性点间电压、中性线电流,将测量数据填入表2-10中。

(3)断开开关QS、S_2形成三相三线制对称负载。再合上电源开关QS重复测量上述各量,将测量数据填入表2-10中,并与有中性线时的测量结果相比较,比较相应各量有无变化。

(4)断开开关QS,闭合开关S_1、S_2,形成三相四线制不对称负载。合上电源开关QS再测量各量,将测量数据填入表2-10中。

(5)断开开关QS、S_2形成三相三线制不对称负载,再合上电源开关QS重复测量上述各量,将测量数据填入表2-10中,并与有中性线时的测量结果相比较,比较相应各量有无变化。

表2-10 三相负载星形连接时测量数据表

测量项目 / 负载情况		线电压/V			负载相电压/V			线电流/mA			中性点间电压/V	中性线电流/mA
		U_{UV}	U_{VW}	U_{WU}	$U_{U'N'}$	$U_{V'N'}$	$U_{W'N'}$	I_U	I_V	I_W	$U_{NN'}$	I_N
负载对称	有中性线											
	无中性线											
负载不对称	有中性线											
	无中性线											

2. 三相负载三角形连接电路的测试

(1)将三相电源的线电压调至220 V。

(2)按图2-53所示连接电路,在相应位置接入电流表。经教师检查后,接通电源继续进行实验。

(3)断开开关S形成对称负载。合上电源开关QS测量相电压、线电流、相电流各量,将测量数据填入表2-11中。

(4)闭合开关S形成不对称负载,合上电源开关QS再测量上述各量,观察相应各量有无变化,将测量数据填入表2-11中。

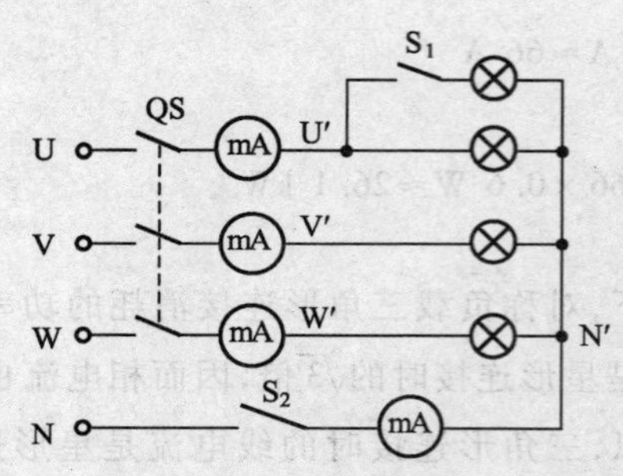

图 2-52　三相负载星形连接的实验电路

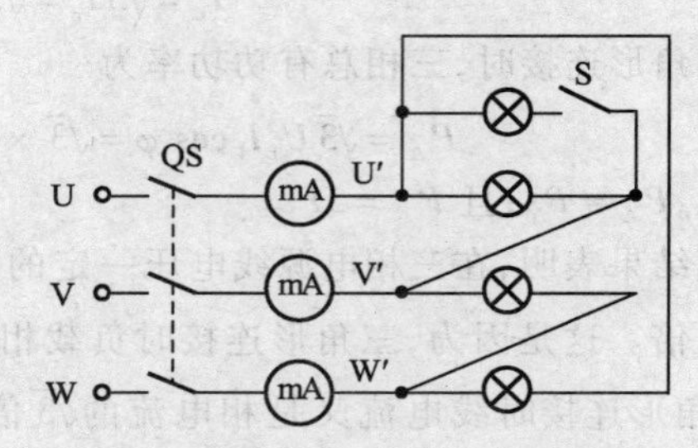

图 2-53　三相负载三角形连接的实验电路

表 2-11　三相负载三角形连接时测量数据表

测量项目 / 负载情况	负载相电压/V			线电流/mA			相电流/mA		
	$U_{U'V'}$	$U_{V'W'}$	$U_{W'U'}$	I_U	I_V	I_W	$I_{U'V}$	$I_{V'W}$	$I_{W'U}$
负载对称									
负载不对称									

操作时应注意：

① 由于三相电源电压较高，实验中线路必须经教师检查同意后方可通电实验。

② 接线要仔细、牢靠，使用多股线时要防止裸线带毛刺，导线连接处要用绝缘胶带包好，以确保绝缘。

③ 测量电流和电压时，一定要注意仪表在线路中的正确连线和量程的选择。特别是用万用表测量时，操作一定要细心、谨慎，防止烧坏仪表或发生触电事故等。

④ 由于三相三线制不对称负载星形连接时各相所承受的相电压不等，在实验中，有些灯泡承受的电压已超过其额定值。因此测量、读数要迅速，读数完毕立即断电，以免损坏设备。

⑤ 更换实验内容时，必须先切断电源，严禁带电操作。

〖问题研讨〗——想一想

(1)三相负载在什么情况下应接成星形连接？在什么情况下应接成三角形连接？在什么情况下应接成有中性线的星形连接？

(2)三相四线制接法的照明电路中，忽然有两相电灯变暗，一相变亮，试判断是何故障？

(3)三相对称负载做三线制星形连接时，有一相断开或短路，对其他两相各有何影响？

(4)三相总的视在功率为什么不等于各相视在功率之和？

(5)试从实验中观察到的现象说明，在三相四线制供电线路中，中性线上一定不能安装熔断器的原因。

任务 2.5　安全用电与节约用电常识

电能是一种优越的能源，在工业、农业、交通、国防、科学技术以及社会生活等各个领域获得了广泛的应用，但是，电本身是看不见、摸不着的东西，它在造福人类的同时，对人类也造成很大的潜在危险。如果缺乏安全用电知识，没有恰当的措施和正确的技术，就不能做到安全用电，就会给人们的生命、财产造成不可估量的损失。因此，宣传安全用电知识和普及安全用电技能是

人们安全合理地使用电能,避免用电事故发生的一大关键。另外,随着国家电力工业的迅速发展,工农业生产和人民群众的日常生活对用电的需求量也越来越大,但电力供应的缺口仍然很大。作为一名电气领域的从业人员,养成节约用电的习惯,推广节约用电的经验和方法,是义不容辞的责任。本任务学习安全用电和节约用电常识。

了解人体触电的原因及预防措施,遵守安全用电操作规程,养成安全用电和节约用电的良好习惯。

子任务1 安全用电常识

〖现象观察〗——看一看

观察图2-54所示的图片,想一想在工作及日常生活中会发生哪些触电现象?作为一名电气工作人员,应具备哪些人身安全知识?如何预防触电?

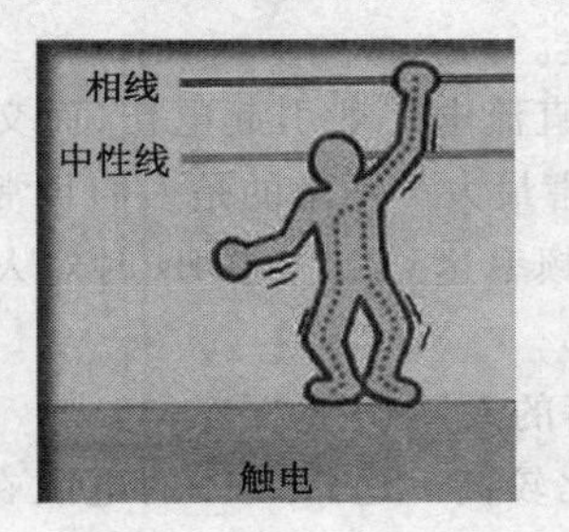

图2-54 触电及不安全用电的图片

〖知识链接〗——学一学

1. 安全用电的意义

电,一方面造福人类,另一方面又对人类构成威胁。在用电过程中,必须特别注意电气安全,如果稍有麻痹或疏忽,就有可能造成严重的人身触电事故,或者引起火灾或爆炸。其中触电事故是人体触及带电体的事故,主要是电流对人体造成的危害,是电气事故中最为常见的。

2. 人体触电的基本知识

(1)触电的危害。在日常生活和工作中,人体因触及带电体,受到电压作用造成局部受伤,甚至死亡的现象称为触电。人体触电时,电流通过人体,就会产生伤害。电流对人体的伤害,按其性质可分为电击和电伤两种。

① 电击。电击是指电流使人体内部器官受到损害。触电时肌肉发生收缩,如果触电者不能

迅速摆脱带电部分，电流将持续通过人体，最后因神经系统受到损害，使心脏和呼吸器官停止工作而趋于死亡。所以，电击危险性最大，而且也是经常遇到的一种伤害。

② 电伤。电伤是指因电弧或熔丝熔断时飞溅的金属微粒等对人体的外部伤害，如烧伤、金属微粒溅伤等。电伤的危险虽不像电击那样严重，但也不容忽视。

(2)电流对人体的伤害程度。人体触电伤害程度与通过人体电流的大小、电流通过人体时间的长短、电流通过人体的部位、通过人体电流的频率、触电者的身体状况等有关。

① 电流的大小。通过人体的电流越大，就越有致命危险。以工频电流为例，实验资料表明：当1 mA左右的电流通过人体时，会产生麻刺等不舒服的感觉；10～30 mA的电流通过人体，会产生麻痹、剧痛、痉挛、血压升高、呼吸困难等症状，但通常不致有生命危险；电流在50 mA以上，就会引起心室颤动而有生命危险；100 mA以上的电流，足以致人于死地。

② 触电时间。电流通过人体的时间越长，电流会使人体发热和人体组织的电解液成分增加，导致人体电阻降低，反过来又使通过人体的电流增加，触电的危险亦随之增加。即电流通过人体的时间越长，危险也就越大；触电时间超过人体的心脏搏动周期(约750 ms)，或触电正好开始于搏动周期的易损伤期时，危险最大。

③ 电流路径。触电后电流通过人体的路径不同，伤害程度也不同。最危险的是电流由左手流经胸部，这时心脏直接处在电路中，途径最短，可造成心跳停止。

④ 电流的种类。电流的类型不同，对人体的损伤也不同。直流电一般引起电伤，而交流电则电伤与电击同时发生，特别是40～100 Hz的交流电对人体危害最大。不幸的是人们日常使用的工频市电(我国为50 Hz)正是这个危险的频段。当交流电的频率达到20 000 Hz时对人体危害很小，用于理疗的一些仪器采用的就是这个频段的交流电。

⑤人体的体质。对患有心脏病、内分泌失常、肺病、精神病等的人，触电时最危险。

⑥人体电阻。人的皮肤干燥或者皮肤较厚的部位其电阻比较高。通常人体的电阻在1～100 kΩ范围内变化，人体电阻越大，受电流伤害越轻。细嫩潮湿的皮肤，电阻可降到1 kΩ以下。接触的电压升高时，人体电阻会大幅度下降。

(3)触电的方式：

① 单相触电。在低压电力系统中，若人站在地上接触到一根相线，即为单相触电又称单线触电，如图2-55所示，这是常见的触电方式。如果系统中性点接地，则加于人体的电压为220 V，流过人体的电流足以危及生命，如图2-55(a)所示。如果系统中性点不接地，虽然线路对地绝缘电阻可起到限制流过人体电流的作用，但线路对地存在分布电容、分布电阻，作用于人体的电压为线电压380 V，触电电流仍可达到危害生命的程度，如图2-55(b)所示。人体接触漏电设备外壳，也属于单相触电，如图2-55(c)所示。

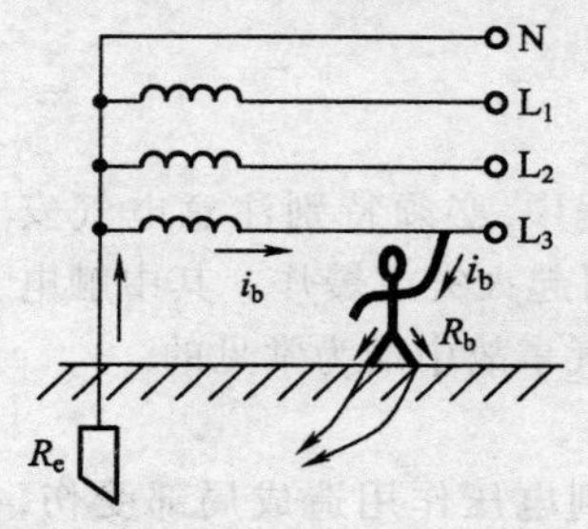

(a) 中性点接地系统的单相触电

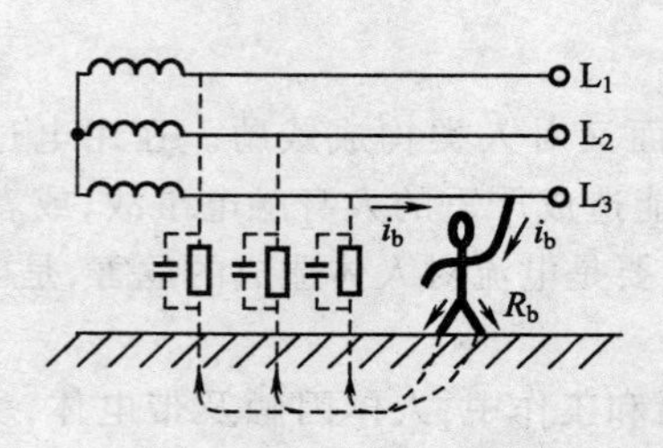

(b) 中性点不接地的单相触电

(c) 接触漏电设备外壳的单相触电

图2-55　单相触电

② 两相触电。人体不同部位同时接触两相电源带电体而引起的触电称为两相触电，如图 2-56所示。无论电网中性点是否接地，人体所承受的线电压均比单相触电时要高，危险性更大。

图 2-56　两相触电

③ 跨步电压触电。当外壳接地的电气设备绝缘损坏而使外壳带电或导线断落发生单相接地故障时，电流由设备外壳经接地线、接地体（或由断落导线经接地点）流入大地，在导线接地点及周围形成强电场，在地面上形成电位分布。其电位分布以接地点为圆心向周围扩散，越接近接地点，电压就越高。

人站在接地点周围，两脚之间出现的电位差即为跨步电压。在跨步电压作用下，电流从接触高电位的脚流进，从接触低电位的脚流出，从而形成触电，由此造成的触电称为跨步电压触电，如图 2-57（a）所示。跨步电压的大小取决于人体站立点与接地点的距离，距离越小，其跨步电压就越大，一般距接地体 20 m 远处的电位为零。电流在接地点周围土壤中产生电压降。

在低压 380 V 的供电网中，如一根线掉在水中或潮湿的地面上，在此水中或潮湿的地面上就会产生跨步电压。

在高压故障接地处同样会产生更加危险的跨步电压，所以在检查高压设备接地故障时，室内不得接近故障点 4 m 以内，室外（土地干燥的情况下）不得接近故障点 8 m 以内。一般距离接地体 20 m 以外，就不会发生跨步电压触电。

④ 接触电压触电。电气设备由于绝缘损坏或其他原因造成故障时，如果人体的两个部分（手和脚）同时接触设备外壳和地面时，人体两部分会处于不同的电位，其电位差即为接触电压，如图 2-57（b）所示。由接触电压造成的触电事故称为接触电压触电。在电气安全技术中，接触电压是以站立在距漏电设备接地点水平距离为 0.8 m 处的人，手触及的漏电设备外壳距地 1.8 m 高时，手与脚的电位差 U_T 作为衡量基准，如图 2-57（b）所示。接触电压值的大小取决于人体站立点与接地点的距离，距离越远，则接触电压越大；当距离超过 20 m 时，接触电压最大，即等于漏电设备上的电压 U_{Tm}；当人体站在接地点与漏电设备接触时，接触电压为零。

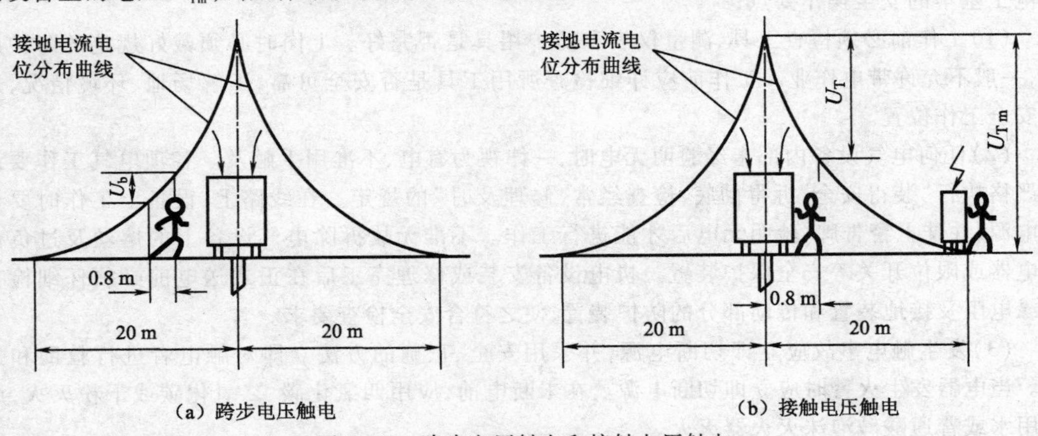

（a）跨步电压触电　（b）接触电压触电

图 2-57　跨步电压触电和接触电压触电

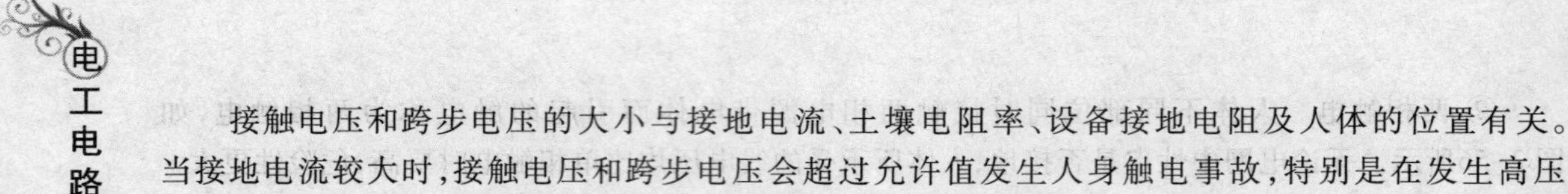

接触电压和跨步电压的大小与接地电流、土壤电阻率、设备接地电阻及人体的位置有关。当接地电流较大时，接触电压和跨步电压会超过允许值发生人身触电事故，特别是在发生高压接地故障或雷击时，会产生很高的接触电压和跨步电压。

⑤ 静电触电。在检修电器或科研工作中，有时发生电器设备虽已断开电源，但在接触设备某些部位时发生触电，这在有高压大容量电容器的情况下有一定的危险。特别是质量好的电容器能长期储存电荷，容易被忽略。

(4)触电的原因。触电分为直接触电和间接触电两种情况。直接触电是指人体直接接触或过分接近带电体而触电；间接触电是指人体触及正常时不带电而发生故障时才带电的金属导体。

触电的场合不同，引起触电的原因也不同。常见的触电原因主要有以下几种：

① 线路架设不合规格。线路架设不合规格主要表现在：室内外线路对地距离、导线之间的距离小于容许值；通信线、广播线与电力线间隔距离过近或同杆敷设；线路绝缘破损；有的地区为节省电线而采用一线一地制送电等。

② 电气操作制度不严格。电气操作制度不严格主要表现在：带电操作，不采取可靠的保护措施；不熟悉电路和电器，盲目修理；救护已触电的人，自身不采用安全保护措施；停电检修，不挂电气安全警示牌；使用不合格的保安工具检修电路和电器；人体与带电体过分接近，又无绝缘措施或屏护措施；在架空线上操作，不在相线上加临时接地线；无可靠的防高空跌落措施；高压线路落地，造成跨步电压引起对人体的伤害等。

③ 用电设备不合要求。用电设备不合要求表现在：电气设备内部绝缘低或损坏，金属外壳无保护接地措施或接地电阻太大；开关、闸刀、灯具、携带式电器绝缘外壳破损，失去防护作用；开关、熔断器误装在中性线上，一旦断开，就使整个线路带电。

④ 用电不规范。用电不规范表现在：违反布线规程，在室内乱拉电线；随意加大熔断器的熔丝规格；在电线上或电线附近晾晒衣物；在电杆上拴牲口；在电线（特别是高压线）附近打鸟、放风筝；在未切断电源时，移动家用电器；打扫卫生时用水冲洗或用湿布擦拭带电电器或线路等。

⑤ 其他偶然因素，如人体受雷击等。

3. 电工安全操作知识

国家有关部门颁布了一系列的电工安全规程规范，各地区电业部门及各单位主管部门也对电气安全有明确规定，电工必须认真学习，严格遵守。为避免违章作业引起触电，首先应熟悉以下电工基本的安全操作要点：

(1)工作前必须检查工具、测量仪表和防护用具是否完好。上岗时必须戴好规定的防护用品，一般不允许带电作业。工作前应详细检查所用工具是否安全可靠，了解场地、环境情况，选好安全工作位置。

(2)任何电气设备内部未经验明无电时，一律视为有电，不准用手触及。各项电气工作要认真严格执行"装得安全，拆得彻底，检查经常，修理及时"的规定。在线路上、设备上工作时要切断电源，并挂上警告牌，验明无电后才能进行工作。不准无故拆除电气设备上的熔丝及过负荷继电器或限位开关等安全保护装置。机电设备安装或修理完工后在正式送电前必须仔细检查绝缘电阻及接地装置和传动部分的防护装置，使之符合安全检查要求。

(3)发生触电事故应立即切断电源，并采用安全、正确的方法立即对触电者进行救助和抢救。当电器发生火警时应立即切断电源。在未断电前，应用四氯化碳、二氧化碳或干粉灭火，严禁用水或普通酸碱泡沫灭火器灭火。

(4)装接灯头时，开关必须控制相线。临时线路敷设时应先接地线，拆除时应先拆相线。在使用电压高于36 V的手电钻时，必须戴好绝缘手套，穿好绝缘鞋。使用电烙铁时，安放位置不得有易燃物或靠近电气设备，用完后要及时拔掉插头。工作中拆除的电线要及时处理好，带电的线头必须用绝缘带包扎好。

(5)高空作业时应系好安全带，扶梯脚应有防滑措施。登高作业时，工具、物品不准随便向下扔，必须装入工具袋内做吊送式传递。地面上的人员应戴好安全帽，并离开施工区2 m以外。

(6)雷雨或大风天气严禁在架空线路上工作。

(7)低压架空带电作业时应有专人保护，使用专用绝缘工具，戴好专用防护用品。低压架空带电作业时，人体不得同时接触两根线头，不得越过未采取绝缘措施的导线之间。在带电的低压开关柜(箱)上工作时，应采取防止相间短路及接地等安全检查措施。

(8)配电间严禁无关人员入内。外单位参观时必须经有关部门批准，由电气工作人员带入。倒闸操作必须由专职电工进行，复杂的操作应由两人合作进行，一人操作，一人监护。

4. 安全用电的措施

(1)直接触电预防措施如下：

① 绝缘措施。良好的绝缘是保证电气设备和线路正常运行的必要条件，是防止触电事故的重要措施。选用绝缘材料必须与电气设备的工作电压、工作环境和运行条件相适应。不同的设备或电路对绝缘电阻的要求不同。例如，新装或大修后的低压设备和线路，绝缘电阻不应低于0.5 MΩ；运行中的设备和线路，绝缘电阻要求每伏工作电压1 kΩ以上；高压线路和设备的绝缘电阻不低于每伏工作电压1 000 MΩ。

② 屏护措施。采用屏护装置，如常用电器的绝缘外壳、金属网罩、金属外壳、变压器的遮栏、护罩、护盖、栅栏等将带电体与外界隔绝开来，以杜绝不安全因素。凡是金属材料制作的屏护装置，应妥善接地或接零。

③ 间距措施。为防止人体触及或过分接近带电体，在带电体与地面间、带电体与其他设备间，应保持一定的安全间距。间距大小取决于电压的高低、设备类型、安装方式等因素。

④ 漏电保护。漏电保护又称残余电流保护或接地故障电流保护。漏电保护仅能作为附加保护而不应单独使用，其动作电流最大不宜超过30 mA。

⑤ 使用安全电压。电流通过人体时，人体承受的电压越低，触电伤害就越轻。当电压低于某一定值后，就不会造成触电了。这种不带任何防护设备，对人体各部分组织均不造成伤害的电压值，称为安全电压。世界各国对于安全电压的规定有：50 V、40 V、36 V、25 V、24 V等，其中以50 V、25 V居多。国际电工委员会(IEC)规定安全电压限定值为50 V，我国规定为12 V、24 V、36 V三个电压等级为安全电压级别。在湿度大、狭窄、行动不便、周围有大面积接地导体的场所(如金属容器内、矿井内、隧道内等)使用的手提照明，应采用12 V的安全电压。凡手提照明器具，在危险环境、特别危险环境的局部照明灯，高度不足2.5 m的一般照明灯、携带式电动工具等，若无特殊的安全防护装置或安全措施，均应采用24 V或36 V安全电压。安全电压的规定是从总体上考虑的，对于某些特殊情况，某些人也不一定绝对安全，所以即使在规定的安全电压下工作，也不可粗心大意。

(2)间接触电预防措施如下：

① 加强绝缘。对电气设备或线路采取双重绝缘，可使设备或线路绝缘牢固，不易损坏。即使工作绝缘损坏，还有一层加强绝缘，不致发生金属导体裸露造成间接触电。

② 电气隔离。采用隔离变压器或具有同等隔离作用的发电机，使电气线路和设备的带电部

分处于悬浮状态。即使线路或设备的工作绝缘损坏，人站在地面上与之接触也不易触电。必须注意，被隔离回路的电压不得超过 500 V，其带电部分不能与其他电气回路或大地相连。

③ 自动断电保护。在带电线路或设备上采取漏电保护、过电流保护、过电压或欠电压保护、短路保护、接零保护等自动断电措施，当发生触电事故时，在规定时间内能自动切断电源，起到保护作用。

④ 等电位环境。将所有容易同时接近的裸导体(包括设备外的裸导体)互相连接起来等化其间电位，防止接触电压。等电位范围不应小于可能触及带电体的范围。

(3)使用安全标志。安全标志由安全色、几何图形和图形符号构成，用以表达特定的安全信息。安全标志可提醒人们注意或按标志上注明的要求去执行，是保障人身和设施安全的重要措施，一般设置在光线充足、醒目、稍高于视线的地方。

安全色是表达安全信息含义的颜色，表示禁止、警告、指令、提示等。为了使人们能迅速发现或分辨安全标志和提醒人们注意，国家标准中已规定传递安全信息的颜色。安全色规定为红、蓝、黄、绿四种颜色，其含义及用途为：红色表示禁止、停止或防火；蓝色表示指令必须遵守的规定；黄色表示警告；绿色，表示提示、安全状态、通行。

为使安全色更加醒目的反衬色称为对比。国家规定的对比色是黑、白两种颜色。安全色与其对应的对比色是：红与白，黄与黑，蓝与白，绿与白。

黑色用于安全标志的文字、图形符号和警告标志的几何图形；白色作为安全标志红、蓝、绿色的背景色，也可以用于安全标志的文字和图形符号。

《电力工业技术管理法规》中规定：电器母线和引下线应涂漆，并要按相分色。其中，第 1 相(L_1)为黄色；第 2 相(L_2)为绿色；第 3 相(L_3)为红色。涂漆的目的是区别相序、防腐蚀和便于散热。

该标准还规定：交流回路中零线和中性线用淡蓝色；接地线用黄–绿双色线；双芯导线或绞合线用红、黑色线并行；直流回路中正极用棕色，负极用蓝色，接地中性线用淡蓝色。

国家标准《手持式电动工具的管理、使用、检查和维修安全技术规程》(GB 3787—2006)中特别强调在手持式电动工具的电源线中，黄–绿双色线在任何情况下只能用作保护接地线或零线。

(4)采用保护接地和保护接零措施。电气设备内部的绝缘材料因老化或其他原因损坏出现带电部件与设备外壳形成接触，使外壳带电，极易造成人员触及设备外壳而发生触电事故。为防止事故发生，通常采用的技术防护措施有电气设备的低压保护接地和低压保护接零以及在设备供电线路上安装低压漏电保护开关。

① 保护接地。这是将电气设备在正常情况下不带电的金属部分与大地做金属性连接，以保证人身的安全。在中性点不接地的系统中，设备外壳不接地而意外带电时，外壳与大地间存在电压，人体触及外壳时，电流就会经过人体和线路对地阻抗形成回路，发生触电的危险，如图 2–58(a)所示。为了避免这种触电危险，应尽量降低人体所能触到的接触电压，应将电气设备的金属外壳与接地体相连接，即保护接地，如图 2–58(b)所示，此时碰壳的接地电流则沿着接地体和人体两条通路流过，流过每一条通路的电流值将与其电阻的大小成反比，其接地电阻 R_e 通常小于 4 Ω，人体电阻 R_b 在恶劣的环境下为 1 000 Ω 左右，因此，流过人体的电流很小，完全可以避免或减轻触电危害。

保护接地适用于中性点不接地的低压电力系统中，如发电厂和变电所中的电气设备实行保护接地，并尽可能使用同一接地体。每一年都要测试接地电阻，确保电阻值在规定的范围内。

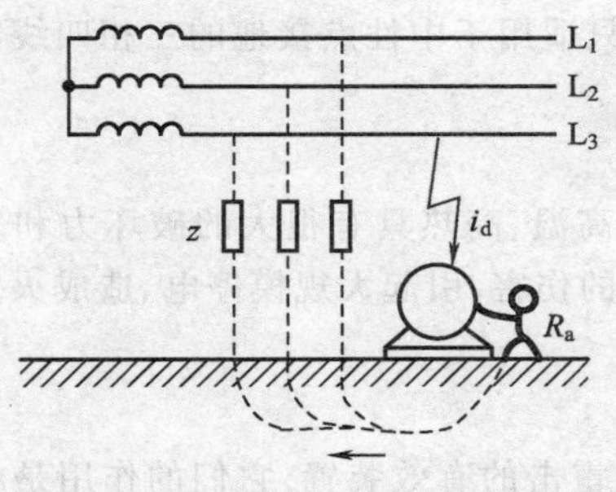

(a) 中性点不直接接地的电力系统

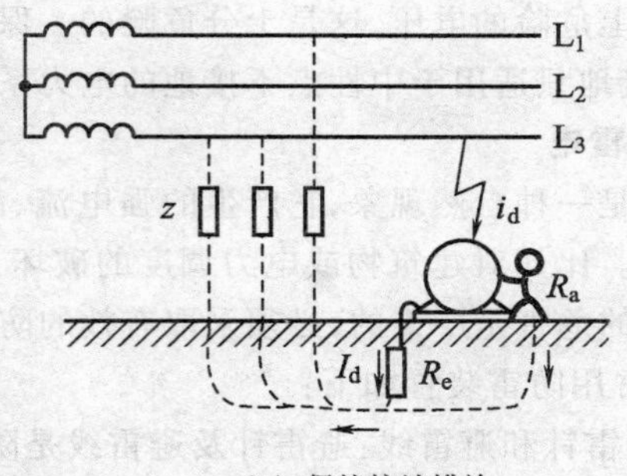

(b) 保护接地措施

图 2-58 保护接地

② 保护接零。在中性点接地的电力系统中，将电气设备正常不带电的金属外壳与系统的中性线相连接，这就是人们通常所说的保护接零，如图 2-59 所示。当电气设备的某一相因绝缘损坏而发生碰壳短路时，短路电流经外壳和中性线构成闭合回路，由于相线和中性线合成电阻很小，所以短路电流很大，立即将熔断器的熔丝熔断或使其他保护装置动作，迅速切断电源，防止触电。

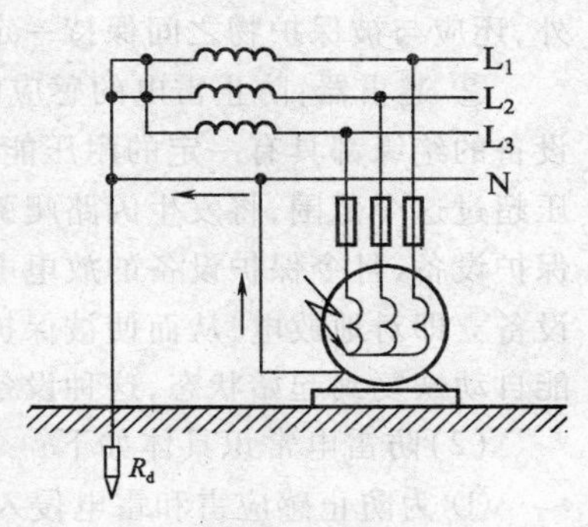

图 2-59 保护接零

为使保护接零更加可靠，中性线上禁止安装熔断器和单独的开关，以防中性线断开，失去保护接零的作用。

保护接零主要用于 380 V/220 V 及三相四线制电源中性点直接接地的配电系统中。

图 2-60(a) 所示为没有采用重复接地，如果中性线断开时，当电气设备发生单相碰壳时，由于设备外壳既未接地，也未接零，其碰壳故障电流较小，不能使熔断器等保护装置动作而及时切除故障点，使设备外壳长期带电，人体一旦触及就会发生触电危险。故必须采用重复接地，即在三相四线制电力系统中，除将变压器的中性点接地外还必须在中性线上不同处再行接地，即重复接地。重复接地电阻应小于 10 Ω，如图 2-60(b) 所示。可见，重复接地可使漏电设备外壳的对地电压降低，也使万一中性线断线时的触电危险减少。

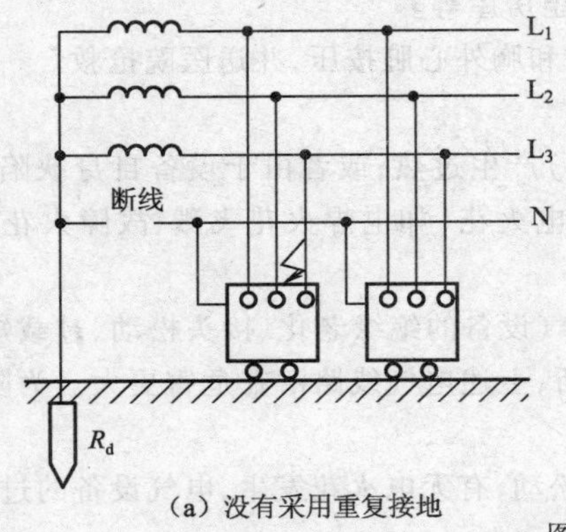

(a) 没有采用重复接地

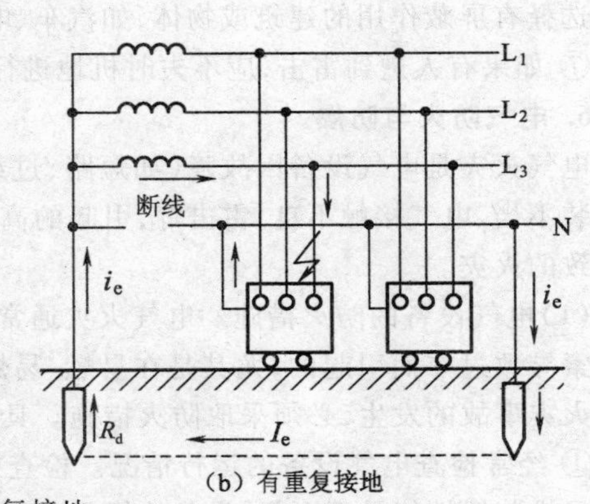

(b) 有重复接地

图 2-60 重复接地

注意：在同一个配电系统中，不能同时有一部分设备采用保护接地，而另一部分设备采用保护接零，否则当采用保护接地的设备发生单相接地故障时，采用保护接零的设备外露可导电

部分将带上危险的电压,这是十分危险的。保护接零只适用于中性点接地的三相四线制电力系统,保护接地只适用于中性点不接地的电力系统。

5. 防雷电

雷电是一种自然现象,它产生的强电流、高电压、高温、高热具有很大的破坏力和多方面的破坏作用。比如对建筑物或电力调度的破坏、对人畜的伤害、引起大规模停电、造成火灾或爆炸等。雷击的危害是严重的,必须采取有效的防护措施。

(1)常用防雷装置如下:

① 避雷针和避雷线:避雷针及避雷线是防止直接雷击的有效装置,它们的作用是将雷电吸引到金属针(线)上并安全泄入大地而保护附近的建筑物、线路和设备。为保证安全用电,在室外的变电设备、构架、建筑物等应安装独立的避雷针,这些独立避雷针除有单独的接地设备装置外,还应与被保护物之间保持一定的空间距离。

② 避雷器:防止雷电的感应电压入侵电气设备和线路的主要方法是采用避雷器。所有电气设备的绝缘都具有一定的耐压能力,一般均不低于工频线电压的3.5~7倍。如果施加的过电压超过这个范围,将发生闪路爬弧或击穿绝缘,使电气设备损坏。如果在电气设备上并联一种保护设备,且令保护设备的放电电压低于电气设备绝缘的耐压值,当过电压侵袭时,首先使保护设备立即对地放电,从而使被保护设备的绝缘免受过电压的破坏,当过电压消失后,保护设备又能自动恢复到起始状态,这种设备即为通常所说的避雷器。

(2)防雷电常识具体如下:

① 为防止感应雷和雷电侵入波沿架空线进入室内,应将进户线最后一根支承物上的绝缘子铁脚可靠接地。

② 雷雨时,应关好室内门窗,以防球形雷飘入;不要站在窗前或阳台上、有烟囱的灶前;应离开电力线、电话线、无线电天线1.5 m以外。

③ 雷雨时,不要洗澡、洗头,不要待在厨房、浴室等潮湿的场所。

④ 雷雨时,不要使用家用电器,应将电器的电源插头拔下。

⑤ 雷雨时,不要停留在山顶、湖泊、河边、沼泽地、游泳池等易受雷击的地方;最好不用带金属柄的雨伞。

⑥ 雷雨时,不能站在孤立的大树、电线杆、烟囱和高墙下,不要乘坐敞篷车和骑自行车。避雨应选择有屏蔽作用的建筑或物体,如汽车、电车、混凝土房屋等。

⑦ 如果有人遭到雷击,应不失时机地进行人工呼吸和胸外心脏按压,并送医院抢救。

6. 电气防火与防爆

电气火灾是电气设备因故障(如短路、过载、漏电等)产生过热,或者由于设备自身缺陷、施工安装不当、电气接触不良、雷击等,引起的高温、电弧、电火花(如电焊火花飞溅、故障火花等)而导致的火灾。

(1)电气设备的防火措施。电气火灾通常是因为电气设备的绝缘老化、接头松动、过载短路等因素导致过热而引起的,尤其是在易燃、易爆品的场所,上述电气线路潜在危害更大。为防止电气火灾事故的发生,必须采取防火措施。具体如下:

① 经常检查电气设备的运行情况。检查接头是否松动,有无电火花发生,电气设备的过载、短路保护装置性能是否可靠,设备绝缘是否良好。

② 合理选用电气设备。有易燃、易爆品的场所,安装使用电气设备时,应选用防爆电器,绝缘导线必须密封于钢管内,应按爆炸危险场所等选用、安装电气设备。

③ 保持安全的安装位置。保持必要的安全检查间距是电气防火的重要措施之一。为防止

电气火花和危险高温引起火灾，凡能产生火花和危险高温的电气设备周围不应堆放易燃、易爆品。

④ 保持电气设备正常运行。电气设备运行中产生的火花和危险高温是引起电气火灾的主要原因，为控制过量的工作火花和危险高温，保证电气设备的正常运行，应由经培训考核合格的人员操作、使用和维护保养。

⑤ 通风。在易燃、易爆危险场所运行的电气设备，应有良好的通风，以降低爆炸性气体混合的浓度，其通风系统应符合有关要求。

⑥ 接地。在易燃、易爆危险场所的接地比一般场所要求高，不论其电压高低，正常不带电装置均应按有关规定可靠接地。

(2)电气火灾的紧急处理步骤如下：

①切断电源。当电气设备发生火灾时，首先要切断电源（用木柄消防斧切断电源进线），防止事故的扩大和火势的蔓延，以及灭火过程中发生触电事故。同时拨打119火警电话，向消防部门报警。

②正确使用灭火器材。发生电气火灾时，绝不可用水或普通灭火器，如泡沫灭火器灭火，因为水和普通灭火器中的溶液都是导体，一旦电源未被切断，救火人员就有触电的可能。所以，发生电气火灾时应该用干粉二氧化碳或1211灭火器灭火，也可以使用干燥的黄沙灭火。

注意：救火人员不要随便触碰电气设备及导线，尤其要注意断落到地上的导线。此时对于火灾现场的一切线缆，都应按带电体处理。

(3)防爆。常见的与用电相关的爆炸有可燃气体、蒸汽、粉尘与助燃气体混合后遇火源而发生爆炸。为防止易燃、易爆气体发生爆炸，必须制订严密的防爆措施，包括合理选用防爆电气设备和敷设电气线路，保持场所的良好通风；保持电气设备的正常运行，防止短路、过载；安装自动断电保护装置，使用便携式电气设备时应特别注意安全；防爆场所一定要选用防爆电动机等防爆设备；采用三相五线制与单相三线制电源供电。

7. 安全用电常识

触电事故的发生，多数是不重视安全用电常识，不遵守安全操作规程以及电气设备受损和老化造成的。掌握安全用电常识，严格遵守操作规程，采取相应的防护措施是防止触电的首要条件。当发生触电事故时，应立即切断电源或用绝缘体将触电者与电源隔开，然后采取及时有效的措施对触电者进行救护。

防止触电事故的发生应综合采取一系列安全措施，除对从事电气工作的专业人员应进行专门教育、培训和制定严格的规章制度外，每一个人员都应遵守安全操作规程。具体如下：

① 加强安全教育，树立“安全第一”的观念，使所有人员懂得安全用电的重大意义。

② 遵守电工技术操作规程。

〖问题研讨〗——想一想

(1)人体触电有哪几种类型？试比较其危害程度。

(2)电流对人体的伤害与哪些因素有关？触电方式有哪些？常见的触电原因有哪些？怎样预防触电？

(3)什么是安全电压？我国规定的12 V、24 V、36 V安全电压各适用于哪些场合？

(4)常见的触电原因有哪些？怎样预防触电？

(5)安全用电要注意哪些事项？

(6)什么是保护接地？什么是保护接零？保护接地和保护接零是如何起到人身安全作

用的？

(7)哪些电气设备的金属外壳要接地或接零？

(8)为什么在电源中性线上不允许安装开关或熔断器？

(9)为什么同一低压配电网中,不得将一部分电气设备采用保护接地而另一部分设备采用保护接零？

(10)一些金属外壳的家用电器(如电冰箱、洗衣机等)使用三芯插头和插座,而另一些非金属外壳的家用电器则使用两芯插头和插座,试说明其原因。

(11)电气火灾的防护措施有哪些？如何时行电气火灾的扑救？

(12)如何进行电气防爆？

(13)雷电的危害有哪些？雷雨时,为防止雷击,在户内、户外各应注意哪些问题？

子任务2　节约用电常识

〖知识链接〗——学一学

随着国家电力工业的飞速发展,工农业生产和人民群众的日常生活对用电的需求量也越来越大,但电力供应的缺口仍然很大。作为一名电气领域的从业人员,养成节约用电的习惯,推广节约用电的经验和方法,是义不容辞的责任。

1. 节约用电的科学管理方法

(1)加强电能管理,建立和健全合理的管理机构和制度。

(2)实行统筹兼顾、适当安排、确保重点、兼顾一般、择优供应的原则,保证电力供需平衡,对用电单位进行合理的电力分配。

(3)实行计划供用电,提高电能利用率。

(4)实行“削峰填谷”的负荷调整。供电部门根据用户的不同用电规律,合理地、有计划地安排各用户的用电时间,以降低负荷高峰,填补负荷低谷(即“削峰填谷”)。

(5)加强电力设备的运行维护和管理。

2. 节约用电的一般措施

(1)输配电节能。工农业生产中输配电的节能,主要涉及电力变压器的节能和配电线路的节能,这两项的损耗占工农业生产配电系统总损耗的95%以上。

① 电力变压器的节能。具体措施如下：

a. 合理选择电力变压器:选择节能的变压器,优先选择SL7、ST、S9等系列低损耗油浸式电力变压器;对防火要求较高或环境潮湿多尘的场所,应选择SC6等系列环氧树脂浇注的干式变压器;对具有化学腐蚀型气体、蒸汽或具有导电、可燃性粉尘、潮湿的场所,应选择SL14等系列密闭式变压器。

b. 合理地配置变压器的容量和数量,以减小电能损耗:对季节性负荷变化较大的,宜采用两台变压器,当负荷重时两台均运行,负荷轻时可断开一台,减少一台变压器的损耗;变压器的容量只要满足一、二级负荷的需要即可,负荷与额定容量的比值不宜过低,否则应更换较小容量的变压器。

②配电线路的节能。配电线路网络状况、导线的种类、生产负荷的变化规律等因素都影响着配电线路的损耗,设法减少无功功率损耗是一项非重要的措施。

(2)电动机节能。电动机所消耗的电能占全国总发电量的60% ~70% 。电动机节能的主要措施有如下几种：

① 优先选用新型节能电动机,如 Y 系列。

② 提高电动机的运行水平。电动机是工厂用得最多的设备,电动机的容量应合理选择。要避免用大功率电动机去拖动小功率设备(俗称"大马拉小车")的不合理用电情况,要使电动机工作在高效率的范围内。

③ 当电动机的负载经常低于额定负载的 40% 时,要合理更换,以避免电动机经常处于轻载状态运行,或把正常运行时规定使用△接法的电动机改为Y接法,以提高电动机的效率和功率因数。对工作过程中经常出现空载状态的电气设备(例如,拖动机床的电动机、电焊机等),可安装空载自动断电装置,以避免空载损耗。

④ 风机与水泵节电。风机、水泵一般容量较大,而且数量也较多,在工厂用电中占的比重相当大,因此节电潜力很大,风机、水泵节电的主要措施有:合理选择电动机的型号规格,使其与风机、水泵配置合理,提高运行效率;改善流量调节措施,减少流量调节损失;采用变频器控制电动机的转速来调节流量,取代采用挡板或阀 控制流量的方法。

(3)提高功率因数。工矿企业在合理使用变压器、电动机等设备的基础上,还可装设无功补偿设备,以提高功率因数。企业内部的无功补偿设备应装在负载侧,例如在负载侧装设电容器、同步补偿器等,可减小电网中的无功电流,从而降低线路损耗。

(4)推广和应用新技术,降低产品电耗定额。例如,采用远红外加热技术,可使被加热物体所吸收的能量大大增加,使物体升温快,加热效率高,节电效果好。远红外加热技术和硅酸铝耐火纤维材料配合使用,节电效果更佳。又如,采用硅整流器或晶闸管整流装置以代替其他整流设备,则可使整流效率提高。在工矿企业中有许多设备需要使用直流电源,如同步电动机的励磁电源,化工、冶金行业中的电解、电镀电源,市政交通电车的直流电源等。以前这些直流电源大多是采用汞弧整流器或交流电动机拖动直流发电机发电,它们的整流效率低,若改用硅整流器或晶闸管整流装置,则效率可大为提高,节电效果甚为显著。此外,采用节能型照明灯,在大电流的交流接触器上安装节电消声器(即直流无声运行),加强用电管理和做好节约用电的宣传工作等,也都是节约用电的重要措施。

(5)家庭节约用电。照明用电约占我国用电量的 5%,一些发达国家高达 14%,提高照明节电的效率是节约电能的一条重要途径。

① 合理选择高效率的电光源,如荧光灯、电子镇流器荧光灯、烯土三基色紧凑型荧光灯(节能灯)等。

② 充分利用自然光采光。

③ 采用节电照明控制电路,如楼梯、走廊的声光控制电路。

④ 电视机节电主要是控制好音量和亮度;电冰箱应放置在通风良好,远离热源的地方;洗衣机弱洗比强洗省电;电风扇运转速度越高,耗电越大,一般情况下电风扇低速运转既可消暑纳凉,又可节电;使用空调器应合理控制室内温度,并注意定期清洗滤网。

〖问题研讨〗——想一想

(1)工业中节约用电的主要措施有哪些?

(2)在日常生活中,应如何注意安全用电与节约用电?

小 结

(1)随时间按正弦规律周期性变化的电压、电流和电动势统称为正弦交流电。正弦交流电

的三要素为最大值、频率和初相位,根据三要素可以写出正弦量的瞬时值表达式,也可画出波形图。同频率正弦电量的相位关系由它们之间的相位差决定。

(2)用于表示正弦电量的复数称为相量,即用复数的模表示正弦电量的有效值,用复数的辐角表示正弦量的初相位。同频率的正弦量之间的关系可借助相量图表示。相量法是分析和计算交流电路的重要工具。

(3)分析交流电路时,主要找出电路中各电量有效值关系、电压与电流相位关系及能量关系。

① 对单一参数电路欧姆定律的相量式及功率分别为

纯电阻电路:$\dot{U}=\dot{I}R$,$P=I^2R$。

纯电感电路:$\dot{U}=\mathrm{j}\dot{I}X_L$(感抗 $X_L=\omega L$),$P=0$,$Q_L=I^2X_L$。

纯电容电路:$\dot{U}=-\mathrm{j}\dot{I}X_C$(容抗 $X_C=\dfrac{1}{\omega C}$),$P=0$,$Q_C=-I^2X_C$,其中,$\pm\mathrm{j}=1\angle\pm90°$。

② RLC 串联电路:

电压与电流欧姆定律的相量式为 $\dot{U}=\dot{I}Z$。

复阻抗:$Z=R+\mathrm{j}(X_L-X_C)=|Z|\angle\varphi$,其中 $|Z|=\sqrt{R^2+(X_L-X_C)^2}$,$\varphi=\arctan\dfrac{X_L-X_C}{R}$。

电压相量关系:$\dot{U}=\dot{U}_R+\dot{U}_L+\dot{U}_C$。

电压数值关系:$U=\sqrt{U_R^2+(U_L-U_C)^2}$。

有功功率:$P=UI\cos\varphi=I^2R$。

无功功率:$Q=UI\sin\varphi=Q_L-Q_C=I^2X_L-I^2X_C$。

视在功率:$S=UI=\sqrt{P^2+Q^2}$。

阻抗角 φ,即电压与电流相位差角或功率因数角。

(4)功率因数是电力工业的一项重要经济指标,为了提高电源设备的利用率和减少线路损耗,应尽量提高电路的功率因数。提高功率因数的方法是在感性负载两端并联容性电器,用电容的无功功率 Q_C 对电感的无功功率 Q_L 进行补偿。

(5)相量形式的欧姆定律及基尔霍夫定律,只要把电路中的无源元件表示为复阻抗或复导纳(复阻抗的倒数),所有正弦量均用相量表示,那么讨论直流电路时所采用的各种网络分析方法、原理、定理都完全适用于线性正弦交流电路。

(6)电路谐振分串联谐振和并联谐振,其共同的特征是电路的电压和电流同相,电路对外呈现电阻性。$\omega L-\dfrac{1}{\omega C}=0$,谐振固有频率 $f_0=\dfrac{1}{2\pi\sqrt{LC}}$,改变电路参数或电源频率,可使电路发生谐振。

串联谐振的主要特征有:电路阻抗最小 $Z_0=R$;电流最大 $I_0=U/R$;电感、电容器两端出现高压现象:$U_L=U_C=QU$,Q 为电路的品质因数。

并联谐振的主要特征有:电路的阻抗最大;电流最小;支路的谐振电流很大,是总电流的 Q 倍,一般 Q 值为 100 左右。

谐振对电力系统不利,应避免谐振出现,但在无线电技术中却利用它实现选频等。品质因数 Q 越大,选频效果越好。

(7)目前电力系统普遍采用三相电路,三相电源的电动势是三相对称电动势,即幅值相同、频率相同、相位互差120°。三相电源通常采用Y连接。

(8)三相对称负载为三相负载值相等、阻抗角相同。在三相对称负载做Y、△两种接法时，线电压与相电压，线电流与相电流关系分别为

Y接法：$\dot{U}_L = \sqrt{3}\,\dot{U}_P \angle 30°$(对应的)，$\dot{I}_L = \dot{I}_P$(对应的)。

△接法：$\dot{U}_L = \dot{U}_P$(对应的)，$\dot{I}_L = \sqrt{3}\,\dot{I}_P \angle(-30°)$(对应的)。

三相对称负载星形连接时，中性线电流为零，故可取消中性线，构成三相三线制电路。若负载不对称时，应采用三相四线制，中性线在任何情况都不能断开，以保证各相相电压对称，中性线不能安装开关、熔断器等。

三相电路的有功功率、无功功率分别等于每相的有功功率之和。在三相负载对称时，可用下列公式计算：

$$P = 3U_P I_P \cos\varphi = \sqrt{3}\,U_L I_L \cos\varphi$$

$$Q = 3U_P I_P \sin\varphi = \sqrt{3}\,U_L I_L \sin\varphi$$

$$S = \sqrt{P^2 + Q^2} = \sqrt{3}\,U_L I_L$$

各式中，φ是相电压和相电流的相位差。

(9)触电对人体的伤害主要有两种：电击和电伤。触电对人体的伤害程度与通过人体的电流大小、种类、持续时间、电流通过人体的途径及触电者的健康状况等因素有关。对人体各部分组织均不造成伤害的电压值称为安全电压。我国规定的安全电压为36 V、24 V、12 V、6 V等，供不同场合选用。

(10)人体的触电方式有单相触电、两相触电、跨步电压触电3种。防止触电事故的发生应综合采取一系列安全措施，应遵守安全操作规程。防止触电的主要措施有使用安全电压，电气设备的保护接地、保护接零以及在设备供电线路上安装低压漏电保护开关。同时还应注意防雷、防火和防爆。

(11)合理使用电能，采取有效措施提高电能的利用率。每位公民都应养成节约用电的良好习惯。

习　题

一、填空题

1. 正弦交流电的三要素是______、______和______。交流电的______值可用来确切反映交流电的做功能力，其值等于与交流电______相同的直流电的数值。

2. 已知正弦交流电压$u = 220\sqrt{2}\sin(314t - 60°)$ V，则它的最大值是______ V，有效值是______ V，频率为______ Hz，周期是______ s，角频率是______ rad/s，相位为______，初相是______°。

3. 已知3个频率均为50 Hz的正弦交流电流i_1、i_2、i_3的最大值分别为4 A、3 A和5 A。i_1比i_2超前30°，i_2又比i_3超前15°，若i_1的初相为零，则3个电流的瞬时表达式分别为i_1 = ______ A，i_2 = ______ A，i_3 = ______ A。

4. 两个同频率的正弦交流i_1、i_2的有效值分别为40 A、30 A。当$i_1 + i_2$有效值为70 A时，则i_1与i_2之间的相位差为______；当$i_1 + i_2$有效值为10 A时，则i_1与i_2之间的相位差为______；当$i_1 + i_2$有效值为50 A时，则i_1与i_2之间的相位差为______。

5. 在正弦交流电路中,容抗随频率的增加而______,感抗随频率的增加而______。

6. 电阻元件正弦电路的复阻抗是______;电感元件正弦电路的复阻抗是______;电容元件正弦电路的复阻抗是______;RLC 串联电路的复阻抗是______。

7. 在 RL 串联电路中,若电阻元件两端的电压有效值为 6 V,电感元件两端的电压有效值为 8 V,则 RL 两端的电压有效值为______V。

8. 能量转换过程不可逆的电路功率常称为______功率;能量转换过程可逆的电路功率称为______功率。

9. 电网的功率因数越高,电源的利用率就越______,无功功率就越______。

10. 只有电阻、电感元件相串联的电路,电路性质呈______性;只有电阻、电容元件相串联的电路,电路性质呈______性。

11. 在 RLC 串联电路中,当______时发生谐振,谐振时电路中______最小且等于______;电路中电压一定时______最大,且电路的总电压与总电流的相位______。

12. 实际电气设备大多为______性设备,功率因数往往______。若要提高感性电路的功率因数,常采用人工补偿法进行调整,即在______。

13. 由______元件和______元件串联可组成串联谐振电路,该电路的谐振条件是______,此时谐振频率 f_0 = ______;谐振时电路呈______性,当 $f>f_0$ 时电路呈______性,当 $f<f_0$ 时电路呈______性。

14. 当电源角频率一定时,通过改变______或______的参数值可改变 ω_0,使电路发生谐振,这一过程称为______。

15. 在串联谐振电路中,谐振时电抗 X = ______,复阻抗 Z = ______,说明谐振时阻抗最______且为______;此时电流 I_0 = ______;电感元件两端的电压和电容元件两端的电压大小______,相位______,其大小与电源电压的关系是______,所以串联联谐振又称______谐振。

16. 并联谐振电路谐振时,在 $Q \gg 1$ 的条件下,可认为电感支路和电容支路的电流大小近似______,且等于总电流的______倍,其相位近似______,并联谐振又称______谐振。

17. 对称三相交流电是指三个______相等、______相同、______上互差 120° 的 3 个______的组合。

18. 由发电机绕组首端引出的输电线称为______,由电源绕组末端中性点引出的输电线称为______。______与______之间的电压是线电压,______与______之间的电压是相电压。电源绕组做______接时,其线电压是相电压的______倍;电源绕组做______接时,线电压是相电压的______倍。对称三相绕组星形连接电路中,中性线电流通常为______。

19. 三相四线制供电系统中,负载可从电源获取______和______两种不同的电压值。其中______是______的$\sqrt{3}$倍,且相位上超前与其相对应的______ 30°。

20. 当三相电源星形连接时,若 $u_{\mathrm{U}}=220\sqrt{2}\sin(314t-30^\circ)$ V,则其他两相的相电压分别为 u_{V} = ______,u_{W} = ______。

21. 有一三相对称负载星形连接,每相负载的阻抗均为 22 Ω,功率因数为 0.8,测出负载中的电流是 10 A,则三相电路的有功功率等于______;无功功率等于______;视在功率等于______。

22. 实际生产和生活中,工厂的一般动力电源电压标准为______;生活照明电源电压的标准一般为______;______V 以下的电压称为安全电压。

23. 三相负载的额定电压等于电源线电压时,应做______形连接,额定电压约等于电源线电压的 0.577 倍时,三相负载应做______形连接。按照这样的连接原则,两种连接方式下,三相负载上通过的电流和获得的功率______。

24. 触电伤害的程度通常与电流的______、电流的______、电流的______及触电______几种因素有关。

25. 电流通过人体时所造成的内伤称为______;电流对人体外部造成的局部损伤称为______。触电的形式通常有______触电、______触电、______触电和接触电压触电。其中,危险性最大的是______触电形式。

26. 直接电击的防护措施包括______、______、______和______。

27. 按照接地的不同作用,可将接地分为______接地、______接地和保护接零3种形式。其中保护______适用于系统中性点接地的场合;保护______适用于系统中性点不直接接地的场合。

28. 在中性点接地的电源系统中,当单相触电时,一相电流通过______和______构成回路。

29. 采取保护______措施后,即使设备外壳因故障而带电,但由于此时相当于人体与接地电阻______联,而人体的电阻最小______Ω远比接地电阻______Ω大,因此,流过人体的电流极为微小,从而保证了人身安全。

30. 照明灯的安装中,一定要注意______(选填相线、中性线)进开关。

二、选择题

1. 有“220 V、100 W”、“220 V、25 W”白炽灯两盏,串联后接入220 V交流电源,其亮度情况是(　　)。

A. 100 W灯泡最亮　　B. 25 W灯泡最亮　　C. 两只灯泡一样亮

2. 已知工频正弦电压有效值和初始值均为380V,则该电压的瞬时值表达式为(　　)

A. $u = 380\sin 314t$ V　　B. $u = 537\sin(314t + 45°)$ V

C. $u = 380\sin(314t + 90°)$ V

3. 已知 $i_1 = 10\sin(314t + 90°)$ A, $i_2 = 10\sin(628t + 30°)$ A,则(　　)。

A. i_1超前i_2 60°　　B. i_1滞后i_2 60°　　C. 相位差无法判断

4. 两个同频率的正弦电流i_1、i_2的有效值都是4 A,相加后的有效值也是4 A,则它们之间的相位差为(　　)。

A. 30°　　B. 60°　　C. 120°　　D. 90°

5. 一个电热器,接在10 V的直流电源上,产生的功率为P。把它改接在正弦交流电源上,使其产生的功率为$P/2$,则正弦交流电源电压的最大值为(　　)。

A. 7.07 V　　B. 5 V　　C. 14 V　　D. 10 V

6. 纯电容正弦交流电路中,电压有效值不变,当频率增大时,电路中电流将(　　)。

A. 增大　　B. 减小　　C. 不变

7. 在RL串联电路中,$U_R = 16$ V, $U_L = 12$ V,则总电压为(　　)。

A. 28 V　　B. 20 V　　C. 2 V

8. RLC串联电路中,电路的性质取决于(　　)。

A. 电路的外加电压的大小　　B. 电路的连接形式

C. 电路中各元件参数和电源的频率　　D. 电路的功率因数

9. RLC串联电路在f_0时发生谐振,当频率增加到$2f_0$时,电路性质呈(　　)。

A. 电阻性　　B. 电感性　　C. 电容性

10. 在RLC串联电路中,已知$U_R = 4$ V, $U_L = 12$ V, $U_C = 15$ V,则总电压为(　　)。

A. 31 V　　B. 3 V　　C. 5 V

11. 在交流电路中,负载消耗的功率为有功功率 $P=UI\cos\varphi$,在负载两端并联电容器,使电路的功率因数提高后,负载所消耗的功率将(　　)。

A. 增大　　B. 减小　　C. 不变　　D. 不能确定

12. 提高供电线路的功率因数,下列说法正确的是(　　)。

A. 减少了用电设备中无用的无功功率

B. 可以节省电能

C. 减少了用电设备的有功功率,提高了电源设备的容量

D. 可提高电源设备的利用率并减小输电线路中的功率损耗

13. 实验室中的功率表,是用来测量电路中的(　　)。

A. 有功功率　　B. 无功功率　　C. 视在功率　　D. 瞬时功率

14. 电气设备的铭牌上标注的功率都是(　　)。

A. 有功功率　　B. 无功功率　　C. 视在功率　　D. 瞬时功率

15. 对于已处于谐振状态的 RLC 串联电路,若将电阻 R 的值增大,则(　　)。

A. 电路停止谐振　　B. 谐振频率改变

C. 谐振电流减小　　D. 品质因数增大

16. RLC 串联电路发生谐振时,电路电流最大,此时用电压表测量 L 或 C 两端的电压,则电压表的读数为(　　)。

A. 可能出现最大值　　B. 零　　C. 电源电压

17. RLC 串联电路谐振时,应满足(　　)。

A. $X_L=X_C=0$　　B. $X_L=X_C$

C. $R=X_L+X_C$　　D. $R+X_L+X_C=0$

18. 串联谐振时,其无功功率为 0,说明(　　)。

A. 电路中无能量转换

B. 电路中电容、电感和电源之间有能量交换

C. 电路中电容和电感之间有能量转换,而与电源之间无能量转换

D. 无法确定

19. 由电容和电感组成的串联谐振电路的谐振频率为(　　)。

A. $\sqrt{LC}$　　B. $\dfrac{1}{\sqrt{LC}}$　　C. $\dfrac{1}{2\pi\sqrt{LC}}$　　D. $2\pi\sqrt{LC}$

20. 欲使 RLC 串联电路的品质因数增大,可以(　　)。

A. 增大 R　　B. 增大 C　　C. 增大 L

21. 对称三相电路是指(　　)。

A. 三相电源对称的电路

B. 三相负载对称的电路

C. 三相电源和三相负载都是对称的电路

22. 三相四线制供电线路,已知做星形连接的三相负载中 U 相为纯电阻,V 相为纯电感,W 相为纯电容,通过每相负载的电流均为 10 A,则中性线电流为(　　)。

A. 30 A　　B. 10 A　　C. 7.32 A

23. 在电源对称的三相四线制电路中,若三相负载不对称,则该负载各相电压(　　)。

A. 不对称　　B. 仍然对称　　C. 不一定对称

24. 三相四线制电路中,中性线的作用是(　　)。

A. 保证三相负载对称　　B. 保证三相功率对称

C. 保证三相电压对称　　D. 保证三相电流对称

25. 为保证三相电路正常工作，防止事故发生，在三相四线制电路中，规定(　　)上不允许安装熔断器或开关。

A. 相线　　B. 中性线　　C. 相线和中性线

26. 电流触及人体，使人体外部创伤的触电称为(　　)。

A. 烧伤　　B. 电伤　　C. 电击

27. 50 mA 的工频电流通过心脏就有致命的危险，人体电阻最小值一般为 1 000 Ω，那么机床、金属工作台上等处照明灯的安全电压值应为(　　)。

A. 40 V　　B. 50 V　　C. 36 V

28. 对人体而言，其安全电流一般为(　　)。

A. 50 mA 的工频交流电流

B. 10 mA 以下的工频交流电流

C. 100 mA 以的工频交流电流

29. 在三相三线制低压供电系统中，为防止触电事故，对电气设备应采取保护(　　)。

A. 接地　　B. 接零　　C. 接地和接零

30. 保护接零应用在(　　)低压供电系统中。

A. 三相三线制　　B. 三相四线制　　C. 三相三线制或三相四线制

31. (　　)是最危险的电流途径。

A. 从手到手，从手到脚　B. 从左手到胸部　C. 从脚到脚

32. 触电伤害的程度与电流种类的关系：(　　)通常对人构不成伤害。

A. 低频交流电　　B. 高频交流电　　C. 40～60 Hz 的交流电

33. 影响人体触电伤害程度的最主要的因素是(　　)。

A. 通过人体电流的大小

B. 人体电位的高低

C. 人体对某导体电压的高低

34. 最为危险的触电形式是(　　)。

A. 单相触电　　B. 两相触电　　C. 跨步电压触电

35. 在低压供电线路中将中性线(零线)多处接地称为(　　)。

A. 保护接地　　B. 保护接零　　C. 重复接地　　D. 工作接地

36. 保护接零适用于(　　)。

A. 高压电力系统

B. 中性点直接接地的低压三相四线制电力系统

C. 中性点与地绝缘的低压三相四线制电力系统

37. 发生电气火灾后，不能使用(　　)进行灭火。

A. 盖土、盖沙　　B. 普通灭火器　　C. 泡沫灭火器

三、判断题

1. 正弦量的三要素是指其最大值、角频率和相位。(　　)

2. 两同频率的正弦电量的相位差与计时起点的选择无关。(　　)

3. 正弦电量可以用相量表示，因此可以说，相量等于正弦电量。(　　)

4. 正弦交流电路的视在功率等于有功功率和无功功率之和。(　　)

5. 电压三角形、阻抗三角形和功率三角形都是相量图。(　　)

6. 正弦交流电路的频率越高,阻抗越大;频率越低,阻抗越小。(　　)

7. 在感性负载两端并联电容器就可提高电路的功率因数。(　　)

8. 提高功率因数,就意味着负载消耗的功率降低了。(　　)

9. 人为地合理装设和使用电气设备是减少无功损耗、提高功率因数的方法,这种方法是提高用电设备的自然功率因数。(　　)

10. 串联谐振电路谐振时,感抗和容抗相等,电抗为零。(　　)

11. 串联谐振电路谐振时,阻抗最大,电流最小。(　　)

12. 并联谐振电路,当 Q 值很大时,两支路上的电流近似相等,而总电流大于两支路上的电流。(　　)

13. 当并联谐振电路外接电流源时,由于谐振时阻抗的模值最大,所以电路的端电压最大。(　　)

14. 若 Q 值很大,在串联谐振电路中,电感元件和电容元件上的电压一般高出电源电压很多倍,所以在实际电路中应注意电容元件、电感元件的耐压。(　　)

15. 三相负载Y连接时,总有 $U_L=\sqrt{3}U_P$ 关系成立。(　　)

16. 三相用电器正常工作时,加在各相上的相电压等于电源线电压。(　　)

17. 三相负载Y连接时,无论负载对称与否,线电流总等于相电流。(　　)

18. 三相电源向电路提供的视在功率为各相视在功率之和,即 $S=S_U+S_V+S_W$。(　　)

19. 中性线的作用就是使不对称的Y连接的三相负载的相电压保持对称。(　　)

20. 三相不对称负载越接近对称,中性线上通过的电流就越小。(　　)

21. 为保证中性线可靠,不能安装熔丝和开关,且中性线截面较粗。(　　)

22. 人无论在何种场合,只要所接触电压为 36 V 以下,就是安全的。(　　)

23. 电击伤害的严重程度只与人体中通过的电流大小有关,而与电流频率、通电时间等无关。(　　)

24. 人体接近高压带电设备时,也可能遭受电击伤害。(　　)

25. 单相触电的触电电流通过人体与大地构成回路。(　　)

26. 两相触电的触电电流直接通过人体构成回路。(　　)

27. 两相触电的触电电流为单相触电电流的$\sqrt{3}$倍,因此十分危险。(　　)

28. 当导线或电气设备发生接地事故时,距离接地点越远的地面各点的电位越低,电位差也越小,跨步电压也就越小。(　　)

29. 接地体电阻越小,人体触及漏电设备时,通过人体的触电电流就越小,保护作用越好。(　　)

30. 保护接零系统中的中性线必须施行重复接地。(　　)

31. 在一家大工厂的某车间,由于 36 V 的手提灯损坏,有人便直接从 220 V 的电源上接照明灯用于照明,这是违章的做法。(　　)

四、计算题

1. 已知 $i=100\sin\left(\omega t-\frac{\pi}{4}\right)$ A。(1)试指出 $I_m=?$ $\varphi_0=?$ (2)求 I。(3)求当 $f=1\ 000$ Hz,$t=0.375$ ms 时,电流的瞬时值。

2. 已知 $e_1=E_m\sin\left(\omega t+\frac{\pi}{2}\right)$,$e_2=E_m\sin\left(\omega t-\frac{\pi}{4}\right)$,$f=50$ Hz。试求:e_1 与 e_2 的相位差,并指出

它们超前、滞后的关系。当 $t=0.005$ s 时，e_1 与 e_2 各处于什么相位？

3. 在高频电炉的感应线圈中，通入电流 $i=85\sin\left(1.256\times10^6t+\dfrac{\pi}{3}\right)$ A。试求：此电流的角频率、频率、最大值、有效值和初相角。

4. 已知正弦电流 $i=I_m\sin\left(\omega t+\dfrac{2\pi}{3}\right)$，在 $t=0$ 时，$i_0=4.9$ A。试求：该电流的有效值。

5. 某正弦电压在 $t=0$ 时为 220 V，其初相为 $\dfrac{\pi}{4}$。求它的有效值。

6. 某正弦电压的频率 $f=50$ Hz，有效值 $U=5\sqrt{2}$ V，在 $t=0$ 时，电压的瞬时值为 5 V，此刻电压在增加，求该电压瞬时值表达式。

7. 两个正弦电流 i_1 与 i_2，它们的最大值都是 5 A，当它们之间的相位差为 0°、90°、180°时，分别求它们的合成电流 i_1+i_2 的最大值。

8. 有一额定电压 220 V、额定功率 200 W 的灯泡，接在 $u=220\sqrt{2}\sin 314t$ V 的电源上。试求：(1) 流过灯泡的电流 I；(2) 灯泡电阻 R；(3) 若把该灯错接在 120 V 的交流电源上，灯泡的电流和功率各为多少？

9. 有一个灯泡接在 $u=311\sin\left(314t+\dfrac{\pi}{2}\right)$ V 的交流电源上，灯丝炽热时电阻为 484 Ω。试求：流过灯丝的电流瞬时值表达式以及灯泡消耗的功率。

10. 一个纯电感线圈的电感 $L=414$ mH，接在 $u=275.8\sin\left(314t+\dfrac{\pi}{2}\right)$ V 的交流电源上，(1) 求电路的电压和电流的有效值；(2) 绘出电压、电流的相量图；(3) 求平均功率和无功功率。

11. 已知一个电感线圈 $L=35$ mH，接在电压为 110 V、频率为 50 Hz 的电源上。试求：感抗 X_L、电流 i、有功功率 P、无功功率 Q，并画出相量图。

12. 已知一电容电路 $C=10$ μF，电流 $i=0.1\sqrt{2}\sin(100t+60°)$ A。试求：容抗 X_C、电压 u_C，有功功率 P、无功功率 Q，并画出相量图。

13. 3 个同样的白炽灯，分别与电阻、电感及电容元件串联后接在交流电源上，如图 2-61 所示。如果 $R=X_L=X_C$，试问灯的亮度是否一样？为什么？若将它们改接在直流电源上，灯的亮度各有什么变化？

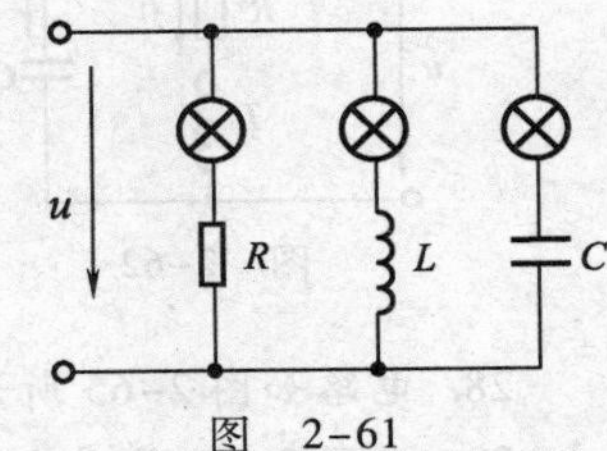

图 2-61

14. 已知负载上的电压 $u=220\sqrt{2}\sin(314t+36.9°)$ V，负载电阻 $R=4$ Ω，$X_L=3$ Ω。试求：通过负载的电流 i。

15. 在 RLC 串联交流电路中，已知 $u=220\sqrt{2}\sin314t$ V，$R=40$ Ω，$L=197$ mH，$C=100$ μF。试求：i、u_R、u_L、u_C 和 P、Q、S。

16. 一个具有电阻的电感线圈，若接在频率 $f=50$ Hz，电压 $U=12$ V 的交流电源上，通过线圈的电流为 2.4 A，如将此线圈改接在 $U=12$ V 的直流电源上，则通过线圈的电流为 4 A。试求：这个线圈的电阻、阻抗和感抗，并绘出阻抗三角形。

17 为了测定一个空芯线圈的参数，在线圈两端加以频率 $f=50$ Hz 的正弦电压，现测得电压 $U=110$ V，电流 $I=0.5$ A，功率 $P=40$ W。试根据这些数据求出线圈的电感和电阻。

18. 一个线圈接在 $U=120$ V 的直流电源上，流过的电流 $I=20$ A，若接在 $f=50$ Hz，$U=220$ V 的交流电源上，则通过的电流 $I=28.2$ A。试求：线圈的电阻 R 和电感 L。

19. 将 $R=13\ \Omega$,$L=165$ mH 的线圈与 $C=1\ \mu$F 的电容器串联后接至 $U=12$ V,$f=500$ Hz 的交流电源上。求电路中的电流 I 及其与电源电压的相位差;并求线圈上的电压 U_1 与电容器上的电压 U_C,绘出电压、电流相量图。

20. 在 RLC 串联电路中,已知 $R=16\ \Omega$,$X_L=16\ \Omega$,$X_C=4\ \Omega$,电源电压 $u=220\sqrt{2}\sin(314t+66.9°)$ V。试求:(1)线路的电流相量 $\dot{I}$;(2)各元件上电压相量 $\dot{U}_R$、$\dot{U}_L$、$\dot{U}_C$;(3)画出相量图;(4)平均功率 P、无功功率 Q、视在功率 S 和功率因数 $\cos\varphi$。

21. 在图 2-62 所示电路中,已知 $U=220$ V,$R=6\ \Omega$,$X_L=8\Omega$,$X_C=19\ \Omega$。试求:电路的总电流 I,支路的电流 I_1、I_C;线圈支路的功率因数和电路的总功率因数。

22. 欲使功率为 40 W 、电压为 220 V、电流为 0.65 A 的荧光灯电路的功率因数提高到 0.92,应并联多大的电容器?这时电路的总电流是多少?(设电源频率为 50 Hz)

23. 已知荧光灯的功率为 40 W,电压为 220 V,电流为 0.65 A。试求:(1)荧光灯支路的功率因数;(2)欲使整个电路的功率因数提高到 0.95,需并联的电容器 C 的值为多大?(3)若给 40 W 荧光灯并联的电容器的电容值为 4.7 μF 时,此时的功率因数为多少?(设电源频率为 50 Hz)

24. 一个电感线圈与电容器串联,组成收音机的选频电路,已知 $L=0.3$ mH,可调电容器的 C 为 25 ~ 360 pF。(1)该收音机能否满足收听 535 ~ 1 605 kHz 中波段的要求?(2)设线圈的电阻 $R=25\ \Omega$,求 $f_{01}=535$ kHz 和 $f_{02}=16\ 055$ kHz 所对应的品质因数 Q_1、Q_2;(3)在哪一个频率下,收音机的选择性最好?

25. 在 RLC 串联谐振电路中,已知 $L=3$ mH,$R=3\ \Omega$,$C=0.33\ \mu$F,$U=3$ V。试求:电路的谐振频率 f_0、电流 I_0 及各元件上的电压 U_R、U_L、U_C。

26. 在图 2-63 所示的电路中,已知 $R_1=30\ \Omega$,$X_L=40\ \Omega$,$R_2=80\ \Omega$,$X_C=60\ \Omega$,电源电压 $u=100\sqrt{2}\sin\omega t$ V。试求:i_1,i_2 和 i,并画出电压、电流相量图。

27. 电路如图 2-64 所示,已知 $U=100$ V,$R=3\ \Omega$,$X_L=4\ \Omega$,$X_C=2\ \Omega$。试求:电路的有功功率 P、无功功率 Q 及功率因数 $\cos\varphi$。

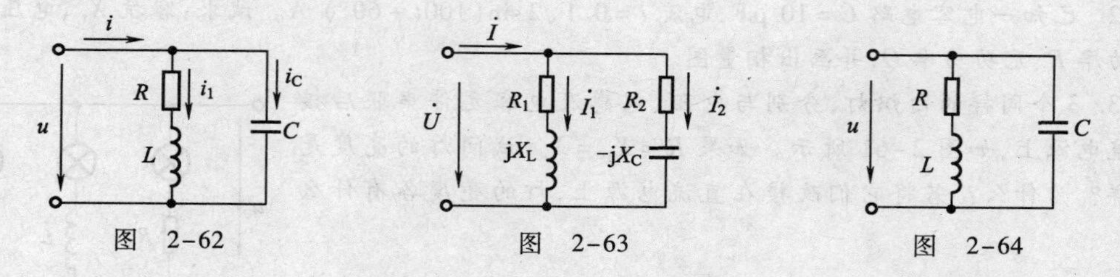

图 2-62　　图 2-63　　图 2-64

28. 电路如图 2-65 所示,已知 $I_1=4$ A,$I_2=9$ A,$I=11.3$ A,$U=120$ V。试求:R_1、R_2 及 X_L。

29. 在图 2-66 所示的电路中,$X_C=R$,试问:电感元件两端电压 u_1 与电容元件两端电压 u_2 的相位差是多少?

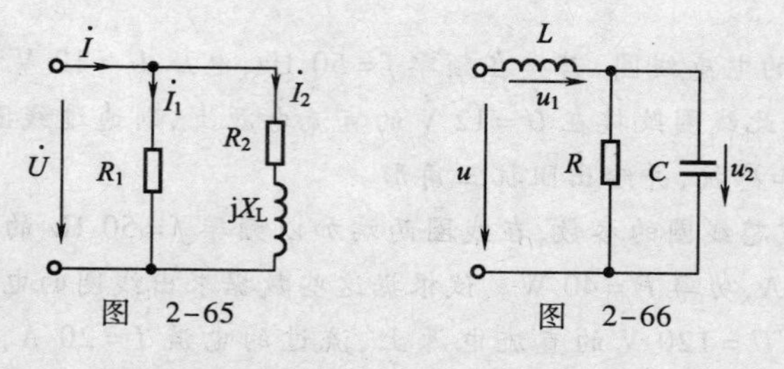

图 2-65　　图 2-66

30. 功率为 40 W、功率因数为 0.5 的荧光灯,接到 $U=220$ V 工频交流电源上。试求:(1)日

光灯的工作电流 I;(2)欲使电路的功率因数提高到0.8,应并联多大的电容器?

31. 某单相交流电源额定容量 $S_N=40\ kV\cdot A$,额定电压 $U_N=220\ V$,频率 $f=50\ Hz$,给照明电路供电,若负载都是40 W 的荧光灯,其功率因数为0.5。试求:(1)荧光灯最多可以点多少盏?(2)用补偿电容将功率因数提高到1,这时电路的总电流是多少?需并联多大的补偿电容;(3)功率因数提高到1以后,除给以上荧光灯供电外,若保持电源在额定情况下工作,还可以多点40 W 的荧光灯多少盏?

32. 在图2-67所示的电路中,已知 $\dot{U}_{S1}=100\angle 53.1°\ V$,$\dot{U}_{S2}=100\angle 0°\ V$,$R=6\ \Omega$,$X_L=8\ \Omega$,$X_C=8\ \Omega$。分别用节点电压法和戴维南定理求图2-67中的电流 $\dot{I}$ 。

33. 已知Y连接的三相电源的线电压 $u_{UV}=380\sqrt{2}\sin(\omega t-30°)\ V$。试分别写出:$u_{VW}$、$u_{WU}$、$u_U$、$u_V$、$u_W$的表达式。

34. 现有220 V、60 W 的白炽灯99个,应如何将它们接入三相四线制电路?试求:负载在对称情况下的线电流及中性线电流。

35. 3个完全相同的线圈采用星形连接,接在线电压为380 V 的三相电源上,线圈的电阻 $R=3\ \Omega$,感抗 $X_L=4\ \Omega$。试求:(1)各线圈的电流;(2)每相功率因数;(3)三相总功率。

36. 已知三相对称负载的每相电阻 $R=8\ \Omega$,感抗 $X_L=6\ \Omega$。(1)如果将负载连成星形接于线电压 $U_L=380\ V$ 的三相电源上,试求:相电压、相电流及线电流,并画出相量图。(2)如果将负载连成三角形接于线电压 $U_L=220\ V$ 的电源上,试求:相电压、相电流及线电流并将所得结果与(1)的结果进行比较。

37. 三相对称负载的功率为5.5 kW,三角形连接在线电压为220 V 的三相电源上,测得线电流为19.5 A。试求:(1)负载的相电流、功率因数、每相阻抗值;(2)若将该负载改为星形连接,接至线电压为380 V 的三相电源上,则负载的相电流、线电流、吸收的功率各为多少?

38. 三相对称负载连接成三角形,每相电阻 $R=4\ \Omega$,感抗 $X_L=3\ \Omega$,接在线电压 $U_L=190\ V$ 的三相电源上。试求:三相负载吸收的总功率 P。

39. 三相不对称负载连接成星形,各相负载阻抗分别为 $Z_U=Z_V=(17.3+j10)\ \Omega$,$Z_W=10\ \Omega$,三相电源线电压 $u_{UV}=380\sqrt{2}\sin(314t+30°)V$。试求:各相负载电流及中性线电流。

40. 在图2-68所示电路中,设三相负载对称,电流表 A_1 的读数为10 A,电流 A_2 的读数为多少?

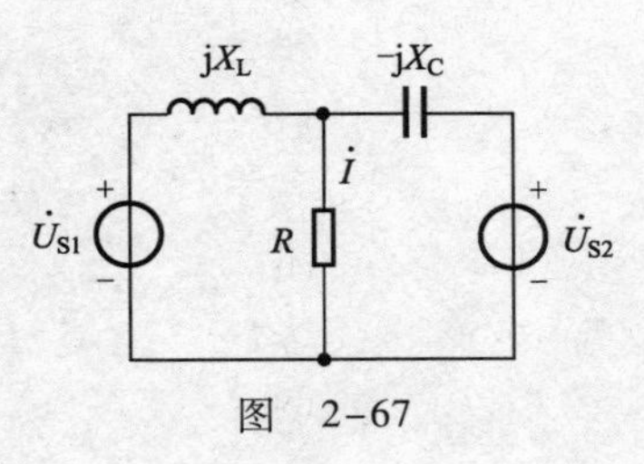

图 2-67

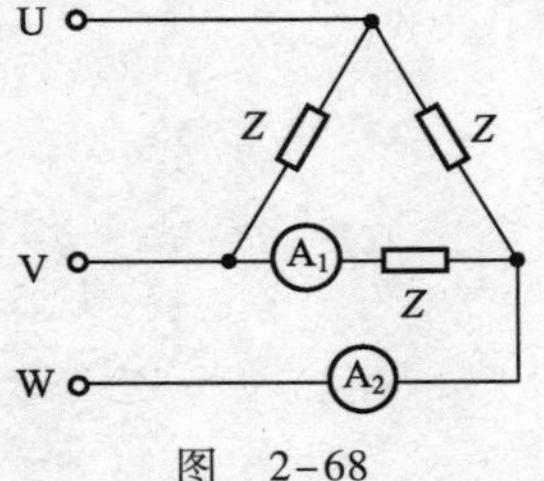

图 2-68

41. 在图2-69所示电路中,设三相对称负载连接成三角形,已知 $U_L=220\ V$,$I_L=17.3\ A$,三相功率 $P=4.5\ kW$,试求:(1)每相负载的电阻和感抗;(2)当U、V相之间的负载断开时,图2-69中各电流表的读数和总功率;(3)当U相断开时,图2-69中各电流表的读数和总功率。

42. 有一台三相电动机,三相绕组三角形连接后接在线电压 $U_L=380\ V$ 的三相电源上,从电源取用的功率 $P=5\ kW$,功率因数 $\cos\varphi=0.76$。试求:相电流和线电流。如果将此电动机改接成星形,仍接在上述电源上,此时的相电流、线电流和总功率各是多少?

43. 在线电压 $U_L=380$ V 的三相电源上，接两组电阻性对称负载，如图 2-70 所示，试求：线路电流 I。

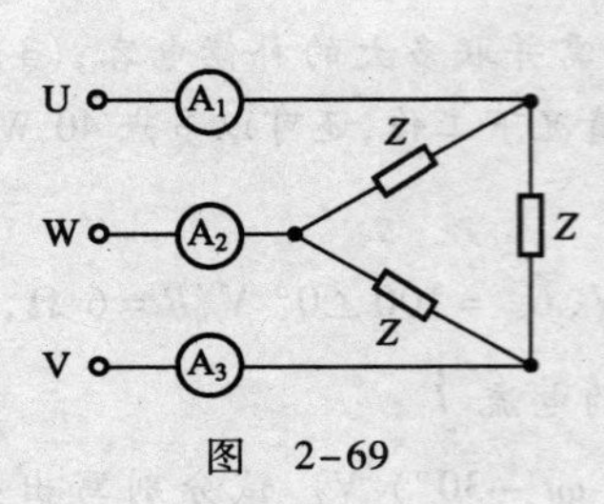

图 2-69

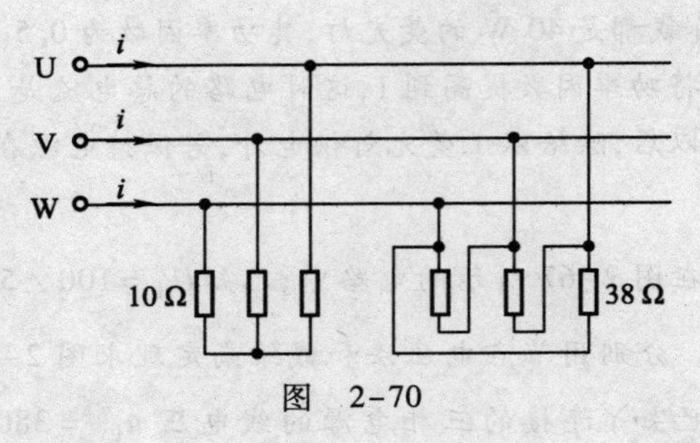

图 2-70

项目3

电路的暂态分析与测试

项目内容

- 线性电路的过渡过程及换路定律；电路的暂态、稳态及时间常数的物理意义。
- 一阶电路的零状态响应。
- 一阶电路的零输入响应。
- 一阶电路的全响应。

知识目标

- 了解线性电路的过渡过程。
- 掌握线性电路过渡过程的换路定律。
- 理解“三要素法”的3个量的求解方法。

能力目标

- 会用“三要素法”法求解一阶电路的零状态响应、零输入响应和全响应。
- 会使用灵敏电流计、示波器测试一阶线性电路的过渡信号。

素质目标

- 通过“感性认识—理性思考—知识提升与应用”的学习过程，逐步培养学生勤观察、勤思考、好动手的学习与工作习惯，并具有分析问题和解决问题的能力。
- 逐步提高学生的专业意识，培养学生高度的责任心，遵章守纪、规范操作，使其养成良好的科学态度和求是精神。
- 锻炼学生信息、资料搜集与查找的能力。

任务3.1 电路过渡过程的认识

任务描述

在具有储能元件——电容器和电感器的电路中，当电路的工作条件发生变化时，由于储能元件储存能量的变化，电路从原来的稳定状态，经历一定时间，变换到新的稳定状态，这一变换过程称为过渡过程。本任务学习电路过渡过程中的有关概念、换路定律、初始值的计算。

任务目标

了解电路的过渡过程；理解电路过渡过程的概念；掌握换路定律、初始值的计算。

子任务1 电路过渡过程的概念

〖现象观察〗——看一看

连接图3-1所示电路，图中的电源电压 $U_S = 12$ V，电阻 $R = 100$ kΩ，EL为12 V、2 W的小灯泡，电容器 C 为1 000 μF、25 V的电解电容器。在 $t=0$ 时，合上开关S，仔细观察小灯泡亮度变化情况，并用慢扫描示波器观察电阻器两端电压 u_R、电容器两端电压 u_C 的变化情况。

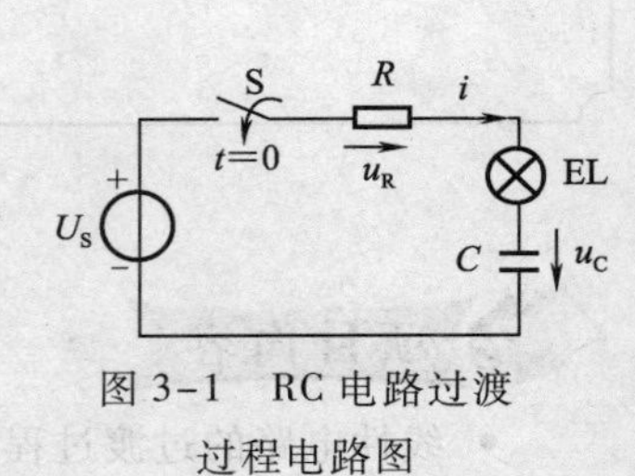

图3-1 RC电路过渡过程电路图

〖知识链接〗——学一学

1. 电路的过渡过程

在日常生活中，任何车辆起动时，车速总是从零开始逐渐上升的，经过一段时间后，才能达到一定的运行状态。车辆的静止是一种稳定状态，车辆的匀速运动是另一种稳定状态。以一种均匀速度过渡到另一种均匀速度行驶，就形成不同的稳定状态。车辆起动或停止的过程，或者更广泛地说，车辆加速或减速的过程，则是一种稳定状态到另一种稳定状态的过渡过程。

自然界中的物质运动从一种稳定状态（处于一定的能态）转变到另一种稳定状态（处于另一种能态）需要一定的时间，例如电动机从静止状态起动，到某一恒定转速要经历一定的时间，这就是加速过程；同样，当电动机制动时，它的转速从某一恒定转速下降到零，也需要减速过程。这就是说物质从一种状态过渡到另一种状态是不能瞬间完成的，需要有一个过程，即能量不能发生跃变。过渡过程就是从一种稳定状态转变到另一种稳定状态的中间过程。

电路从一种稳定状态转变到另一种稳定状态，也可能经历过渡过程。把电路从一种稳定状态（稳态）变化到另一种稳定状态的中间过程，称为电路的过渡过程（暂态）。

电路的过渡过程通常是很短暂的（几毫秒甚至几微秒），所以又称暂态过程。在暂态过程中，原来的状态被破坏，新的状态在建立，电路处于急剧变化之中，它与稳定状态的物理现象有很大的差别。研究电路在暂态过程中电压和电流随时间的变化规律，称为电路的暂态分析。

前面项目中介绍的是电路的稳定状态，即电路中的电流和电压在给定的条件下已达到某一稳定值的状态。在直流电路中，电压和电流都是不随时间变化的恒定量；而在正弦交流电路中，电压和电流都是时间的正弦函数，而且其最大值是不随时间变化的恒定量。对电路的这种稳定状态（简称“稳态”）的研究，一般称为电路的稳态分析。

研究电路中的过渡过程是有实际意义的。例如，电子电路中常利用电容器的充放电过程来完成积分、微分、多谐振荡等，以产生或变换电信号。而在电力系统中，由于过渡过程的出现将会引起过电压或过电流，若不采取一定的保护措施，就可能损坏电气设备，因此，需要认识过渡过程的规律，从而利用它的特点，防止它的危害。

2. 引起电路过渡过程的原因

为了了解电路产生过渡过程的内因和外因，下面观察一个实验现象。如图3-2所示的电路，3个并联支路分别为电阻、电感、电容元件与灯泡串联，S为电源开关。

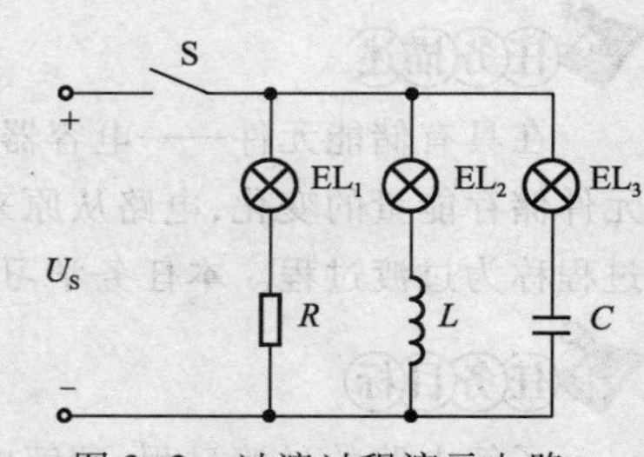

图3-2 过渡过程演示电路

当闭合开关S时，发现电阻支路的灯泡 EL_1 立即发光，且亮度不再变化，说明这一支路没有经历过渡过程，立即进入了新的稳态；电感支路的灯泡 EL_2 由暗渐渐变亮，最后达到稳定，说明电感支路经历了过渡过程；电容支路的灯泡 EL_3 由亮变暗直到熄灭，说明电容支路也经历了过渡过程。当然，若开关 S 状态保持不变（断开或闭合），就观察不到这些现象。

由此可知，产生过渡过程的外因是接通了开关，但接通开关并非都会引起过渡过程，如电阻支路。产生过渡过程的两条支路都存在储能元件（电感元件或电容元件），这是产生过渡过程的内因。在电路理论中，通常把电路状态的改变（如通电、断电、短路、电信号突变、电路参数的变化等）统称为换路，并认为换路是立即完成的。

综上所述，产生过渡过程的原因有两方面，即外因和内因。电路换路是外因；电路中含有储能元件，又称动态元件（电感元件和电容元件）是内因。

〖问题研讨〗——想一想

（1）什么是电路的过渡过程？

（2）电路产生过渡过程的根本原因是什么？

子任务 2　换路定律和初始值的计算

〖知识链接〗——学一学

1. 换路定律

仅含电阻元件的电路是一个静态的、无记忆的电路，描述电路的方程为代数方程。含有电感、电容元件的电路，称为动态电路。动态电路中的电感、电容元件由于所储存的能量不能突变而产生过渡过程，描述电路过渡过程的方程为微分方程。

分析电路的过渡过程时，除应用基尔霍夫电流、电压定律和元件伏安关系外，还应了解和利用电路在换路时所遵循的规律（即换路定律）。

（1）换路定律：指一个具有储能元件的电路在换路瞬间，电容元件的端电压不能跃变，电感元件的电流不能跃变，即换路后一瞬间电感元件中的电流应等于换路前一瞬间电感元件中的电流，而换路一瞬间电容元件两端的电压应等于换路前一瞬间电容元件两端的电压。

对于电容元件，$i_C = C\dfrac{du}{dt}$；对于电感元件，$u_L = L\dfrac{di}{dt}$。换路过程中电容元件两端的电压及电感元件中的电流均不能跃变，而只能线性连续地变化；否则，电容元件电流及电感元件电压将为无限大，这在实际电路中是不可能的。

另外，从能量的观点分析：电容元件的电场能为 $W_C = \dfrac{1}{2}CU_C^2$，电感元件的磁场能为 $W_L = \dfrac{1}{2}LI_L^2$，式中电容 C 和电感 L 都是常量。假设电容元件两端的电压 u_C 可以跃变，则电容元件储存的电场能 W_C 也要发生跃变，即在 $\Delta t \to 0$ 一小段时间内，ΔW_C 为一有限值，此瞬间从电源吸收的功率 $p = \lim\limits_{\Delta t \to 0}\dfrac{\Delta W_C}{\Delta t} = \infty$。事实上，一般没有能在瞬间提供无限大功率的电源，这说明电容元件的端电压不可能跃变，同样道理，电感元件电流的跃变也是不可能的。

通常规定电路换路是瞬间完成的，把换路的瞬间作为计时的起点，记作 $t=0$，并把换路前的最后一瞬间，记为 $t=0_-$，而把换路后的最初一瞬间，记为 $t=0_+$。在 $t=0_-$ 和 $t=0$ 之间，以及在 $t=0$ 和 $t=0_+$ 之间的时间间隔均趋于零，即 0_- 和 0_+ 在数值上都等于 0。

换路定律的数学表达式为

$$\begin{cases} u_C(0_+) = u_C(0_-) \\ i_L(0_+) = i_L(0_-) \end{cases} \tag{3-1}$$

在暂态分析中，通常用 $u_C(0_+)$ 和 $i_L(0_+)$ 来描述电路的初始状态，这是因为一旦已知 $u_C(0_+)$ 和 $i_L(0_+)$ 后，电路其他部分的电压、电流在 $t=0_+$ 时的值，都可以通过它们求出来。即用电容元件电压和电感元件电流以及电路的输入（电压源或电流源），完全可以确定电路其他的电压、电流。

(2) 换路瞬间储能元件的等效电路：

① 换路前，如果储能元件没有储能，则在换路瞬间（$t=0_+$ 时）电容元件相当于短路，而电感元件相当于开路，如图 3-3 所示。

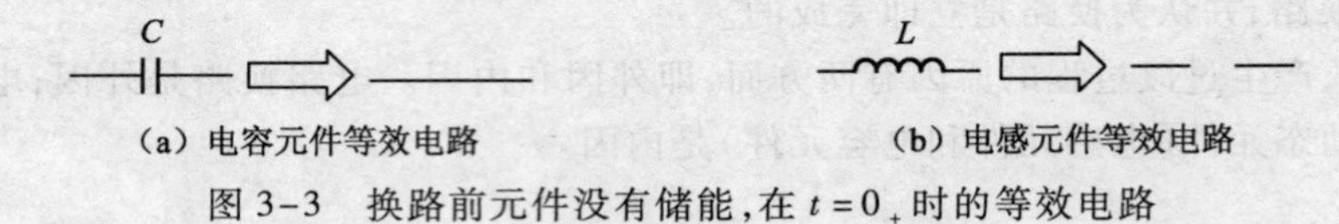

(a) 电容元件等效电路　　(b) 电感元件等效电路

图 3-3　换路前元件没有储能，在 $t=0_+$ 时的等效电路

② 换路前，如果储能元件储有能量，则在换路瞬间（$t=0_+$ 时），$u_C(0_+)=u_C(0_-)=U_0$ 和 $i_L(0_+)=i_L(0_-)=I_0$，电容元件相当于电压值为 U_0 的恒压源，电感元件相当于电流值为 I_0 的恒流源，如图 3-4 所示。

(a) 电容元件等效电路　　(b) 电感元件等效电路

图 3-4　换路前元件储有能量，在 $t=0_+$ 时的等效电路

根据换路定律，可以确定 u_C 和 i_L 的初始值 $u_C(0_+)$ 和 $i_L(0_+)$。电路其他部分的电压、电流的初始值，还需要应用电路定律进行计算。为直观起见，在计算时，先画出 $t=0_+$ 时的等效电路。

2. 初始值的计算

换路后的最初一瞬间（即 $t=0_+$ 时刻）的电流、电压值统称为初始值。研究线性电路的过渡过程时，电容元件电压的初始值 $u_C(0_+)$ 及电感元件电流的初始值 $i_L(0_+)$ 可按换路定律来确定。其他可以跃变的量的初始值，要根据 $u_C(0_+)$、$i_L(0_+)$ 和应用 KCL、KVL 及欧姆定律来确定。

对于较复杂的电路，为了便于求得初始值，在求得 $u_C(0_+)$ 和 $i_L(0_+)$ 后，可将电容元件代之以电压为 $u_C(0_+)$ 的电压源，将电感元件代之以电流为 $i_L(0_+)$ 的电流源。经这样替换过的电路称为原电路在 $t=0_+$ 时的等效电路，它为一个电阻性电路，可按电阻性电路进行分析计算。

具体的方法步骤如下：

(1) 由换路前的稳态电路求出 $u_C(0_-)$ 和 $i_L(0_-)$ 的值。若电路较复杂，可先画出 $t=0_-$ 时的等效电路，再利用基尔霍夫定律（KCL、KVL）求解。

(2) 由换路定律确定 $u_C(0_+)$ 和 $i_L(0_+)$ 的值，即 $u_C(0_+)=u_C(0_-)$，$i_L(0_+)=i_L(0_-)$。

(3) 画出 $t=0_+$ 时的等效电路。

注意：如果换路前，储能元件储有能量，则在换路瞬间（$t=0_+$ 时），电容元件相当于电压值为 U_0 的恒压源，电感元件相当于电流值为 I_0 的恒流源。

(4) 根据 KCL、KVL 及欧姆定律求解电路中其他各量的初始值。

例 3-1　在图 3-5(a) 所示的电路中，已知 $U_S=12$ V，$R_1=4$ kΩ，$R_2=8$ kΩ，$C=1$ μF，开关 S 原来处于断开状态，电容元件上电压 $u_C(0_-)=0$。求：开关 S 闭合后，$t=0_+$ 时，各电流及电容元件电压的值。

解　选定有关参考方向如图 3-5 所示。

(1)由已知条件可知:$u_C(0_-)=0$。

(2)由换路定律可知:$u_C(0_+)=u_C(0)=0$。

(3)画出 $t=0_+$ 时的等效电路,如图 3-5(b)所示。由于 $u_C(0_+)=0$,所以在等效电路中电容元件相当于短路。

(4)求其他各量的初始值。

由图 3-5(b)得

$$i_2(0_+)=\frac{u_C(0_+)}{R_2}=\frac{0}{R_2}\ \text{V}=0\ \text{V}$$

$$i_1(0_+)=\frac{U_S}{R_1}=\frac{12}{4\times10^3}\ \text{A}=3\ \text{mA}$$

根据 KCL 得

$$i_C(0_+)=i_1(0_+)-i_2(0_+)=(3-0)\ \text{mA}=3\ \text{mA}$$

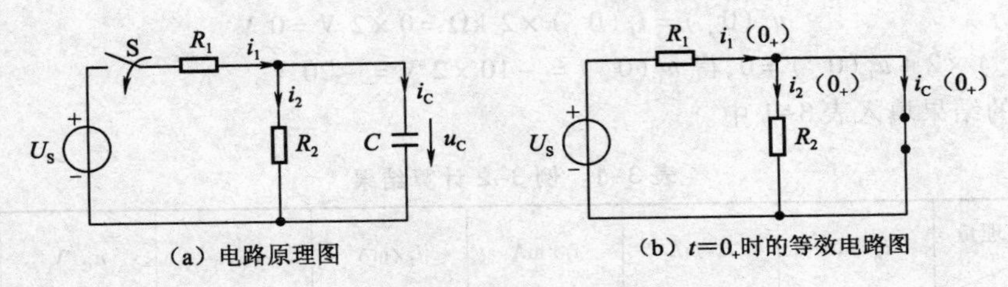

图 3-5　例 3-1 电路图

例 3-2　在图 3-6 所示的电路中,开关 S 闭合前电路已处于稳态。试确定开关 S 闭合后的初始值瞬间的电压 u_C、u_L 和电流 i_L、i_C、i_R 及 i_S 的初始值。

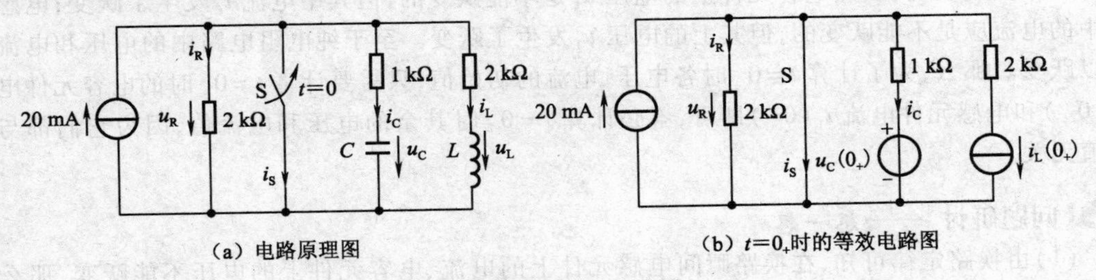

图 3-6　例 3-2 电路图

解　在 $t=0_-$ 时(即换路前),电路已处于稳态,对直流恒流源来说,电容元件相当于开路,电感元件相当于短路,各电压和电流可依直流稳态电路计算出来。

$$i_S(0_-)=0\ \text{A}$$

$$i_C(0_-)=0\ \text{A}$$

$$i_R(0_-)=\left(\frac{2}{2+2}\times20\right)\ \text{mA}=10\ \text{mA}$$

$$i_L(0_-)=\left(\frac{2}{2+2}\times20\right)\ \text{mA}=10\ \text{mA}$$

$$u_R(0_-)=2\times10\ \text{V}=20\ \text{V}$$

$$u_C(0_-)=u_R(0_-)=20\ \text{V}$$

$$u_L(0_-)=0\ \text{V}$$

开关 S 闭合后,在 $t=0_+$ 时,电容、电感元件已有初始储能,所以在换路瞬间,电容元件相当

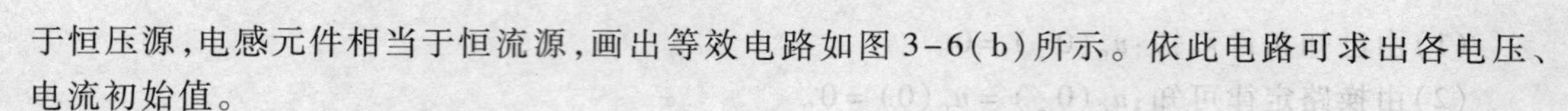

于恒压源，电感元件相当于恒流源，画出等效电路如图 3-6(b)所示。依此电路可求出各电压、电流初始值。

由换路定律得

$$u_C(0_+) = u_C(0_-) = 20\ \text{V}$$
$$i_L(0_+) = i_L(0_-) = 10\ \text{mA}$$

其他电流、电压计算如下：

$$i_R(0_+) = 0\ \text{A}$$
$$i_C(0_+) = -\frac{u_C(0_+)}{1\,\text{k}\Omega} = -\frac{20}{1}\ \text{mA} = -20\ \text{mA}$$

由 KCL 得

$$20 = i_R(0_+) + i_S(0_+) + i_C(0_+) + i_L(0_+)$$

将已求得的量代入上式，则可求得 $i_S(0_+) = 30$ mA。

$$u_R(0_+) = i_R(0_+) \times 2\ \text{k}\Omega = 0 \times 2\ \text{V} = 0\ \text{V}$$

由 $i_L(0_+) \times 2 + u_L(0_+) = 0$，得 $u_L(0_+) = -10 \times 2\ \text{V} = -20\ \text{V}$。

将计算的结果填入表 3-1 中。

表 3-1　例 3-2 计算结果

物理量 / 瞬间	i_R/mA	i_S/mA	i_C/mA	i_L/mA	u_R/V	u_C/V	u_L/V
$t=0_-$	10	0	0	10	20	20	0
$t=0_+$	0	30	-20	10	0	20	-20

以上例题表明：虽然电容元件上的电压 u_C 是不能跃变的，但其中电流 i_C 发生了跃变；电感元件中的电流应是不能跃变的，但其上的电压 u_L 发生了跃变。至于纯电阻电路中的电压和电流都可以跃变。那么，为了计算 $t=0_+$ 时各电压、电流的初始值，只需要计算 $t=0_-$ 时的电容元件电压 $u_C(0_-)$ 和电感元件电流 $i_L(0_-)$ 即可，不必计算 $t=0_-$ 时其余的电压和电流值，因为它们都与初始值无关。

〖问题研讨〗——想一想

(1) 由换路定律可知，在换路瞬间电感元件上的电流、电容元件上的电压不能跃变，那么对其余各物理量，如电容元件上的电流，电感元件上的电压及电阻元件上的电压、电流是否也遵循换路定律？

(2) 电容元件何时看作开路？何时又看作电压源？电感元件何时看作短路？何时看作电流源？这样处理的条件和依据是什么？

(3) 如何计算电路换路的初始值？

任务 3.2　一阶电路的暂态分析与测试

如果电路中仅含有一个储能元件或经化简后等效为只含有一个储能元件的动态电路，称为一阶电路。一阶电路分为 RC 电路和 RL 电路。一阶电路是最简单、最常见的暂态电路。本任务对一阶电路的暂态过程进行分析与测试。

了解一阶电路的概念；掌握用“三要素法”分析一阶电路的零状态响应、零输入响应和全响应，并能进行测试。

子任务1　一阶电路的零状态响应

〖知识链接〗——学一学

在电路分析中，“激励”和“响应”是经常提到的词语。那么什么是激励？什么是响应呢？简单地说，施加于电路的信号称为激励，对激励做出的反应称为响应（即经电路传输而输出的电压或电流）。

若在一阶电路中，换路前储能元件没有储能，即 $u_C(0_-)$、$i_L(0_-)$ 都为零，此情况下由外加激励而引起的响应称为零状态响应。

1. RC 串联电路的零状态响应

在图3-7所示的电路中，开关S闭合前，电容元件上没有充电。$t=0$ 时刻开关S闭合。在图3-7所示的参考方向下，由KVL有

$$u_R + u_C = U_S \tag{3-2}$$

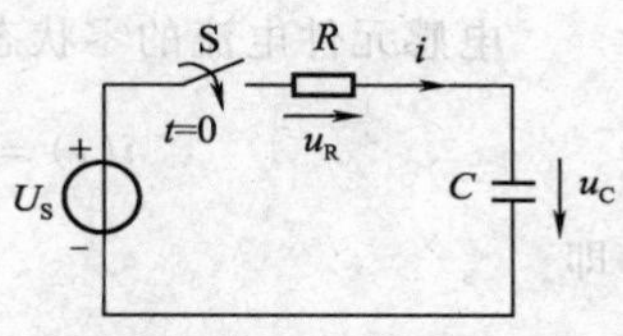

图3-7　RC串联电路的零状态响应电路

将各元件的伏安关系 $u_R = iR$ 和 $i = C\dfrac{du_C}{dt}$ 代入式(3-2)中得

$$RC\frac{du_C}{dt} + u_C = U_S \tag{3-3}$$

式(3-3)是一阶常系数非齐次线性微分方程，用解微分方程的方法求可得

$$u_C(t) = u_C(\infty) + Ae^{-\frac{t}{\tau}} \tag{3-4}$$

式(3-4)中，$\tau = RC$，当 R 的单位为欧[姆](Ω)，C 的单位为法[拉](F)时，τ 单位是秒(s)，把 τ 称为时间常数。积分常数 A 可由电路的初始条件来确定，如果已知 $t=0_-$ 时的 $u_C(0_-)$，则可根据换路定律求得 $u_C(0_+) = u_C(0_-)$，将 $t=0_+$ 时的 u_C 的初始值 $u_C(0_+)$ 代入式(3-4)得

$$u_C(0_+) = u_C(\infty) + A$$

$$A = u_C(0_+) - u_C(\infty)$$

则

$$u_C(t) = u_C(\infty) + [u_C(0_+) - u_C(\infty)]e^{-\frac{t}{\tau}} \tag{3-5}$$

由式(3-5)可看出，只要知道 $u_C(0_+)$、$u_C(\infty)$ 和 τ 这三个要素，就可以方便地得出电路的全响应 $u_C(t)$。这种利用“三要素”来求解一阶线性微分方程全解的方法，称为“三要素法”，用它分析RC、RL一阶电路的暂态过程时，方法简便且物理意义清楚。

注意：如果RC电路比较复杂，电路中各电压和各电流都可以应用三要素法求解。只要求出其初始值、稳态值和时间常数这三个要素，根据式(3-5)就可以求出其全响应，因此，RC串联电路的时域响应一般式可表示为

$$f(t) = f(\infty) + [f(0_+) - f(\infty)]e^{-\frac{t}{\tau}} \tag{3-6}$$

式(3-6)中，$f(t)$ 为电路电压或电流的时域响应；$f(\infty)$ 为换路后电路已进入稳态时，即 $t=\infty$ 时电路电压或电流的稳定值；$f(0_+)$ 为换路后电路电压或电流的初始值；τ 为换路后电路的时

间常数，显然，对一个 RC 电路来说，各电压、电流的时间常数是同一个。

下面利用“三要素法”分析图 3-7 所示电路的零状态响应。

零状态是指电路在 $t=0_-$ 时，储能元件无储能，即图 3-7 中 $u_C(0_-)=0$。在 $t=0$ 时，闭合开关 S，输入电压 U_S，$t\geqslant 0$ 时电路的零状态响应，用“三要素法”求解。

求初始值：根据换路定律，$u_C(0_+)=u_C(0_-)=0$，则

$$i(0_+)=\frac{U_S-u_C(0_+)}{R}=\frac{U_S}{R}$$

求稳态值：换路后，$t=\infty$ 时，$u_C(\infty)=U_S$，$i(\infty)=0$。

求时间常数：换路后电路的时间常数 $\tau=RC$。

由式(3-6)求得 RC 串联电路的零状态响应如下：

电容元件电压的零状态响应为

$$u_C(t)=u_C(\infty)+[u_C(0_+)-u_C(\infty)]e^{-\frac{t}{\tau}}=U_S+(0-U_S)e^{-\frac{t}{\tau}}$$

即

$$u_C(t)=U_S-U_Se^{-\frac{t}{\tau}}=U_S(1-e^{-\frac{t}{\tau}}) \tag{3-7}$$

电感元件电流的零状态响应为

$$i(t)=i(\infty)+[i(0_+)-i(\infty)]e^{-\frac{t}{\tau}}=0+\left(\frac{U_S}{R}-0\right)e^{-\frac{t}{\tau}}$$

即

$$i(t)=\frac{U_S}{R}e^{-\frac{t}{\tau}} \tag{3-8}$$

电阻元件电压的零状态响应为

$$u_R(t)=Ri=U_Se^{-\frac{t}{\tau}} \tag{3-9}$$

当然，由于 $i=C\dfrac{du_C}{dt}$，因此电流也可由 $u_C(t)$ 求出，结果与式(3-8)完全相同。

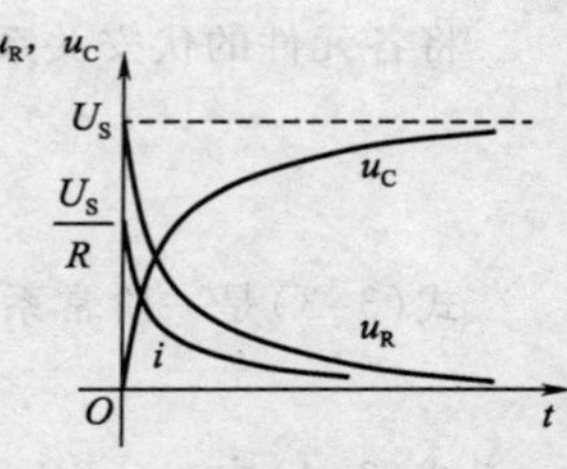

图 3-8　RC 电路的零状态响应曲线

画出式(3-7)、式(3-8)、式(3-9)所对应的曲线，如图 3-8 所示。

例 3-3　如图 3-7 所示的电路中，已知 $U_S=220$ V，$R=200\ \Omega$，$C=1\ \mu$F，电容元件事先未充电，在 $t=0$ 时合上开关 S。求：(1)电路的时间常数；(2)最大充电电流；(3) u_C、u_R 和 i 的表达式；(4)画出 u_C、u_R 和 i 随时间的变化曲线。

解　(1)时间常数为

$$\tau=RC=200\times1\times10^{-6}\text{s}=2\times10^{-4}\text{s}=200\ \mu\text{s}$$

(2)最大充电电流为

$$i_{max}=\frac{U_S}{R}=\frac{220}{200}\text{ A}=1.1\text{ A}$$

(3) u_C、u_R、i 的表达式为

$$u_C(t)=U_S-U_Se^{-\frac{t}{\tau}}=220\times(1-e^{-\frac{t}{200\times10^{-6}}})\text{ V}=220\times(1-e^{-5\times10^3t})\text{ V}$$

$$u_R(t)=U_Se^{-\frac{t}{\tau}}=220\times e^{-\frac{t}{200\times10^{-6}}}\text{ V}=220\times e^{-5\times10^3t}\text{ V}$$

$$i(t)=\frac{U_S}{R}e^{-\frac{t}{\tau}}=\frac{220}{200}e^{-\frac{t}{200\times10^{-6}}}\text{ A}=1.1e^{-5\times10^3t}\text{ A}$$

(4)画出 u_C、u_R、i 的曲线,如图 3-9 所示。

从上面的讨论可以看出,RC 串联电路的零状态时域响应(电压或电流)都是随时间按指数规律增长或者衰减的变化过程。理论上,只有当 $t\to\infty$ 时,指数函数才能到达稳定状态,但指数函数开始变化得比较快,以后越来越慢。从表 3-2 中可以看出:$t=\tau$ 时,电容元件电压从零值充到稳态值的 63.2%;$t=3\tau$ 时,电容元件电压可充电到稳态值的 95%;$t=5\tau$ 时,电容元件电压可充电到稳态值的 99% 以上。工程上,一般认为暂态过程($3\tau\sim5\tau$)时间就已经结束,进入了稳定状态。

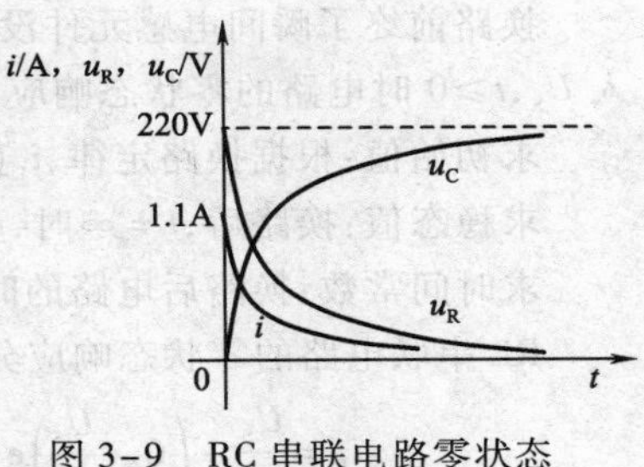

图 3-9 RC 串联电路零状态响应曲线

表 3-2 指数函数随时间变化情况

t	0	τ	3τ	5τ
$1-e^{-\frac{t}{\tau}}$	0	0.632	0.950	0.993
$e^{-\frac{t}{\tau}}$	1	0.368	0.050	0.00674

时间常数越小,暂态过程越短;反之则过程越长。RC 串联电路的时间常数是由电阻值和电容量乘积确定的。R 或 C 越大,则 τ 越大,暂态过程历时就越长。这是因为 C 越大,电容元件存储的电场能越多,充电时间就越长;而 R 越大,则电荷移动的阻力越大(或者单位时间内消耗的能量越小),所以充电的时间也要长。改变电路参数 R 及 C 的大小,就可以改变暂态过程经历时间的长短。

2. RL 串联电路的零状态响应

在图 3-10 所示的电路中,开关 S 未接通时电流表读数为 0,即 $i_L(0_-)=0$。当 $t=0$ 时,S 接通,电流表的读数由零增加到一稳定值。这是电感线圈储存磁场能的物理过程。

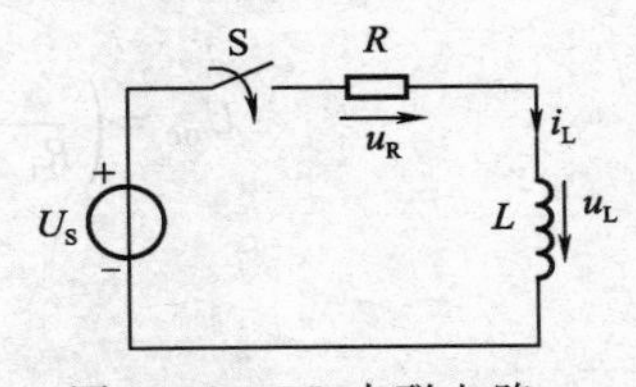

图 3-10 RL 串联电路零状态响应电路

开关 S 闭合后,在电路给定的参考方向下,不计电流表的内阻,根据 KVL 得

$$u_R+u_L=U_S$$

根据元件的伏安关系得

$$i_LR+L\frac{di_L}{dt}=U_S$$

即

$$i_L+\frac{L}{R}\frac{di_L}{dt}=\frac{U_S}{R} \tag{3-10}$$

式中,$\tau=L/R$,当电阻 R 的单位为欧[姆](Ω),电感 L 的单位为亨[利](H)时,则 τ 的单位为秒(s)。

式(3-10)与式(3-3)两方程形式相同,都是一阶常系数非齐次线性微分方程,只是所求函数和常数项代表的物理量不同,所以微分方程的全解形式也应完全一样。因此,可以直接写出本微分方程的全解(全响应)为

$$i_L(t)=i_L(\infty)+[i_L(0_+)-i_L(\infty)]e^{-\frac{t}{\tau}} \tag{3-11}$$

RL 串联电路中其他各电流、电压也都可以应用三要素法求解,且具有相同的时间常数 τ。RL 串联电路的时间常数的时域响应一般也可以表示为

$$f(t)=f(\infty)+[f(0_+)-f(\infty)]e^{-\frac{t}{\tau}} \tag{3-12}$$

下面利用“三要素法”分析图 3-10 所示电路的零状态响应。

换路前终了瞬间电感元件没有储能，即 $i_L(0_-)=0$，处于零状态。在 $t=0$ 时，闭合开关 S，输入 U_S，$t\geqslant0$ 时电路的零状态响应，用“三要素法”求解。

求初始值：根据换路定律，$i_L(0_+)=i_L(0_-)=0$。

求稳态值：换路后，$t=\infty$ 时，$i_L(\infty)=U_S/R$。

求时间常数：换路后电路的时间常数 $\tau=L/R$。

RL 串联电路的零状态响应分别为

$$i_L=\frac{U_S}{R}+\left(0-\frac{U_S}{R}\right)e^{-\frac{R}{L}t}=\frac{U_S}{R}(1-e^{-\frac{R}{L}t}) \tag{3-13}$$

$$u_R=Ri=U_S(1-e^{-\frac{R}{L}t}) \tag{3-14}$$

$$u_L=L\frac{di}{dt}=U_Se^{-\frac{R}{L}t} \tag{3-15}$$

画出式(3-13)、式(3-14)、式(3-15)所对应的曲线，如图 3-11 所示。

图 3-11　RL 串联电路零状态响应曲线

例 3-4　在图 3-12(a)所示电路中，$I_S=2$ A，$R_1=R_2=40$ Ω，$R_3=20$ Ω，$L=2$ H，$i_L(0_-)=0$，$t=0$时开关 S 闭合。求 $t\geqslant0$ 时，i_L和 u_L的零状态响应。

解　$t\geqslant0$ 时，开关 S 已闭合。应用戴维南定理，将图 3-12(a)简化为图 3-12(b)所示的等效电路，其中 R_o为图 3-12(a)电路中以电感 L 为负载的有源二端网络的等效电阻，U_{OC} 为其开路电压。

$$R_o=(R_1+R_2)//R_3=\frac{(R_1+R_2)R_3}{R_1+R_2+R_3}=\frac{(40+40)\times20}{40+40+20}\ \Omega=16\ \Omega$$

$$U_{OC}=\left(\frac{R_1}{R_1+R_2+R_3}I_S\right)R_3=\frac{40}{100}\times2\times20\ \text{V}=16\ \text{V}$$

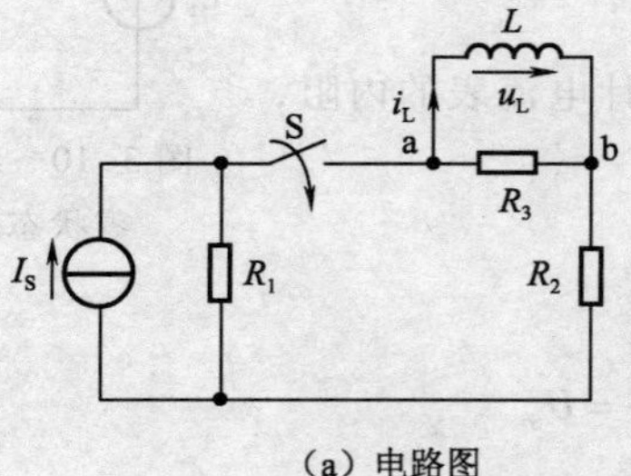

(a) 电路图

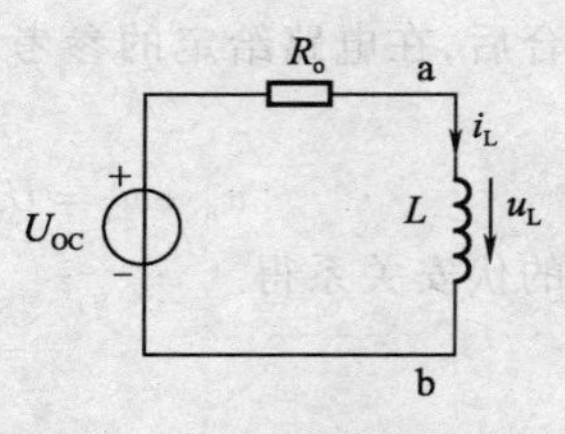

(b) 等效电路图

图 3-12　例 3-4 图

由于

$$i_L(0_+)=i_L(0_-)=0$$

$$i_L(\infty)=\frac{U_{OC}}{R_o}=\frac{16}{16}\ \text{A}=1\ \text{A}$$

$$\tau=\frac{L}{R_o}=\frac{2}{16}\ \text{s}=\frac{1}{8}\ \text{s}$$

则

$$i_L=1+(0-1)e^{-8t}=1-e^{-8t}\ \text{A}$$

$$u_L=L\frac{di}{dt}=2\times\frac{d(1-e^{-8t})}{dt}=16e^{-8t}\ \text{V}$$

〖问题研讨〗——想一想

(1)RC 串联电路的时间常数的含义是什么？RL 串联电路的时间常数的含义是什么？时间常数的大小对电路的响应有什么影响？

(2)动态电路的过渡过程理论上讲要经过无限长的时间，但实际上一般认为 $t=$______时间后过渡过程就结束了。时间常数越大，过渡过程越______。

(3)什么是零状态响应？

(4)三要素的含义是什么？如何计算一阶电路响应的三要素，已知三要素，如何写出电路响应的表达式？

子任务 2　一阶电路的零输入响应

〖知识链接〗——学一学

电路在无输入激励的情况下，仅由电路元件原有储能激励所产生的电路的响应，称为零输入响应。

1. RC 串联电路的零输入响应

图 3-13 所示电路为 RC 串联电路，换路前电路已处于稳定状态，电容元件上已充有电压 U_S。在 $t=0$ 时，开关 S 从位置 2 合到位置 1，使电路脱离电源，此时电容元件的初始储能作为电路的内部激励，在电路中产生电压、电流的暂态过程，直到全部储能在电阻元件上消耗掉为止。

用“三要素法”确定零输入响应是很简便的。由于换路后无输入激励，所以 $u_C(\infty)=0$，又因 $u_C(0_-)=U_S$，所以 $u_C(0_+)=u_C(0_-)=U_S$，$\tau=RC$，由式(3-8)得

$$u_C(t)=U_S e^{-\frac{1}{RC}t} \tag{3-16}$$

$$i=C\frac{du_C}{dt}=-\frac{U_S}{R}e^{-\frac{1}{RC}t} \tag{3-17}$$

$$u_R=Ri=-U_S e^{-\frac{1}{RC}t} \tag{3-18}$$

式(3-17)、式(3-18)中的负号表示电流 i 和电阻元件电压 u_R 的实际方向与图 3-13 所示方向相反。

图 3-14 所示为 $u_C(t)$、$i(t)$、$u_R(t)$ 的波形图，它们都是随时间衰减的指数曲线。

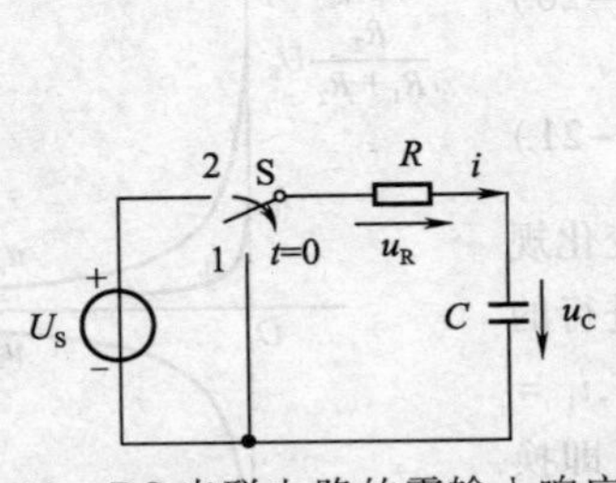

图 3-13　RC 串联电路的零输入响应电路

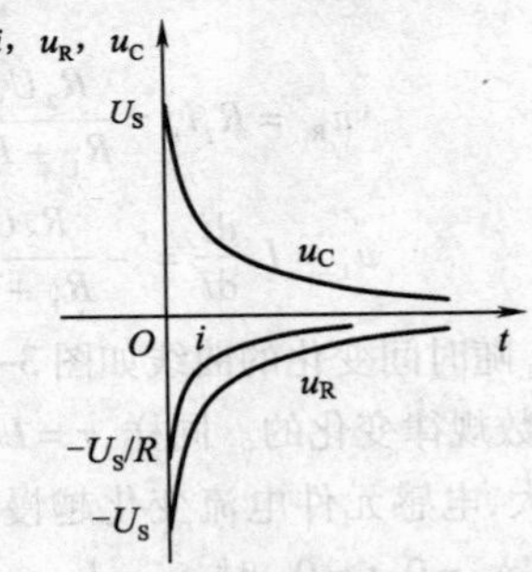

图 3-14　RC 串联电路零输入响应波形

例 3-5　在图 3-15 所示的电路中，已知 $U_S=100$ V，$R_1=60\ \Omega$，$R_2=20\ \Omega$，$R_3=20\ \Omega$，$C=0.2$ F，开关 S 闭合前，电路已处于稳定状态，$t=0$ 时，开关 S 闭合，试求 $t\geqslant 0$ 时的 u_C 和 i_C。

解　(1)求初始值。因开关闭合前，电路已稳定，所以电容元件相当于开路，电容元件电压初始值为

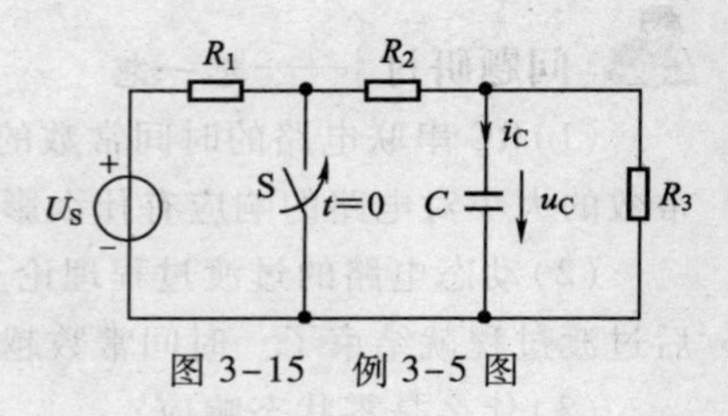

图 3-15　例 3-5 图

$$u_C(0_+)=u_C(0_-)=\frac{R_3}{R_1+R_2+R_3}U_S$$

$$=\frac{20}{60+20+20}\times 100\ \text{V}=20\ \text{V}$$

(2)求稳态值。换路后,电路无外激励,所以 $u_C(\infty)=0$。

(3)求时间常数 τ。在 $t\geqslant 0$ 的电路中,R_2 和 R_3 并联,其等效电阻为

$$R=\frac{R_2R_3}{R_2+R_3}=\frac{20\times 20}{20+20}\ \Omega=10\ \Omega$$

则时间常数为

$$\tau=RC=10\times 0.2\ \text{s}=2\ \text{s}$$

(4)RC 串联电路的零输入响应为

$$u_C=20\mathrm{e}^{-\frac{t}{2}}\ \text{V}, t\geqslant 0$$

$$i=C\frac{\mathrm{d}u_C}{\mathrm{d}t}=-2\mathrm{e}^{-\frac{t}{2}}\ \text{A}, t\geqslant 0$$

2. RL 串联电路的零输入响应

RL 串联电路的零输入响应是电路电感元件的初始储能激励而引起的响应。图 3-16 中开关 S 在断开位置,电感元件中的稳态电流 I_0 为其初始电流,即

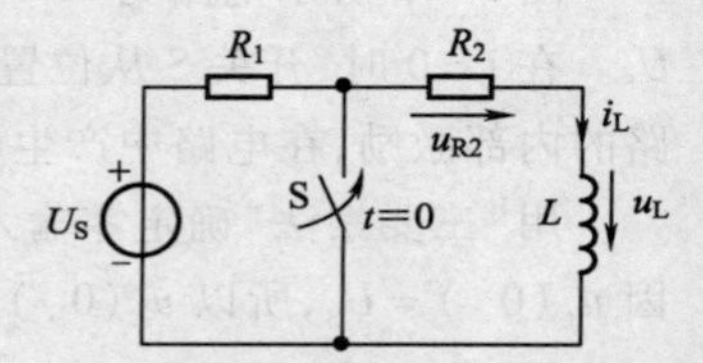

图 3-16　一阶 RL 电路的零输入响应

$$i(0_-)=I_0=\frac{U_S}{R_1+R_2}$$

在 $t=0$ 时,闭合开关 S,电路在电感元件初始储能的激励下,产生电流、电压的暂态过程,直到储存的全部磁场能被电阻元件耗尽,电流、电压才等于零。

用"三要素法"分析一阶 RL 串联电路的零输入响应。

由于换路后无输入激励,所以 $i_L(\infty)=0$,又因 $i_L(0_-)=I_0$,$i_L(0_+)=i_L(0_-)=I_0$,$\tau=L/R_2$。由式(3-13)得

$$i_L=\frac{U_S}{R_1+R_2}\mathrm{e}^{-\frac{R_2}{L}t}=I_0\mathrm{e}^{-\frac{R_2}{L}t} \tag{3-19}$$

$$u_{R_2}=R_2i_L=\frac{R_2U_S}{R_1+R_2}\mathrm{e}^{-\frac{R_2}{L}t} \tag{3-20}$$

$$u_L=L\frac{\mathrm{d}i}{\mathrm{d}t}=-\frac{R_2U_S}{R_1+R_2}\mathrm{e}^{-\frac{R_2}{L}t} \tag{3-21}$$

i、u_{R_2}、u_L 随时间变化的曲线如图 3-17 所示,电压、电流变化规律也是按指数规律变化的。同样,$\tau=L/R_2$ 反映了过渡过程进行的快慢。τ 越大,电感元件电流变化越慢;反之越快。$t=0_-$ 时,$i_L=I_0$,$u_{R_2}=I_0R_2$,$u_L=0$;$t=0_+$ 时,$i_L=I_0$,$u_{R_2}=I_0R_2$,$u_L=-I_0R_2$。即换路时,i_L、u_{R_2} 没有发生跃变,u_L 发生了跃变。

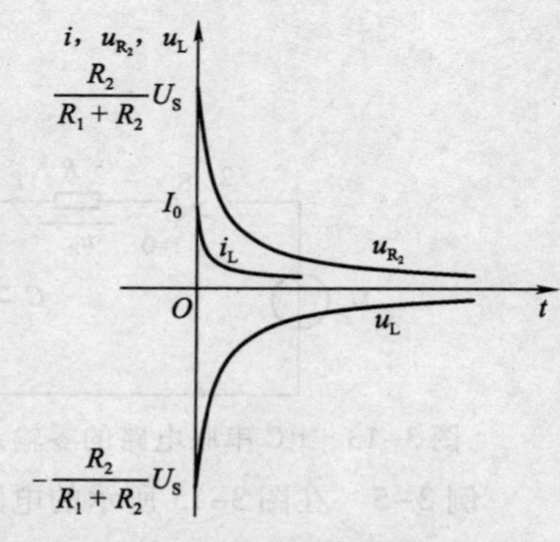

图 3-17　一阶 RL 电路零输入响应波形

由以上分析可知:一阶电路的零输入响应都是按指数规律随时间变化而衰减到零的,这反映了在没有电源作用的情况下,动态元件的初始储能逐渐被电阻元件耗掉的物理过程。

电容元件电压或电感元件电流从一定值减小到零的全过程就是电路的过渡过程；零输入响应取决于电路的初始状态和电路的时间常数。

〖问题研讨〗——想一想

(1)什么是零输入响应?

(2)零输入响应与零状态响应有什么不同?

(3)如果RC(或RL)串联电路中有多个电阻元件，为了求时间常数 τ，应按照如下方法、步骤求解等效总电阻 R(请填充空白处使语句完整)，使电路处于换路______(前、后)状态；将电路中的电压作______处理、电流源作______处理；将电路中的______元件移去，形成一个二端口纯电阻网络；由______看进去，求等效总电阻 R。

子任务3　一阶电路的全响应与测试

〖知识链接〗——学一学

当一个非零初始状态的一阶电路受到激励时，电路中所产生的响应称为一阶电路的全响应。

1. RC串联电路的全响应

图3-18所示的电路在 $t=0_-$ 时，储能元件已有储能，即图3-18中换路前终了瞬间 $u_C(0_-)=U_0$。如果在 $t=0$ 时，闭合开关S，接入电源电压 U_S，电路的响应就是全响应。一阶电路的全响应可用"三要素法"求解。

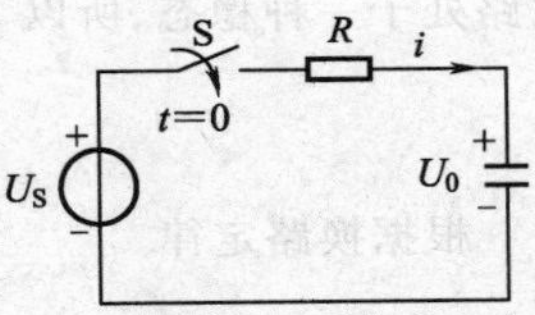

图3-18　RC串联电路的全响应电路

由于 $u_C(0_+)=u_C(0_-)=U_0, u_C(\infty)=U_S, \tau=RC$

则

$$u_C(t)=U_S+(U_0-U_S)e^{-\frac{1}{RC}t} \tag{3-22}$$

由式(3-22)可见，U_S为电路的稳态分量，$(U_0-U_S)e^{-\frac{1}{RC}t}$为电路的暂态分量，即全响应=稳态分量+暂态分量。RC串联电路全响应曲线如图3-19所示。

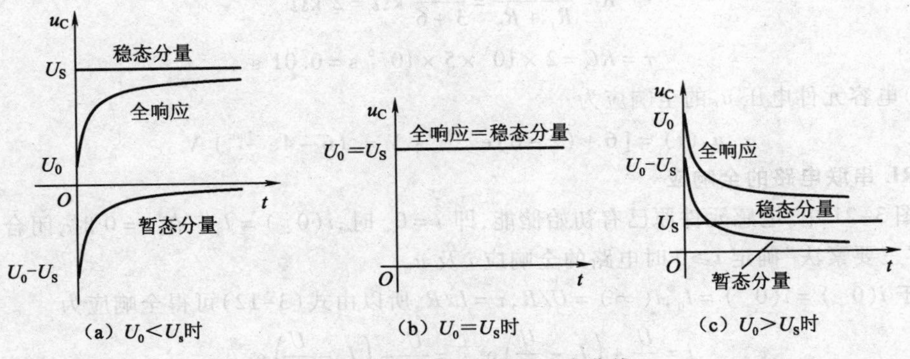

图3-19　RC串联电路全响应曲线

电路中的电流为

$$i=C\frac{du_C}{dt}=\frac{U_S-U_0}{R}e^{-\frac{t}{RC}} \tag{3-23}$$

可见，电路中电流 i 只有暂态分量，而稳态分量为零。

也可以将式(3-22)改写为

$$u_C(t)=U_S(1-e^{-\frac{1}{RC}t})+U_0e^{-\frac{1}{RC}t} \tag{3-24}$$

式(3-24)中,$U_S(1-e^{-\frac{1}{RC}t})$为电容元件初始值电压为零时的零状态响应;$U_0e^{-\frac{1}{RC}t}$为电容元件初始值电压为 U_0时的零输入响应。所以,全响应=零状态响应+零输入响应。

同样,将电路中电流 $i=C\frac{du_C}{dt}=\frac{U_S-U_0}{R}e^{-\frac{t}{RC}}$改写为

$$i=\frac{U_S}{R}e^{-\frac{t}{RC}}+\frac{-U_0}{R}e^{-\frac{t}{RC}} \tag{3-25}$$

式(3-25)中,$\frac{U_S}{R}e^{-\frac{t}{RC}}$为电路中电流的零状态响应,$-\frac{U_0}{R}e^{-\frac{t}{RC}}$为电路中电流的零输入响应。式(3-25)中,负号表示电流方向与图 3-18 中参考方向相反。

例 3-6 在图 3-20 所示的电路中,已知 $R_1=3\ \text{k}\Omega$,$R_2=6\ \text{k}\Omega$,$C=5\ \mu\text{F}$,$U_1=3\ \text{V}$,$U_2=9\ \text{V}$。开关 S 长期合在位置 1,在 $t=0$ 时,把开关 S 换接到位置 2。试求:$t\geqslant0$ 时,电容元件上的电压 u_C。

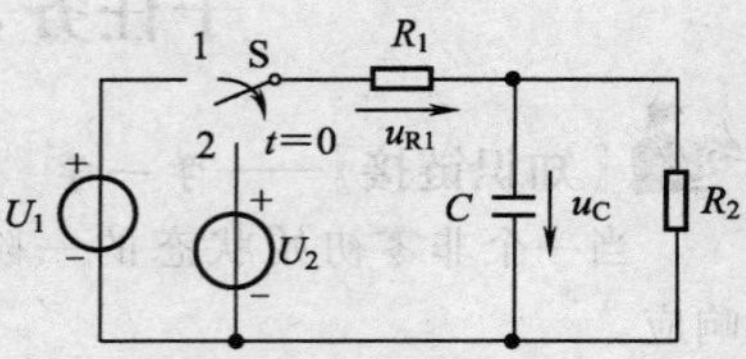

图 3-20 例 3-6 图

解 (1)求初始值。在 $t=0_-$时,开关 S 长期合在位置 1,电路处于一种稳态,所以

$$u_C(0_-)=\frac{R_2}{R_1+R_2}U_1=\frac{6}{3+6}\times3\ \text{V}=2\ \text{V}$$

根据换路定律

$$u_C(0_+)=u_C(0_-)=2\ \text{V}$$

(2)求稳态值。开关 S 换接到位置 2 后,电容元件继续充电,当 $t=\infty$时,充电结束。

$$u_C(\infty)=\frac{R_2}{R_1+R_2}U_2=\frac{6}{3+6}\times9\ \text{V}=6\ \text{V}$$

(3)求时间常数

$$R=\frac{R_1R_2}{R_1+R_2}=\frac{3\times6}{3+6}\ \text{k}\Omega=2\ \text{k}\Omega$$

$$\tau=RC=2\times10^3\times5\times10^{-6}\ \text{s}=0.01\ \text{s}$$

(4)电容元件电压 u_C的全响应为

$$u_C(t)=[6+(2-6)e^{-t/0.01}]\ \text{V}=(6-4e^{-100t})\ \text{V}$$

2. RL 串联电路的全响应

在图 3-21 中,电感元件原已有初始储能,即 $t=0_-$时,$i(0_-)=I_0$。在 $t=0$ 时,闭合开关 S,可根据"三要素法"确定 $t\geqslant0$ 时电路的全响应 i 及 u_L。

由于 $i(0_+)=i(0_-)=I_0$,$i(\infty)=U/R$,$\tau=L/R$,所以由式(3-12)可得全响应为

$$i=\frac{U}{R}+\left(I_0-\frac{U}{R}\right)e^{-\frac{t}{\tau}}=\frac{U}{R}+\left(I_0-\frac{U}{R}\right)e^{-\frac{R}{L}t}$$

$$u_L=L\frac{di}{dt}=-(I_0R-U)e^{-\frac{t}{\tau}}=-(I_0R-U)e^{-\frac{R}{L}t}$$

RL 串联电路的全响应的电流响应 i 随时间变化曲线如图 3-22 所示。其中,稳态分量为$\frac{U}{R}$,暂态分量为$(I_0-U/R)e^{-\frac{t}{\tau}}$。

如果认为在图 3-21 所示的电路中，电感元件的初始电流 I_0 是由于前一次换路积蓄的，那么 $I_0 < U/R$，因此，$t=0$ 时，$(I_0 - U/R)$ 为负值。

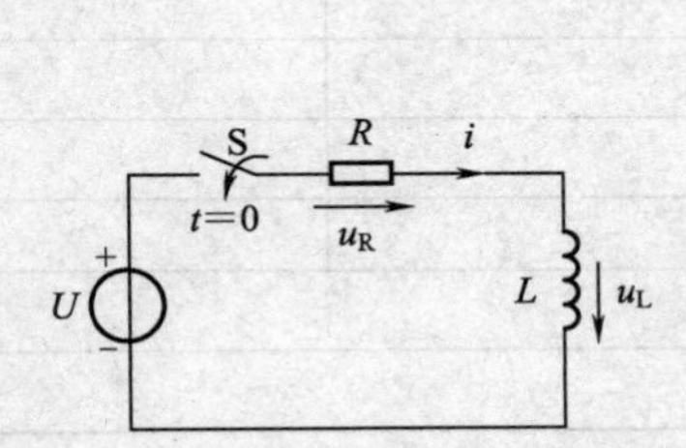

图 3-21　RL 串联电路的全响应

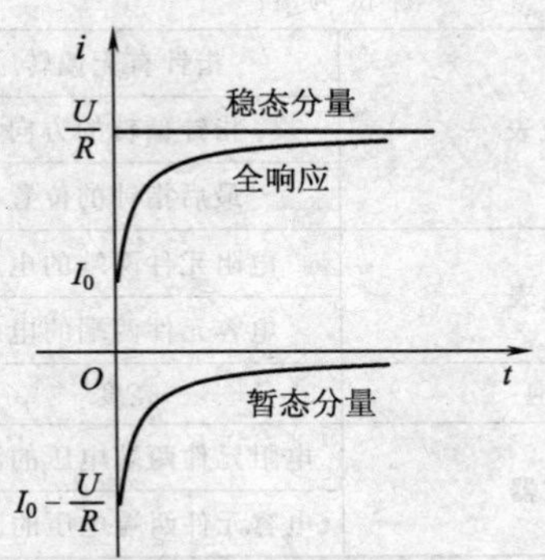

图 3-22　RL 串联电路全响应曲线

例 3-7　在图 3-23 所示的电路中，已知 $U_S = 100$ V，$R_0 = 150\ \Omega$，$R = 50\ \Omega$，$L = 2$ H，在开关 S 闭合前电路已处于稳态。$t = 0$ 时将开关 S 闭合，求开关 S 闭合后电流 i_L 的变化规律。

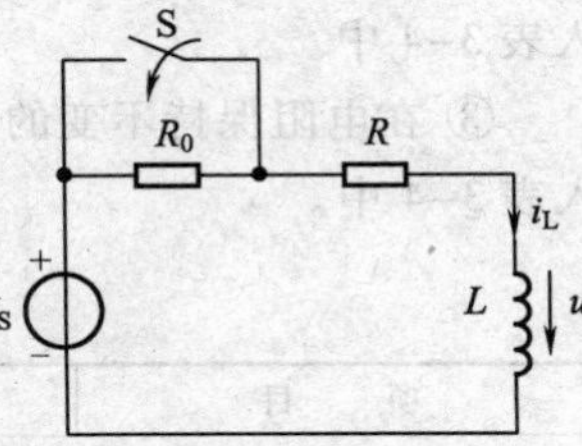

图 3-23　例 3-7 图

解　(1) 求初始值。在 $t = 0_-$ 时，$i(0_-) = I_0 = \frac{U_S}{R_0 + R} = \frac{100}{150+50}\ \text{A} = 0.5\ \text{A}$

根据换路定律

$$i(0_+) = i(0_-) = 0.5\ \text{A}$$

(2) 求稳态值。开关 S 闭合后，R_0 被短路，当 $t = \infty$ 时，

$$i(\infty) = \frac{U_S}{R} = \frac{100}{50}\ \text{A} = 2\ \text{A}$$

(3) 求时间常数

$$\tau = \frac{L}{R} = \frac{2}{50}\ \text{s} = 0.04\ \text{s}$$

则开关闭合后，电流 i_L 的全响应为

$$i_L = 2 + (0.5 - 2)e^{-\frac{t}{\tau}} = (2 - 1.5e^{-\frac{t}{0.04}})\ \text{A} = (2 - 1.5e^{-25t})\ \text{A}\quad (t \geqslant 0)$$

一阶电路的应用是相当广泛的，如在电子技术中，常用 RC 串联电路构成微分电路与积分电路，用来实现波形的产生和变换；在避雷器中的 RC 串联电路有过电压保护作用。

〖实践操作〗——做一做

连接图 3-24 所示电路，图中 $U_S = 12$ V，$R = 100$ kΩ，$C = 1\ 000\ \mu$F(25 V)，在电路中串联一个 12 V、2 W 的小灯泡。完成以下实验内容：

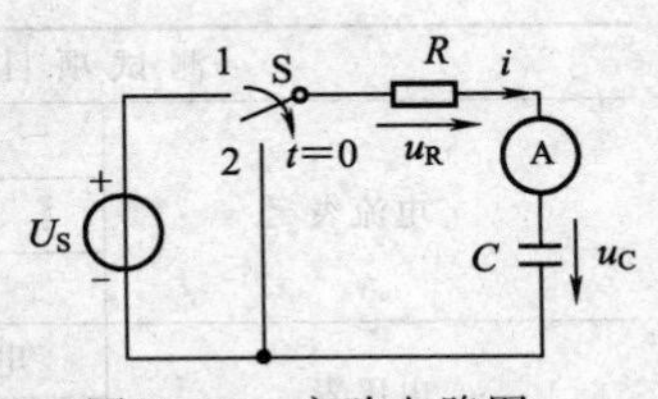

图 3-24　实验电路图

(1) 电容元件充电过程观测：

① 在 $t = 0$ 时，将开关 S 合于 1 的位置，用电压表检测电阻元件和电容元件两端的电压，观察电流表中电流、电阻元件两端电压和电容元件两端电压的变化情况，用示波器观察电阻元件两端电压和电容元件两端电压波形，将观察结果填入表 3-3 中。电流表中的电流由大到小变化，最后近似为零；电阻元件两端电压由大到小，最后近似为零；电容元件两端的电压由小到大，最后近似为 12 V，表明电容元件充电结束。

表 3-3 电容元件的充电过程测试结果

测试项目		$t=0_+$	$t=\infty$
电流表	指针有无偏转		
	指针偏转的方向		
	最后指针的位置		
电压表	电阻元件两端的电压		
	电容元件两端的电压		
灯泡	亮度		
示波器	电阻元件两端电压的波形		
	电容元件两端电压的波形		

② 在电容保持不变的情况下，改变电阻的值（增大或减小电阻 R），观察灯泡点亮的时间，填入表 3-4 中。

③ 在电阻保持不变的情况下，改变电容的值（增大或减小电容 C），观察灯泡点亮的时间，填入表 3-4 中。

表 3-4 时间常数测试结果

项目	数值	灯泡点亮时间	时间常数
电容（$C=1\ 000\ \mu F$）不变，改变电阻	$R=100\ k\Omega$		
	$R=200\ k\Omega$		
	$R=300\ k\Omega$		
电阻（$R=100\ k\Omega$）不变，改变电容	$C=470\ \mu F$		
	$C=1\ 000\ \mu F$		
	$C=2\ 000\ \mu F$		

注：灯泡点亮时间用最长、最短或介于两者之间表示。

（2）电容元件放电过程观测。当开关 S 合于 1 的位置，稳定后再扳到 2 的位置，电容元件的初始电压放电。

① 观察电流表中电流，电阻元件两端电压和电容元件两端电压的变化情况，用示波器观察电阻元件两端电压和电容元件两端电压波形，将观察结果填入表 3-5 中。

② 增大或减小电阻 R、电容 C，重复上面的步骤。

表 3-5 电容元件的放电过程测试结果

测试项目		$t=0_+$	$t=\infty$
电流表	指针有无偏转		
	指针偏转的方向		
	最后指针的位置		
电压表	电阻元件两端的电压		
	电容元件两端的电压		
灯泡	亮度		
示波器	电阻元件两端电压的波形		
	电容元件两端电压波形		

〖问题研讨〗——想一想

(1)电容元件在充电、放电过程中,增大、减小电阻或增大、减小电容,灯泡从亮到暗的时间有何变化?试说明充电时间长短与什么有关?

(2)暂态过程中,电路中的电流和电压是按照(　　)规律变化的。

A. 对数　　B. 指数　　C. 正弦　　D. 余弦

(3)动态电路工作的全过程是(　　)。

A. 前稳态—过渡过程—换路—后稳态　　B. 前稳态—换路—过渡过程—后稳态

C. 换路—前稳态—过渡过程—后稳态　　D. 换路—过渡过程—前稳态—后稳态

小　结

由于电路中存在储能元件,当电路发生换路时会出现过渡过程。本项目主要介绍了线性电路的过渡过程的基本概念和一阶动态电路的分析方法。

1. 过渡过程

含有动态元件的电路称为动态电路,电路中只有一个动态元件的电路称为一阶动态电路。动态的暂态过程是电路从一个稳态变化到另一个稳态的过程。如果在这个过程中,动态元件的初始状态为零,则称为零状态响应;如果动态元件的初始状态不为零,而暂态过程中没有电源加入,则称为零输入响应;如果在这个过程中动态元件的初始状态不为零,又有电源加入,则称为全响应。

2. 换路定律

分析暂态过程的依据之一是换路定律,即电路在换路瞬间,电容元件的电压不能跃变,电感元件的电流不能跃变。换路定律的数学表达式为

$$\begin{cases} u_C(0_+) = u_C(0_-) \\ i_L(0_+) = i_L(0_-) \end{cases}$$

换路瞬间电容元件电流 i_C 和电感元件电压 u_L 是可以跃变的。

3. 时间常数 τ

过渡过程理论上要经历无限长时间才结束。实际的过渡过程长短可根据电路的时间常数 τ 来估算,一般认为当 $t=3\tau \sim 5\tau$ 时,电路的过渡过程结束。一阶 RC 串联电路 $\tau=RC$;一阶 RL 串联电路 $\tau=L/R$,τ 的单位为 s。τ 的大小反映了电路参量由初始值变化到稳态值的63.2%所需的时间。

4. 三要素法

分析一阶动态电路的方法有经典法和三要素法两种。

经典法是根据 KVL 列出换路后的微分方程,然后通过求解微分方程来求解电路未知量的方法。

三要素法是先求出暂态电路的三个要素,即初始值 $f(0_+)$、稳态值 $f(\infty)$ 和时间常数 τ,然后代入三要素公式:$f(t)=f(\infty)+[f(0_+)-f(\infty)]e^{-\frac{t}{\tau}}$,求解暂态量的方法。三要素法简单易算,是读者重点要掌握的方法。

习　题

一、填空题

1. 电路产生过渡过程的内因是______,外因是______。

2. 动态元件包括______元件和______元件。电路从一种稳定状态变化到另一种稳定状态,

其间要经过______过程，该过程______（能，不能）在瞬间完成。只含有一种储能元件的电路称为______动态电路。

3. 换路定律的数学表达式为______、______。

4. RC 串联电路过渡过程的时间常数 $\tau=$______；RL 串联电路过渡过程的时间常数 $\tau=$______。电路的时间常数 τ 越大，电路的过渡过程的时间越______。

5. 电容元件在充电的过程中，两极板间______逐渐上升，但充电______却是逐渐减小到零的。

6. 根据换路定律分析过渡过程，在 $t=0$ 时换路的一瞬间，电容元件电压 $u_C(0_+)=u_C(0_-)=0$，则此时该电容元件相当于______；$t=0$ 时换路的一瞬间，电感元件电流 $i_L(0_+)=i_L(0_-)=0$，则此时该电感元件相当于______。

7. 动态电路的过渡时间，从理论上需要无限长，但一般认为 $t=$______以后过渡过程就结束了。

8."零输入响应"中的"零"是指______，"输入"______，"响应"______，"零输入响应"______。

9. RC 串联电路中动态元件的零输入响应表达式为 $u_C(t)$______；RL 串联电路中动态元件的零输入响应表达式为 $i_L(t)$______。

10. RC 串联电路的零状态响应中稳态分量是______，暂态分量是______；RL 串联电路的零状态响应中稳态分量是______，暂态分量是______。

11. 当电路中的 $u_C(0_+)=U_0, i_L(0_+)=I_0$时，称为这种状态为______状态。

12. 一阶电路的三要素的公式是______。

13. 线性动态电路的全响应是______响应和______响应之和，也可以说是______分量与______分量的叠加。

二、选择题

1.（　　）不属于动态电路。

A. 纯电阻电路　B. 含有储能元件的电路　C. RL 电路　D. RC 电路

2. 初始值是电路换路后最初瞬间的数值，用（　　）表示。

A. (0)　B. (0_+)　C. (0_-)　D. (0_0)

3. 换路定律的内容是（　　）。

A. $i_C(0_+)=i_C(0_-), u_L(0_+)=u_L(0_-)$　B. $i_C(0_-)=i_C(0_+), u_L(0_-)=u_L(0_+)$

C. $u_C(0_+)=u_C(0_-), i_L(0_+)=i_L(0_-)$　D. $u_C(0_-)=u_C(0_+), i_L(0_-)=i_L(0_+)$

4. RC 串联电路的时间常数（　　）。

A. 与 R、C 成正比　B. 与 R、C 成反比

C. 与 R 成反比，与 C 成正比　D. 与 R 成正比，与 C 成反比

5. 暂态过程中，电路中的电流和电压是按照（　　）规律变化的。

A. 对数　B. 指数　C. 正弦　D. 余弦

6. 动态电路工作的全过程是（　　）。

A. 前稳态—过渡过程—换路—后稳态　B. 前稳态—换路—过渡过程—后稳态

C. 换路—前稳态—过渡过程—后稳态　D. 换路—过渡过程—前稳态—后稳态

7. RL 串联电路的时间常数（　　）。

A. 与 R、L 成正比　B. 与 R、L 成反比

C. 与 R 成反比，与 L 成正比　D. 与 R 成正比，与 L 成反比

三、判断题

1. R、L、C 三种元件统称为动态元件。(　　)

2. 当动态电路发生换路时,电容元件中的电流可以突变,电感元件两端的电压可以突变。(　　)

3. 换路时电容元件和电感元件上的电压、电流都受到换路定律的约束。(　　)

4. 一阶线性动态电路,当元件参数不变时,接通 20 V 直流电源所用的过渡时间比接通 10 V 直流电源所用的过渡时间要长。(　　)

5. RC 串联电路如果在电容元件两端再并联一个电阻元件,则时间常数会变大。(　　)

6. 在零输入响应电路中,过渡过程就是储能元件所存储的全部能量转换为热能在电阻元件上消耗的过程。(　　)

7. 时间常数 τ 越小,曲线变化越慢,过渡过程越长。(　　)

8. 零输入响应的特点是:随着过渡过程的结束,电路中各个物理量的数值都将趋向于 0。(　　)

9. 利用三要素法不仅可以求解储能元件上的电流和电压,还可以求解电路中任意处的电流和电压。(　　)

10. 求解时间常数时,一定要使动态电路处于换路之前的状态。(　　)

四、计算题

1. 在图 3-25 所示的电路中,已知 $U_S=10$ V,$R_1=6$ Ω,$R_2=4$ Ω,$L=2$ mH,开关 S 原处于断开状态。试求:开关 S 闭合后 $t=0_+$ 时各电流及电感元件电压 u_L 的数值。

2. 在图 3-26 所示的电路中,已知 $U_S=12$ V,$R_1=4$ Ω,$R_2=8$ Ω,$R_3=4$ Ω,$u_C(0_-)=0$,$i_L(0_-)=0$,当 $t=0$ 时,开关 S 闭合。试求:开关 S 闭合后各支路电流的初始值和电感元件上电压的初始值。

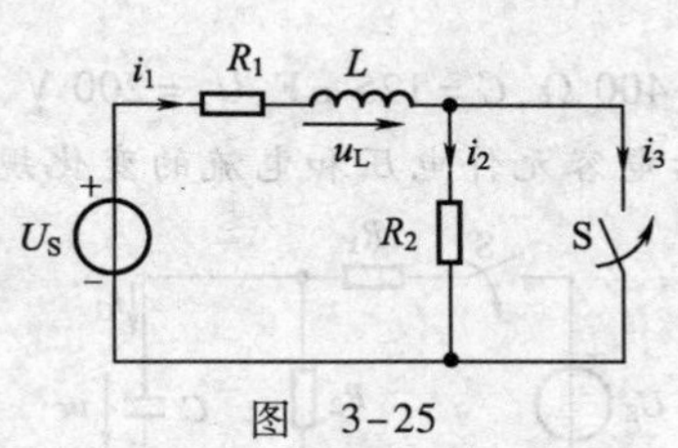

图 3-25

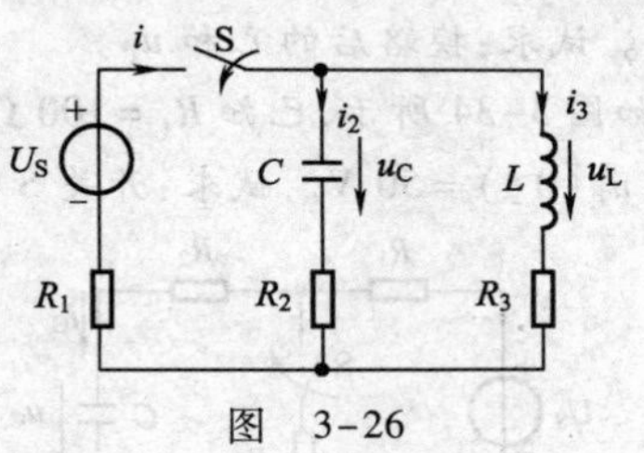

图 3-26

3. 在图 3-27 所示的电路中,已知 $U_S=16$ V,$R_1=8$ kΩ,$R_2=16$ kΩ,$C=2$ μF,开关 S 原来处于断开状态,电容元件上电压 $u_C(0_-)=0$。试求:开关 S 闭合后 $t=0_+$ 时各电流及电容元件电压的数值。

4. 在图 3-28 所示的电路中,已知 $U_S=200$ V,$R=40$ Ω,零初始状态,$t=0$ 时,开关 S 闭合,开关 S 闭合后 1.5 ms 时电流为 0.25 mA。试求:(1) 充电的时间常数;(2) 电容元件的电容量;(3) 充电电流的初始值;(4) 充电过程中的电容元件电压。

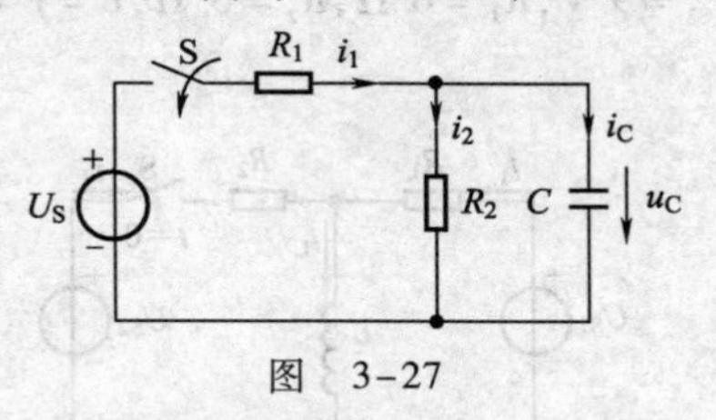

图 3-27

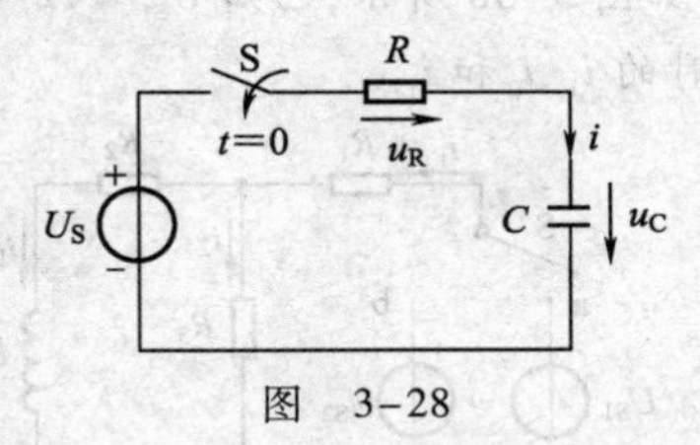

图 3-28

5. 电路如图 3-29 所示,已知 $U_S=12$ V,$R_1=R_2=R_3=R_4=2$ Ω,$C=300$ μF,$I_S=2$ A,且 $t=0_-$ 时,$u_C=0$。试求:开关 S 闭合后 u_C 的变化规律。

6. 电路如图 3-30 所示，已知 $U_S=200$ V，$R=20$ Ω，$L=20$ H。(1)求当开关 S 闭合后，电流的变化规律和达到稳态值所需的时间；(2)如果将电源电压提高 250 V，求电流达到额定值的时间。

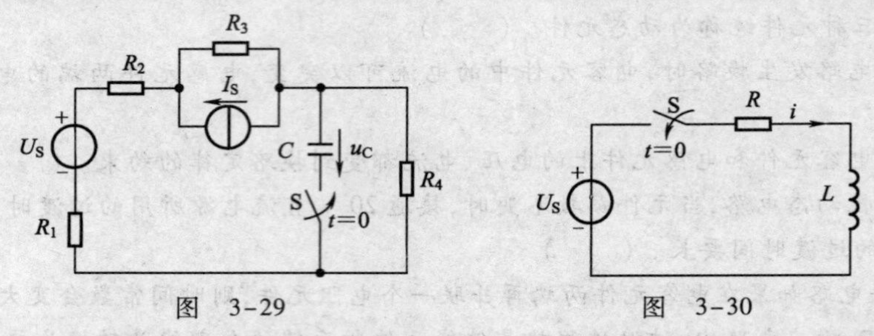

图 3-29　　图 3-30

7. 在 RC 串联电路中，$R=1$ kΩ，$C=10$ μF，$u_C(0_-)=0$，接在电压为 100 V 的直流电源上充电。试求：充电 15 ms 时电容元件上的电压和电流。

8. 电路如图 3-31 所示，已知 $U_S=120$ V，$R_1=3$ kΩ，$R_2=6$ kΩ，$R_3=3$ kΩ，$C=10$ μF，$u_C(0_-)=0$。试求：开关 S 闭合后 u_C 和 i 的变化规律。

9. 电路如图 3-32 所示，已知 $U_S=12$ V，$R_1=10$ Ω，$R_2=20$ Ω，$R_3=10$ Ω，$L=0.5$ H，开关 S 闭合前电路处于稳态，$t=0$ 时开关 S 闭合。试求：电感元件上电流和电压的变化规律。

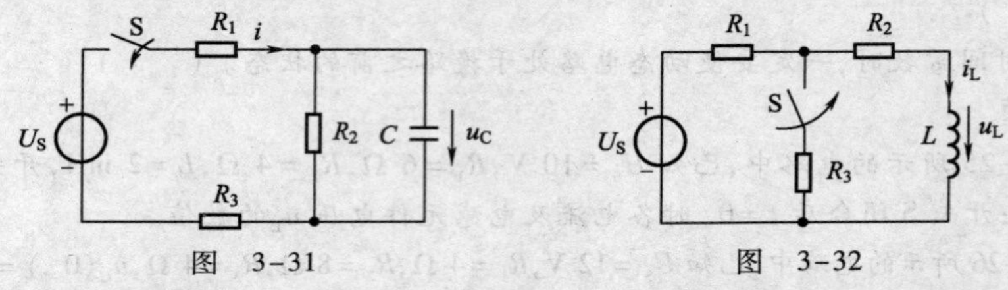

图 3-31　　图 3-32

10. 电路如图 3-33 所示，已知 $U_S=10$ V，$R_1=20$ Ω，$R_2=40$ Ω，$R_2=20$ Ω，$C=0.2$ F，换路前电路处于稳态。试求：换路后的 i_C 和 u_C。

11. 电路如图 3-34 所示，已知 $R_1=100$ Ω，$R_2=400$ Ω，$C=125$ μF，$U_s=200$ V，在换路前电容元件上有电压 $u_C(0_-)=50$ V。试求：开关 S 闭合后电容元件电压和电流的变化规律。

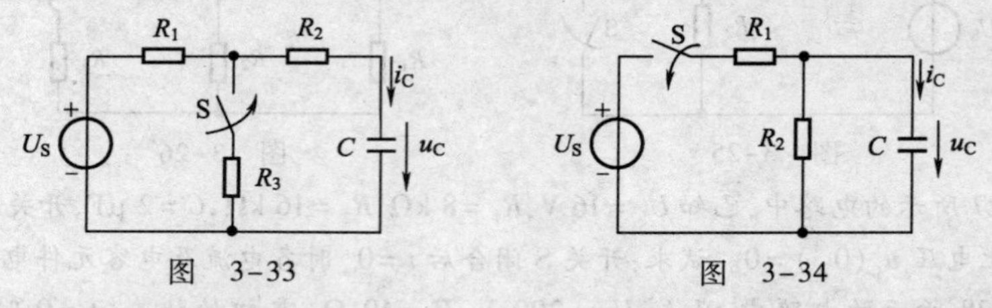

图 3-33　　图 3-34

12. 电路如图 3-35 所示，已知 $U_{S1}=U_{S2}=3$ V，$R_1=1$ Ω，$R_2=1$ Ω，$R_3=2$ Ω，$L=3$ H，$t\geq 0$ 时开关 S 由 a 点拨到 b 点。试求：i_L 和 i_1 的表达式，并绘出波形图(假定换路前电路已处于稳态)。

13. 电路如图 3-36 所示，已知 $U_{S1}=12$ V，$U_{S2}=9$ V，$R_1=6$ Ω，$R_2=3$ Ω，$L=1$ H。试用三要素法求 $t\geq 0$ 时的 i_1、i_2 和 i_L。

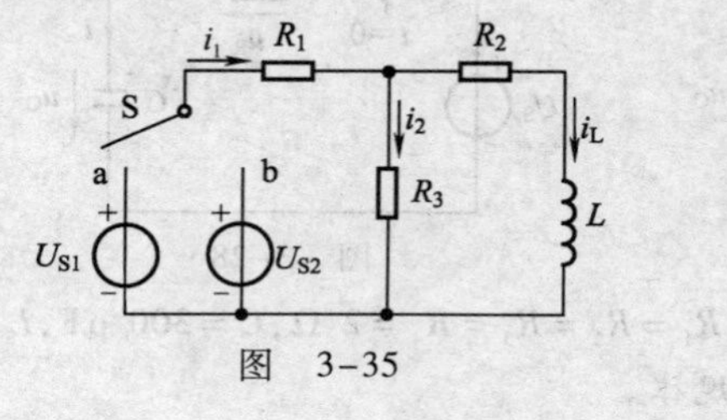

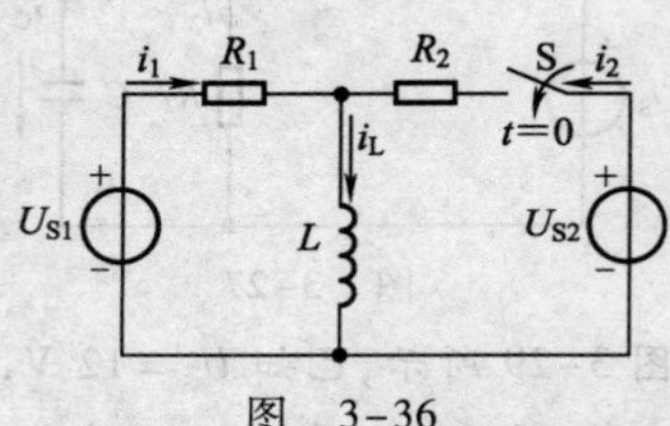

图 3-35　　图 3-36

非正弦周期交流电路的分析与测试

项目内容

- 非正弦周期电量的产生及分解。
- 非正弦周期电量的有效值、平均值和功率的计算。
- 非正弦周期交流电路的分析与测试。

知识目标

- 了解非正弦周期电量产生的原因及分解方法。
- 掌握非正弦周期电量的有效值、平均值和功率的计算。
- 掌握分析线性非正弦周期交流电路的方法步骤。

能力目标

- 会分析正弦周期交流电路。
- 会使用示波器、低频信号发生器测试非正弦周期交流电路。

素质目标

- 通过“由特殊到一般,由简单到复杂,知识不断积累”的学习过程,逐步培养学生勤观察、勤思考、好动手的学习与工作习惯,并具有分析问题和解决问题的能力。
- 逐步提高学生的专业意识,培养学生高度的责任心,规范操作,使其养成良好的科学态度和求是精神。
- 锻炼学生信息、资料搜集与查找的能力。

任务4.1　非正弦周期交流电路的认识与测试

任务描述

项目2中已经研究了正弦周期交流电路的性质和分析方法,在实际工程中,还会经常遇到电流、电压不按正弦规律变化的非正弦周期交流电路,如整流电路中的全波整流波形、数字电路中的方波、扫描电路中的锯齿波等都是常见的非正弦周期波。

电路中的电压、电流不按正弦规律变化,但还是按照周期性规律变化的电路称为非正弦周期性电路。在工程技术和电子技术中,经常需要处理这类电路的电流、电压的问题。本任务主要研究非正弦周期电量的产生、分解及非正弦周期交流电路中的有效值、平均值和功率的计算与测试。

任务目标

了解非正弦周期电量的概念、产生和分解方法；掌握非正弦周期交流电路中的有效值、平均值和功率的计算；能在 Multisim 环境下创建非正弦周期电路，并进行仿真。

任务实施

子任务1　非正弦周期电量的产生及分解

〖现象观察〗——看一看

图 4-1 所示为用二极管构成的单相半波整流电路，图中 u 为 12 V，50 Hz 的正弦交流电压，二极管 VD 选用 IN4001，负载 R_L 为 1 kΩ，1/4 W 的电阻。试用双踪示波器观察 u、u_L 的波形，比较它们有什么不同？

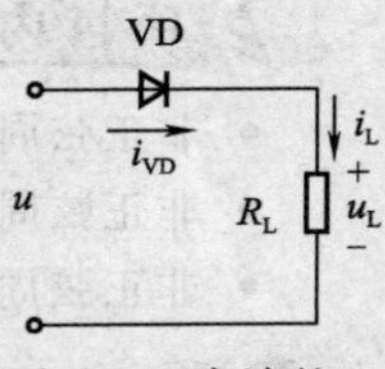

图 4-1　半波整流电路

〖知识链接〗——学一学

交流信号除正弦波外，还存在各种非正弦波；非正弦波有周期性波和非周期性波两种。本项目只研究非正弦周期性交流电路。

1. 非正弦周期信号波形的特点

实际工程中不完全是正弦电路，经常会遇到非正弦周期交流电路。在电子技术、自动控制、计算机和无线电技术等方面，电压和电流往往都是周期性的非正弦波形，如图 4-2 所示。

从图 4-2 所示的波形中，可以看出这类非正弦周期信号波形的特点是：不是正弦波；按周期性规律变化，即满足 $f(t)=f(kT+t)$（式中 $k=0,1,2,\cdots$；T 为周期）。

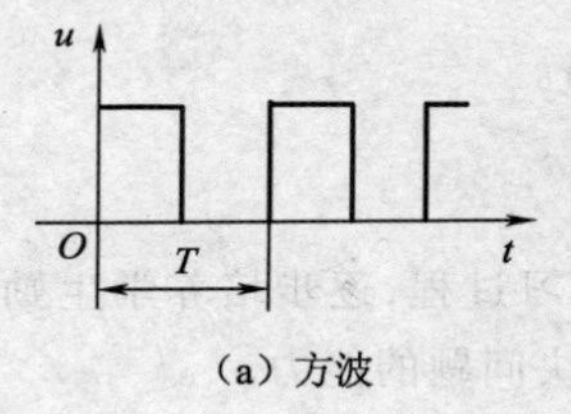
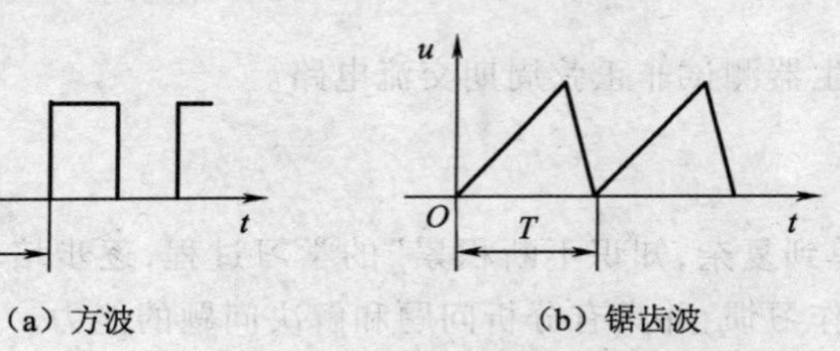
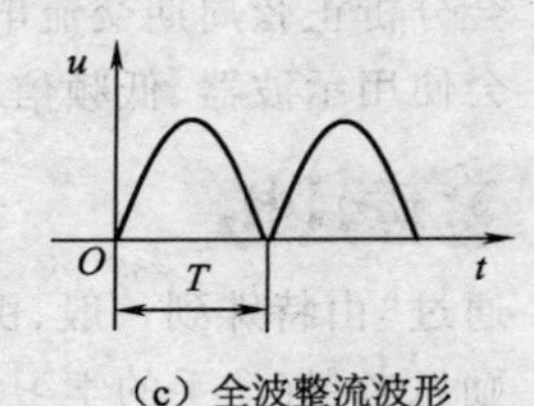

（a）方波　（b）锯齿波　（c）全波整流波形

图 4-2　几种常见的周期性的非正弦波形

2. 产生非正弦周期信号的原因

（1）当电路中所加的电源为非正弦周期量时，即使电路为线性电路，由于电源电压本身是一个非正弦周期量，那么这个电源在电路中所产生的电流也将是非正弦周期电流。

一般而言，交流发电机所产生的电压波形，虽然力求使电压按正弦规律变化，但由于制造方面的原因，其电压波形与正弦波相比总有一些畸变。有些信号源，本身产生的就是非正弦电压，如脉冲信号发生器产生的矩形脉冲电压信号、示波器中的锯齿波电压信号等。

（2）当一个电路中有几个不同频率的正弦电源（包括直流）同时作用时，电路中的电流也不会是正弦的。例如，晶体管交流放大电路就属于这种情况，其中直流电源提供的是直流电压，而输入信号为正弦电压，则电路中的电流既不是直流也不是正弦交流电流，而是非正弦周期电流。

（3）如果电路中含有非线性元件，即使电源是正弦的，其响应也可能是非正弦周期函数。如图 4-1 所示的半波整流电路中，利用二极管的单向导电性，电流只能在一个方向上通过，而另一个方向被阻断，所以输出为非正弦周期波。

3. 非正弦周期量的分解

在研究讨论非正弦周期交流电路时,为了便于利用直流电路和正弦稳态电路的分析方法去分析非正弦周期电路,很有必要对非正弦周期量进行分解,即将周期函数分解为傅里叶级数。

设$f(t)$是周期为T的任意函数,即$f(t)=f(kT+t)$,若给定的$f(t)$满足狄里赫利条件(周期函数在有限的区间内,只有有限个第一类间断点和有限个极大值、极小值)时,该函数就可以分解为傅里叶级数,电工技术中常用的非正弦周期函数都满足狄里赫利条件。对于这样的非正弦周期函数可分解为如下的傅里叶级数:

$$\begin{aligned} f(t) &= A_0 + A_{1m}\sin(\omega t+\varphi_1) + A_{2m}\sin(2\omega t+\varphi_2) + \cdots + A_{km}\sin(k\omega t+\varphi_k) \\ &= A_0 + \sum_{k=1}^{\infty} A_{km}\sin(k\omega t+\varphi_k) \end{aligned} \tag{4-1}$$

式(4-1)中,A_0是不随时间变化的常数,称为$f(t)$的直流分量或恒定分量。$k=1$项的表达式$A_{1m}\sin(\omega t+\varphi_1)$称为$f(t)$的基波分量,其频率与$f(t)$的频率相同。$k\geqslant 2$各项统称为谐波分量,如$A_{2m}\sin(2\omega t+\varphi_2)$称为$f(t)$的二次谐波分量;$k$为奇数的分量称为奇次谐波,$k$为偶数的分量称为偶次谐波。

将周期函数$f(t)$分解为直流分量、基波分量及各次谐波分量之和,称为谐波分析。可利用有关公式进行计算,但工程上更多利用的是查表法。表4-1列出了电工技术中典型周期函数的傅里叶级数展开式,可供进行谐波分析时引用。

表4-1　典型周期函数的傅里叶级数展开式

波　　形	傅里叶级数
$f(\omega t)$, A_{max}, O, π, 2π ωt	$f(\omega t)=\dfrac{8A_{max}}{\pi^2}\left(\sin\omega t-\dfrac{1}{9}\sin 3\omega t+\dfrac{1}{25}\sin 5\omega t-\cdots+\dfrac{(-1)^{k-1}}{k^2}\sin k\omega t+\cdots\right)$ $(k=1,3,5,\cdots)$
$f(\omega t)$, A_{max}, O, α, π, 2π ωt	$f(\omega t)=\dfrac{4A_{max}}{\alpha\pi}\left(\sin\alpha\sin\omega t+\dfrac{1}{9}\sin 3\alpha\sin 3\omega t+\dfrac{1}{25}\sin 5\alpha\sin 5\omega t+\cdots+\dfrac{1}{k^2}\sin k\alpha\sin k\omega t+\cdots\right)$ $(k=1,3,5,\cdots)$
$f(\omega t)$, A_{max}, O, 2π, 4π ωt	$f(\omega t)=\dfrac{A_{max}}{2}-\dfrac{A_{max}}{\pi}\left(\sin\omega t+\dfrac{1}{2}\sin 2\omega t+\dfrac{1}{3}\sin 3\omega t+\cdots+\dfrac{1}{k}\sin k\omega t+\cdots\right)$ $(k=1,2,3,\cdots)$
$f(\omega t)$, A_{max}, O, π, 2π ωt	$f(\omega t)=\dfrac{4A_{max}}{\pi}\left(\sin\omega t+\dfrac{1}{3}\sin 3\omega t+\dfrac{1}{5}\sin 5\omega t+\cdots+\dfrac{1}{k}\sin k\omega t+\cdots\right)$ $(k=1,3,5,\cdots)$

续表

波　形	傅里叶级数
	$f(\omega t)=A_{\max}\alpha+\frac{2A_{\max}}{\pi}\left(\sin\alpha\pi\cos\omega t+\frac{1}{2}\sin2\alpha\pi\cos2\omega t+\cdots+\frac{1}{k}\sin k\alpha\pi\cos k\omega t+\cdots\right)$ $(k=1,2,3,\cdots)$
	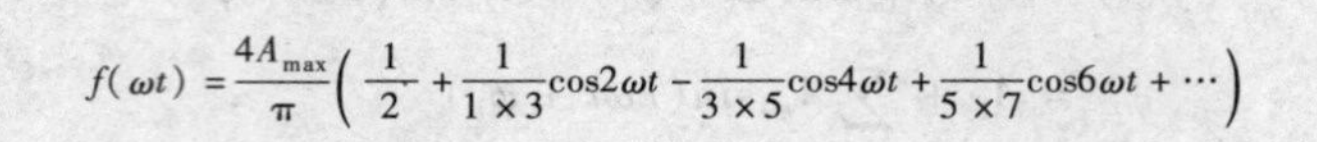 $f(\omega t)=\frac{4A_{\max}}{\pi}\left(\frac{1}{2}+\frac{1}{1\times3}\cos2\omega t-\frac{1}{3\times5}\cos4\omega t+\frac{1}{5\times7}\cos6\omega t+\cdots\right)$
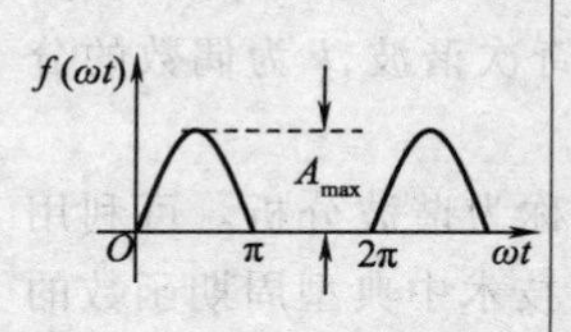	$f(\omega t)=\frac{2A_{\max}}{\pi}\left(\frac{1}{2}+\frac{\pi}{4}\cos\omega t+\frac{1}{1\times3}\cos2\omega t-\frac{1}{3\times5}\cos4\omega t+\frac{1}{5\times7}\cos6\omega t\cdots\right)$

傅里叶级数是一个无穷级数，从理论上讲，仅当取无限多项时，它才准确地等于原有的周期函数。而在实际应用时，由于其收敛很快，较高次谐波的振幅很小，因此只需要取级数的前几项进行计算就足够准确了。

〖问题研讨〗——**想一想**

(1)非正弦周期波形的特点是什么？

(2)产生非正弦信号的原因有哪些？

(3)在一个线性电路中，如果电源电压是非正弦的，那么电路中产生的电流为______。

(4)一个直流电压 $U=5$ V 与一个正弦电压 $u=7\sin\omega t$ V，则串联叠加合成的电压的表达式为 $u=$______。

(5)如测出一个对称方波的周期 $T=5$ μs，则此方波的基波频率为______、三次谐波频率为______、五次谐波频率为______。

(6)下列表达式中，(　　)属于非正弦电流。

A. $i=[7\sin\omega t+3\sin(\omega t+30°)]$ A　　B. $i=(10\sin\omega t+10\cos\omega t)$ A

C. $i=(5\sin\omega t+\frac{5}{3}\sin3\omega t)$ A　　D. $i=[10\sin\omega t-5\cos(\omega t+150°)]$ A

子任务2　非正弦周期交流电路中的有效值、平均值和功率的计算与测量

〖知识链接〗——**学一学**

1. 非正弦周电量的有效值

在实际工作中，往往需要对一个非正弦周期量有一个总体的度量。正弦量的有效值可以计算和测量；同理，非正弦量的有效值也可以计算和测量。

任何周期量的有效值都可以按照方均根值进行计算。如果已知周期量的解析式,可以直接求它的方均根值,即

$$A = \sqrt{\frac{1}{T}\int_0^T [f(t)]^2 \mathrm{d}t} \tag{4-2}$$

对于非正弦电流 i,它的有效值 I 定义为

$$I = \sqrt{\frac{1}{T}\int_0^T i^2 \mathrm{d}t} \tag{4-3}$$

如果一个非正弦周期电流已经展开为傅里叶级数,则可以通过各次谐波的有效值来计算非正弦周期电流的有效值。

设非正弦周期电流 i 的傅里叶级数为 $i = I_0 + \sum_{k=1}^{\infty} I_{km}\sin(k\omega t + \varphi_k)$,其中,$I_0$是直流分量,$I_{km}$为 k 次谐波的最大值。将 $i = I_0 + \sum_{k=1}^{\infty} I_{km}\sin(k\omega t + \varphi_k)$ 代入式(4-3)中,可求得

$$I = \sqrt{I_0^2 + I_1^2 + I_2^2 + \cdots} = \sqrt{I_0^2 + \sum_{k=1}^{\infty} I_k^2} \tag{4-4}$$

式中,$I_k = \frac{I_{km}}{\sqrt{2}}$为 k 次谐波分量的有效值。

式(4-4)说明非正弦周期电流的有效值等于恒定分量(直流分量)及各谐波分量有效值的平方和的平方根。此结论可推广应用于其他非正弦周期量,如电压有效值为

$$U = \sqrt{U_0^2 + U_1^2 + U_2^2 + \cdots} = \sqrt{U_0^2 + \sum_{k=1}^{\infty} U_k^2} \tag{4-5}$$

注意:零次谐波的有效值为恒定分量的值,其他各次谐波有效值与最大值的关系为

$$I_k = I_{km}/\sqrt{2},\ U_k = U_{km}/\sqrt{2}$$

例 4-1 设周期电流 $i(t)$ 的傅里叶级数为 $i(t) = \frac{\pi}{4} + \sin\left(\omega t + \frac{\pi}{2}\right) + \frac{1}{3}\sin\left(3\omega t - \frac{\pi}{2}\right) + \frac{1}{5}\sin\left(5\omega t + \frac{\pi}{2}\right) + \frac{1}{7}\sin\left(7\omega t - \frac{\pi}{2}\right) + \cdots$,试计算电流 $i(t)$ 的有效值(高次谐波取到七次谐波为止)。

解 电流 $i(t)$ 的有效值为

$$I = \sqrt{I_0^2 + \sum_{k=1}^{\infty} I_k^2} = \sqrt{I_0^2 + \frac{1}{2}\sum_{k=1}^{\infty} I_{km}^2} = \sqrt{\left(\frac{\pi}{4}\right)^2 + \frac{1}{2}\left[1^2 + \left(\frac{1}{3}\right)^2 + \left(\frac{1}{5}\right)^2 + \left(\frac{1}{7}\right)^2\right]}\ \mathrm{A}$$

$$= 1.097\ \mathrm{A}$$

例 4-2 已知电压的波形如图 4-3 所示。其中,$U_m = 100\ \mathrm{V}$,求该电压的有效值。

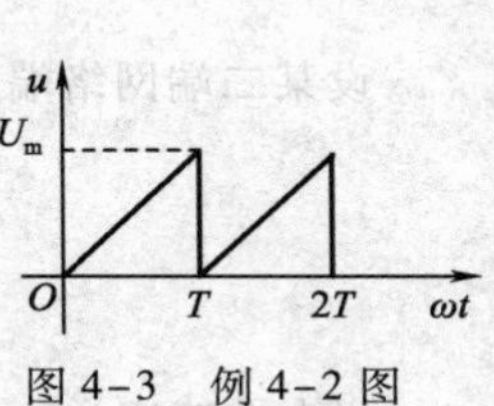

图 4-3 例 4-2 图

解 由波形图可得非正弦电压的解析式为

$$u(t) = \frac{U_m}{T}t = \frac{100}{T}t\,(0 < t < \mathrm{T})$$

方法一:直接代入定义式(4-2)中求得

$$U = \sqrt{\frac{1}{T}\int_0^T u^2 \mathrm{d}t} = \sqrt{\frac{1}{T}\int_0^T \left(\frac{100}{T}t\right)^2 \mathrm{d}t} = 57.7\ \mathrm{V}$$

方法二:将非正弦电压展开成傅里叶级数,查表 4-1 得

$$u(t)=\frac{U_m}{2}-\frac{U_m}{\pi}\left(\sin\omega t+\frac{1}{2}\sin 2\omega t+\frac{1}{3}\sin 3\omega t+\cdots\right)$$

$$=\frac{100}{2}-\frac{100}{\pi}\left(\sin\omega t+\frac{1}{2}\sin 2\omega t+\frac{1}{3}\sin 3\omega t+\cdots\right)$$

$$U=\sqrt{U_0^{\ 2}+U_1^{\ 2}+U_2^{\ 2}+\cdots}$$

$$=\sqrt{50^2+\left(\frac{100}{\pi}\right)^2\times\frac{1}{2}\times\left[1^2+\left(\frac{1}{2}\right)^2+\left(\frac{1}{3}\right)^2+\left(\frac{1}{4}\right)^2+\cdots\right]}\ \text{V}=57.1\ \text{V}$$

2. 非正弦周期电量的平均值

除有效值外,非正弦周期电量有时还引用平均值。对于非正弦周期电量的傅里叶级数展开式中直流分量为零的交流分量,平均值为零。但为了便于测量和分析,一般定义周期量的平均值为它的绝对值的平均值。

设周期电流为 $i(t)$,则其平均值为:

$$I_{av}=\frac{1}{T}\int_0^T|i(t)|\mathrm{d}t \tag{4-6}$$

即非正弦周期量的平均值等于其绝对值在一个周期内的平均值。

注意:一个周期内其值有正、有负的周期量的平均值 I_{av} 与其直流分量 I 是不同的,只有一个周期内其值为正值的周期电量,平均值才等于其直流分量。

例如,当 $i(t)=I_m\sin\omega t$ 时,其平均值为

$$I_{av}=\frac{1}{2\pi}\int_0^{2\pi}|I_m\sin\omega t|\mathrm{d}\omega t=\frac{1}{\pi}\int_0^{\pi}I_m\sin\omega t\mathrm{d}\omega t=\frac{2I_m}{\pi}=0.637I_m=0.898I$$

或 $I=1.11I_{av}$。

同理,周期电压的平均值为

$$U_{av}=\frac{1}{T}\int_0^T|u(t)|\mathrm{d}t$$

对于同一个非正弦周期电流,若用不同类型的仪表进行测量,就会得出不同的结果。如用直流仪表测量,所测结果是直流分量;用电磁式或电动式仪表测量,所测结果为有效值;用整流磁电式仪表测量,所测结果为平均值。因此,在测量非正弦周期电量时,要注意选择合适的仪表,并且注意各种不同类型仪表读数的含义。

3. 非正弦周期电量的功率

(1)平均功率。非正弦周期交流电路的平均功率定义为

$$P=\frac{1}{T}\int_0^T p(t)\mathrm{d}t \tag{4-7}$$

设某二端网络端口电压 $u(t)$、电流 $i(t)$ 分别为

$$u(t)=U_0+\sum_{k=1}^{\infty}U_{km}\sin(k\omega t+\varphi_{uk})$$

$$i(t)=I_0+\sum_{k=1}^{\infty}I_{km}\sin(k\omega t+\varphi_{ik})$$

以上两式中,φ_{uk}、φ_{ik} 为 k 次谐波电压、电流的初相。设 $\varphi_k=\varphi_{uk}-\varphi_{ik}$ 为 k 次谐波电压与 k 次谐波电流的相位差,则

$$P=\frac{1}{T}\int_0^T p(t)\mathrm{d}t=\frac{1}{T}\int_0^T u(t)i(t)\mathrm{d}t$$

$$=\frac{1}{T}\int_0^T\left[U_0+\sum_{k=1}^{\infty}U_{km}\sin(k\omega t+\varphi_{uk})\right]\times\left[I_0+\sum_{k=1}^{\infty}I_{km}\sin(k\omega t+\varphi_{ik})\right]\mathrm{d}t$$

由于

$$P_0 = \frac{1}{T}\int_0^T U_0 I_0 \mathrm{d}t = U_0 I_0$$

$$P_k = \frac{1}{T}\int_0^T U_{km}\sin(k\omega t + \varphi_{uk}) \times I_{km}\sin(k\omega t + \varphi_{ik})\mathrm{d}t = \frac{1}{2}U_{km}I_{km}\cos(\varphi_{uk} - \varphi_{ik})\mathrm{d}t = U_k I_k \cos\varphi_k$$

式中，U_k、I_k 为 k 次谐波电压、电流的有效值。

根据三角函数的正交性，不同次谐波电压、电流的乘积，它们的平均值为零。所以平均功率为

$$P = P_0 + \sum_{k=1}^{\infty} U_k I_k \cos\varphi_k \qquad (4\text{-}8)$$

式(4-8)表明：非正弦周期交流电路中，不同次谐波电压、电流虽然可以产生瞬时功率，但不能产生平均功率；只有同次谐波电压、电流才能产生平均功率。电路中总的平均功率等于直流分量产生的平均功率与各次谐波分量产生的平均功率之和。

(2)无功功率。非正弦周期交流电路的无功功率定义为各次谐波无功功率之和，即

$$Q = \sum_{k=1}^{\infty} U_k I_k \sin\varphi_k \qquad (4\text{-}9)$$

(3)视在功率。非正弦周期交流电路的视在功率定义为

$$S = UI = \sqrt{U_0^2 + \sum_{k=1}^{\infty} U_k^2} \times \sqrt{I_0^2 + \sum_{k=1}^{\infty} I_k^2} \qquad (4\text{-}10)$$

注意：视在功率不等于各次谐波视在功率之和。

例 4-3 已知某电路的电压、电流分别为 $u(t) = [10 + 20\sin(100\pi t - 30°) + 8\sin(300\pi t - 30°)]$ V，$i(t) = [3 + 6\sin(100\pi t + 30°) + 2\sin 500\pi t]$ A。求该电路的平均功率、无功功率和视在功率。

解 平均功率为

$$P = U_0 I_0 + U_1 I_1 \cos\varphi_1 = \left[10 \times 3 + \frac{20}{\sqrt{2}} \times \frac{6}{\sqrt{2}}\cos(-60°)\right] \text{W} = 60 \text{ W}$$

无功功率为

$$Q = U_1 I_1 \sin\varphi_1 = \left[\frac{20}{\sqrt{2}} \times \frac{6}{\sqrt{2}}\sin(-60°)\right] \text{var} = -52 \text{ var}$$

视在功率为

$$S = UI = \sqrt{U_0^2 + \sum_{k=1}^{\infty} U_k^2} \times \sqrt{I_0^2 + \sum_{k=1}^{\infty} I_k^2}$$

$$= \sqrt{10^2 + \left(\frac{20}{\sqrt{2}}\right)^2 + \left(\frac{8}{\sqrt{2}}\right)^2} \times \sqrt{3^2 + \left(\frac{6}{\sqrt{2}}\right)^2 + \left(\frac{2}{\sqrt{2}}\right)^2} \text{ V·A} = 98.1 \text{ V·A}$$

〖实践操作〗——做一做

(1)用函数信号发生器及双踪示波器观察正弦波、三角波、矩形波的波形，在示波器上读出幅值和频率。

① 将示波器的探头接在函数信号发生器的输出端。

② 调整函数信号发生器的输出幅值和频率，并改变产生的波形(正弦波、三角波、矩形波)，在示波器上读出波形的幅值和频率，将数据填入表 4-2 中。

表 4-2 数据记录

波形	参数	幅值	频率	幅值	频率	幅值	频率	幅值	频率
正弦波	信号参数	0.01 V	50 Hz	0.1 V	1 kHz	1 V	10 kHz	5 V	1 MHz
	测量参数								
	误差								
三角波	信号参数								
	测量参数								
	误差								
矩形波	信号参数								
	测量参数								
	误差								

(2)利用仿真软件 Multisim 测试非正弦周期交流电路的有效值和平均功率。在 Multisim 环境下创建图 4-4 所示电路。

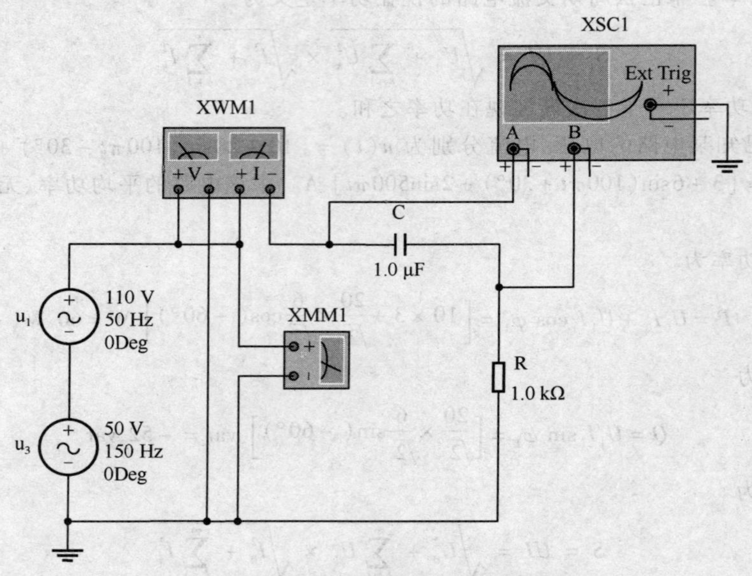

图 4-4 非正弦周期交流电路仿真图

① 按下“启动/停止”开关,启动仿真分析,等电路稳定后,用电压表和功率表分别测量电路端电压 U 及功率 P,将数据填入表 4-3 中。用示波器观察并记录两个电压源叠加的波形和电阻元件 R 两端电压的波形(即电流的波形)。

② 把基波电压源 u_1 的电压设为 0,即三次谐波电压源 u_3 单独作用,用电压表和功率表分别测量电压和功率的三次谐波分量 U_3、P_3,将测量数据填入表 4-3 中。

③ 将三次谐波电压源 u_3 的电压设为 0,即基波电压源 u_1 单独作用,用电压表和功率表分别测量电压和功率的基波分量 U_1、P_1,将测量数据填入表 4-3 中。

④ 根据测量数据,验证非正弦周期交流电路的有效值和平均功率的计算公式。

表 4-3　非正弦周期交流电路的测量

电　压　源	电压/V	功率/W
基波电压源 u_1 和三次谐波电压源 u_3 共同作用时	$U=$	$P=$
三次谐波电压源 u_3 单独作用时	$U_3=$	$P_3=$
基波电压源 u_1 单独作用时	$U_1=$	$P_1=$

〖问题研讨〗——想一想

(1)若 $i=I_0+\sum_{k=1}^{\infty}I_{km}\sin(k\omega t+\varphi_k)$，则 i 的有效值 $I=$______。

(2)设周期电流为 $i(t)$，则其平均值 $I_{av}=$______。

(3)若电路的电流 $i=I_0+\sum_{k=1}^{\infty}I_{km}\sin(k\omega t+\varphi_k)$，电压 $u=U_0+\sum_{k=1}^{\infty}U_{km}\sin(k\omega t+\varphi_k)$，则平均功率 $P=$______，无功功率 $Q=$______，视在功率 $S=$______。

(4)对于同一个非正弦周期电流，若用不同类型的仪表进行测量，就会得到______。如用直流仪表测量，所测结果______；用电磁式或电动式仪表测量，所测结果为______；用整流磁电式仪表测量，所测结果为______。

(5)非正弦周期交流电路中，不同次谐波电压、电流可以产生____功率，但不能产生____功率；只有______电压、电流才能产生平均功率。

任务 4.2　非正弦周期交流电路的分析计算与测试

任务描述

一个非正弦周期电压或电流可以分解成傅里叶级数的形式。当一个非正弦周期电压作用于线性电路时，其作用相当于一个直流电压源及一系列不同频率的正弦电压源串联起来，共同作用于电路。因此，可对直流分量和每个谐波分量单独进行分析计算，再运用叠加原理求出总的响应。本任务主要进行非正弦周期交流电路的分析计算与测试。

任务目标

理解并掌握分析计算非正弦周期交流电路的方法步骤；能分析计算一般的非正弦周期交流电路；能在 Multisim 环境下创建非正弦周期交流电路，并进行仿真。

任务实施

〖知识链接〗——学一学

1. 非正弦周期交流电路分析计算的方法步骤

周期性非正弦信号有着各种不同的变化规律，计算这种信号激励下线性电路的响应时，主要利用傅里叶级数将非正弦周期激励信号分解为一系列不同频率的正弦量之和，然后按直流电路和正弦交流电路的计算方法，分别计算在直流和各种频率的正弦信号单独作用下产生的响应，再根据线性电路的叠加原理，将所得结果叠加，就可以得到电路中实际的电流和电压，这种方法称为谐波分析法。其分析电路的一般步骤如下：

(1)将给定的非正弦周期激励信号展开为傅里叶级数，并根据计算精度要求，取有限项高次谐波。

(2)分别计算直流分量和各次谐波单独作用下电路的响应,计算方法与直流电路及正弦交流电路的计算方法相同。

(3)应用叠加原理将步骤(2)的结果进行叠加,从而求得所需响应。

2. 非正弦周期交流电路分析计算的注意事项

在分析计算非正弦周期交流电路时应注意以下几点:

(1)在直流分量单独作用时,电路相当于直流电路,电容元件相当于开路,电感元件相当于短路。在标明参考方向以后,可以用直流电路的方法求解各电压与电流。

(2)在各次谐波作用时,电路成为正弦交流电路,此时电感元件和电容元件对不同次的谐波激励表现出不同的感抗和容抗,即感抗与谐波频率成正比,容抗与谐波频率成反比。

在基波作用时,$X_{L(1)}=\omega L$,$X_{C(1)}=1/(\omega C)$,在电路标明参考方向后,可用相量法求解电路的响应。

在 k 次谐波作用时,$X_{L(k)}=k\omega L=kX_L$,$X_{C(k)}=1/(k\omega C)=X_{C(1)}/k$,在电路标明参考方向后,仍可用相量法求解。

(3)叠加时,必须先将各次谐波分量响应写成瞬时值表达式后才可以叠加,而不能把表示不同频率谐波的正弦量的相量进行加减,因为它们不属于同一频率,这样叠加是没有意义的。最后所求响应的解析式是用时间函数表示的。

例 4-4 RC 并联电路如图 4-5(a)所示,已知 $R=1\ \text{k}\Omega$,$C=50\ \mu\text{F}$,$i=I_0+i_1=(1.5+\sin 6\,280t)\ \text{mA}$,电流波形如图 4-5(b)所示。试求:端电压 u 及电容元件电流 i_C。

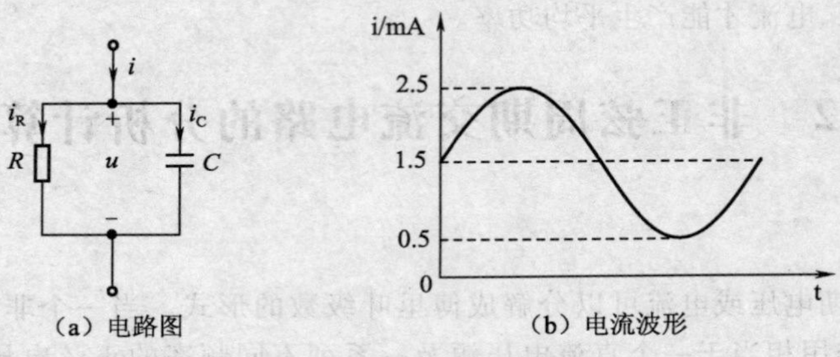

图 4-5 例 4-4 图

解 (1)计算 i 的直流分量 I_0 单独作用时所产生的端电压 U_0:

在 i 的直流分量 I_0 单独作用时,电容元件相当于开路,电流 i 中的直流分量 I_0 只能通过电阻元件,所以

$$U_0=RI_0=1\times10^3\times1.5\times10^{-3}\ \text{V}=1.5\ \text{V}=1\,500\ \text{mV}$$

(2)计算 i 的基波分量 i_1 单独作用时产生的端电压 u_1:

$$X_{C(1)}=\frac{1}{\omega C}=\frac{1}{6\,280\times50\times10^{-6}}\ \Omega\approx3\ \Omega$$

$$Z_{(1)}=\frac{R(-jX_{C(1)})}{R-jX_{C(1)}}=\frac{1\,000\times(-j3)}{1\,000-j3}\ \Omega=3\angle(-89.9^\circ)\ \Omega$$

电压的基波分量为

$$\dot{U}_{(1)m}=Z_{(1)}\dot{I}_{(1)m}$$
$$=[3\angle(-89.9^\circ)]\times(1\times10^{-3}\angle0^\circ)\ \text{V}=3\angle(-89.9^\circ)\ \text{mV}$$

(3)将已算出的直流电压和交流电压瞬时值叠加,可得端电压 u 的表达式为

$$u=U_0+u_1=[1\,500+3\sin(6\,280t-89.9^\circ)]\ \text{mV}$$

电容支路的电流为

$$i_C = C\frac{du}{dt} = 50\times10^{-6}\times\frac{d[1\,500+3\sin(6\,280t-89.9°)]}{dt}\ \text{mA} = 0.942\sin(6\,280t+0.1°)\ \text{mA}$$

由此表达式可知,电容支路电流没有直流分量。

通过本例可以看出,由于容抗(3 Ω)远远小于电阻值(1 kΩ),这就使得总电流中的交流分量有捷径可走,并联电容元件对交流分量起到了旁路作用,这个作用在电子技术中得到了广泛应用。

例 4-5 在如图 4-6(a)所示的电路中,$R=100\ \Omega$,$C=10\ \mu F$,$\omega=500$ rad/s,外加方波电压 u 的波形如图 4-6(b)所示。其中,$U_m=10$ V。试求:输出电压 u_R,并计算电阻电压的有效值 U_R 及电阻吸收的平均功率 P。

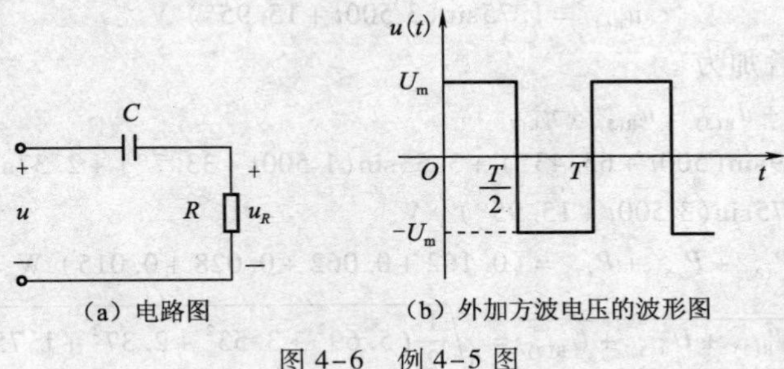

图 4-6 例 4-5 图

解 (1)由表 4-1 查得图 4-6(b)所示方波的傅里叶级数展开式为

$$u(t)=\frac{4U_m}{\pi}\left(\sin\omega t+\frac{1}{3}\sin 3\omega t+\frac{1}{5}\sin 5\omega t+\frac{1}{7}\sin 7\omega t+\cdots\right)\ \text{V}$$

其中,ω 为基波角频率。

取前 4 项进行计算,并将 $U_m=10$ V,$\omega=500$ rad/s 代入,则上式可写成:

$$u(t)=(12.73\sin500t+4.24\sin1\,500t+2.55\sin2\,500t+1.82\sin3\,500t)\ \text{V}$$

(2)对各次谐波采用相量法求解:

电路对 k 次谐波的输出电压 u_R 的相量表达式为

$$\dot{U}_{Rm(k)}=\frac{R\,\dot{U}_{m(k)}}{R-j\frac{1}{k\omega C}}=\frac{100\,\dot{U}_{m(k)}}{100-j\frac{200}{k}}=\frac{\dot{U}_{m(k)}}{1-j\frac{2}{k}}$$

基波($k=1$)作用时,

$$\dot{U}_{(1)m}=12.73\angle0°\text{V}$$

$$\dot{U}_{R(1)m}=\frac{12.73\angle0°}{1-2j}\ \text{V}=5.69\angle63.43°\ \text{V}$$

$$P_{(1)}=\frac{1}{2}\times\frac{U_{R(1)m}^2}{R}=\frac{1}{2}\times\frac{5.69^2}{100}\ \text{W}=0.162\ \text{W}$$

三次谐波($k=3$)作用时,

$$\dot{U}_{(3)m}=4.24\angle0°\ \text{V}$$

$$\dot{U}_{R(3)m}=\frac{4.24\angle0°}{1-j\frac{2}{3}}\ \text{V}=3.53\angle33.7°\ \text{V}$$

$$P_{(3)}=\frac{1}{2}\times\frac{U_{R(3)m}^2}{R}=\frac{1}{2}\times\frac{3.53^2}{100}\ \text{W}=0.062\ \text{W}$$

同理，可求得五次、七次谐波作用时，

$$\dot{U}_{R(5)m}=2.37\angle 21.8°\text{V}, P_{(5)}=0.028\text{W}$$

$$\dot{U}_{R(7)m}=1.75\angle 15.95°\text{V}, P_{(7)}=0.015\text{W}$$

各次谐波作用时 u_R 的表达式分别为

$$u_{R(1)}=5.69\sin(500t+63.43°)\ \text{V}$$

$$u_{R(3)}=3.53\sin(1\,500t+33.7°)\ \text{V}$$

$$u_{R(5)}=2.37\sin(2\,500t+21.8°)\ \text{V}$$

$$u_{R(7)}=1.75\sin(3\,500t+15.95°)\ \text{V}$$

(3)按时域形式叠加为

$$\begin{aligned}u_R &= u_{R(1)}+u_{R(3)}+u_{R(5)}+u_{R(7)}\\ &=[5.69\sin(500t+63.43°)+3.53\sin(1\,500t+33.7°)+2.37\sin(2\,500t+21.8°)\\ &\quad +1.75\sin(3\,500t+15.95°)]\ \text{V}\end{aligned}$$

$$P=P_{(1)}+P_{(3)}+P_{(5)}+P_{(7)}=(0.162+0.062+0.028+0.015)\ \text{W}=0.267\ \text{W}$$

$$U_R=\sqrt{U_{R(1)}^2+U_{R(3)}^2+U_{R(5)}^2+U_{R(7)}^2}=\sqrt{\frac{1}{2}(5.69^2+3.53^2+2.37^2+1.75^2)}\ \text{V}=5.17\ \text{V}$$

从本例的分析过程中可以看出，随着谐波频率增加，容抗减少，该次谐波输出电压分量和输入电压分量的有效值之比增大，高次谐波很容易通过这个电路。利用感抗和容抗对各次谐波的反应不同，将电感元件和电容元件组成各种不同的电路，让某些所需频率分量顺利通过而抑制某些不需要的分量，这种电路称为滤波器，本例为高通滤波器。

〖实践操作〗——**做一做**

利用仿真软件 Multisim 测试非正弦周期交流电路的电压和电流的有效值。在 Multisim 环境下创建图 4-7 所示电路。

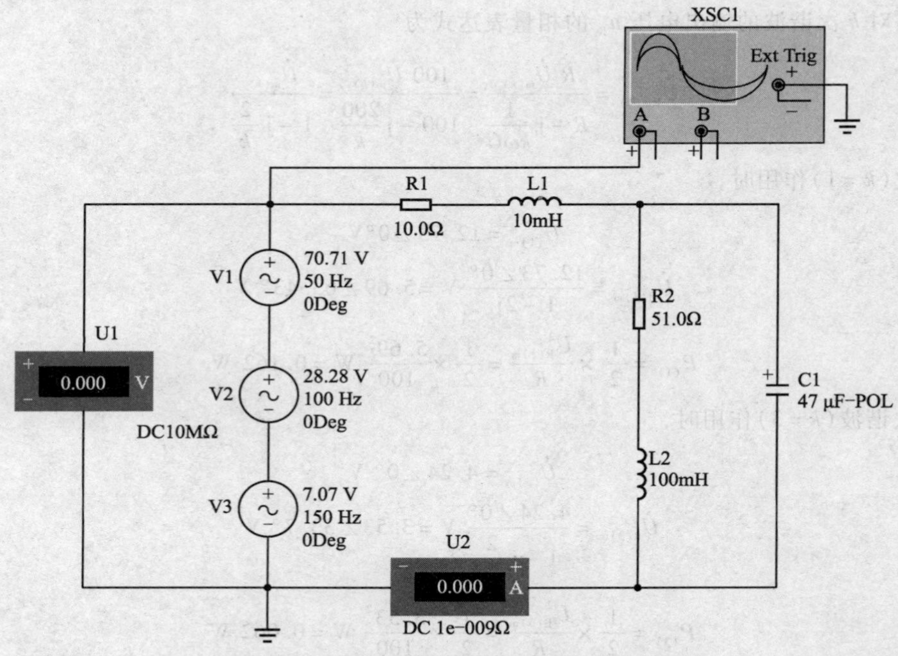

图 4-7　非正弦周期交流电路仿真图

按下“启动/停止”开关，启动仿真分析，等电路稳定后，用电压表和电流表分别测量电路端电压 U 及电流 I，将数据填入表4-4中，并与理论计算结果相比较。用示波器观察电源提供电压的波形。

表4-4　非正弦周期交流电路的测量

测量项目	测量值	计算值	电路端电压的波形
电压/V	$U=$	$U=$	
电流/A	$I=$	$I=$	

〖问题研讨〗——想一想

(1)图4-7所示电路的仿真结果与理论计算结果是否存在误差？若有请分析误差产生的原因。

(2)线性非正弦周期交流电路的分析计算方法称为______，它的依据是______。

(3)若三次谐波的 $X_{L(3)}=9\ \Omega$，$X_{C(3)}=6\ \Omega$，则基波的 $X_{L(1)}=$______，$X_{C(1)}=$______。

(4)有一负载线圈，对基波的复阻抗 $Z_{(1)}=(30+\mathrm{j}20)\ \Omega$，则其对三次谐波的复阻抗 $Z_{(3)}=$______，其对五次谐波的复阻抗 $Z_{(5)}=$______。

(5)某非正弦周期交流电压作用于RLC串联电路，已知非正弦周期交流电压的频率为50 Hz，$R=12\ \Omega$，$L=1\ \mathrm{mH}$，$C=314\ \mu\mathrm{F}$，则电压的基波单独作用于电路时，$R_{(1)}=$______，$X_{L(1)}=$______，$X_{C(1)}=$______；五次谐波单独作用于电路时，$R_{(5)}=$______，$X_{L(5)}=$______，$X_{C(5)}=$______。

小　结

(1)非正弦周期交流电路的稳态分析可采用谐波分析法，即首先应用数学中的傅里叶级数，将电路中的非正弦周期性激励信号分解为一系列不同频率的正弦分量之和，再根据线性电路的叠加原理，将非正弦交流电路转化为一系列不同频率的正弦电路的叠加。

(2)常见的非正弦交流电压或电流波形，通常可以把它展开成一个无穷三角级数，即

$$f(t)=A_0+\sum_{k=1}^{\infty}A_{km}\cos(k\omega_1 t+\varphi_k)$$

(3)非正弦周期电流的有效值为 $I=\sqrt{I_0^2+I_1^2+I_2^2+\cdots}=\sqrt{I_0^2+\sum\limits_{k=1}^{\infty}I_k^2}$。

非正弦周期电压的有效值为 $U=\sqrt{U_0^2+U_1^2+U_2^2+\cdots}=\sqrt{U_0^2+\sum\limits_{k=1}^{\infty}U_k^2}$。

非正弦周期电量的平均值为 $A_{av}=\dfrac{1}{T}\int_0^T|f(t)|\mathrm{d}t$。

非正弦周期电量的平均功率为 $P=P_0+\sum\limits_{k=1}^{\infty}U_kI_k\cos\varphi_k$。

(4)非正弦周期交流电路的分析计算步骤如下：

① 先将给定的电源电动势或电压展开成傅里叶级数。

② 计算不同频率下的电抗值。

③ 分别求出电源电压的各次谐波分量单独作用时在各支路中产生的电流。

习　题

一、填空题

1. 电路中产生非正弦周期波的原因有______、______、______。

2. 非正弦周期信号的谐波可能有直流分量(零次谐波)、奇次谐波及______谐波。

3. 几个不同频率的正弦波共同作用于线性电路,叠加后是一个______波。

4. 非正弦周期交流电压的有效值与它的各次谐波的有效值之间的关系是______。

5. 非正弦周期电压、电流的有效值值计算一般比较麻烦,常用仪表测量求得。平均值应选用______系的仪表,有效值应选用______系和______系的仪表。

6. 非正弦周期电量的有功功率等于______有功功率之和;无功功率等于______无功功率之和;视在功率等于______。

7. 已知某非正弦周期信号的周期 $T=25$ ms,其信号的基波频率为______;三次谐波的频率为______。

8. 在 $u=(50+63.7\sin\omega t+21.2\sin 3\omega t+12.7\sin 5\omega t)$ V 中含有______种谐波成分,它们分别是______、______、______和______。

9. 非正弦周期交流电的有效值等于它的各次谐波有效值的平方和______方。

10. 若五次谐波的 $X_{L(5)}=5\ \Omega$,$X_{C(5)}=2\ \Omega$,则基波的 $X_{L(1)}=$______,$X_{C(1)}=$______。

二、选择题

1. 非正弦周期信号是指(　　)。

A. 不按正弦规律变化,周期也不固定的信号

B. 不按正弦规律变化的周期性交流信号

C. 不按正弦规律变化的周期性直流信号

D. 既不按正弦规律变化,也没有周期性的信号

2. 产生非正弦周期波的主要原因有(　　)。

A. 电路含有非线性元件　　B. 电路含有线性元件

C. 电路中有不同频率的正弦电源作用　　D. 交流电源本身就是非正弦的

3. 非正弦信号可分为(　　)。

A. 正弦的和非正弦的两种　　B. 周期性的和非周期性的两种

C. 非正弦周期性的和正弦非周期性的　　D. 非正弦非周期性的和非正弦周期性的

4. 若 $i=I_0+\sum_{k=1}^{\infty}I_{km}\sin(k\omega t+\varphi_k)$,则 i 的有效值 I 为(　　)。

A. $I=\sqrt{I_0^2+\sum_{k=1}^{\infty}I_k^2}$　　B. $I=I_0+I_1+I_2+\cdots$

C. $I=I_0$　　D. $I=\sqrt{I_1^2+I_2^2+I_3^2+\cdots}$

5. 若 $u=U_0+\sum_{k=1}^{\infty}U_{km}\sin(k\omega t+\varphi_k)$,则其零次谐波的有效值 U_0 为(　　)。

A. $\dfrac{U_{km}}{2}$　　B. 恒定分量的值 U_0　　C. $\dfrac{U_{km}}{\sqrt{2}}$　　D. 0

6. 设周期电流为 $i(t)$,则其平均值 I_{av} 为(　　)。

A. $\sqrt{\dfrac{1}{T}\int_0^T i^2\mathrm{d}t}$　　B. $\sqrt{I_0^2+\sum_{k=1}^{\infty}I_k^2}$　　C. $\dfrac{1}{T}\int_0^T|i(t)|\mathrm{d}t$　　D. $\dfrac{I_{km}}{2}$

7. 下列表达式正确的是(   )。

A. $P = P_0 + \sum_{k=1}^{\infty} U_k I_k \cos \varphi_k$　　B. $Q = Q_0 + \sum_{k=1}^{\infty} U_k I_k \sin \varphi_k$

C. $S = S_0 + \sum_{k=1}^{\infty} U_k I_k$

8. 在用谐波分析法分析非正弦周期性交流电路时,下列(   )说法是正确的。

A. 先将非正弦周期性输入信号分解为一系列不同频率的正弦量之和

B. 直流分量单独作用时,电路相当于直流电路

C. 各次谐波作时时,电路成为正弦交流电路

D. 对各次谐波分量响应写成相量形式进行叠加

9. 某非正弦周期交流电压作用于RLC串联电路,已知 $X_{L(1)} = 3\ \Omega$, $X_{C(1)} = 3\ \Omega$,则 $X_{L(3)}$、$X_{C(3)}$ 分别为(   )。

A. 3 Ω、3 Ω　　B. 9 Ω、9 Ω　　C. 9 Ω、1 Ω　　D. 1 Ω、1 Ω

10. 对非正弦周期性交流电路的说法正确的是(   )。

A. 不同次谐波电压、电流不产生瞬时功率

B. 不同次谐波电压、电流虽然产生瞬时功率,但不能产生平均功率

C. 只有同次谐波电压、电流才能产生平均功率

D. 电路总的平均功率等于直流分量产生的平均功率与各次谐波分量产生的平均功率之差

三、判断题

1. 基波的频率等于非正弦周期信号的频率。(   )

2. 若基波的角频率为100 rad/s,则五次谐波的角频率为500 rad/s。(   )

3. 将两个相同频率的正弦波形进行叠加,其结果为非正弦波。(   )

4. 全波整流波形中可能含有各种谐波成分。(   )

5. 任何非正弦信号都可以用傅里叶级数表示。(   )

四、计算题

1. 有一个正弦电压 $U = 100$ V 加在一个电感元件 L 的两端时,电流 $I = 10$ A,当电压中含有三次谐波分量且有效值仍为100 V时,电流有效值为8 A。试求:此电压的基波和三次谐波分量的有效值。

2. 如图4-8所示电路,已知 $\omega = 10^4$ rad/s, $L = 1$ mH, $R = 1$ kΩ。若 $u_0(t)$ 中不含基波,与 $u_i(t)$ 中的三次谐波完全相同。试求:C_1 和 C_2。

3. 如图4-9所示电路,已知 $R = \omega L = 1/(\omega C) = 20\ \Omega$, $u(t) = (10 + 100\cos\omega t + 40\cos 3\omega t)$ V。试求:$i(t)$、$i_1(t)$ 和 $i_2(t)$。

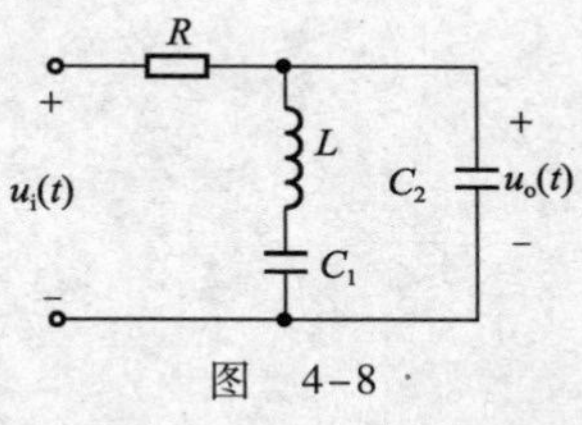

图 4-8

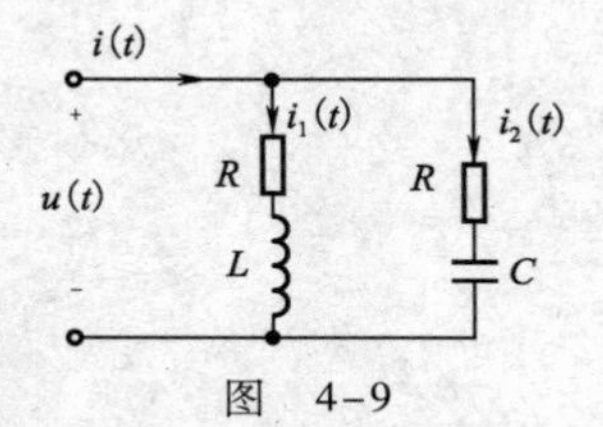

图 4-9

4. 在RLC串联电路中,已知 $R = 6\ \Omega$, $\omega L = 2\ \Omega$, $1/\omega C = 18\ \Omega$,电路端口施加电压 $u = [10 + 30\sin(\omega t + 30°) + 18\sin 3\omega t]$ V。试求:电流有效值及电路的平均功率。

5. 如图4-10所示电路,已知 $u(t) = (8 + 4\sin\omega t)$ V,当 $R = 40\ \Omega$, $\omega L = 1/(\omega C) = 40\ \Omega$ 时。试求:$u_L(t)$ 和 $i_L(t)$ 的表达式。

6. 如图 4-11 所示电路，已知 $R=60\ \Omega$，图 4-11(a) 中 $\omega L=60\ \Omega$，图 4-11(b) 中 $1/(\omega C)=60\ \Omega$，电路端口施加电压 $u=(100\sin\omega t+20\sin3\omega t)$ V。试求：图 4-11(a) 和图 4-11(b) 电路中的电流 i。

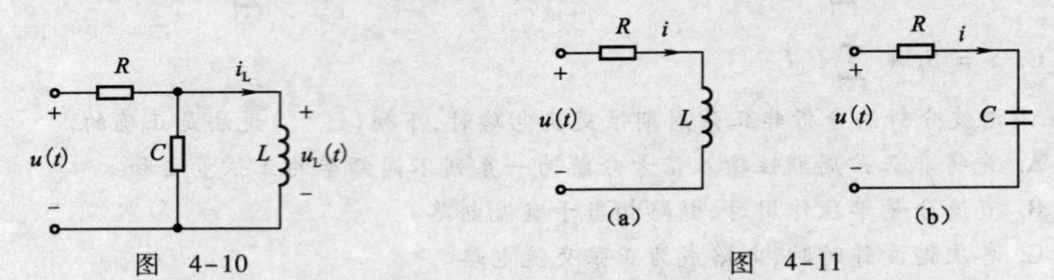

图 4-10　　图 4-11

7. 如图 4-12 所示电路，已知 $R=100\ \Omega$，$L=20$ mH，$C=40\ \mu$F，$f=800$ Hz，$u_R=(50+10\sqrt{2}\sin\omega t)$ V。试求：(1) 电源电压的瞬时值表达式和有效值；(2) 电源提供的功率。

8. 在 RL 串联电路中，已知电压 $u(t)=(6+10\sin2t)$ V，电流 $i=[2+I_m\sin(2t-53.1°)]$ A。试求：(1) R、L 和 I_m；(2) 若电压 $u=(10+5\sin t+5\sin2t)$ V，电流 i 的表达式。

9. 在 RLC 串联电路中，已知 $u_S=(10+30\cos\omega t+15\sqrt{2}\cos2\omega t)$ V，$\omega=100$ rad/s，$R=75\ \Omega$，$L=0.5$ H，$C=200\ \mu$F。试求：电流 i 及其有效值。

10. 如图 4-13 所示电路，已知 $u(t)=(100+50\sin\omega t)$ V，$\omega=10^3$ rad/s，$R=50\ \Omega$，$L=25$ mH，$C=20\ \mu$F。试求：电流 i 的瞬时值表达式和电路消耗的功率。

11. 如图 4-14 所示电路，已知 $u(t)=(100+300\sin\omega t+100\sin3\omega t)$ V，$R=10\ \Omega$，$\omega L_1=3.75\ \Omega$，$\omega L_2=30\ \Omega$，$1/(\omega C)=30\ \Omega$。试求：电流 i 和电压 u_C。

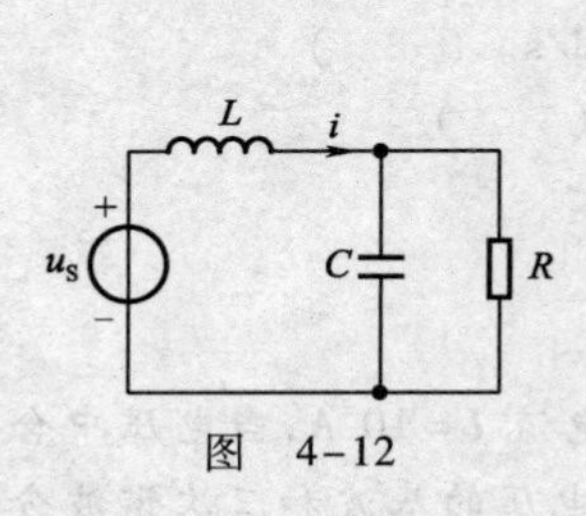

图 4-12

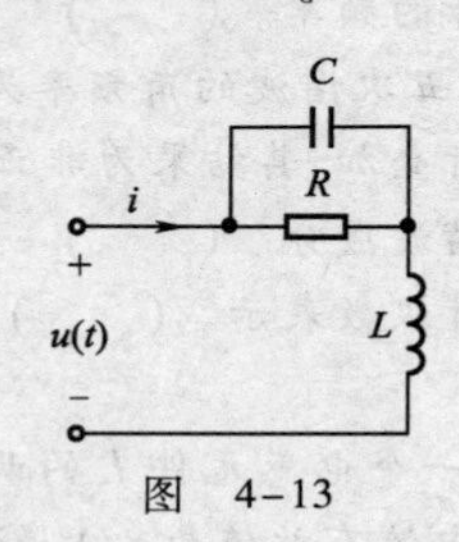

图 4-13

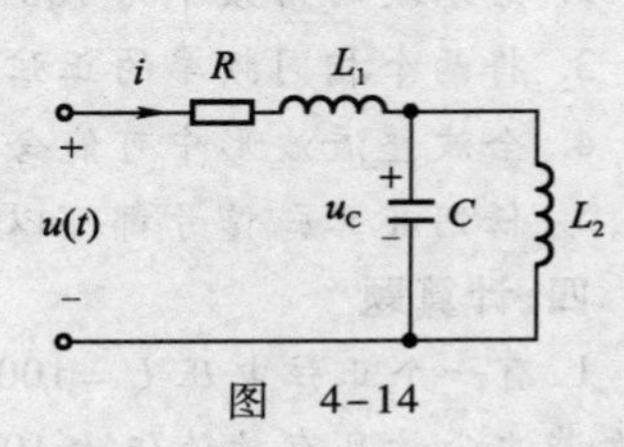

图 4-14

磁路和变压器的认识与测试

项目内容

- 磁场中的物理量及磁路的基本知识。
- 互感现象、互感电压和绕组同极性端的测试。
- 变压器的用途、结构、工作原理与测试。
- 三相变器及一些特殊变压器的工作原理及使用。
- 变压器的常见故障及检修方法。

知识目标

- 理解磁场中物理量的物理意义。
- 了解铁磁材料的磁化特性和磁路的基本知识。
- 理解互感现象;了解互感电压的计算。
- 熟悉变压器的结构;理解变压器的铭牌数据的含义和基本工作原理;掌握变压器的变压、变流和阻抗变换的原理。
- 掌握工程上常用的几种变压器的使用及注意事项。

能力目标

- 会进行小型变压器的测试、维护与故障检修。
- 能正确地使用各种变压器。

素质目标

- 通过"感性认识—理性思考—知识提升与应用"的学习过程,逐步培养学生勤观察、勤思考、好动手的学习与工作习惯,并具有分析问题和解决问题的能力。
- 逐步提高学生的专业意识,培养学生高度的责任心和安全意识,遵章守纪、规范操作,使其养成良好的科学态度和求是精神。
- 锻炼学生信息、资料搜集与查找的能力。

任务 5.1 磁路的认识与测试

任务描述

电和磁是密不可分的。电气设备和电工仪表中就存在着电与磁的相互关系、相互作用,其中不仅有电路的问题,还有磁路的问题。在工程实践中,广泛应用机电能量转换的设备(器件)和信号转换的设备(器件),如电动机、变压器、互感器、储存器等,其工作原理和特性分析都是以磁路和带铁芯电路分析为基础的,只有同时掌握了电路和磁路的基本概念,才能对各种电气设备的工作原理进行全面的分析,并正确理解和使用这些电气设备。本任务学习磁路的基本知识,并进行相关的测试。

理解磁场中物理量的物理意义、互感现象和绕组同极性端的概念;了解铁磁材料的磁化特性、磁路的基本知识和互感电压的计算;能正确地判断、测定两绕组的同极性端,正确地进行互感线圈的连接。

子任务1 磁路的基本知识

〖现象观察〗——看一看

(1)把一块磁铁放在一张白纸的下边,在白纸的上边撒一些细小的铁屑,仔细观察铁屑的分布情况有何变化?然后在白纸的上边撒一些细小的木材锯末,仔细观察木材锯末的分布情况有何变化?你能解释所观察到的现象吗?

(2)把一块铁磁材料放在磁场中一段时间后,拿出来靠近铁屑,看能否吸引铁屑?如果靠近木材锯末,情况又如何?你能解释所观察到的现象吗?

(3)想一想我国古代四大发明之一——“指南针”是根据什么原理制成的?

〖知识链接〗——学一学

电和磁是密不可分的。电气设备和电工仪表中就存在着电与磁的相互关系、相互作用,这中间不仅有电路的联系,还有磁路的耦合。

把能够吸引金属铁等物质的性质,称为磁性;具有磁性的物体称为磁体,如扬声器背面的磁钢就是磁体。电子设备中的许多元器件都采用了磁性材料,各种变压器、电感器中的铁芯、磁芯的组成材料均为磁性材料。

磁铁是一个典型的磁体,如图5-1所示。磁铁两端磁性最强的区域称为磁极,一个磁铁有两个磁极:一个是南极,用字母S表示;另一个是北极,用字母N表示。一块磁铁分割成几块后,每一小块磁铁上都有一个S极和一个N极,S极、N极总是成对出现的。S极与N极之间存在着相互作用力,同极性相斥,异极性相吸,这一作用力称为磁力。

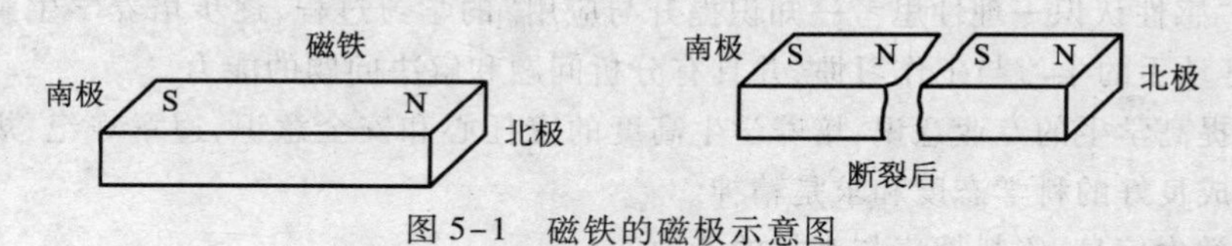

图5-1 磁铁的磁极示意图

1. 磁场中的物理量

(1)磁通(Φ)。磁通就是指垂直于磁场的某一面积S上所穿过的磁感线的数目,如图5-2所示。

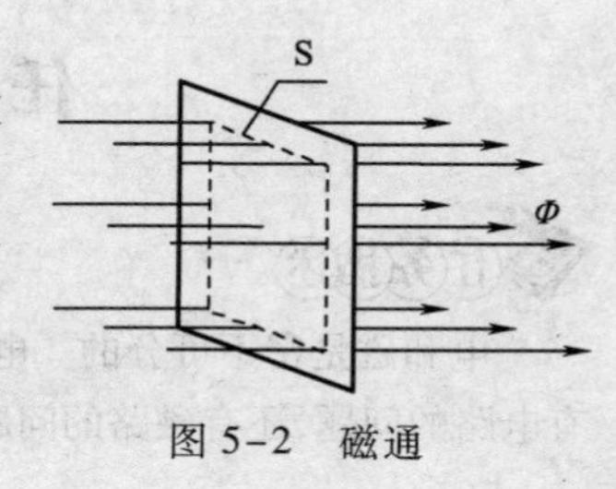

图5-2 磁通

磁通用Φ表示,单位是韦[伯](Wb)。实际中还用Mx(麦克斯韦)作为磁通的单位,它们之间的关系为$1\text{Mx}=10^{-8}\text{Wb}$。

(2)磁感应强度(B)。磁感应强度是表示磁场内某点的磁场强弱

和方向的物理量，它是一个矢量。磁场内某一点的磁感应强度可用该点磁场作用于1 m长、通有1 A电流的导体上的力F来衡量，该导体与磁场方向垂直。磁感应强度B与电流I之间的方向关系可用右手螺旋定则来确定，导体的长度L、通过导体的电流I、导体受到的电磁力F之间的关系为

$$B=\frac{F}{IL} \tag{5-1}$$

磁感应强度B的单位为特[斯拉](T)。在电机中，气隙中的磁感应强度B通常为0.4~0.5 T，铁芯中通常为1~1.8 T。

磁感应强度B有时也可用与磁场垂直的单位面积的磁通来表示，即

$$B=\frac{\Phi}{S} \tag{5-2}$$

所以B又称磁通密度(简称"磁密")，式(5-2)中Φ的单位为韦[伯](Wb)，S的单位为平方米(m^2)，则$1\ T=1\ Wb/m^2$。

工程中常用到一个较小的单位高斯(Gs)来表示磁感应强度，它们之间的关系为$1Gs=10^{-4}T$。

(3)磁导率(μ)。实验证明，在通电线圈中放入铁、钴、镍等物质后，通电线圈周围的磁场将大大增强，磁感应强度B增大；若放入铜、铝、木材等物质，通电线圈周围的磁场几乎没有什么变化。这个现象表明，磁感应强度B与磁场中介质的导磁性质有关。

可以用磁导率μ来表示磁场中介质的导磁性能，单位为亨[利]每米(H/m)。

磁导率大的材料，导磁性能好。所谓的导磁性能好，指的是这类材料被磁化后能产生很大的附加磁场。这类物质有铁、钴、镍及其合金，通常把这类物质称为铁磁材料或磁性物质。

实验测得，真空磁导率μ_0是个常数(又称磁常数)，$\mu_0=4\pi\times10^{-7}$ H/m。

其他介质的磁导率一般用与真空磁导率的倍数来表示，即相对磁导率，记为μ_r。

$$\mu_r=\frac{\mu}{\mu_0} \tag{5-3}$$

μ_r越大，介质的导磁性能就越好。把$\mu_r>1$但接近于1的物质称为顺磁物质，如空气的$\mu_r=1.000\ 003$；把$\mu_r<1$且接近于1的物质称为逆磁物质，如铜的$\mu_r=0.999\ 995$。这两种物质的μ_r都接近于1，它们的导磁能力都和真空差不多，统称为非铁磁材料。实际上，非铁磁材料的磁导率μ均可用真空磁导率μ_0代替。$\mu_r>>1$的物质称为铁磁材料，如铁、钴、镍以及它们的合金，导磁能力很强，如铸铁的μ_r大于200；坡莫合金(一种铁镍合金)的μ_r可达十万以上。这就是说，在相同磁通势的条件下，铁芯线圈的磁场比空芯线圈的磁场要强几百、几千、几万倍，所以铁磁材料在电机、电器、磁电式电工仪表、电信和广播等设备中得到广泛应用，因此在线圈中通入不大的电流，就可产生足够强的磁场(即产生足够大的磁感应强度)。

注意：同一铁磁材料的μ_r并不是常数，它随励磁电流的大小和温度的高低而变化。

表5-1列出了几种铁磁材料在室温下的最大相对磁导率。

表5-1　几种铁磁材料在室温下的最大相对磁导率

铁磁材料	μ_r	铁磁材料	μ_r
钴	174	已经退火的铁	7 000
未经退火的铸铁	240	变压器硅钢片	7 500
已经退火的铸铁	620	镍铁合金	12 950
镍	1 120	C型坡莫合金	115 000
软钢	2 180	锰锌铁氧体	300~5 000

(4)磁场强度(H)。上面提到,铁磁材料的磁导率不是常数,它随磁感应强度的大小而变化,反过来说,磁感应强度 B 与物质的磁导率 μ 有关,这给磁场的分析和计算带来不便,为此引入一个辅助量,称为磁场强度 H,它定义为

$$H=\frac{B}{\mu} \tag{5-4}$$

即磁场中某点的磁感应强度与磁导率的比值。

显然 H 与物质的磁导率无关,所以它不受介质的影响,而只与电流产生的磁场有关。若 B 的单位用 T(即 Wb/m^2),μ 的单位用 H/m,则 H 的单位为安[培]每米(A/m)。

2. 铁磁材料的磁性能

(1)铁磁材料的磁化曲线。实验表明:将铁磁材料(如铁、镍、钴等)置于某磁场中,将会大大加强原磁场。这是由于铁磁材料在外加磁场的作用下,能产生一个与外加磁场同方向的附加磁场,正是由于这个附加磁场促使了总磁场的加强,这种现象称为磁化。

不同种类的铁磁材料,其磁化性能是不同的。工程上常用磁化曲线(或表格)表示各种铁磁材料的磁化特性。磁化曲线是铁磁材料的磁感应强度 B 与外加磁场的磁场强度 H 之间的关系曲线,所以又称 $B-H$ 曲线。

图 5-3 所示的 $B-H$ 曲线是在铁芯原来没有被磁化,即 B 和 H 均从零开始增加时所测得的。这种情况下画出的 $B-H$ 曲线称为起始磁化曲线,起始磁化曲线大体上可以分为四段,即 Oa、ab、bc 和 c 点以后。下面分别加以说明。

Oa 段:此段斜率较小,当 H 增加时,B 增加缓慢。这反映了磁畴有“惯性”,较小的外加磁场不能使它转向为有序排列。

ab 段:此段可以近似看成是斜率较大的一段直线。随着 H 加大,B 增大较快。这是由于原来不规则的磁畴在 H 的作用下,迅速沿着外磁场方向排列的结果。

bc 段:此段的斜率明显减小,即随着 H 的加大,B 增大缓慢。这是由于绝大部分磁畴已转向为外加磁场方向,所以 B 增大的空间不大。b 点附近称为 $B-H$ 曲线的膝部。在膝部可以用较小的电流(较小的 H),获得较大的磁感应强度(B)。所以电动机、变压器的铁芯常设计在膝部工作,以便用小电流产生较强的磁场。

c 点以后:c 点后随着 H 加大,B 几乎不增大。这是由于几乎所有磁畴都已转向为外加磁场方向,即使 H 加大,附加磁场也不可能再增大。这个现象称为铁磁材料的磁饱和,c 点以后的区域称为饱和区。

(2)磁滞回线。起始磁化曲线只反映了铁磁材料在外加磁场(H)由零逐渐增加的磁化过程。在很多实际应用中,外加磁场(H)的大小和方向是不断改变的,即铁磁材料受到交变磁化(反复磁化),交变磁化的曲线如图 5-4 所示,这是一个回线。此回线表示,当铁磁材料沿起始磁化曲线磁化到 a 点后,若减小电流(H 减小),B 也随之减小,但 B 不是沿原来起始磁化曲线减小,而是沿另一路径 ab 减小,特别是当 $I=0$(即 $H=0$)时,B 并不为零。$B=Br$ (Ob 段),Br 称为剩磁,这种现象称为磁滞。磁滞现象是铁磁材料所特有的。要消除剩磁(常称为去磁或退磁),需要反方向加大 H,也就是 bc 段,当 $H=-Hc$(Oc 段)时,$B=0$,剩磁才被消除,此时的 $|-H_c|$ 称为材料的矫顽力。$|-H_c|$ 的大小反映了材料保持剩磁的能力。

如果继续反向加大 H,使 $H=-H_m$,$B=-B_m$,再让 H 减小到零(de 段),再加大 H,使 $H=H_m$,$B=B_m$(efa 段),这样反复,便可得到对称于坐标原点的闭合曲线,称为铁磁材料的磁滞回线($abcdefa$),如图 5-4 所示。

从图 5-4 中可看出,铁磁材料在反复磁化过程中,B 的变化始终落后于 H 的变化,这种现象称为磁滞现象。磁滞现象可以用磁畴来解释。所谓磁畴,就是由分子电流形成的磁性小区域,每个磁畴就像一个很小的永久磁体。在无外加磁场作用时,这些磁畴排列杂乱无章,它们的磁性相互抵消,对外不显磁性。在外加磁场的作用下,磁畴趋向外加磁场的方向,产生一个很大的附加磁场和外加磁场相加。所以,Oa 起始段磁感应强度 B 上升很快;随着 H 增加,大部分磁畴已趋向外加磁场方向排列,B 增长很慢,出现了饱和现象。

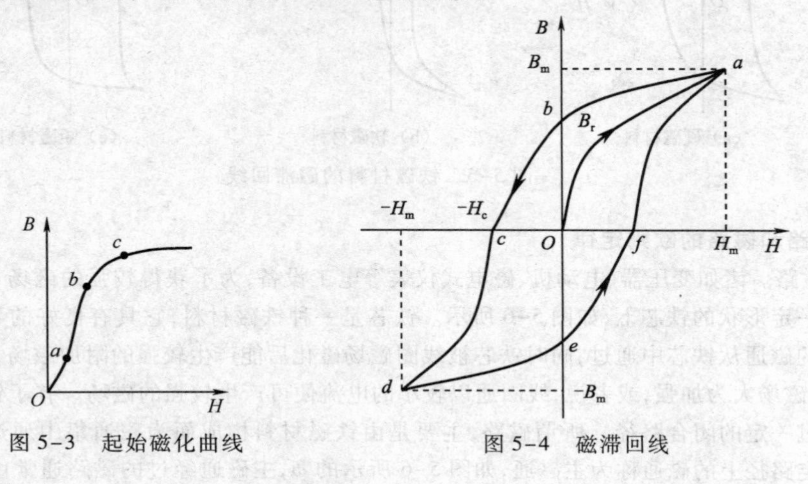

图 5-3　起始磁化曲线　　　　图 5-4　磁滞回线

根据以上分析可知,铁磁材料具有以下磁性能:

① 高导磁性:铁磁材料的磁导率远大于非磁性材料的磁导率,且铁磁材料的磁导率 μ 不是常数,随 H 的大小而改变。

② 磁饱和性:铁磁材料的磁感应强度 B 有一个饱和值 B_m。

③ 磁滞性:在铁磁材料的反复磁化过程中,B 的变化总是落后于 H 的变化,这就是铁磁材料的磁滞性。剩磁现象就是铁磁材料磁滞性的表现。

④ 磁滞损耗:铁磁材料在反复磁化过程中,磁畴来回翻转,必然克服阻力做功,铁芯发热。这种在反复磁化过程中的能量损失称为磁滞损耗。

(3)铁磁材料的分类。铁磁材料根据磁滞回线的形状及其在工程上的用途可以分为如下3类:

① 硬磁材料。硬磁材料的特点是磁滞回线较宽,剩磁和矫顽力都较大。这类材料在磁化后能保持很强的剩磁,适宜制作永久磁铁。常用的有铁镍钴合金、镍钢、钴钢、镍铁氧体、锶铁氧体等。在磁电式仪表、电声器材、永磁发电机等设备中所用的磁铁就是用硬磁材料制作的。硬磁材料的磁滞回线如图 5-5(a)所示。

② 软磁材料。软磁材料的特点是磁导率高、磁滞回线狭长、磁滞损耗小。软磁材料又分为低频和高频两种。用于高频的软磁材料要求具有较大的电阻率,以减小高频涡流损失。常用的高频软磁材料有铁氧体等,如收音机中的磁棒、无线电设备中的中频变压器磁芯,都是用铁氧体制成的。

用于低频的软磁材料有铸钢、硅钢、坡莫合金等。电动机、变压器等设备中的铁芯多为硅钢片,录音机中的磁头铁芯多为坡莫合金。软磁材料的磁滞回线如图 5-5(b)所示。

③ 矩磁材料。矩磁材料的磁滞回线近似于一个矩形,如图 5-5(c)所示。它的特点是受较小的外加磁场作用就能达到磁饱和,去掉外加磁场后,仍保持磁饱和状态。实际生产中,广泛采用锰-镁或锂-镁矩磁铁氧体制成记忆磁芯,它是计算机和远程控制设备中的重要元件。

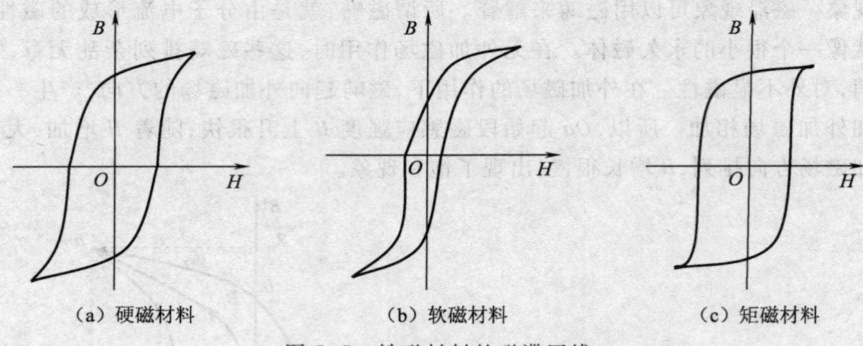

图 5-5　铁磁材料的磁滞回线

3. 磁路和磁路的欧姆定律

(1)磁路。诸如变压器、电动机、磁电式仪表等电工设备,为了获得较强的磁场,常常将线圈缠绕在具有一定形状的铁芯上,如图 5-6 所示。铁芯是一种铁磁材料,它具有良好的导磁性能,能使绝大部分的磁通从铁芯中通过,同时铁芯被线圈磁场磁化后能产生较强的附加磁场,它叠加在线圈磁场上,使磁场大为加强,或者说,线圈通以较小的电流便可产生较强的磁场。有了铁芯,可使磁通集中地通过一定的闭合路径。所谓磁路,主要是由铁磁材料构成而为磁通集中通过的闭合回路。集中在一定路径上的磁通称为主磁通,如图 5-6 所示的 ϕ,主磁通经过的磁路通常由铁芯(铁磁材料)及气隙组成。不通过铁芯,仅与本线圈交链的磁通称为漏磁通,如图 5-6(a)所示的 ϕ_1。在实际应用中,由于漏磁通很少,有时可忽略不计它的影响。

主磁通磁路有纯铁芯磁路,如图 5-6(a)、(c)所示;也有包含有气隙的磁路,如图 5-6(b)所示;磁路有不分支磁路,如图 5-6(a)、(b)所示;也有分支磁路,如图 5-6(c)所示。

磁路中的磁通可由线圈通过的电流产生,如图 5-6 所示。用来产生磁通的电流称为励磁电流,流过励磁电流的线圈称为励磁线圈。由直流电流励磁的磁路称为直流磁路,由交流电流励磁的磁路称为交流磁路。变压器和异步电动机等均为交流磁路。

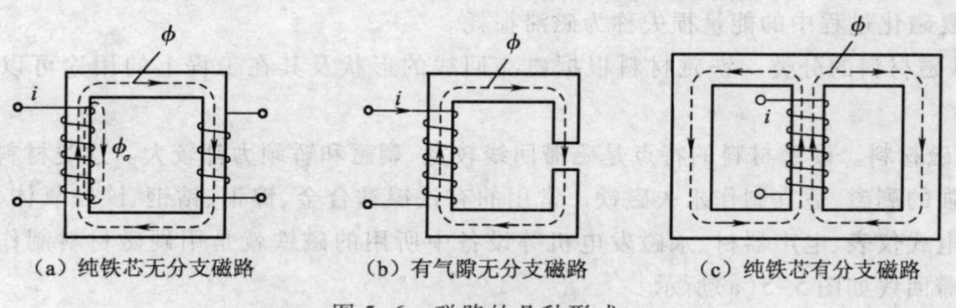

图 5-6　磁路的几种形式

注:图中 ϕ 表示交流磁通的瞬时值。直流磁通和交流磁通的有效值用 Φ 表示。

(2)磁路的欧姆定律。上面提到励磁线圈通过励磁电流就会产生磁通(即电生磁),通过实验发现,励磁电流 I 越大,产生的磁通就越多;线圈匝数越多,产生的磁通也越多。把励磁电流 I 和线圈匝数 N 的乘积 IN 看成是磁路中产生磁通的源泉,称为磁通势 F,它犹如电路中电动势是产生电流的源泉那样。磁通势的单位为安[培](A)。

空芯线圈的磁通与产生它的励磁电流成正比关系,$\Phi=f(F)$ 曲线为一条过原点的直线,如图 5-7(a)所示,说明其磁通随电流按比例增长。而铁芯线圈的磁通与产生它的励磁电流之间不成正比关系,$\Phi=f(F)$ 曲线如图 5-7(b)所示。开始时,Φ 随 F 基本上按比例增长;过后 Φ 随

F 增长的速度变慢,此时便说明磁路开始饱和了,Φ 几乎不再随 F 增长,即 Φ 很难再增长了,此时说明磁路饱和了(磁路饱和与否取决于磁感应强度 B,由于磁路截面积 S 一定,$\Phi \propto B$,故纵坐标也可用 B 表示)。

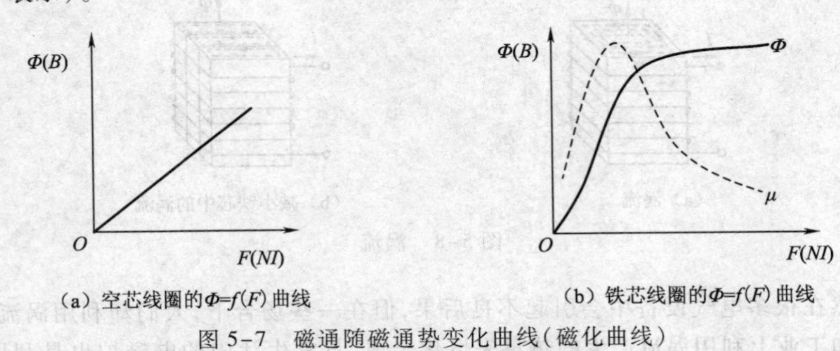

(a) 空芯线圈的$\Phi=f(F)$曲线　(b) 铁芯线圈的$\Phi=f(F)$曲线

图 5-7　磁通随磁通势变化曲线(磁化曲线)

由此可知,空芯线圈(非铁磁材料)磁路不饱和,为线性磁路。而铁芯(铁磁材料)磁路饱和,为非线性磁路。Φ 始终能随 F 按比例增长,其导磁性能不变,故其磁导率 μ 随磁路的饱和而减小。

磁通 Φ 由磁通势 F 产生,它的大小除与磁通势有关外,还与铁芯材质的磁导率、铁芯磁路的截面积、磁路长度有关。当磁通势一定时,铁芯材质的磁导率 μ 越高,磁通就越多;铁芯磁路的截面积 S 越大,磁通也越多;铁芯磁路长度 l 越长,磁通却越少。它们之间的关系为

$$\Phi = F\frac{\mu S}{l} = \frac{F}{\frac{l}{\mu S}} = \frac{F}{R_{m}} \tag{5-5}$$

式(5-5)中,$R_{m} = \frac{l}{\mu S}$,称为磁阻,是表示磁路对磁通起阻碍作用的物理量,它仅与磁路的材质及几何尺寸有关,单位为每亨[利](H^{-1})。式(5-5)的结构形式与电路欧姆定律相似,故称为磁路的欧姆定律。但由于 μ 不是常数,它随励磁电流而变,所以不能直接应用磁路的欧姆定律来计算,它只能用于定性分析。

磁路与电路有很多相似之处,如磁路中的磁通由磁通势产生,而电路中的电流由电动势产生;磁路中有磁阻,它使磁路对磁通起阻碍作用,而电路中有电阻,它使电路对电流起阻碍作用;磁阻与磁导率 μ、磁路截面积 S 成反比,与磁路长度 l 成正比,而电阻也与电导率 γ、电路导线截面积 S 成反比,与电路长度 l 成正比。

4. 涡流

当线圈中通过变化的电流 i 时,在铁芯中穿过的磁通也是变化的。由于构成磁路的铁芯是导体,于是在铁芯中将产生感应电流,如图 5-8(a)中的虚线所示。由于这种感应电流是一种自成闭合回路的环流,故称为涡流。

在交流电气设备中,交变电流的交变磁通在铁芯中产生涡流,会使铁芯发热而消耗电功率,称为涡流损耗,它与磁滞损耗合称为铁损。在磁饱和状态下,铁损的大小与铁芯中磁感应强度的二次方(B_{m}^{2})成正比。

为了减小铁芯中的涡流,铁芯通常采用 0.35~0.5 mm 的硅钢片叠压而成,如图 5-8(b)所示。硅钢片间有绝缘层(涂绝缘漆)。由于硅钢片具有较大的电阻率和较小的剩磁,所以它的涡流损耗与磁滞损耗都比较小。

在电动机和电气设备铁芯中的涡流是有害的。因为它不仅消耗电能,使电气设备效率降

低，而且涡流损耗转变为热量，使电气设备温度升高，严重时将影响电气设备的正常运行。在这种情况下，要尽量减小涡流。

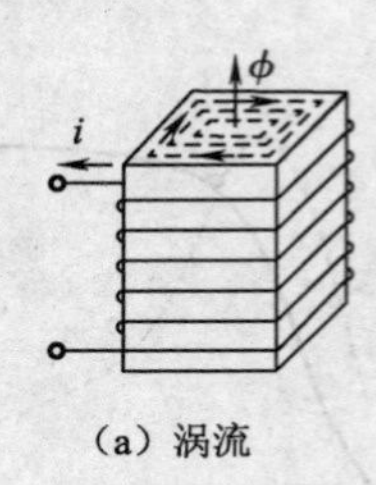

（a）涡流

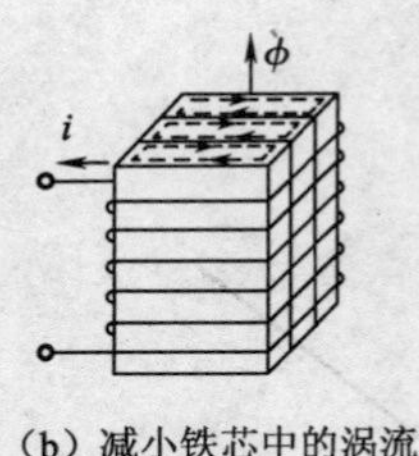

（b）减小铁芯中的涡流

图 5-8　涡流

涡流虽然在很多电气设备中会引起不良后果，但在一些场合下，人们却利用涡流为生产、生活服务。例如工业上利用涡流产生的热量来熔化金属，日常生活中的电磁炉也是利用涡流的原理制成的，它给人们的生活带来了很大的便利。

〖问题研讨〗——想一想

(1)磁场中的物理量有哪些？各自的单位是什么？

(2)铁磁材料有哪些磁性能？你能解释磁化现象吗？铜和铝能被磁化吗？为什么？

(3)铁磁材料有哪些类型？各有什么用途？

(4)磁路与电路有什么区别？有什么相似之处？

(5)涡流是如何产生的？什么情况下利用涡流？什么情况下减小涡流？在变压器和电动机中是如何减少涡流的？

(6)两个形状、大小和匝数完全相同的环形线圈，其中一个用木芯，另一个用铁芯，当两线圈通以等值的电流时，木芯和铁芯中的 Φ、B 是否相等？为什么？

子任务 2　互感与互感电压

〖现象观察〗——看一看

连接图 5-9 所示电路，线圈 L_1 和线圈 L_2 靠得很近，并且封装在一起，在 a、b 两端接电压 U_S，将电压表接在 c、d 两端，测线圈 L_2 上的电压。观察开关 S 接通瞬间、断开瞬间电压表指针偏转情况。请思考：电压 U_S 是加在线圈 L_1 两端的，为什么在线圈 L_2 两端会有电压产生？

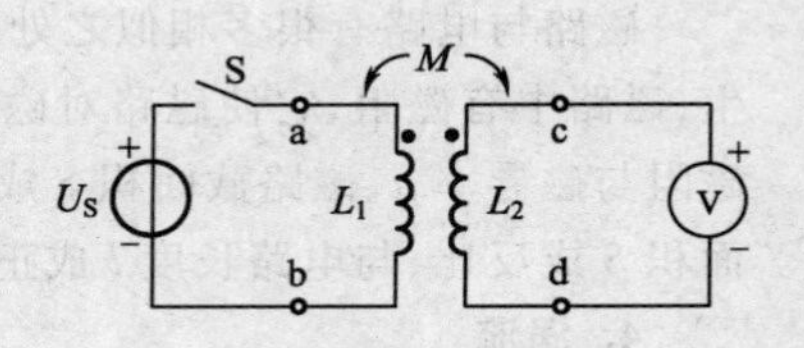

图 5-9　互感现象实验电路

〖知识链接〗——学一学

线圈的电流使线圈自身具有磁性，线圈的电流变化时，线圈的磁链也变化，并在其自身引起了感应电压，这种电磁现象称为自感现象。互感现象也是电磁感应现象中的一种，在工程实际中应用也很广泛，如变压器和收音机的输入回路，都是应用互感现象制成的。

1. 互感现象

图 5-10 所示两个线圈，匝数分别为 N_1、N_2。在线圈 1 中通以交流电流 i_1，使线圈 1 具有的磁通 ϕ_{11} 称为自感磁通，$\Psi_{11} = N_1\phi_{11}$ 称为线圈 1 的自感磁链。由于线圈 2 处在 i_1 所产生的磁场之中，ϕ_{11} 的一部分穿过线圈 2，线圈 2 具有的磁通 ϕ_{21} 称为互感磁通，$\Psi_{21} = N_2\phi_{21}$ 称为互感磁链。这种由于一个线圈电流的磁场使另一个线圈具有的磁通、磁链分别称为互感磁通、互感磁链。

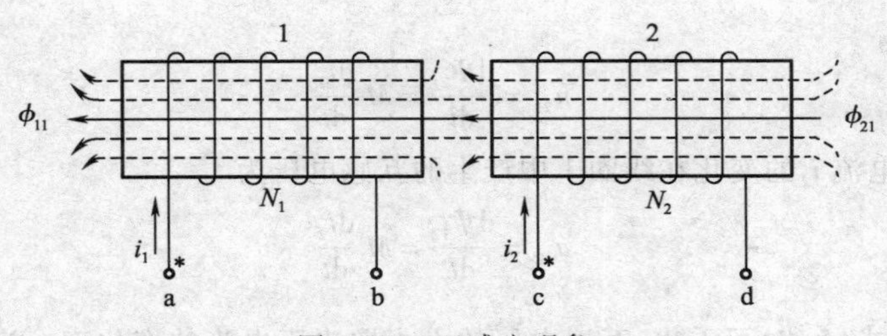

图 5-10　互感应现象

由于 i_1 的变化引起 Ψ_{21} 的变化,从而引起线圈 2 中产生的电压称为互感电压。同理,线圈 2 中电流 i_2 的变化,也会在线圈 1 中产生互感电压。这种由一个线圈的交变电流在另一个线圈中产生感应电压的现象称为互感现象。

为明确起见,磁通、磁链、感应电压等应用双下标表示。第一个下标代表该量所在线圈的编号,第二个下标代表产生该量的原因所在线圈的编号。例如,ϕ_{21} 表示由线圈 1 产生的穿过线圈 2 的磁通。

2. 互感系数

在非铁磁材料中,电流产生的磁通与电流成正比,当匝数一定时,磁链也与电流大小成正比。当选择电流的参考方向与它产生的磁通的参考方向满足右手螺旋定则关系时可得 $\Psi_{21} \propto i_1$。设比例系数为 M_{21},则 $\Psi_{21} = M_{21} i_1$,$M_{21} = \Psi_{21}/i_1$。M_{21} 称为线圈 1 对线圈 2 的互感系数,简称互感。同理,线圈 2 对线圈 1 的互感为 $M_{12} = \Psi_{12}/i_2$。

实践证明,$M_{12} = M_{21}$,两线圈间的互感系数用 M 表示,即 $M = M_{12} = M_{21}$。互感示数 M 的单位是亨[利](H)。

线圈间的互感系数 M 不仅与两线圈的匝数、形状及尺寸有关,还与线圈间的相对位置和磁介质有关。当用铁磁材料作为介质时,M 将不是常数。本书只讨论 M 为常数的情况。

3. 耦合系数

两个耦合线圈的电流所产生的磁通,一般情况下,只有部分相交链。两个耦合线圈相交链的磁通越多,说明两个耦合线圈耦合越紧密。为了能定量地表征两个耦合线圈之间磁耦合的紧密程度,人们引入了耦合系数 k,它定义为

$$k = \frac{M}{\sqrt{L_1 L_2}} \tag{5-6}$$

可以证明:$0 \leqslant k \leqslant 1$。

当两个耦合线圈的轴向互相垂直或两个耦合线圈相隔很远时,$k \approx 0$,属于松耦合,在电信系统中,一般采取垂直架设的方法来减少输电线对电信线路的电磁干扰;当两个耦合线圈绕在同一轴上时,$k \approx 1$,属于紧耦合,电力变压器各绕组之间就属于这种情况,$k \approx 0.95$;理想情况下 $k = 1$,称为全耦合。所以,改变耦合线圈的相互位置,可以相应地改变 M 的大小。

例 5-1　已知两个具有耦合关系的电感线圈的互感系数 $M = 0.04$ mH,自感系数分别为 $L_1 = 0.03$ mH,$L_2 = 0.06$ mH。试求:耦合系数 k。

解　这两个线圈的耦合系数 $k = \frac{M}{\sqrt{L_1 L_2}} = \frac{0.04}{\sqrt{0.03 \times 0.06}} \approx 0.943$

4. 互感电压

互感电压与互感磁链的关系也遵守电磁感应定律。与讨论自感现象相似,选择互感电压与互感磁链两者的参考方向符合右手螺旋定则关系时,因线圈 1 中电流 i_1 的变化在线圈 2 中产生

的互感电压为

$$u_{21}=\frac{\mathrm{d}\Psi_{21}}{\mathrm{d}t}=M\frac{\mathrm{d}i_1}{\mathrm{d}t} \tag{5-7}$$

同理，因线圈 2 中电流 i_2 的变化在线圈 1 中产生的互感电压为

$$u_{12}=\frac{\mathrm{d}\Psi_{12}}{\mathrm{d}t}=M\frac{\mathrm{d}i_2}{\mathrm{d}t} \tag{5-8}$$

由式(5-7)和式(5-8)可看出，互感电压的大小取决于电流的变化率。当$\frac{\mathrm{d}i}{\mathrm{d}t}>0$时，互感电压为正值，表示互感电压的实际方向与参考方向一致；当$\frac{\mathrm{d}i}{\mathrm{d}t}<0$时，互感电压为负值，表示互感电压的实际方向与参考方向相反。

当线圈中通过的电流为正弦电流时，如 $i_1=I_{1\mathrm{m}}\sin\omega t$，$i_2=I_{2\mathrm{m}}\sin\omega t$，则

$$u_{21}=M\frac{\mathrm{d}i_1}{\mathrm{d}t}=M\frac{\mathrm{d}(I_{1\mathrm{m}}\sin\omega t)}{\mathrm{d}t}=\omega MI_{1\mathrm{m}}\cos\omega t=\omega MI_{1\mathrm{m}}\sin\left(\omega t+\frac{\pi}{2}\right)$$

同理

$$u_{12}=\omega MI_{2\mathrm{m}}\sin\left(\omega t+\frac{\pi}{2}\right)$$

互感电压用相量表示为

$$\dot{U}_{21}=\mathrm{j}\omega M\dot{I}_1=\mathrm{j}X_{\mathrm{M}}\dot{I}_1$$

$$\dot{U}_{12}=\mathrm{j}\omega M\dot{I}_2=\mathrm{j}X_{\mathrm{M}}\dot{I}_2$$

式中，$X_{\mathrm{M}}=\omega M$ 称为互感抗，单位为欧[姆](Ω)。

注意：在运用式(5-7)和式(5-8)计算互感电压时，必须使互感电压与互感磁通的参考方向符合右手螺旋定则。

例 5-2 在两个互感线圈中，其互感电压与互感磁链的参考方向符合右手螺旋定则，已知 $M=0.2$ H，$i_1=10\sqrt{2}\sin 314t$ A，试求：互感电压 u_{21}。

解 $\dot{U}_{21}=\mathrm{j}\omega M\dot{I}_1=\mathrm{j}\times 314\times 0.2\times 10\angle 0°\ \mathrm{V}=628\angle 90°\ \mathrm{V}$

所以，互感电压 $u_{21}=628\sqrt{2}\sin(314t+90°)$ V。

〖**问题研讨**〗——**想一想**

(1)互感现象与自感现象有何不同？

(2)线圈间的互感系数 M 与哪些因素有关？

(3)线圈间的耦合有哪几种情况？各自的耦合系数等于什么？各应用于什么场合？

(4)在计算互感电压时，互感电压与互感磁通的参考方向符合什么定则？

子任务 3　绕组的同极性端与测定

〖**知识链接**〗——**学一学**

1. 绕组的同极性端

分析线圈的自感电压和电流方向关系时，只要选择自感电压与电流为关联参考方向，就满足 $u_{\mathrm{L}}=L\mathrm{d}i/\mathrm{d}t$ 关系，不必考虑线圈的实际绕向问题。当线圈电流增加时($\mathrm{d}i/\mathrm{d}t>0$)，自感电压的实际方向与电流实际方向一致；当线圈电流减少时($\mathrm{d}i/\mathrm{d}t<0$)，自感电压的实际方向与电流实际方向相反。

分析线圈互感电压和电流方向关系时，仅仅规定电流的参考方向是不够的，还需要知道线圈各自的绕向以及两个线圈的相对位置。那么能否像确定自感电压那样，在选定了电流的参考方向后，就可直接运用公式计算互感电压，而无须每次都考虑线圈的绕向及相对位置？解决这个问题就要引入同极性端的概念。

若两线圈的电流分别从端子1和端子2流入时，每个线圈的磁通方向一致，即磁通是加强的，则端子1和端子2就称为同极性端（或称同名端）；否则，若两个线圈的磁通方向相反，即磁通减弱，则端子1和端子2称为异极性端（或称异名端）。如图5–10所示的两线圈1、2，i_1、i_2分别从端子a、c流入，线圈1和线圈2的磁通的方向一致，是加强的，则线圈1的端子a和线圈2的端子c为同极性端。显然端子b和端子d也是同极性端，而端子a、d及端子b、c则是异极性端。

同极性端用符号“ * ”“△”“ • ”标记。为了便于区别，仅在两个线圈的一对同极性端用标记标注，另一对同极性端不标注，如图5–10所示。

注意，同极性端上电压的实际极性总是相同的。用同极性端来反映磁耦合线圈的相对绕向，从而在分析互感电压时不需要考虑线圈的实际绕向及相对位置。

2. 绕组同极性端的测定

如果已知磁耦合线圈的绕向及相对位置，同极性端便很容易利用其概念进行判定。但是，实际的耦合线圈的绕向一般是无法确定的，因而同极性端就很难判别，这就要用实验法进行同极性端的测定。

实验法测定同极性端有直流法和交流法两种。

（1）直流法。图5–11（a）中1、2为一个线圈，用A表示，3、4为另一个线圈，用B表示，把线圈A通过开关S与电源连接，线圈B与直流电压表（或直流电流表）连接。当开关S迅速闭合时，就有随时间逐渐增大的电流 i 从电源的正极流入线圈A的1端，若此时直流电压表（或直流电流表）的指针正向偏转，则线圈A的1端和线圈B的3端（即线圈B与直流电压表“+”端相接的一端）为同极性端。这是因为当电流刚流进线圈A的1端时，1端的感应电动势为“+”，而直流电压表正向偏转，说明3端此时也为“+”，所以1、3端为同极性端。若直流电压表反向偏转，则1、3端为异极性端。

（2）交流法。如图5–11（b）所示，把两个线圈的任意两个接线端连在一起，例如2和4，并在其中一个线圈上（例如A），加一个较低的交流电压。用交流电压表分别测量 U_{12}、U_{13}、U_{34}。

若测得：$U_{13}=U_{12}-U_{34}$，则1、3端为同极性端。这是因为只有1端和3端同时为“+”或同时为“−”时，才可能使 U_{13} 等于 U_{12} 与 U_{34} 之差，所以，1、3端为同极性端。若测得：$U_{13}=U_{12}+U_{34}$，则1、3端为异极性端。

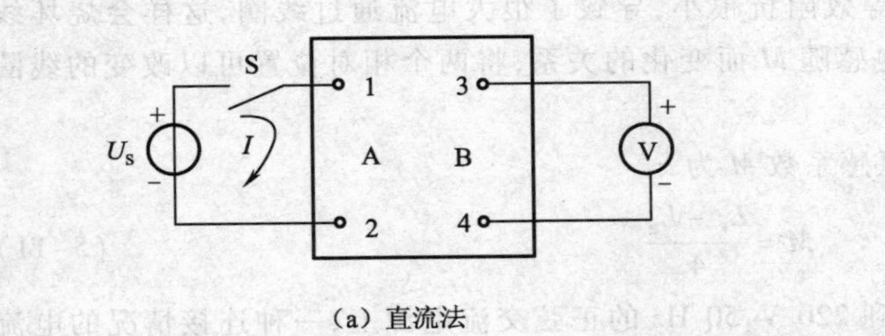

（a）直流法

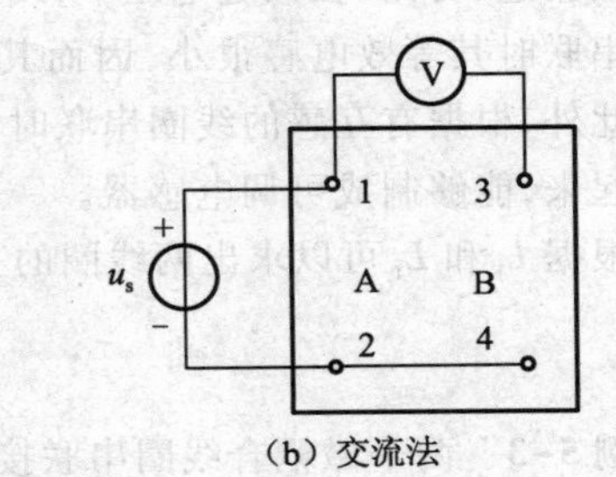

（b）交流法

图5–11　同极性端的测定

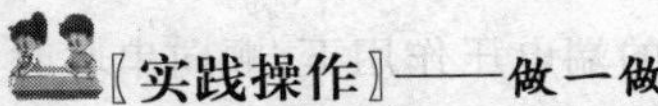
〖实践操作〗——做一做

分别用直流法和交流法测定两个磁耦合线圈的同极性端。

〖问题研讨〗——想一想

(1)两绕组同极性端是怎样定义的？若已知磁耦合线圈的绕向及相对位置，如何判定两绕组的同极性端？

(2)若不知磁耦合线圈的绕向，如何确定两绕组的同极性端？

(3)用直流法和交流法测定两个磁耦合线圈的同极性端，这两种方法的原理是什么？

子任务4　互感线圈的连接与测试

〖知识链接〗——学一学

1. 互感线圈的串联

(1)顺向串联。所谓顺向串联，就是把两线圈的异极性端相连，如图5-12所示。在这种连接方式中，电流将从两线圈的同极性端流进或流出。顺向串联时的等效电感为

$$L_F = L_1 + L_2 + 2M \tag{5-9}$$

(2)反向串联。所谓反向串联，就是把两线圈的同极性端相连，如图5-13所示，电流从两线圈的异极性端流进或流出。反向串联时的等效电感为

$$L_R = L_1 + L_2 - 2M \tag{5-10}$$

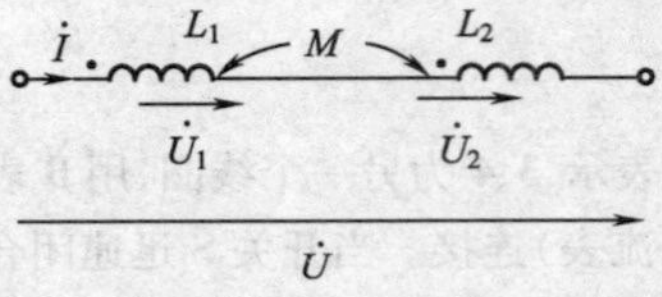

图5-12　顺向串联 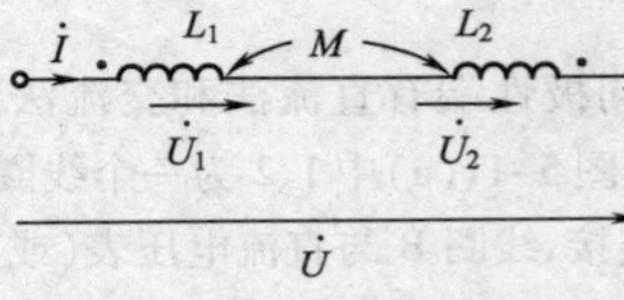　　　图5-13　反向串联

由式(5-9)和式(5-10)可以看出，两线圈顺向串联时的等效电感大于两线圈的自感之和，而两线圈反向串联时的等效电感小于两线圈的自感之和。从物理本质上说明顺向串联时，电流从同极性端流入，两磁通相互增强，总磁链增加，等效电感增大；而反向串联时，情况相反，总磁链减小，等效电感减小。

了解这些结论是有实际意义的。例如，某变压器原绕组有两个，每个原绕组的额定电压为110 V，若变压器接到220 V的交流电源上使用，则应把两个原绕组串联；当电源电压为110 V时，则应把两个原绕组并联。怎样连接呢？正确的接法应该是串联时异极性端相连，并联时同极性端相连；否则，在额定电压下，线圈会立即烧坏。这是因为在变压器的情况下，互感很大，在反向串联时其等效电感很小，因而其等效阻抗很小，导致了很大电流通过线圈，这样会烧坏线圈。此外，根据有互感的线圈串联时电感随M而变化的关系，将两个相对位置可以改变的线圈串联起来，能够制成可调电感器。

根据L_F和L_R可以求出两线圈的互感系数M为

$$M = \frac{L_F - L_R}{4} \tag{5-11}$$

例5-3　两个磁耦合线圈串联接到220 V，50 Hz的正弦交流电源上，一种连接情况的电流为2.7 A，功率为219 W；另一种连接情况的电流为7 A。试分析哪种情况为顺向串联，哪种情况为反向串联，并求它们的互感系数。

解　由于顺向串联时的总感抗、总阻抗比反向串联时大，在相同的端电压作用下，顺向串联时的电流比反向串联时的小，所以电流为2.7 A的情况是顺向串联，电流为7 A的情况为反向串联。

顺向串联时：

$$P = I^2(R_1 + R_2)$$

$$R_1 + R_2 = \frac{P}{I^2} = \frac{219}{2.7^2}\ \Omega = 30\ \Omega$$

$$|Z_F| = \sqrt{(R_1 + R_2)^2 + (\omega L_F)^2}$$

$$L_F = \frac{1}{\omega}\sqrt{|Z_F|^2 - (R_1 + R_2)^2} = \frac{1}{314} \times \sqrt{\left(\frac{220}{2.7}\right)^2 - 30^2}\ \mathrm{H} = 0.24\ \mathrm{H}$$

即

$$L_F = L_1 + L_2 + 2M = 0.24\ \mathrm{H}$$

反向串联时：

$$L_R = \frac{1}{\omega}\sqrt{|Z_R|^2 - (R_1 + R_2)^2} = \frac{1}{314} \times \sqrt{\left(\frac{220}{7}\right)^2 - 30^2}\ \mathrm{H} = 0.03\ \mathrm{H}$$

即

$$L_R = L_1 + L_2 - 2M = 0.03\ \mathrm{H}$$

所以，互感系数为

$$M = \frac{L_F - L_R}{4} = \frac{0.24 - 0.03}{4}\ \mathrm{H} = 0.053\ \mathrm{H}$$

可用此法通过实验测量互感系数。

2. 互感线圈的并联

互感线圈的并联也有两种连接方式，一种是两个线圈的同极性端相连，称为同侧并联；另一种是两个线圈的异极性端相连，称为异侧并联。

(1)同侧并联。如图 5-14 所示的电路，为两个线圈同侧并联，其等效电感 L'为

$$L' = \frac{L_1 L_2 - M^2}{L_1 + L_2 - 2M} \tag{5-12}$$

(2)异侧并联。如图 5-15 所示的电路，为两个线圈异侧并联，其等效电感 L''为

$$L'' = \frac{L_1 L_2 - M^2}{L_1 + L_2 + 2M} \tag{5-13}$$

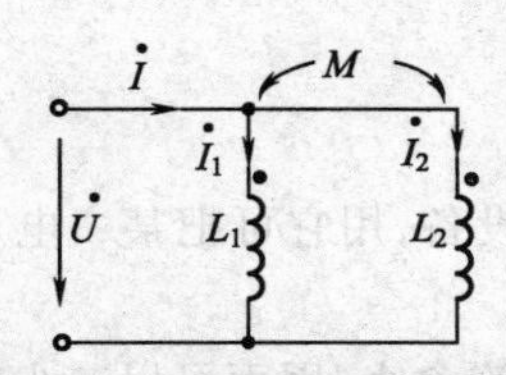

图 5-14　互感线圈的同侧并联

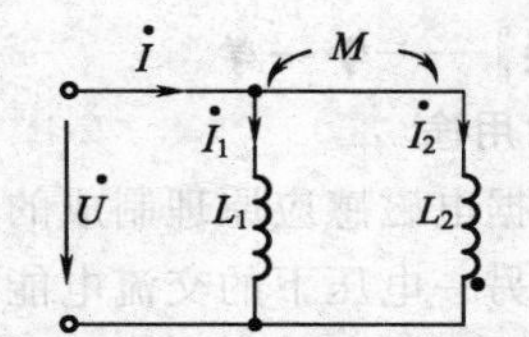

图 5-15　互感线圈的异侧并联

〖实践操作〗——**做一做**

将两个磁耦合线圈分别进行顺向、反向串联接到 220 V，50 Hz 的正弦交流电源上，分别测量两种情况下的电流和功率，从而计算出它们的互感系数。

〖问题研讨〗——**想一想**

(1)在实践操作中，若不测量电路的功率，只测量电路的电流，怎样测量两个磁耦合线圈的互感？

(2)耦合线圈的串联和并联实际应用中常用哪几种形式？其等效电感分别为多少？实际中，如果不慎将线圈的端子接反了，会出现什么现象？

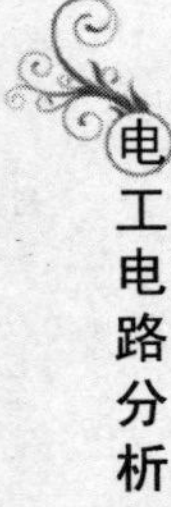

任务5.2　变压器的认知与测试

任务描述

变压器和电动机是以电磁感应原理为工作基础的。变压器在电力线路中用于电能的传输，在电子电路中用于信号的变换，是电工、电子电路中的重要设备和器件。本任务学习变压器和其他用途变压器的用途、结构、工作原理分析及测试。

任务目标

熟悉各种类型变压器的结构和用途；理解变压器的基本工作原理；掌握变压器的电压、电流和阻抗变换原理；掌握自耦变压器、电压互感器、电流互感器、钳形电流表的作用、接线及测试方法。

任务实施

子任务1　单相变压器的认识与测试

〖知识先导〗——认一认

观察图5-16所示的一些常用的单相变压器的外形，你能说出这些变压器是由哪些部分构成的？各有什么用途？

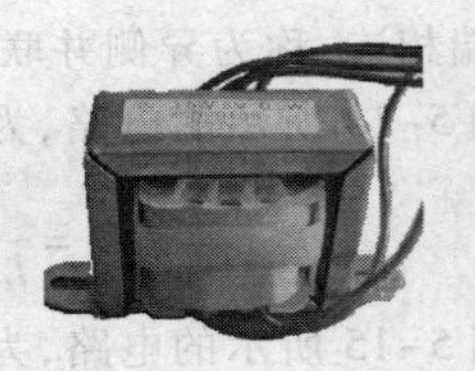

图5-16　常用的单相变压器的外形

〖知识链接〗——学一学

1. 变压器的用途

变压器是根据电磁感应原理制成的一种静止的电气设备，用它可把某一电压下的交流电能变换为同频率的另一电压下的交流电能。

输送电能时，若采用的电压愈高，则输电线路中的电流愈小，因而可以减少输电线路上的损耗，节约导电材料。所以，远距离输电采用高电压是最为经济的。

目前，我国交流输电的电压最高已达500 kV。这样高的电压，无论从发电机的安全运行方面或者从制造成本方面考虑，都不允许由发电机直接产生。

发电机的输出电压一般有3.15 kV、6.3 kV、10.5 kV、15.75 kV等几种，因此必须用升压变压器将电压升高才能远距离输送。电能输送到用电区域后，为了适应用电设备的电压要求，还需要通过各级变电所（站）利用变压器将电压降低为各类电器所需要的电压值。

在用电方面，多数用电器所需要的电压是380 V、220 V或36 V，少数电动机也采用3 kV、6 kV等。所以，升压、降压都需要用变压器。

变压器的种类很多，按其用途不同，有电源变压器、控制变压器、电焊变压器、自耦变压器、仪用互感器等。变压器种类虽多，但基本原理都是一样的。

变压器除用来变换电压外，在各种仪器、设备上还广泛应用变压器的工作原理来完成某些特殊任务。例如，冶炼金属用的电炉变压器；整流装置用的整流变压器；输出电压可以调节的自耦变压器等，它们的结构形状虽然各有特点，但其工作原理基本上是一样的。

2. 变压器的结构

构成变压器的主要部件是铁芯和绕组。

变压器铁芯用磁滞损耗很小的硅钢片（厚度为0.35～0.5 mm）叠装而成，片间相互绝缘，以减小涡流损失。

按绕组与铁芯的安装位置，变压器可分为心式和壳式两种。心式变压器的绕组套在各铁芯柱上，如图5-17(a)所示；壳式变压器的绕组只套在中间的铁芯柱上，绕组两侧被外侧铁芯柱包围，如图5-17(b)所示。电力变压器多采用心式，小型变压器多采用壳式。

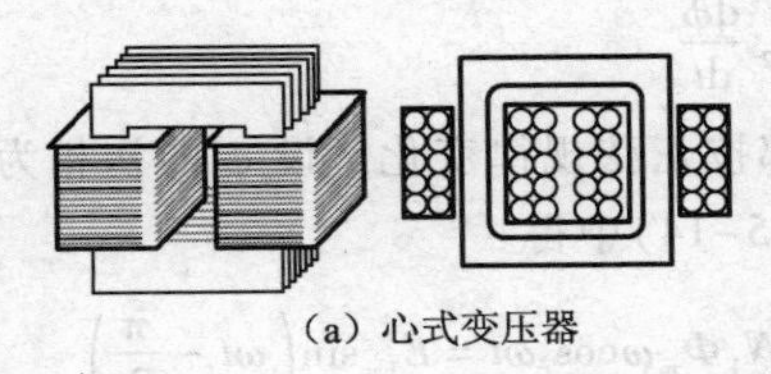

(a) 心式变压器

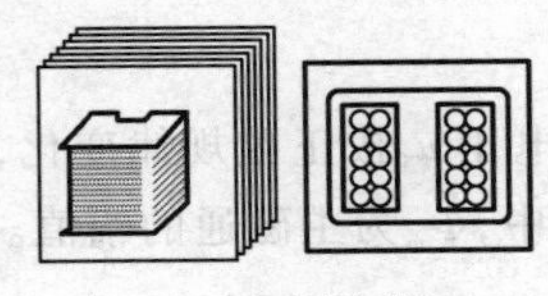

(b) 壳式变压器

图5-17　变压器的结构外形

变压器绕组可分为同心式和交叠式两类。同心式绕组的高、低压绕组同心地套在铁芯柱上，为便于绝缘，一般低压绕组靠近铁芯，同心式绕组结构简单、制造方便，国产电力变压器均采用这种结构；交叠式绕组制成饼形，高、低压绕组上下交叠放置，主要用于电焊、电炉等变压器中。

变压器运行时因有铜损和铁损而发热，为了防止变压器因温度过高而烧坏，必须采取冷却散热措施。按冷却方式不同，变压器可分为自冷式和油冷式两种。小型变压器多采用自冷式，即在空气中自然冷却；容量较大的变压器多采用油冷式，即把变压器的铁芯和绕组全部浸在油箱中，油箱中的变压器油（矿物油）除了使变压器冷却外，还是很好的绝缘材料。为了容易散热，常采用波形壁来增加散热面。大型电力变压器常在油箱壁上焊有散热管，不但增加散热面，而且使油经过管子循环流动，加强油的对流作用以促进变压器的冷却。

变压器从电源输入电能的绕组称为一次绕组（又称初级绕组、原绕组）；向负载输出电能的绕组称为二次绕组（又称次级绕组、副绕组）。电路图中表示单相变压器的图形符号如图5-18所示。

3. 变压器的工作原理

(1) 变压器的空载运行。变压器空载运行就是一次绕组加额定电压而二次绕组开路（不接负载）时的工作情况。例如，某用户的全部用电设备停止工作时，专给此用户供电的变压器就处于空载运行状态。

图5-19为单相变压器的空载运行原理图。为了便于分析，将匝数为N_1的一次绕组和匝数为N_2的二次绕组分别画在闭合铁芯的两个柱上。

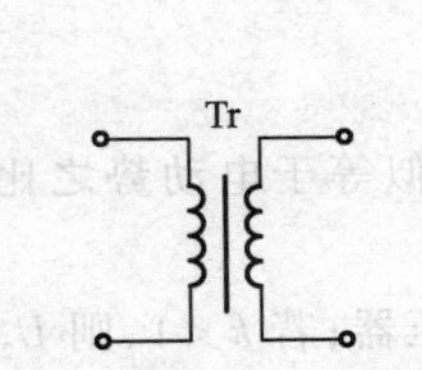

图5-18　变压器的图形符号

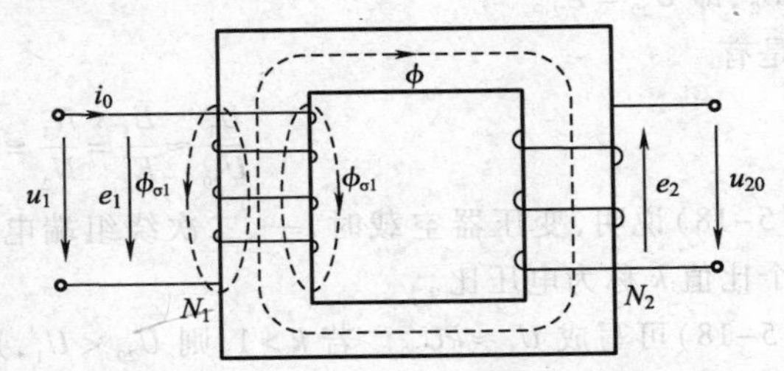

图5-19　单相变压器的空载运行原理图

一次绕组两端加上交流电压 u_1 时，便有交变电流 i_0 通过一次绕组，i_0 称为空载电流。大、中型变压器的空载电流约为一次侧额定电流的3%～8%。变压器空载时一次绕组近似为纯电感电路，故 i_0 较 u_1 滞后 $\frac{\pi}{2}$，此时一次绕组的交变磁通势为 i_0N_1，它产生交变磁通，因为铁芯的磁导率比空气（或油）大得多，绝大部分磁通通过铁芯磁路交链着一、二次绕组，称为主磁通或工作磁通，记作 ϕ；还有少量磁通穿出铁芯沿着一次绕组外侧通过空气或油而闭合，这些磁通只与一次绕组交链，称为漏磁通，记作 $\phi_{\sigma 1}$，漏磁通一般都很小，为了使问题简化，可以略去不计。

根据电磁感应定律，交变的主磁通 ϕ 在一、二次绕组中分别感应出电动势 e_1 与 e_2，即

$$\begin{cases} e_1 = -N_1 \dfrac{d\phi}{dt} \\ e_2 = -N_2 \dfrac{d\phi}{dt} \end{cases} \tag{5-14}$$

若外加电压 u_1 按正弦规律变化，则 i_0 与 ϕ 也都按正弦规律变化。设 ϕ 的初相为零，即 $\phi = \Phi_m \sin \omega t$，式中，$\Phi_m$ 为主磁通的幅值。将 ϕ 代入式(5-14)中得

$$\begin{cases} e_1 = -N_1 \dfrac{d\phi}{dt} = -N_1 \dfrac{d\Phi_m \sin \omega t}{dt} = -N_1 \Phi_m \omega \cos \omega t = E_{1m} \sin\left(\omega t - \dfrac{\pi}{2}\right) \\ e_2 = -N_2 \dfrac{d\phi}{dt} = -N_2 \dfrac{d\Phi_m \sin \omega t}{dt} = -N_2 \Phi_m \omega \cos \omega t = E_{2m} \sin\left(\omega t - \dfrac{\pi}{2}\right) \end{cases} \tag{5-15}$$

可见 e_1 和 e_2 的相位都比 ϕ 滞后 $\frac{\pi}{2}$；因为 i_0 与产生的磁通 ϕ 是同相的，而 i_0 与外加电压 u_1 相比滞后 $\frac{\pi}{2}$，所以 e_1 与 e_2 都与外加电压 u_1 反相。

由式(5-15)求得 e_1 与 e_2 的有效值分别为

$$\begin{cases} E_1 = \dfrac{1}{\sqrt{2}} E_{1m} = \dfrac{1}{\sqrt{2}} N_1 \Phi_m \omega = 4.44 f N_1 \Phi_m \\ E_2 = \dfrac{1}{\sqrt{2}} E_{2m} = \dfrac{1}{\sqrt{2}} N_2 \Phi_m \omega = 4.44 f N_2 \Phi_m \end{cases} \tag{5-16}$$

式中，$N_1 \Phi_m \omega = 2\pi f N_1 \Phi_m = E_{1m}$；$N_2 \Phi_m \omega = 2\pi f N_2 \Phi_m = E_{2m}$。

由此可得

$$\frac{E_1}{E_2} = \frac{4.44 f N_1 \Phi_m}{4.44 f N_2 \Phi_m} = \frac{N_1}{N_2} \tag{5-17}$$

即一、二次绕组中的感应电动势之比等于一、二次绕组匝数之比。

由于变压器的空载电流 I_0 很小，一次绕组中的电压降可略去不计，故一次绕组的感应电动势 E_1 近似地与外加电压 U_1 相平衡，即 $U_1 \approx E_1$。而二次绕组是开路的，其端电压 U_{20} 就等于感应电动势 E_2，即 $U_{20} = E_2$。

于是有

$$\frac{U_1}{U_{20}} \approx \frac{E_1}{E_2} = \frac{N_1}{N_2} = k \tag{5-18}$$

式(5-18)说明，变压器空载时，一、二次绕组端电压之比近似等于电动势之比（即匝数之比），这个比值 k 称为电压比。

式(5-18)可写成 $U_1 \approx kU_{20}$。若 $k>1$，则 $U_{20}<U_1$，是降压变压器；若 $k<1$，则 $U_{20}>U_1$，是升压变压器。

一般地，变压器的高压绕组总有几个抽头，以便在运行中随着负载的变动或外加电压 U_1 稍有变动时，用来改变高压绕组匝数，从而调整低压绕组的输出电压。通常调整范围为额定电压的 ±5%。

例 5-4 有一台单相降压变压器，一次绕组接到 6 600 V 的交流电源上，二次绕组的电压为 220 V，试求其电压比。若一次绕组的匝数 N_1 = 3 300 匝，试求二次绕组的匝数 N_2。若电源电压减小到 6 000 V，为使二次绕组的电压保持不变，试问一次绕组的匝数应调整到多少？

解 电压比为

$$k=\frac{N_1}{N_2}\approx\frac{U_1}{U_{20}}=\frac{6\ 600}{220}=30$$

二次绕组的匝数为

$$N_2=\frac{N_1}{k}=\frac{3\ 300}{30}=110(\text{匝})$$

若 $U_1'=6\ 000$ V，U_{20} 不变，则一次绕组的匝数应调整为

$$N_1'=N_2\frac{U_1'}{U_{20}}=110\times\frac{6\ 000}{220}=3000(\text{匝})$$

(2)变压器的负载运行。变压器的负载运行是指一次绕组加额定电压，二次绕组与负载相接通时的运行状态，如图 5-20 所示。这时二次电路中有了电流 i_2，它的大小由二次绕组电动势 E_2 和二次电路的总阻抗来决定。

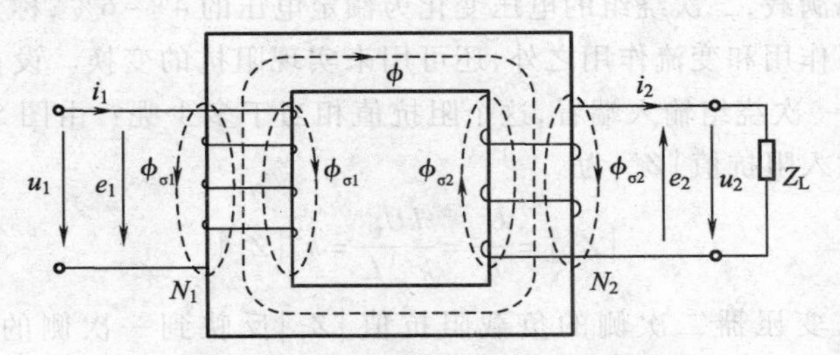

图 5-20 单相变压器的负载运行原理图

因为变压器一次绕组的电阻很小，它的电阻电压降可忽略不计。实际上，即使变压器满载，一次绕组的电压降也只有额定电压 U_{1N} 的 2% 左右，所以变压器负载时仍可近似地认为 U_1 等于 E_1。由式(5-16)可得

$$U_1\approx4.44fN_1\Phi_m$$

上式是反映变压器基本原理的重要公式。它说明，不论是空载还是负载运行，只要加在变压器一次绕组的电压 U_1 及其频率 f 都保持一定，铁芯中工作磁通的幅值 Φ_m 就基本上保持不变，那么，根据磁路欧姆定律，铁芯磁路中的磁通势也应基本不变。

空载时，铁芯磁路中的磁通是由一次绕组的磁通势 i_0N_1 产生和决定的。设负载时，一、二次电流分别为 i_1 与 i_2，则此时铁芯中的磁通是由一、二次绕组的磁通势共同产生和决定的。它们都是正弦量，可用相量表示。前面说过，铁芯磁路中的磁通势基本不变，所以负载时的合成磁通势应近似等于空载时的磁通势，即

$$\dot{I}_1N_1+\dot{I}_2N_2=\dot{I}_0N_1 \qquad (5-19)$$

式(5-19)称为变压器负载运行时的磁通势平衡方程，此式也可写成

$$\dot{I}_1N_1=\dot{I}_0N_1+(-\dot{I}_2N_2)$$

上式表明，负载时一次绕组电流建立的磁通势 $\dot{I}_1N_1$ 可分为两部分：其一是 $\dot{I}_0N_1$，用来产生主

磁通 Φ_m;其二是 $-\dot{I}_2N_2$,用来抵偿二次绕组电流所建立的磁通势 $\dot{I}_2N_2$,从而保持 Φ_m 基本不变。

当变压器接近满载时,I_0N_1 远小于 I_1N_1,即可认为 $I_0N_1\approx 0$,于是有

$$\dot{I}_1N_1\approx -\dot{I}_2N_2$$

说明 $\dot{I}_1N_1$ 与 $\dot{I}_2N_2$ 近似相等而且反相。若只考虑量值关系,则

$$I_1N_1\approx I_2N_2$$

或

$$\frac{I_1}{I_2}=\frac{N_2}{N_1}=\frac{1}{k} \tag{5-20}$$

式(5-20)表明,变压器接近满载时,一、二次绕组的电流近似地与绕组匝数成反比,即变压器有变流作用。应当指出,式(5-20)只适用于满载或重载的运行状态,而不适用于轻载的运行状态。

由以上分析可知,变压器负载加大(即 I_2增加)时,一次电流 I_1必然相应增加,电流能量经过铁芯中磁通的媒介作用,从一次侧电路传递到二次侧电路。

对于用户来说,变压器的二次绕组相当于电源,在一次绕组外加电压不变的条件下,变压器的负载电流 I_2增大时,二次绕组的内部电压降也增大,二次绕组的端电压 U_2将随负载电流的变化而变化,这种特性称为变压器的外特性,对于感性负载,可用图 5-21 所示的曲线表示。现代电力变压器从空载到满载,二次绕组的电压变化为额定电压的 4%~6%,称为电压变化率。

变压器除有变压作用和变流作用之外,还可用来实现阻抗的变换。设在变压器的二次侧接入阻抗为 Z_L,那么在一次绕组输入端看,这个阻抗值相当于多少呢?由图 5-22 可知,从一次绕组输入端看进去的输入阻抗值 $|Z_L'|$为

$$|Z_L'|=\frac{U_1}{I_1}=\frac{kU_2}{k^{-1}I_2}=k^2|Z_L| \tag{5-21}$$

式(5-21)说明,变压器二次侧的负载阻抗值 $|Z_L|$反映到一次侧的阻抗值 $|Z_L'|$近似为 $|Z_L|$的 k^2倍,起到了阻抗变换作用。图 5-22 是表示这种变换作用的等效电路图。

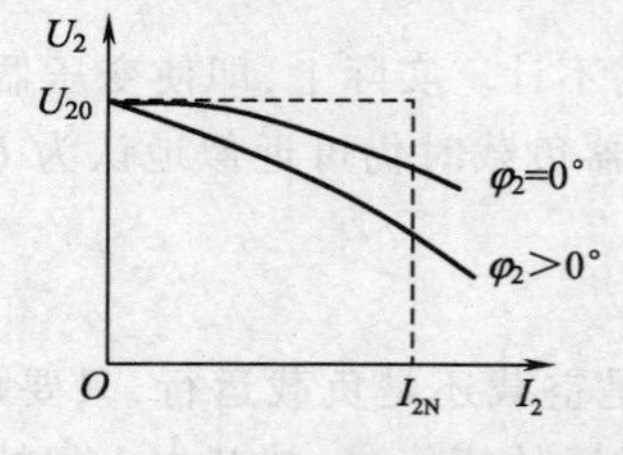

图 5-21　变压器的外特性曲线

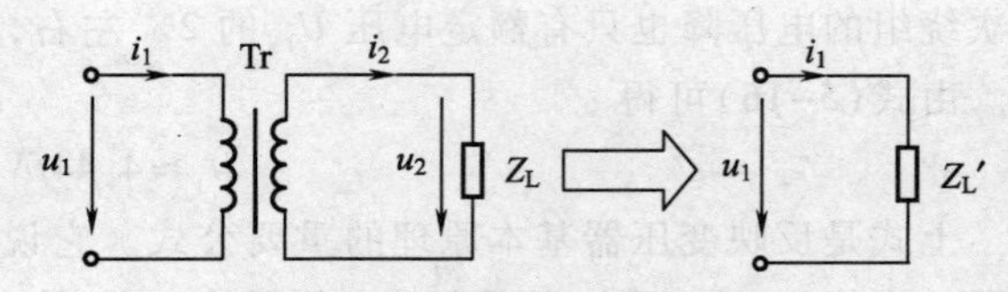

图 5-22　变压器阻抗变换等效电路

例如,把一个 8 Ω 的负载电阻接到 $k=3$ 的变压器二次侧,折算到一次侧就是 $R'\approx 3^2\times 8=72$ Ω。可见,选用不同的电压比,就可把负载阻抗变换成为等效二端网络所需要的阻抗值,使负载获得最大功率,这种做法称为阻抗匹配,在广播设备中经常用到,该变压器称为输出变压器。

例 5-5　有一台降压变压器,一次绕组电压为 220 V,二次绕组电压为 110 V,一次绕组为 2 200 匝,若二次绕组接入阻抗为 10 Ω 的阻抗,试求:变压器的电压比;二次绕组匝数;一、二次绕组中电流。

解　变压器电压比为

$$k=\frac{U_1}{U_2}=\frac{220}{110}=2$$

二次绕组匝数为

$$N_2 = \frac{N_1 U_2}{U_1} = \frac{2\ 200 \times 110}{220} = 1\ 100(\text{匝})$$

二次绕组电流为

$$I_2 = \frac{U_2}{|Z_L|} = \frac{110}{10}\ \text{A} = 11\ \text{A}$$

一次绕组电流为

$$I_1 = \frac{N_2}{N_1} I_2 = \frac{1\ 100}{2\ 200} \times 11\ \text{A} = 5.5\ \text{A}$$

4. 变压器的功率和效率

变压器一次绕组的额定电压 U_{1N} 是设计时按照变压器的绝缘强度和容许发热规定的一次绕组上应加的电压值;二次绕组的额定电压 U_{2N} 是一次侧加额定电压而变压器空载时二次绕组端的电压值。变压器的额定电流 I_{1N}、I_{2N} 是按照变压器容许发热规定的一、二次绕组中能长期允许通过的最大电流值。实际运用中不得超过各项额定值,否则由于发热过多或绝缘破坏而使变压器受到损害。

二次绕组的额定电压与额定电流的乘积 $U_{2N}I_{2N}$ 称为变压器的额定容量 S_N,也就是变压器的额定视在功率,以 kV · A 为单位。

变压器实际输出的有功功率 P_2 不仅决定于二次侧的实际电压 U_2 与实际电流 I_2,而且还与负载的功率因数 $\cos\varphi_2$ 有关,即 $P_2 = U_2 I_2 \cos\varphi_2$,其中 φ_2 为 u_2 与 i_2 的相位差。

变压器输入功率决定于它的输出功率。输入的有功功率为 $P_1 = U_1 I_1 \cos\varphi_1$。

变压器输入功率与输出功率之差($P_1 - P_2$)是变压器本身消耗的功率,称为变压器的功率损耗,简称损耗,它包括以下两部分:

铜损(P_{Cu}):由于一、二次绕组具有电阻 r_1、r_2,当电流 i_1、i_2 通过时,有一部分电能变成热能,其值为 $P_{Cu} = r_1 I_1^2 + r_2 I_2^2$。铜损与电流有关,随负载而变化,因而又称可变损耗。

铁损(P_{Fe}):它是铁芯中的涡流损耗 P_e 与磁滞损耗 P_h 之和,即 $P_{Fe} = P_e + P_h$。频率一定时,铁损与铁芯中交变磁通的幅值 Φ_m 有关。而当电源电压 U_1 一定时,Φ_m 基本不变,因而铁损与变压器的负载大小无关。所以铁损又称固定损耗。

输出功率和输入功率之比就是变压器的效率,记作 η,即

$$\eta = \frac{P_2}{P_1} \times 100\% = \frac{P_2}{P_2 + P_{Cu} + P_{Fe}} \times 100\% \qquad (5\text{-}22)$$

变压器没有转动部分,也就没有机械摩擦损耗,因此它的效率很高,大容量变压器最高效率可达 98% ~99% 。

〖实践操作〗——做一做

小型变压器变换电压、电流和阻抗试验。按照图 5-23 所示连接电路,调节调压器使单相变压器空载时的输出为 220 V,然后分别在变压器的二次侧接入 1 只、2 只、3 只“220 V、25 W”的灯泡,测量单相变压器的输入电压和输出电压、输入电流和输出电流,将测量数据填入表 5-2 中。根据表中的数据计算 $|Z_L|$、$|Z'_L|$ 值,分析变压器的阻抗变换作用。

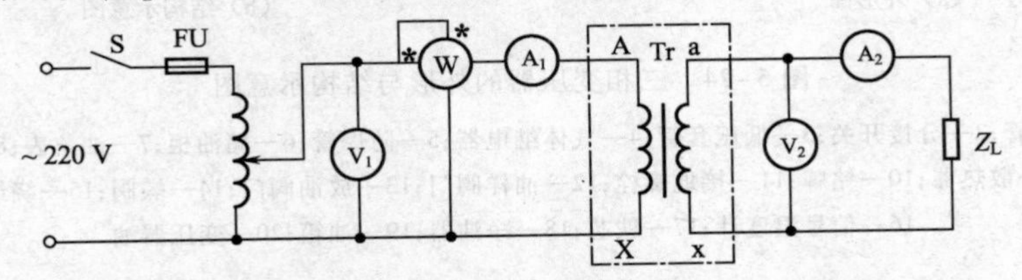

图 5-23　小型变压器变换电压、电流和阻抗的电路图

表 5-2　变压器电压变换、电流变换和阻抗变换作用

灯泡数	一次侧			二次侧		
	电压 U_1/V	电流 I_1/A	阻抗 $\|Z_L'\|$/Ω	电压 U_2/V	电流 I_2/A	阻抗 $\|Z_L\|$/Ω
0						
1						
2						
3						

〖问题研讨〗——想一想

(1)已知一台 220 V/110 V 的单相变压器，一次绕组 400 匝、二次绕组 200 匝，可否一次绕组只绕两匝、二次绕组只绕一匝？为什么？

(2)变压器空载运行且一次绕组加额定电压时，为什么空载电流并不因为一次绕组电阻很小而很大？

(3)变压器的铭牌上标明 220 V/36 V、300 V·A，问下列哪一种规格的电灯能接在此变压器的二次侧中使用？为什么？

电灯规格:36 V、500 W;36 V、60 W;12 V、60 W;220 V、25 W。

子任务 2　三相变压器的认识

〖知识先导〗——认一认

图 5-24 是三相变压器的外形和结构示意图，你能说出三相变压器在结构上与单相变压器有什么异同点吗？

(a) 外形图

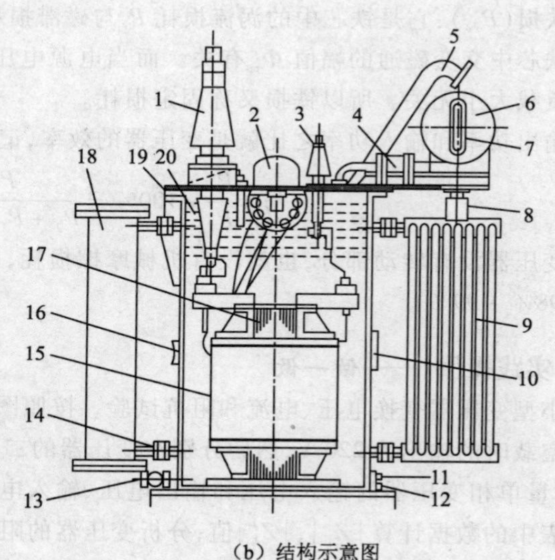

(b) 结构示意图

图 5-24　三相变压器的外形与结构示意图

1—高压套管;2—分接开关;3—低压套管;4—气体继电器;5—防爆管;6—储油柜;7—油位表;8—吸湿器;9—散热器;10—铭牌;11—接地螺栓;12—油样阀门;13—放油阀门;14—蝶阀;15—绕组;16—信号温度计;17—铁芯;18—净油器;19—油箱;20—变压器油

〖知识链接〗——学一学

1. 三相变压器的结构和工作原理

对于三相电源进行电压变换,可用3台单相变压器组成的三相变压器组,或用1台三相变压器来完成。

三相变压器的铁芯有3个芯柱,每个芯柱上装有属于同一相的两个绕组,如图5-25所示。就每一相来说,其工作情况和单相变压器完全相同。

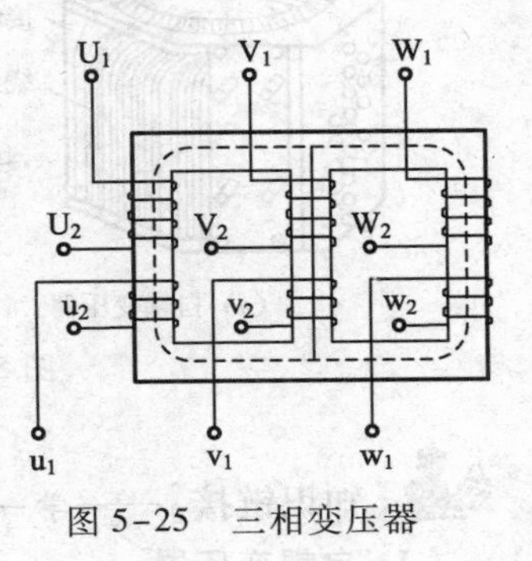

图5-25 三相变压器

三相变压器或3个单相变压器的一次绕组和二次绕组都可分别接成星形或三角形。实际上,常用的接法有Y,y(Y/Y)、Y,yn(Y/Y_0)和Y,d(Y/△)连接,逗号前(或分子)表示高压线圈连接,逗号后(或分母)表示低压线圈连接,yn(Y_0)表示Y连接有中性线引出。

2. 三相变压器的铭牌和额定值

使用变压器时,必须掌握其铭牌上的技术数据。变压器铭牌上一般注明下列内容:

(1)型号:表示变压器的结构、容量、冷却方式、电压等级等。例如,S9-1000/10,S表示基本型号(如S表示三相),9表示产品设计序号,1000表示额定容量(kV·A),10表示高压绕组电压等级(kV)。

(2)额定电压:一次绕组的额定电压是根据变压器的绝缘强度和容许发热条件而规定的正常工作电压值,二次绕组后额定电压是当一次绕组加上额定电压,而变压器分接开关置于额定分接头处时,二次绕组的空载电压值,单位为V或kV。三相变压器的额定电压指线电压。

(3)额定电流:变压器容许发热条件所规定的绕组长期允许通过的最大电流值,单位为A。三相变压器的额定电流指线电流。

(4)额定容量:制造厂家规定的,在额定使用条件下变压器输出视在功率的保证值,单位为V·A或kV·A。

单相变压器的额定容量为 $S_N = U_{2N}I_{2N} \approx U_{1N}I_{1N}$。

三相变压器的额定容量为 $S_N = \sqrt{3}U_{2N}I_{2N} \approx \sqrt{3}U_{1N}I_{1N}$。

(5)变压器的效率:变压器的输出功率与输入功率之比。变压器的功率损耗包括铁芯的铁损和绕组上的铜损两部分。由于变压器的功率损耗很小,所以变压器的效率一般都很高,大、中型变压器的效率一般都在95%以上。

(6)额定频率:我国工业标准频率规定为50 Hz。

此外,还有温升、阻抗电压、连接组别等参数,1 000 kV·A以上的变压器铭牌上还标有空载电流、空载损耗及短路损耗等,这里不再一一介绍,读者可参阅有关资料。

〖问题研讨〗——想一想

(1)三相变压器能否用三个单相变压器构成?

(2)三相变压器的额定电压是相电压还是线电压?额定电流是相电流还是线电流?利用电压比、电流比计算时又是指的什么电压?

子任务3 其他用途变压器的认识

〖知识先导〗——认一认

图5-26分别为自耦变压器、电焊机、钳形电流表的外形图,你知道它们各自的作用吗?它们所用的变压器与普通单相变压器有什么异同点?

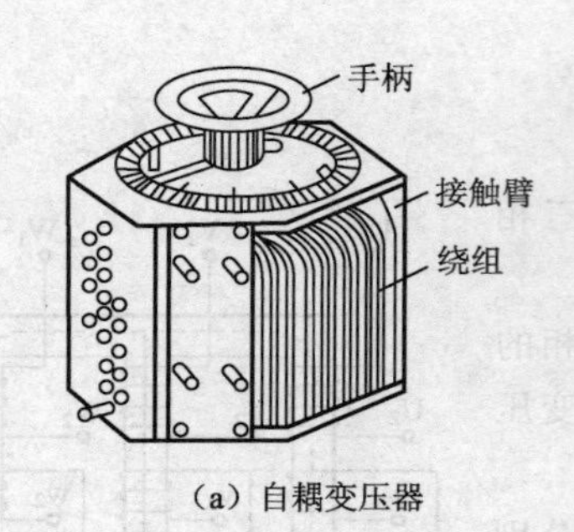

（a）自耦变压器

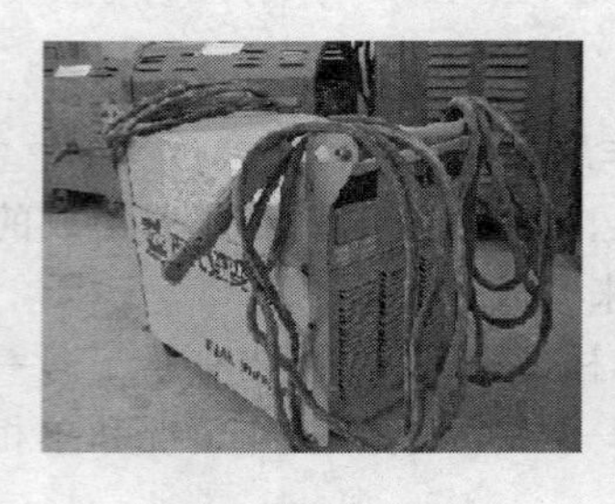
（b）电焊机

（c）钳形电流表

图 5-26　自耦变压器、电焊机、钳形电流表的外形图

〖知识链接〗——学一学

1. 自耦变压器

普通双绕组变压器一、二次绕组之间仅有磁的耦合，并无电的直接联系。自耦变压器只有一个绕组，如图 5-27 所示，即一、二次绕组公用一部分绕组，所以自耦变压器一、二次绕组之间除有磁的耦合外，又有电的直接联系。实质上，自耦变压器就是利用一个绕组抽头的办法来实现电压改变的一种变压器。

以图 5-27 所示的自耦变压器为例，将匝数为 N_1 的一次绕组与电源相接，其电压为 u_1；匝数为 N_2 的二次绕组（一次绕组的一部分）接通负载，其电压为 u_2。自耦变压器的绕组也套在闭合铁芯的芯柱上，工作原理与普通变压器一样，一、二次的电压和电流与匝数的关系仍为

$$\frac{U_1}{U_2} \approx \frac{N_1}{N_2} = k;\frac{I_1}{I_2} = \frac{N_2}{N_1} = \frac{1}{k}$$

可见，适当选用匝数 N_2，二次侧就可得到所需的电压。

三相自耦变压器通常是接成星形的，如图 5-28 所示。

自耦变压器的中间出线端若做成能沿着整个线圈滑动的活动触点，如图 5-29 所示，则这种自耦变压器称为自耦调压器。其二次电压 U_2 可在 0 到稍大于 U_1 的范围内变动。图 5-26（a）所示为单相自耦调压器的外形。

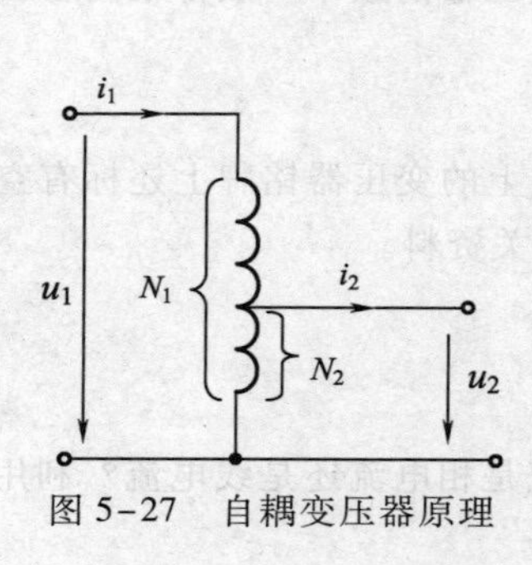

图 5-27　自耦变压器原理

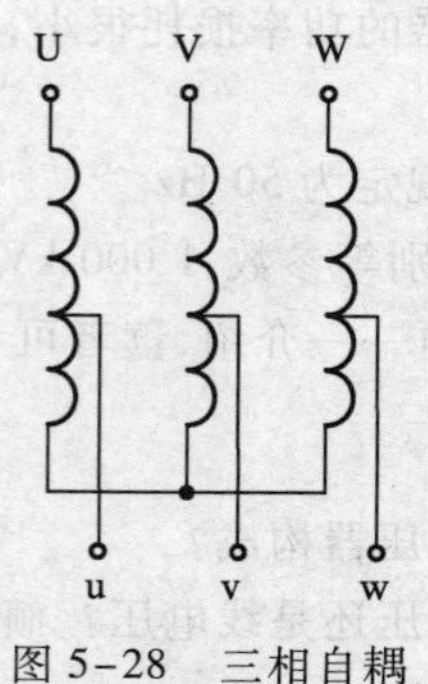

图 5-28　三相自耦变压器

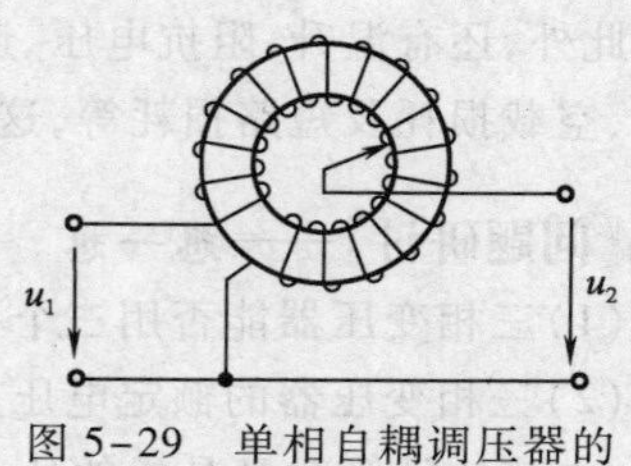

图 5-29　单相自耦调压器的原理示意图

小型自耦变压器常用来启动交流电动机，在实验室和小型仪器上常作为调压设备，也可用在照明装置上来调节亮度。电力系统中也应用大型自耦变压器作为电力变压器。

因为自耦变压器的一、二次绕组有电的直接联系，一旦公共部分断开，高压将引入低压侧，造成危险。所以，自耦变压器的电压比不宜过大，通常选择电压比 $k<3$，而且不能用自耦变压器作为 36 V 以下安全电压的供电电源。

2. 电焊变压器

交流弧焊机应用很广。电焊变压器是交流弧焊机的主要组成部分。它是利用变压器外特性的性能而工作的,实际上是一台降压变压器。

要保证电焊的质量及电弧燃烧的稳定性,对电焊变压器有以下几点要求:

(1)空载时应有足够的引弧电压(60~75 V),以保证电极间产生电弧。但考虑操作者的安全,空载起弧电压不超过85 V。

(2)有载(即焊接)时,变压器应具有迅速降压的外特性。在额定负载时(焊钳与工件间产生电弧,并稳定燃烧时)的额定电压约为30 V。

(3)短路时(焊条与工件相碰瞬间),短路电流不能过大,以免损坏电焊变压器。

(4)为了适应不同的焊件和不同规格的焊条,要求焊接电流的大小在一定范围内要均匀可调。

由变压器的工作原理可知,引起变压器二次电压下降的内因是二次侧内阻抗的存在;而普通变压器二次侧内阻抗很小,内阻抗压降很小,从空载到额定负载变化不大,不能满足电焊的要求。因此电焊变压器应具有较大的电抗,才能使二次侧的电压迅速下降,并且电抗还要可调。改变电抗的方法不同,可得不同类型的电焊变压器。

图5-30是在二次绕组电路中串联一个可调电抗器的电焊变压器的原理图。调节电抗器的调节螺栓来改变电抗器气隙的长度,就可调节其电抗的大小,从而调节焊接电流的大小。气隙增大,电抗器的感抗随之减小,电流随之增大。

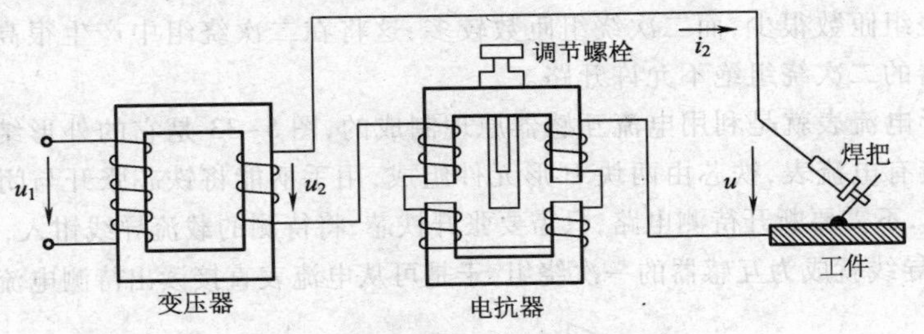

图5-30　电焊变压器的原理图

在图5-30中,变压器的一、二次绕组分别绕在两个铁芯柱上,使绕组有较大的漏磁通。漏磁通只与各绕组自身交链,它在绕组中产生的自感电动势起着减弱电流的作用,因此可用一个电抗来反映这种作用,称为漏电抗,它与绕组本身的电阻合称为漏阻抗。漏磁通越大,该绕组本身的漏电抗就越大,漏阻抗也就越大。对负载来说,二次绕组相当于电源,那么二次绕组本身的漏阻抗就相当于电源的内部阻抗,漏阻抗大就是电源的内阻抗大,会使变压器的外特性曲线变陡,即二次电压 U_2 将随电流 I_2 的增大而迅速下降,这样就满足了有载时二次电压迅速下降以及短路瞬间短路电流不致过大的要求。

3. 仪用互感器

专供测量仪表、控制和保护设备用的变压器称为仪用互感器。仪用互感器有两种:电压互感器和电流互感器。利用互感器将待测的电压或电流按一定比率减小以便于测量;且将高压电路与测量仪表电路隔离,以保证安全。互感器实质上就是损耗低、电压比精确的小型变压器。

电压互感器的原理图如图5-31所示。由图5-31看到,高压电路与测量仪表电路只有磁的耦合而无电的直接联系。为防止互感器一、二次绕组之间绝缘损坏时造成危险,铁芯以及二次绕组的一端应当接地。

电压互感器的工作原理是根据式(5-18),即

$$\frac{U_1}{U_2}=\frac{N_1}{N_2}$$

为降低电压,要求 $N_1>N_2$,一般规定二次绕组的额定电压为 100 V。

电流互感器的原理图如图 5-32 所示。电流互感器的工作原理是根据式(5-20),即

$$\frac{I_1}{I_2}=\frac{N_2}{N_1}$$

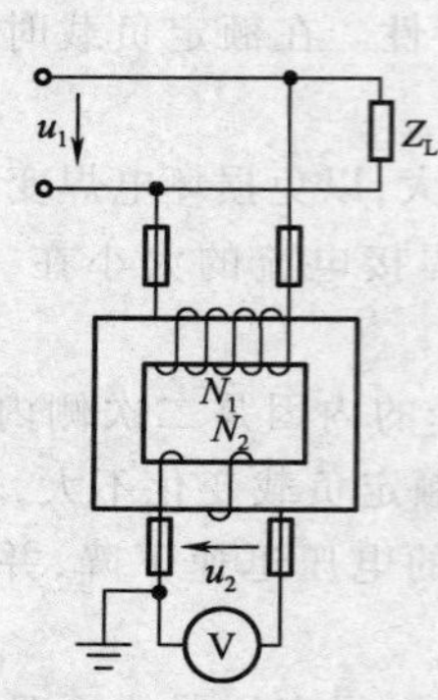

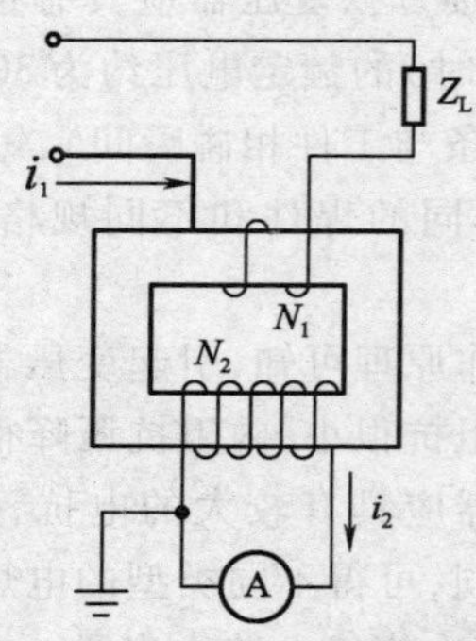

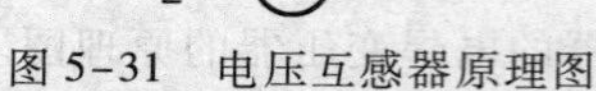

图 5-31　电压互感器原理图　　图 5-32　电流互感器原理图

为减小电流,要求 $N_1<N_2$,一般规定二次绕组的额定电流为 5 A。

使用互感器时,必须注意:由于电压互感器的二次绕组电流很大,因此绝不允许短路;电流互感器的一次绕组匝数很少,而二次绕组匝数较多,这将在二次绕组中产生很高的感应电动势,因此电流互感器的二次绕组绝不允许开路。

便携式钳形电流表就是利用电流互感器原理制成的,图 5-33 是它的外形结构图和原理图。其二次绕组端接有电流表,铁芯由两块 U 形元件组成,用手柄能将铁芯张开与闭合。

测量电流时,不需要断开待测电路,只需要张开铁芯,将待测的载流导线钳入,即图 5-33(a)中的 A、B 端,这根导线就成为互感器的一次绕组,于是可从电流表直接读出待测电流值。

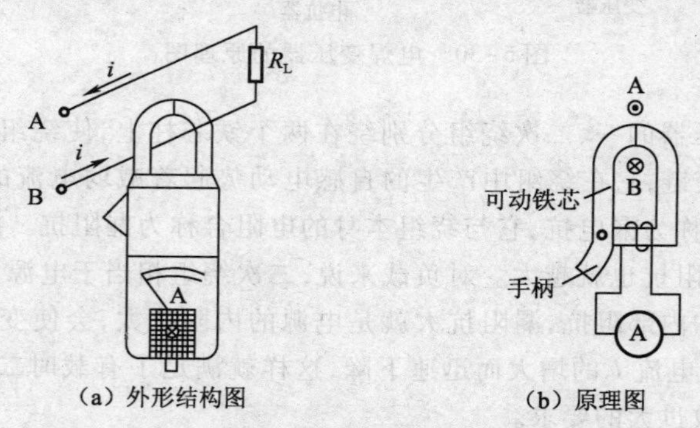

(a) 外形结构图　　(b) 原理图

图 5-33　钳形电流表的外形结构图和原理图

〖问题研讨〗——想一想

(1)自耦变压器的结构特点是什么?有哪些优缺点?

(2)电压互感器和电流互感器使用时应注意什么问题?为什么?

(3)为保证电焊的质量及电弧燃烧的稳定性,对电焊变压器有什么要求?电焊变压器在结构上有什么特点?

(4)电焊变压器的外特性与普通变压器有什么不同?

小　结

(1)磁路是磁通集中通过的路径。由于铁磁材料具有高导磁性,所以很多电气设备均用铁磁材料构成磁路。磁路与电路有对偶性:磁通—电流、磁通势—电动势,磁阻—电阻一一对应,甚至磁路欧姆定律—电路欧姆定律也相互对应。但由于铁磁材料的磁阻不是常数,故磁路欧姆定律常用于定性分析。

(2)互感。一个线圈通过电流所产生的磁通穿过另一个线圈的现象,称为互感现象或磁耦合。

互感系数为 $M=\dfrac{\Psi_{21}}{i_1}=\dfrac{\Psi_{12}}{i_2}$。

耦合系数 k:表示两个线圈耦合的紧密程度,$k=\dfrac{M}{\sqrt{L_1L_2}}$, $0\leqslant k\leqslant 1$。

互感电压:选择互感电压和产生它的电流的参考方向对同极性端一致时,有 $u_{12}=M\dfrac{\mathrm{d}i_2}{\mathrm{d}t}$, $u_{21}=M\dfrac{\mathrm{d}i_1}{\mathrm{d}t}$。

对于正弦交流电路有:

$$\dot{U}_{21}=\mathrm{j}\omega M\dot{I}_1=\mathrm{j}X_\mathrm{M}\dot{I}_1,\dot{U}_{12}=\mathrm{j}\omega M\dot{I}_2=\mathrm{j}X_\mathrm{M}\dot{I}_2$$

(3)同极性端。电流分别从同极性端流入,磁耦合线圈中的自感磁通和互感磁通相助。用同极性端来表示线圈的绕向。

(4)两互感线圈顺向串联时,其等效电感为 $L_\mathrm{F}=L_1+L_2+2M$;两互感线圈反向串联时,其等效电感为 $L_\mathrm{R}=L_1+L_2-2M$。互感系数为 $M=\dfrac{L_\mathrm{F}-L_\mathrm{R}}{4}$。

两个线圈同侧并联时,等效电感为 $L=\dfrac{L_1L_2-M^2}{L_1+L_2-2M}$;异侧并联时,等效电感为 $L=\dfrac{L_1L_2-M^2}{L_1+L_2+2M}$。

(5)变压器是根据电磁感应原理制成的一种静止和电气设备。它主要由用硅钢片叠成的铁芯和套在铁芯柱上的绕组构成。只要一、二次绕组匝数不等,变压器就具有变电压、变电流和变换阻抗的功能,这些物理量与匝数的关系如下:

$$\frac{U_1}{U_2}=\frac{N_1}{N_2}=k,\frac{I_1}{I_2}=\frac{N_2}{N_1}=\frac{1}{k},|Z'_\mathrm{L}|=\left(\frac{N_1}{N_2}\right)^2|Z_\mathrm{L}|=k^2|Z_\mathrm{L}|$$

(6)常用的变压器有三相变压器、自耦变压器、仪用互感器、电焊变压器,其基本结构、工作原理与普通变压器基本相同,但又各有特点。

习　题

一、填空题

1. 表示磁场内某点的磁场强弱和方向的物理量是______,其单位是______。表征物质导磁能力大小的物理量是______,其单位是______,它______(是,不是)一个常数。

2. 把 μ_r______ 1 但接近于 1 的物质称为顺磁物质,把 μ_r______ 1 且接近于 1 的物质称为逆磁物质,铁磁材料的 μ_r______ 1。

3. 把磁场中某点的磁感应强度与磁导率的比值，称为______，其单位是______。

4. 铁磁材料的磁性能有______、______、______和______。

5. 根据工程上用途的不同，铁磁材料一般可分为______材料、______材料和______材料三大类，其中电动机、电器的铁芯通常采用______材料制作。

6. ______经过的路径称为磁路。磁路的欧姆定律表达式为______。

7. 由于一个线圈中的电流变化在另一个线圈中产生感应电压的现象称为______，产生的感应电压称为______。此时若线圈1中电流 i_1 变化，在线圈2中产生的互感电压记作______，其大小的表达式为______；同理，线圈2中电流 i_2 的变化在线圈1产生的互感电压记作______，其大小的表达式为______。

8. 互感系数简称互感，用______表示，其国际单位是______。它是线圈之间的固有参数，它取决于两线圈的______、______、______和______。

9. 两线圈相互靠近，其耦合程度用耦合系数 k 表示，k 的表达式为______，其取值范围是______；当 $k=1$ 时，称为______耦合。

10. 已知两线圈，$L_1=12\ \text{mH}$，$L_2=3\ \text{mH}$，若 $k=0.4$，则 $M=$______；若两线圈为全耦合，则 $M=$______。

11. 互感线圈的顺向串联是指______，顺向串联后的等效电感为______；反向串联是指______，反向串联后的等效电感为______。

12. 两互感线圈，$L_1=10\ \text{H}$，$L_2=8\ \text{H}$，$M=1\ \text{H}$，顺向串联时等效电感为______；反向串联时等效电感为______。

13. 两互感线圈，$L_1=0.1\ \text{H}$，$L_2=0.2\ \text{H}$，$M=0.1\ \text{H}$，将其同极性端并联后，其等效电感为______；将其异极性端并联后，其等效电感为______。

14. 变压器是根据______原理制成的，它是将一种______变换成______相同的另一种或几种______的______。

15. 变压器具有______、______、______和______的作用。

16. 变压器的器身是变压器的______组成部分，它主要由______和______构成，前者既是变压器的______，又是变压器的______；后者是变压器的______。

17. 变压器运行中，绕组中电流的热效应引起的损耗称为______损耗，交变磁场在铁芯中所引起的______损耗和______损耗合称为______损耗。其中______损耗又称不变损耗，______损耗又称可变损耗。

18. 自耦变压器的特点是一、二次绕组不仅______，而且______。仪用互感器是电力系统中______设备，主要可分为______和______两类。

19. 电流互感器一次绕组的匝数______（多、少），与被测线路______（串联、并联）；二次绕组匝数______（多、少），与______连接，在使用中二次侧不得______（开路、短路）。电压互感器一次绕组的匝数______（多、少），与被测线路______（串联、并联）；二次绕组匝数______（多、少），与______连接，在使用中二次侧不得______（开路、短路）。

20. 电焊变压器为保证启弧容易，一般空载电压 $U_{20}=$______，最高不超过______V；额定焊接时电压 U_2 约为______V。

21. 发电厂向外输送电能时，应通过______变压器将发电机的出口电压进行变换后输送；分配电能时，需要通过______变压器将输送的电能变换后供应给用户。

二、选择题

1. 变压器的同极性端的含义是(　　)。

A. 变压器的两个输入端　　B. 变压器的两个输出端

C. 当分别从一、二次侧的一端输入电流时，一、二次绕组的自感磁通与互感磁通的方向一致，这两端即为同极性端

D. 当分别从一、二次侧的一端输入电流时，一、二次绕组的自感磁通与互感磁通的方向相反，这两端即为同极性端

2. 线圈自感电压的大小与(　　)有关。

A. 线圈中电流的大小　　B. 线圈两端电压的大小

C. 线圈中电流变化的快慢　　D. 线圈电阻的大小

3. 有一线圈，忽略电阻，其电感 $L=0.02$ H，当线圈中流过电流 $i=20$ A 的瞬间，电流增加的速率为 2×10^3 A/s，此时电感元件两端的电压是(　　)。

A. 40 V　　B. 0.4 V　　C. 0 V　　D. 800 V

4. 当线圈 1 中电流每秒变化 20 A，线圈 2 中产生的互感电压的大小是 0.2 V，则两线圈的互感是(　　)。

A. −0.01 H　　B. −100 H　　C. 0.01 H　　D. 100 H

5. 互感电压 u_{12} 的大小取决于(　　)。

A. 某时刻的电流 i_1　　B. 某时刻的电流 i_2

C. 某时刻的电流 i_1 的变化率　　D. 某时刻的电流 i_2 的变化率

6. 两个具有互感的线圈串联，$L_{顺}$ 与 $L_{反}$ 的大小关系为(　　)。

A. $L_{顺}=L_{反}$　　B. $L_{顺}>L_{反}$　　C. $L_{顺}<L_{反}$　　D. 无法确定

7. 两个具有互感的线圈串联在一起，测得总电感量为 175 mH，现将其中一个线圈对换两端后，测得总电感量为 825 mH，两线圈之间的互感为(　　)。

A. 650 mH　　B. 325 mH　　C. 162.5 mH　　D. 81.25 mH

8. 将两个 2 mH 的电感元件串联在一起(无互感)，其等效电感为(　　)。

A. 2 mH　　B. 1 mH　　C. 4 mH　　D. 3 mH

9. 将两个 1 mH 的电感元件并联在一起(无互感顺并)，其等效电感为(　　)。

A. 2 mH　　B. 1 mH　　C. 0.5 mH　　D. 3 mH

10. 单相变压器的一次电压 $U_1\approx4.44fN_1\Phi_m$，这里的 Φ_m 是指(　　)。

A. 主磁通　　B. 漏磁通　　C. 主磁通与漏磁通的合成

11. 三相变压器的额定容量 $S_N=$(　　)。

A. $3U_{1N}I_{1N}=3U_{2N}I_{2N}$　　B. $\sqrt{3}U_{1N}I_{1N}=\sqrt{3}U_{2N}I_{2N}$　　C. $\sqrt{3}U_{1N}I_{1N}\cos\varphi_{1N}$

12. 变压器铁芯采用相互绝缘的薄硅钢片叠成，主要目的是为了降低(　　)。

A. 铜耗　　B. 涡流损耗　　C. 磁滞损耗

13. 电压互感器在使用中，不允许(　　)。

A. 一次侧开路　　B. 二次侧开路　　C. 二次侧短路

14. 电流互感器在使用中，不允许(　　)。

A. 一次侧开路　　B. 二次侧开路　　C. 二次侧短路

15. 变压器若带感性负载，从轻载到满载，其输出电压将(　　)。

A. 升高　　B. 降低　　C. 不变

16. 自耦变压器不能作为安全电源变压器的原因是(　　)。

A. 公共部分电流太小　B. 一、二次侧有电的联系　C. 一、二次侧有磁的联系

三、判断题

1. 磁场强度 H 的大小不仅与励磁电流有关,还与介质的磁导率有关。(　)

2. 磁耦合线圈互感 M 是线圈的固有参数,决定于线圈的形状、尺寸、介质的种类,与两个线圈之间的相对位置无关。(　)

3. 当用磁性材料作为耦合磁路时,耦合系数 M 将不一定是常数。(　)。

4. 两个互感线圈中,若一个线圈的互感电压大,说明在另一个线圈上的电流一定大。(　)

5. 实际极性始终相同的两端钮,称为同极性端。(　)

6. 变压器顾名思义,当额定容量不变时,改变二次绕组匝数只能改变二次电压。(　)

7. 当变压器一次侧加额定电压,二次侧功率因数 $\cos\varphi_2$ 为一定时,$U_2=f(I_2)$ 称为变压器的外特性。(　)

8. 三相变压器铭牌上所标注的 S_N 是指在额定电流下对应的输出有功功率。(　)

9. 变压器空载电流 I_0 纯粹是为了建立主磁通 Φ,称为励磁电流。(　)

10. 单相变压器从空载运行到额定负载运行时,二次电流 I_2 是从 I_{20} 增加到 I_{2N},因此,变压器一次电流 I_{10} 也是从 I_0 增加到 I_{1N}。(　)

11. 变压器一次电压不变,当二次电流增大时,则铁芯中的主磁通 Φ_m 也随之增大。(　)

12. 变压器额定电压为 $U_{1N}/U_{2N}=440\text{V}/220\text{V}$,若作为升压变压器使用,可在低压侧接 440 V 电压,高压侧电压达 880 V。(　)

13. 电流互感器在运行中,若需要换接电流表,应先将电流表接线断开,然后接上新电流表。(　)

14. 自耦变压器由于一、二次侧有电的联系,所以不能作为安全变压器使用。(　)

15. 三相变压器的电压比等于一、二次侧每相额定相电压之比。(　)

16. 变压器的损耗越大,其效率就越低。(　)

17. 变压器从空载到满载,铁芯中的工作主磁通和铁损基本不变。(　)

18. 在电流互感器运行中,二次侧不允许开路,否则会感应出高电压而造成事故。(　)

19. 变压器是只能变换交流电,不能变换直流电。(　)

20. 电动机及电器的铁芯通常都是用软磁性材料制作的。(　)

四、计算题

1. 已知两耦合线圈的电感分别为 $L_1=0.1$ H,$L_2=0.4$ H。试求:(1)$k=0.2$ 时,$M=$?(2)$M=0.2$ H 时,$k=$?

2. 已知两耦合线圈的 $L_1=5$ mH,$L_2=4$ mH。试求:(1)$k=0.5$ 时,$M=$?(2)$M=3$ mH 时,$k=$?(3)若两线圈全耦合时,$M=$?

3. 已知两个具有耦合关系的电感线圈的互感系数 $M=0.04$ mH,自感系数分别为 $L_1=0.03$ mH,$L_2=0.06$ mH。试求:耦合系数 k。

4. 两线圈的自感分别为 0.8 H 和 0.7 H,互感为 0.5 H,电阻不计。试求:当电源电压一定时,两线圈反向串联时的电流与顺向串联时的电流之比。

5. 一个可调电感器是由一个固定线圈,与直径较小可以固定线圈中间旋转的可动线圈串联而成,当中间线圈旋转时,可由顺向串联逐渐变为反向串联,获得连续变动的电感。等效电感的最大值为 626.5 mH,最小值为 106.5 mH。试求:互感系数 M 的变动范围。

6. 有两个有磁耦合的线圈,外加电压 $U=220$ V、$f=50$ Hz 的正弦电压。顺向串联时测得电流为 2.5 A,功率为 62.5 W;反向串联时测得功率为 250 W。试求:互感系数 M。

7. 接在 220 V 交流电源上的单相变压器,其二次电压为 110 V,若二次绕组匝数 350 匝。试求:(1)电压比;(2)一次绕组匝数 N_1。

8. 已知单相变压器的容量是 1.5 kV·A,电压是 220 V/110 V。试求:一、二次绕组的额定电流。如果二次绕组电流是 13 A,一次绕组中的电流约为多少?

9. 一台 220V/36V 的行灯变压器,已知一次绕组的匝数 $N_1=1\ 100$ 匝,试求:二次绕组匝数。若在二次绕组上接一盏"36 V、100 W"的白炽灯,试求:一次绕组中的电流(忽略空载电流和漏阻抗压降)。

10. 一台晶体管收音机的输出端要求最佳负载阻抗为 450 Ω,即可输出最大功率。现将负载改为阻抗为 8 Ω 的扬声器,此时,输出变压器应采用多大的电压比?

11. 如图 5-34 所示,变压器二次绕组电路中的负载为 $R_L=8\ \Omega$ 的扬声器,已知信号源电压 $U_s=15$ V,内阻 $R_o=100\ \Omega$,变压器一次绕组的匝数 $N_1=200$ 匝,二次绕组的匝数 $N_2=80$ 匝。试求:(1)扬声器获得的功率和信号源发出的功率;(2)如要使扬声器获得最大功率,即达到阻抗匹配,变压器的电压比及扬声器获得的功率。

12. 已知某收音机输出变压器的 $N_1=600$ 匝,$N_2=300$ 匝,原来接阻抗为 20 Ω 的扬声器,现要改接成 5 Ω 的扬声器。试求:变压器的二次绕组匝数 N_2。

13. 图 5-35 所示为二次侧有 3 个绕组的电源变压器。问该变压器能输出几种电压?

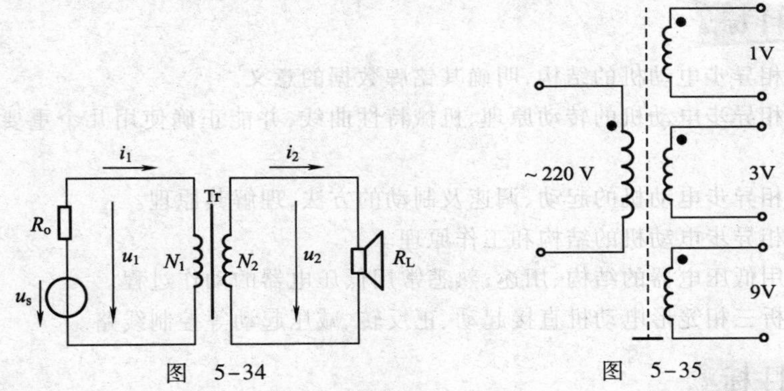

图 5-34　　　　图 5-35

14. 有一台Y/△连接的三相变压器,各相电压的电压比 $k=2$,若一次侧线电压为 380 V,二次侧线电压是多少?若二次侧线电流为 173 A,一次侧线电流是多少?

15. 有一台三相变压器,额定容量 $S_N=5\ 000$ kV·A,额定电压 $U_{1N}/U_{2N}=10\text{kV}/6.3\text{kV}$,采用Y/△连接。试求:(1)一、二次侧的额定电流;(2)一、二次侧的额定相电压和相电流。

交流电动机的认识及电气控制线路的装配

项目内容

- 三相异步电动机的结构、转动原理、运行特性。
- 单相异步电动机的结构和工作原理。
- 常用低压电器的结构、用途和动作过程。
- 三相异步电动机基本控制电路分析与装配。

知识目标

- 熟悉三相异步电动机的结构，明确其铭牌数据的意义。
- 理解三相异步电动机的转动原理、机械特性曲线，并能正确使用几个重要的转矩公式进行计算。
- 掌握三相异步电动机的起动、调速及制动的方法，理解其原理。
- 熟悉单相异步电动机的结构和工作原理。
- 了解常用低压电器的结构、用途；熟悉常用低压电器的动作过程。
- 能够分析三相笼形电动机直接起动、正反转、减压起动等控制线路。

能力目标

- 能正确地把三相异步电动机、单相异步电动机接入电源，并能进行测试。
- 会进行电气控制原理图的识读；能正确绘制电气控制原理图；能结合电气控制电路图，规范、合理地布局电气元件。
- 根据电气控制线路图，能规范安装、调试电气控制电路，并能测试、检修电气控制电路。

素质目标

- 理论联系实际，培养学生分析和解决问题的能力。
- 逐步提高学生的专业意识，培养学生高度的责任心和安全意识，遵章守纪、规范操作，使其养成良好的科学态度和求是精神。
- 锻炼学生信息、资料搜集与查找的能力。

任务6.1　三相异步电动机的结构、工作原理及机械特性

三相异步电动机是把交流电能转换为机械能的一种动力机械。它的结构简单，制造、使用

和维护简便，成本低廉，运行可靠，效率高，在工农业生产及日常生活中得到广泛应用。三相异步电动机被广泛用来驱动各种金属切削机床，起重机，中、小型鼓风机，水泵及纺织机械等。本任务学习三相异步电动机的结构、工作原理及转矩特性和机械特性。

任务目标

熟悉三相异步电动机的结构；理解三相异步电动机铭牌数据的意义、工作原理、转矩特性和机械特性；能正确地把三相异步电动机接入三相电源。

任务实施

子任务1　三相异步电动机的结构

〖知识先导〗——认一认

观察图6-1所示的三相异步电动机的外形图及主要零部件分解图，你能说出三相异步电动机是由哪些部分构成和怎样运转的吗？

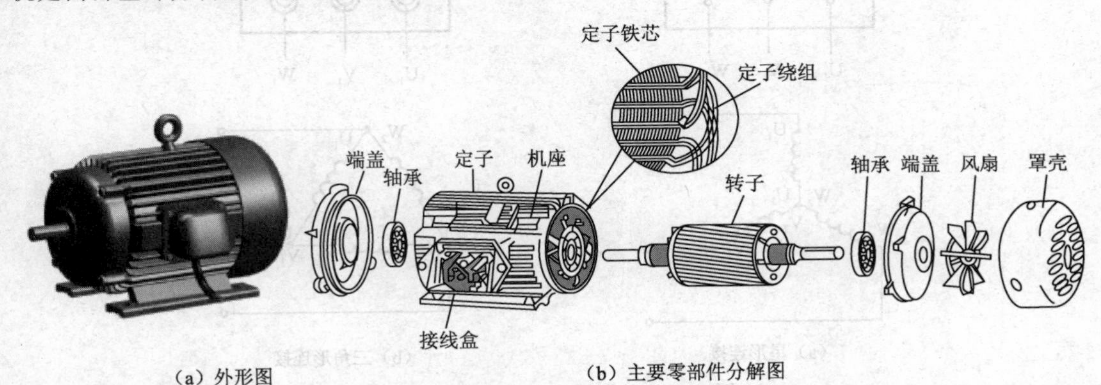

(a) 外形图　　(b) 主要零部件分解图

图6-1　三相异步电动机的外形图及主要零部件分解图

〖知识链接〗——学一学

三相异步电动机由定子和转子两个基本部分组成，转子装在定子内腔里，借助轴承被支撑在两个端盖上。为了保证转子能在定子内自由转动，定子和转子之间必须有一定的间隙，称为气隙。

1. 定子(静止部分)

三相异步电动机的定子是安装在铸铁或铸钢制成的机座内，由0.5 mm厚的硅钢片叠成的筒形铁芯，片间绝缘以减少涡流损耗。铁芯内表面上分布与轴平行的槽，如图6-2和图6-3所示，槽内嵌有三相对称绕组。绕组是根据三相异步电动机的磁极对数和槽数按照一定规则排列与连接的。

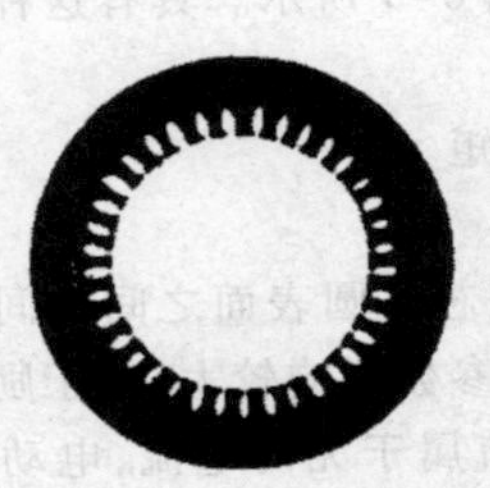

图6-2　定子的硅钢片

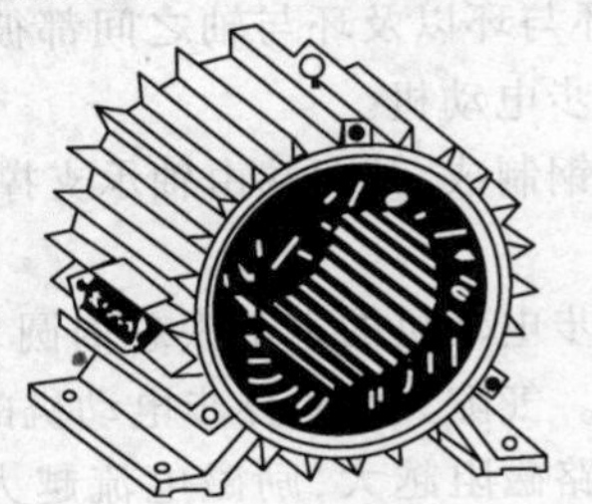

图6-3　装有三相绕组的定子

定子绕组可以接成星形或三角形。为了便于改变接线，三相绕组的6根端线都接到定子外面的接线盒上。盒中接线柱的布置如图6-4所示，图6-4(a)为定子绕组的星形(Y)连接；图6-4(b)为定子绕组的三角形(△)连接。

目前我国生产的三相异步电动机，功率在4 kW以下的定子绕组一般均采用星形连接；4 kW以上的定子绕组一般采用三角形连接，以便应用Y-△降压起动。

2. 转子(旋转部分)

三相异步电动机的转子是由0.5 mm厚的硅钢片(见图6-5)叠成的圆柱体，并固定在转子轴上，如图6-6所示。转子表面有均匀分布的槽，槽内放有导体。转子有两种形式：笼形转子和绕线式转子。

笼形转子绕组(见图6-7)由安放在槽内的裸导体构成，这些导体的两端分别焊接在两个端环上，因为它的形状像个松鼠笼子，所以称为笼形转子。

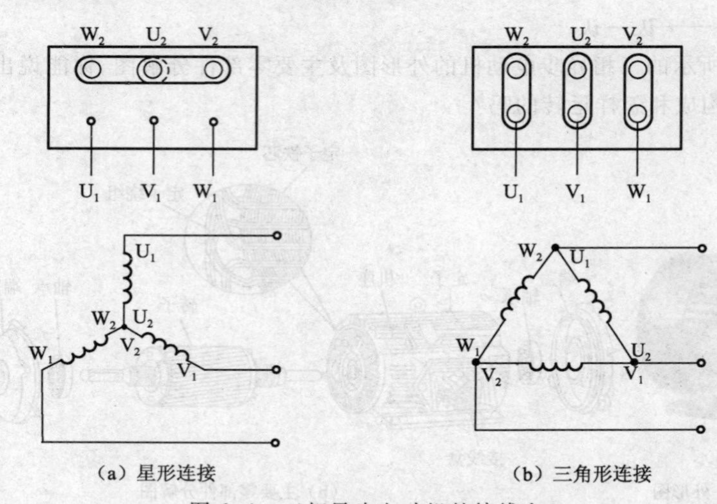

图6-4 三相异步电动机的接线盒

目前100 kW以下的异步电动机，转子槽内导体、转子的两个端环以及风扇叶一起用铝铸成一个整体，如图6-8所示。具有笼形转子的异步电动机称为笼形异步电动机。

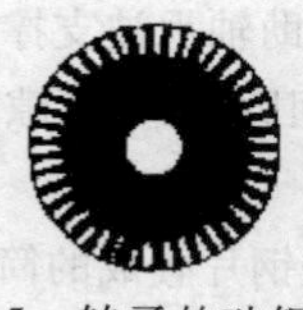

图6-5 转子的硅钢片

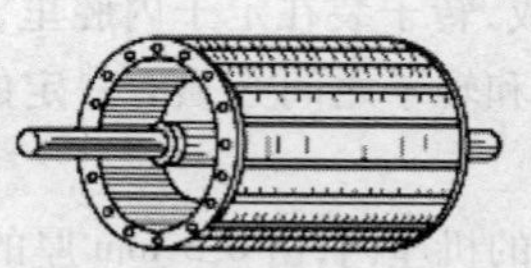

图6-6 笼形转子

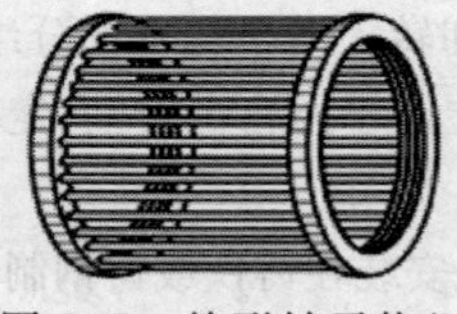

图6-7 笼形转子绕组

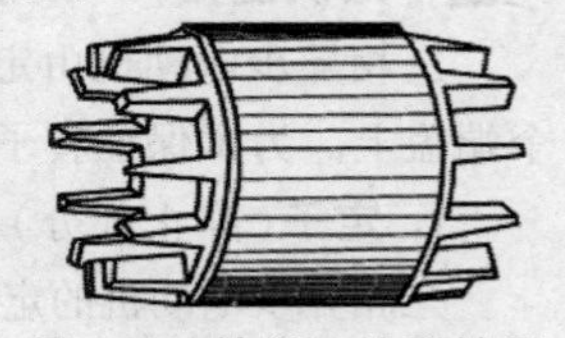

图6-8 铸铝的笼形转子

绕线式转子绕组与定子绕组相似，也是三相对称绕组，通常接成星形，3根相线分别与3个铜制滑环连接，环与环以及环与轴之间都彼此绝缘，如图6-9所示。具有这种转子的异步电动机称为绕线式异步电动机。

转轴由中碳钢制成，其两端由轴承支撑，用来输出转矩。

3. 气隙

气隙是指异步电动机的定子铁芯内圆表面与转子铁芯外圆表面之间的间隙。异步电动机的气隙是均匀的。气隙大小对异步电动机的运行性能和参数影响较大，由于励磁电流由电网供给，气隙越大，磁路磁阻越大，励磁电流越大，而励磁电流属于无功电流，电动机的功率因数越低，效率越低。因此，异步电动机的气隙大小往往为机械条件所能允许达到的最小气隙，气隙过小，装配困难，容易出现扫堂。中、小型异步电动机的气隙一般为 0.2～1.5 mm。

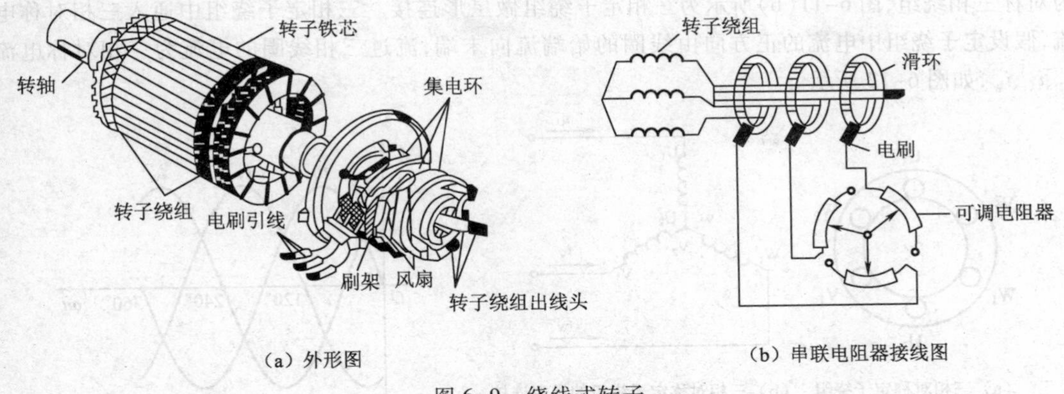

图 6-9 绕线式转子

〖问题研讨〗——想一想

(1)三相异步电动机主要由哪些部分构成？各部分的作用分别是什么？

(2)能否从三相异步电动机的结构上识别出是笼形异步电动机还是绕线式异步电动机？

(3)试比较三相异步电动机与三相变压器的主要异同点。

(4)有的三相异步电动机有 380 V/220 V 两种额定电压，定子绕组可以接成星形或者三角形，试问何时采用星形接法？何时采用三角形接法？

(5)在电源电压不变的情况下，如果将三角形接法的电动机误接成星形，或者将星形接法的电动机误接成三角形，将分别会发生什么现象？

子任务 2 三相异步电动机的工作原理及额定值

〖现象观察〗——看一看

图 6-10 所示为三相交流电流通入三相异步电动机定子绕组中，在交流电一个周期内的几个时刻的磁场情况。通过观察，请思考：(1)为什么各时刻的磁场方向不同？(2)导体放在磁场中，运动的条件是什么？

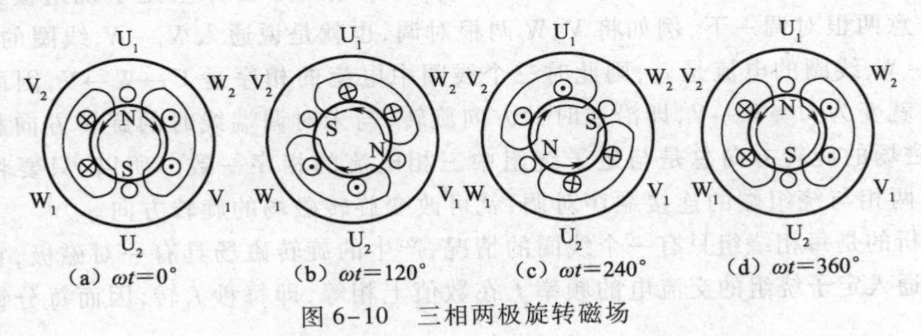

图 6-10 三相两极旋转磁场

〖知识链接〗——学一学

1. 旋转磁场的产生

(1)两极旋转磁场的产生。如图 6-11 所示，设有 3 只同样的线圈放置在定子槽内，彼此相隔 120°，组成了简单的定子三相对称绕组，以 U_1、V_1、W_1 表示绕组的始端，U_2、V_2、W_2 表示绕组的末端。

当绕组接成星形时，其末端 U_2、V_2、W_2 连成一个中点，始端 U_1、V_1、W_1 与电源相接。图 6-11(a)所示为对称三相绕组，图 6-11(b)所示为三相定子绕组做星形连接。三相定子绕组中通入三相对称电流，假设定子绕组中电流的正方向由线圈的始端流向末端，流过三相线圈的电流为三相对称电流 i_U、i_V、i_W，如图 6-12 所示。

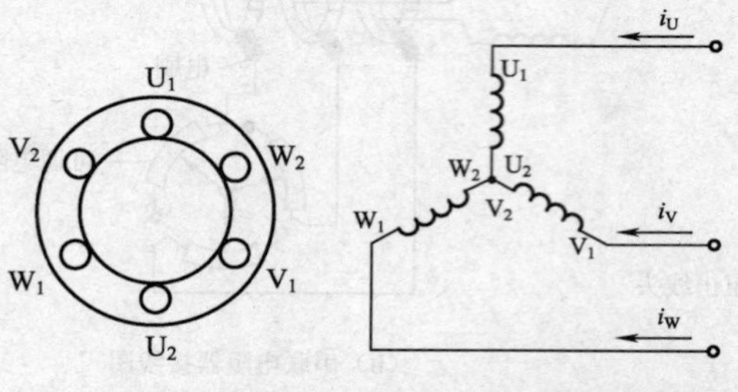

（a）三相对称定子绕组　（b）三相对称定子绕组的星形连接

图 6-11　三相定子绕组的布置与连接

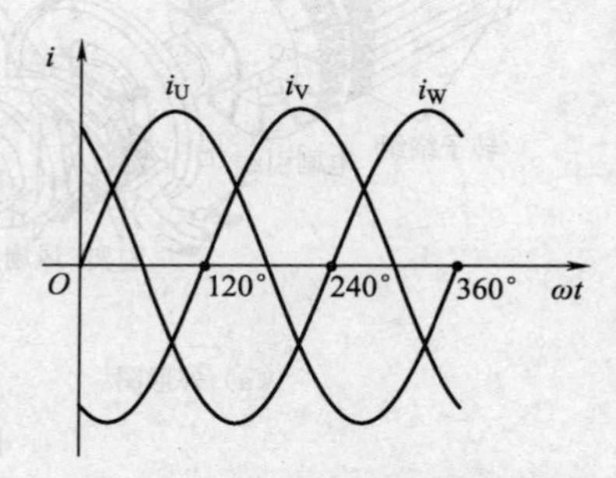

图 6-12　三相对称电流波形

由于电流随时间而变化，所以电流流过线圈产生的磁场分布情况也随时间而变化，几个瞬间的磁场如图 6-10 所示。

当 $\omega t=0°$ 瞬间，由图 6-12 三相对称电流的波形看出，此时，$i_U=0$，U 相没有电流流过；i_V 为负，表示电流由末端流向首端（即 V_2 端为⊗，V_1 为⊙）；i_W 为正，表示电流由首端流向末端（即 W_1 端为⊗，W_2 为⊙）。这时三相电流所产生的合成磁场方向，如图 6-10(a)所示。

当 $\omega t=120°$ 瞬间，i_U 为正，$i_V=0$，i_W 为负，用同样方式可判得三相合成磁场顺时针旋转了 120°，如图 6-10(b)所示。

当 $\omega t=240°$ 瞬间，i_U 为负，i_V 为正，$i_W=0$，合成磁场又顺时针旋转了 120°，如图 6-10(c)所示。

当 $\omega t=360°$ 瞬间，又旋转到 $\omega t=0°$ 瞬间的情况，如图 6-10(d)所示。

由此可见，三相绕组通入三相交流电流时，产生了旋转磁场。若满足两个对称（即绕组对称、电流对称），则旋转磁场的大小是恒定的（称为圆形旋转磁场），否则旋转磁场的大小不恒定（即椭圆形旋转磁场）。

由图 6-10 可看出，旋转磁场是沿顺时针方向旋转的，同 U→V→W 的顺序一致（这时 i_U 通入 U_1—U_2 线圈，i_V 通入 V_1—V_2 线圈，i_W 通入 W_1—W_2 线圈）。如果将定子绕组接到电源三根相线中的任意两根对调一下，例如将 V、W 两根对调，也就是说通入 V_1-V_2 线圈的电流是 i_W，而通入 W_1-W_2 线圈的电流是 i_V，则此时三个线圈中电流的相序是 U→W→V，因而旋转磁场的旋转方向就变为 U→W→V，即沿逆时针方向旋转，与未对调端线时的旋转方向相反。由此可知，旋转磁场的旋转方向总是与定子绕组中三相电流的相序一致。所以，只要将三相电源线中的任意两相与绕组端的连接顺序对调，就可改变旋转磁场的旋转方向。

以上分析的是每相绕组只有一个线圈的情况，产生的旋转磁场具有一对磁极，它在空间每秒的转数与通入定子绕组的交流电的频率 f_1 在数值上相等，即每秒 f_1 转，因而每分钟的转数为 $60f_1$ r/min。

（2）四极旋转磁场的产生。如果每相绕组由两个线圈组成，三相绕组共有六个线圈，各线圈的位置互差 60°，并把两个互差 90°的线圈串联起来作为一相绕组，如图 6-13(a)所示。那么通入三相交流电时，便产生两对磁极（四极）的磁场，如图 6-13(b)所示。

在图 6-13(b)中绘出了 ωt 分别等于 0°、120°、240°和 360°几个瞬间的各绕组中的电流流向及产生的合成磁场的方向。为了观察在交流电的一个周期内磁场旋转了多少度，可任意假定某一磁极，不难发现，在交流电的一个周期内磁场仅旋转了半周，即其旋转速度比一对磁极时减慢了一半，此时旋转磁场的转速为 $n_1=(60f_1)/2$（单位为 r/min）。

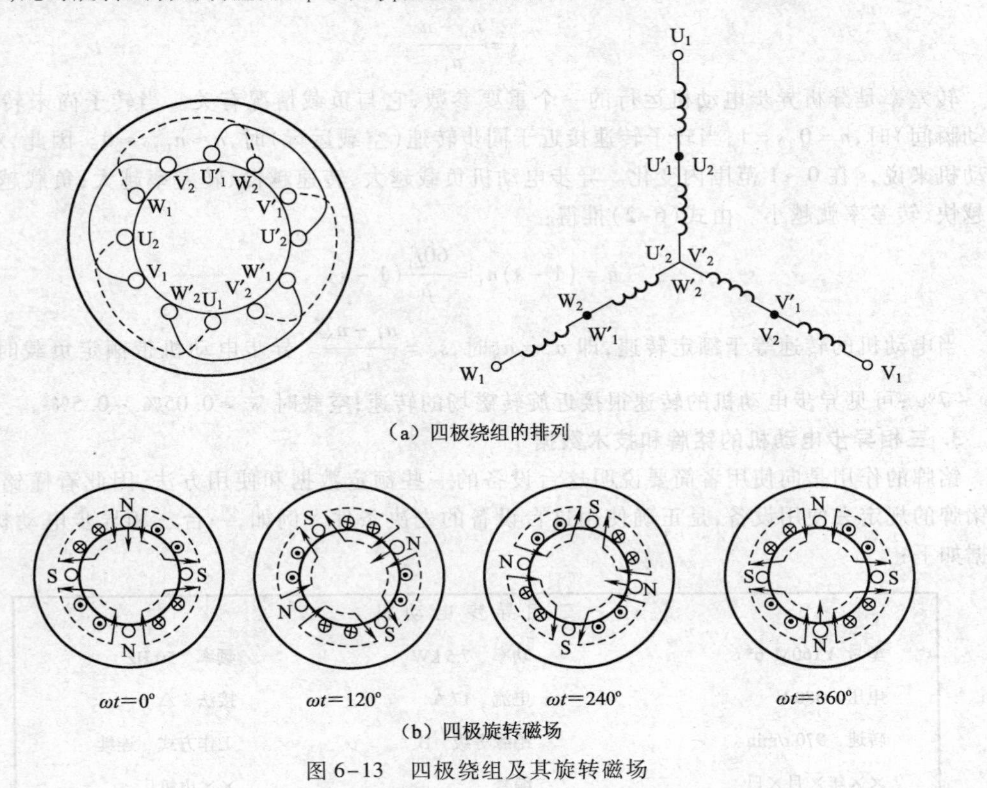

（a）四极绕组的排列

（b）四极旋转磁场

图 6-13　四极绕组及其旋转磁场

如果线圈数目增为九个，即每相绕组有三个线圈，旋转磁场的磁极将增至为三对，则旋转速度应为 $(60f_1)/3$（单位为 r/min）。一般地，若旋转磁场的磁极对数为 p，则它的转速为

$$n_1=\frac{60f_1}{p} \tag{6-1}$$

式中，n_1 为旋转磁场的转速，亦称为电动机的同步转速；f_1 为定子绕组电流的频率（国产的异步电动机，$f_1=50\text{Hz}$）；p 是磁极对数。

2. 三相异步电动机的工作原理

三相异步电动机的工作原理图，如图 6-14 所示。

电生磁：三相定子绕组，通入三相交流电产生旋转磁场，其转向为逆时针方向，转速为 $n_1=(60f_1)/p$，假定该瞬间定子旋转磁场的方向向下。

（动）磁生电：定子旋转磁场旋转切割转子绕组，在转子绕组中产生感应电动势和感应电流，其方向由“右手螺旋定则”判断，如图 6-14 所示。这时转子绕组感应电流在定子旋转磁场的作用下产生电磁力，其方向由“左手定则”判断，如图 6-14 所示。该力对转轴形成转矩（称为电磁转矩），它的方向与定子旋转磁场（即电流相序）一致，于是，电动机在电磁转矩的驱动下，以 n 的速度顺着旋转磁场的方向旋转。

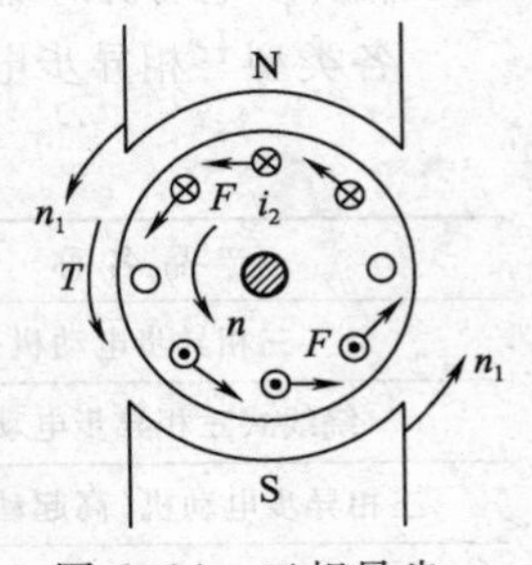

图 6-14　三相异步电动机的工作原理图

三相异步电动机的转速 n 恒小于定子旋转磁场的转速 n_1，只有这样，转子绕组与定子旋转磁场之间才有相对运动（转速差），转子绕组才能感应电动势和电流，从而产生电磁转矩。因而

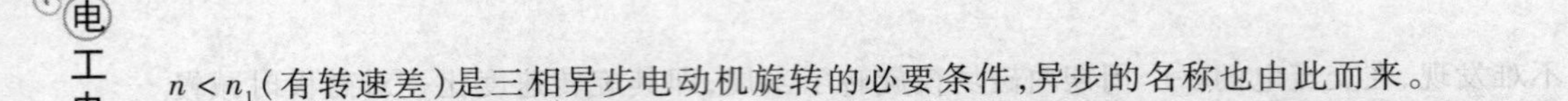

$n < n_1$（有转速差）是三相异步电动机旋转的必要条件，异步的名称也由此而来。

三相异步电动机的转速差$(n_1 - n)$与旋转磁场的转速 n_1 的比率，称为转差率。用 s 表示，即

$$s = \frac{n_1 - n}{n_1} \tag{6-2}$$

转差率是分析异步电动机运行的一个重要参数，它与负载情况有关。当转子尚未转动（如起动瞬间）时，$n = 0$，$s = 1$；当转子转速接近于同步转速（空载运行）时，$n \approx n_1$，$s \approx 0$。因此，对异步电动机来说，s 在 0 ~ 1 范围内变化。异步电动机负载越大，转速越慢、转差率越大；负载越小，转速越快、转差率就越小。由式(6-2)推得：

$$n = (1 - s)n_1 = \frac{60f_1}{p}(1 - s) \tag{6-3}$$

当电动机的转速等于额定转速，即 $n_2 = n_N$ 时，$s_N = \frac{n_1 - n_N}{n_1}$。异步电动机带额定负载时，$s_N$ = 2% ~ 7%，可见异步电动机的转速很接近旋转磁场的转速；空载时，s_0 = 0.05% ~ 0.5%。

3. 三相异步电动机的铭牌和技术数据

铭牌的作用是向使用者简要说明这台设备的一些额定数据和使用方法，因此看懂铭牌，按照铭牌的规定去使用设备，是正确使用这台设备的先决条件。例如，一台三相异步电动机铭牌数据如下：

三相异步电动机		
型号 Y160M-6*	功率 7.5 kW	频率 50 Hz
电压 380 V	电流 17 A	接法 △
转速 970 r/min	绝缘等级 B	工作方式 连续
××年×月×日	编号	××电机厂

(1)型号。型号是为了便于各部门业务联系和简化技术文件对产品名称、规格、形式的叙述等而引用的一种代号，由汉语拼音字母、国际通用符号和阿拉伯数字 3 部分组成。如 Y160M－6*，其中，Y 为产品代号，三相异步电动机；160M－6 为规格代号：160 代表中心高 160 mm，M 代表中机座（短机座用 S 表示，长机座用 L 表示），6 代表 6 极；* 表明本型号为中、小型三相异步电动机，对大型三相异步电动机的规格代号表示略有不同。

各类型三相异步电动机的主要产品代号意义见表 6-1。

表 6-1 各类型三相异步电动机的主要产品代号意义

产品名称	产品代号	代号意义
三相异步电动机	Y	异
绕线式三相异步电动机	YR	异绕
三相异步电动机（高起动转矩）	YQ	异启
多速三相异步电动机	YD	异多
防爆型三相异步电动机	YB	异爆

(2)额定功率 P_N：指电动机在额定状态下运行时，转子轴上输出的机械功率，单位为 kW。

(3)额定电压 U_N：指电动机在额定运行的情况下，三相定子绕组应接的线电压值，单位为 V。

(4)额定电流 I_N:指电动机在额定运行的情况下,三相定子绕组的线电流值,单位为 A。

三相异步电动机额定功率、额定电压、额定电流之间的关系为

$$P_N = \sqrt{3} U_N I_N \cos\varphi_N \eta_N \tag{6-4}$$

(5)额定转速 n_N:指额定运行时电动机的转速,单位为 r/min。

(6)额定频率 f_N:我国电网频率为 50 Hz,故国内异步电动机频率均为 50 Hz。

(7)接法:电动机定子三相绕组有星形连接和三角形连接两种。

(8)温升及绝缘等级:温升是指三相异步电动机运行时绕组温度允许高出周围环境温度的数值。但允许高出数值的多少由该三相异步电动机绕组所用绝缘材料的耐热程度决定,绝缘材料的耐热程度称为绝缘等级,不同绝缘材料,其最高允许温升是不同的。按耐热程度不同,将三相异步电动机的绝缘等级分为 A、E、B、F、H、C 等几个等级,它们最高允许温度见表 6-2,其中,最高允许温升是按环境温度 40 ℃计算出来的。

表 6-2　绝缘材料温升限值

绝缘等级	A	E	B	F	H	C
最高允许温度/℃	105	120	130	155	180	>180
最高允许温升/℃	40	80	90	115	140	>140

(9)工作方式:为了适应不同负载的需要,按负载持续时间的不同,国家标准规定了三相异步电动机的 3 种工作方式:连续工作制、短时工作制和断续周期工作制。

除上述铭牌数据外,还可由产品目录或电工手册中查得其他一些技术数据。

〖问题研讨〗——想一想

(1)简述三相异步电动机的工作原理。三相笼形异步电动机与三相绕线式异步电动机,二者的工作原理相同吗?

(2)能否说出三相笼形异步电动机名称的由来?为什么异步电动机也经常被人们称为感应电动机?

(3)何谓异步电动机的转速差?转差率?异步电动机处在何种状态时转差率最大?最大转差率等于多少?何种状态下转差率最小?最小转差率又为多大?

子任务 3　三相异步电动机的电磁转矩、机械特性与测试

〖知识链接〗——学一学

1. 三相异步电动机的电磁转矩

由三相异步电动机的工作原理可知,三相异步电动机的电磁转矩是由与转子电动势同相的转子电流(即转子电流的有功分量)和定子旋转磁场相互作用产生的,可见电磁转矩与转子电流有功分量(I_{2a})及定子旋转磁场的每极磁通(Φ)成正比,即

$$T = c_T \Phi I_2 \cos\varphi_2 \tag{6-5}$$

式中,c_T为转矩的结构常数;$\cos\varphi_2$为转子回路的功率因数。

需要说明的是,当磁通一定时,电磁转矩与转子电流有功分量 I_{2a}成正比,而并非与转子电流 I_2成正比。当转子电流大,若大的是转子电流无功分量,则此时的电磁转矩并不大,以上为起动瞬间的情况。

经推导还可以求出电磁转矩与电动机参数之间的关系为

$$T = c_T' U_1^2 \frac{sR_2}{R_2^2 + (sX_{20})^2} \tag{6-6}$$

式中,c'_T为电动机的结构常数;R_2为转子绕组电阻;X_{20}为转子不转时转子绕组的漏感抗。

由式(6-6)可知,$T \propto U_1^2$。可见电磁转矩对电源电压特别敏感,当电源电压波动时,电磁转矩按 U_1^2 关系发生变化。

2. 三相异步电动机的转矩特性

当式(6-6)中的 U_1、R_2、X_{20}为定值时,$T=f(s)$之间的关系,称为三相异步电动机的转矩特性,其曲线如图 6-15 所示。当电动机空载时,$n \approx n_1$,$s \approx 0$,故 $T=0$;当 s 尚小时$(sX_{20})^2$很小,可略去不计,此时,T 与 s 近似地成正比,故当 s 增大,T 也随之增大;当 s 大到一定值后,$(sX_{20})^2 >> R_2$,R_2可略去不计,此时,T 与 s 近似地成反比,故 T 随 s 增大反而下降,$T-s$ 曲线上升至下降的过程中,必出现一个最大值,此即最大转矩 T_{max}。

3. 三相异步电动机的机械特性

由 $n=(1-s)n_1$关系式,可将 $T-s$ 关系改为 $n=f(T)$关系,称为三相异步电动机的机械特性,其曲线如图 6-16 所示。因 n 与 T 均属于机械量,故称此特性为机械特性,它直接反映了当电动机转矩变化时转速的情况。

从理论上说,三相异步电动机的转差率 s 在 0~1 范围内,即转速 n 在 n_1~0 范围内,但实际上并非在此范围内三相异步电动机均能稳定运行。经分析可知,在机械特性曲线的 BD 段(见图 6-16),即 $n_1 > n > n_c$(n_c为最大转矩所对应的转速)区段,当作用在电动机轴上的负载转矩发生变化时,电动机能适应负载的变化而自动调节达到稳定运行,故称为稳定区。该区域的曲线较为平坦,当负载到满载,其转速 n 变化(下降)很少,故具有较硬的机械特性,这种特性适用于金属切削机床等工作机械。

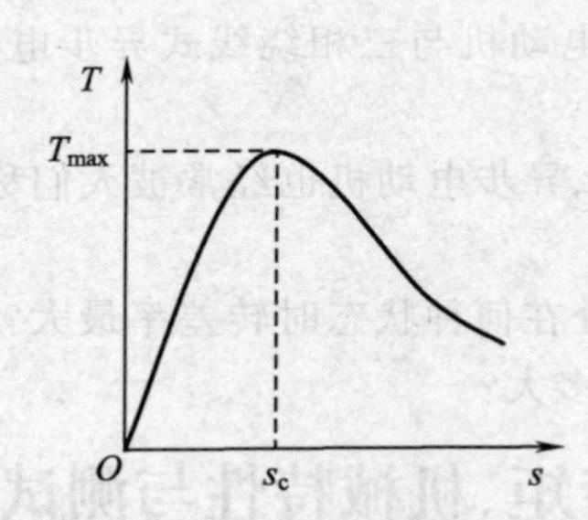

图 6-15 三相异步电动机的 T-s 曲线

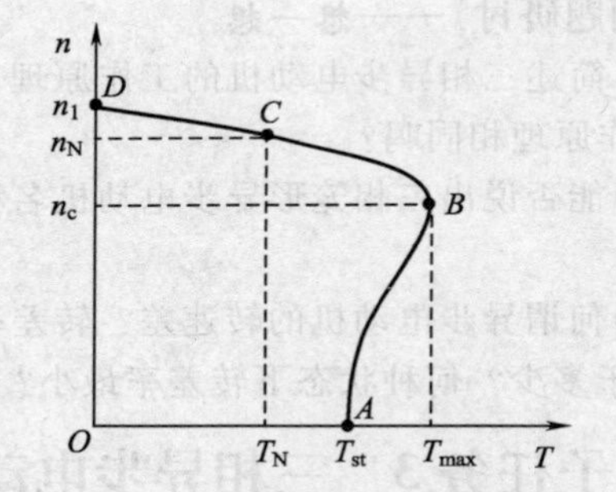

图 6-16 三相异步电动机的机械特性曲线

机械特性曲线的 AB 段,即 $n_c > n > 0$ 区段为不稳定区,三相异步电动机工作在该区段,其电磁转矩不能自动适应负载转矩的变化。

为了正确使用三相异步电动机,除需要注意机械特性曲线上的两个区域外,还需要关注 3 个特征转矩。

(1)额定转矩 T_N。它是电动机额定运行时产生的电磁转矩,可由铭牌上的 P_N和 n_N求得,即

$$T_N = 9\ 550\frac{P_N}{n_N} \tag{6-7}$$

式中,T_N的单位为 N·m;P_N的单位为 kW;n_N的单位为 r/min。

由式(6-7)可知,当输出额定功率 P_N一定时,额定转矩与转速成反比,也近似与磁极对数成正比(因为 $n \approx n_1 = (60f_1)/p$,故频率一定时,转速近似与磁极对数成反比)。可见,相同功率的三相异步电动机,磁极对数越多,其转速越低,则额定转矩越大。

图 6-16 所示的 $n=f(T)$曲线中的 C 点是额定转矩 T_N和额定转速 n_N所对应的点,称为额定工作点。三相异步电动机若运行于此点附近,其效率及功率因数均较高。

(2)最大转矩 $T_{\max}$。由图6-15所示的转矩特性曲线可知,三相异步电动机有一个最大转矩 $T_{\max}$,令 $\frac{dT}{ds}=0$,则可求得产生最大转矩的转差率(称为临界转差率,记作 s_c),即

$$s_c=\frac{R_2}{X_{20}} \tag{6-8}$$

代入式(6-6)可得最大电磁转矩为

$$T_{\max}=c'_T\frac{U_1^2}{2X_{20}} \tag{6-9}$$

由式(6-8)和式(6-9)可知:$s_c \propto R_2$,而与 U_1 无关;$T_{\max} \propto U_1^2$,而与 R_2 无关。由此可以得到改变电源电压 U_1 和转子电路电阻 R_2 的机械特性,如图6-17所示。

当三相异步电动机负载转矩大于最大转矩,即 $T_L > T_{\max}$ 时,电动机就要停转,此时电动机电流即刻能升至(5~7)I_N,致使绕组过热而烧毁。

最大转矩对三相异步电动机的稳定运行有重要意义。当三相异步电动机负载突然增加,短时过载,接近于最大转矩时,三相异步电动机仍能稳定运行,由于时间短,也不至于过热。为了保证三相异步电动机稳定运行,不因短时过载而停转,要求三相异步电动机有一定的过载能力。把最大转矩与额定转矩之比称为过载能力(又称最大转矩倍数),用 λ_m 表示,即

$$\lambda_m=\frac{T_{\max}}{T_N} \tag{6-10}$$

一般三相异步电动机的 λ_m 在1.8 ~ 2.2范围内。

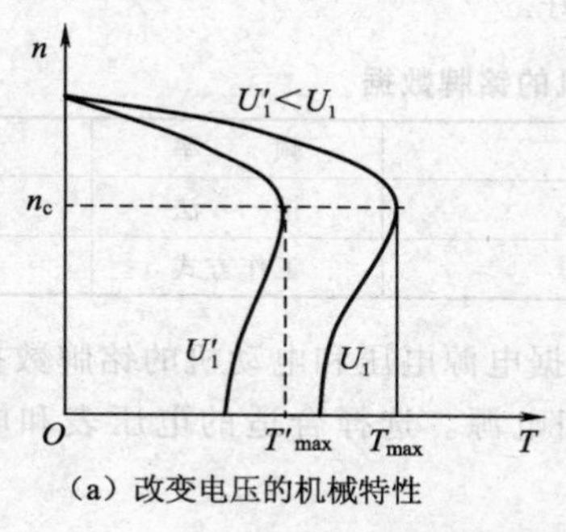

(a)改变电压的机械特性

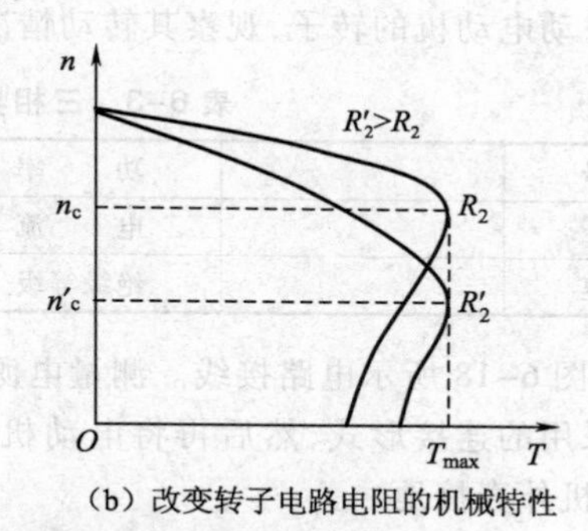

(b)改变转子电路电阻的机械特性

图6-17 对应于不同 U_1 和 R_2 的机械特性曲线

(3)起动转矩 T_{st}。三相异步电动机刚起动瞬间,即 $n=0$,$s=1$ 时的转矩称为起动转矩。将 $s=1$ 代入式(6-6),可得

$$T_{st}=c'_T U_1^2\frac{R_2}{R_2^2+X_{20}^2} \tag{6-11}$$

只有当起动转矩大于负载转矩时,三相异步电动机才能起动。起动转矩越大,起动就越迅速,由此引出三相异步电动机的另一个重性能指标——起动能力,用 k_{st} 表示,即

$$k_{st}=\frac{T_{st}}{T_N} \tag{6-12}$$

k_{st} 反映了三相异步电动机起动负载的能力。一般三相异步电动机的 $k_{st}=1.0 \sim 2.2$。

例6-1 一台额定转速 $n_N=1\,450$ r/min的三相异步电动机,试求它额定负载运行时的转差率 s_N。

解 由 $n_N \approx n_1=\frac{60f_1}{p}$,可得

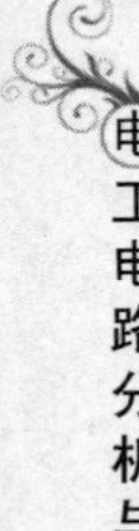

$$p \approx \frac{60f_1}{n_N} = \frac{60 \times 50}{1\ 450} = 2.07$$

取 $p=2$，则

$$n_1 = \frac{60f_1}{p} = \frac{60 \times 50}{2}\ \text{r/min} = 1\ 500\ \text{r/min}$$

$$s_N = \frac{n_1 - n_N}{n_1} = \frac{1500-1450}{1500} = 0.033$$

例 6-2 已知某三相异步电动机额定功率 $P_N = 4$ kW，额定转速 $n_N = 1\ 440$ r/min，过载能力为2.2，起动能力为1.8。试求：额定转矩 T_N、起动转矩 T_{st}、最大转矩 T_{max}。

解 额定转矩为

$$T_N = 9\ 550\frac{P_N}{n_N} = 9\ 550 \times \frac{4}{1\ 440}\ \text{N}\cdot\text{m} = 26.5\ \text{N}\cdot\text{m}$$

起动转矩为

$$T_{st} = 1.8T_N = 1.8 \times 26.5\ \text{N}\cdot\text{m} = 47.7\ \text{N}\cdot\text{m}$$

最大转矩为

$$T_{max} = 2.2T_N = 2.2 \times 26.5\ \text{N}\cdot\text{m} = 58.3\ \text{N}\cdot\text{m}$$

〖实践操作〗——做一做

(1)观察给定的三相异步电动机的结构，抄录电动机的铭牌数据，将有关数据填入表6-3中。用手拨动电动机的转子，观察其转动情况是否良好。

表 6-3 三相异步电动机的铭牌数据

型　号		功　率		频　率	
电　压		电　流		接　法	
转　速		绝缘等级		工作方式	

(2)按图6-18所示电路接线。测量电源电压，根据电源电压和电动机的铭牌数据确定电动机绕组应采用的连接形式，然后再将电动机接入三相电源。选择合适的电压表和电流表的量程，将电动机外壳接地。

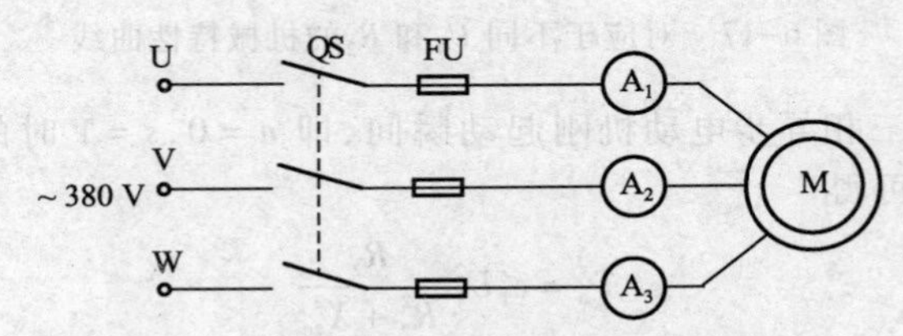

图 6-18 三相异步电动机的实验电路图

合上电源开关QS。待电动机转速稳定后，测量电动机空载运行时的转速和各线电流 I_U、I_V、I_W，将数据填入表6-4中。

表 6-4 三相异步电动机的起动和空载运行的测试数据

电源线电压/V	电动机的接法	空载转速/(r/min)	空载电流/A			$s_0 = \frac{n_1 - n_0}{n_1}$	$\frac{\text{空载电流}}{\text{额定电流}}$
			I_U	I_V	I_W		

〖问题研讨〗——想一想

(1)三相异步电动机电磁转矩与哪些因素有关？三相异步电动机的转矩与电源电压之间的关系如何？若在运行过程中电源电压降为额定值的60%，假如负载不变，三相异步电动机的转矩、电流及转速有何变化？

(2)为什么增加三相异步电动机的负载时，定子电流会随之增加？

(3)三相异步电动机在一定负载下运行，当电源电压因故障降低时，三相异步电动机的转矩、电流及转速将如何变化？

(4)在检修三相异步电动机时，常发现烧毁的仅是三相绕组中的某一相或某两相绕组，你能说明这是由于哪些原因造成的吗？可采用什么措施防止此类事故的发生？

(5)在实验中，是否发现实验用的小型三相异步电动机的空载电流与额定电流的比值很大(大容量三相异步电动机的这个比值小一些)，即三相异步电动机的空载电流较接近满载时的电流，这是什么原因？

任务6.2 三相异步电动机的使用与测试

生产机械的工作过程中运动的变化离不开对电动机的控制。电动机的工作过程分为3个阶段：起动、运行和停止。起动阶段要求有全压起动和降压起动控制，运行阶段要求有正、反转和调速控制，停止阶段要求有自然停止和制动控制。本任务学习三相异步电动机的起动、调速、反转与制动等方法。

理解三相异步电动机的起动、调速、反转和制动的原理；掌握三相异步电动机的起动、反转、调速和制动方法；了解各种起动、调速、制动方法适用的场合。

子任务1 三相异步电动机的起动、反转与测试

〖现象观察〗——看一看

按图6-18所示电路接线，合上电源开关QS，观察三相异步电动机直接起动时的起动电流，将三相异步电动机的起动电流与额定电流相比，有什么不同？记住这时三相异步电动机的转动方向，并以这个转动方向为正转方向。断开电源开关QS，将三相异步电动机三根电源线中的任意两根对调，然后合上电源开关QS，观察三相异步电动机的转向有什么变化？你能说出如何使三相异步电动机反转吗？

〖知识链接〗——学一学

三相异步电动机接上电源，转速由零开始增加，直至稳定运转的过程称为起动。对三相异步电动机起动的要求是：起动电流小、起动转矩大、起动时间短。

当三相异步电动机刚接上电源，转子尚未旋转瞬间($n=0$)，定子旋转磁场对静止转子的相对速度最大，于是转子绕组的感应电动势和电流也最大，则定子的感应电流也最大，它往往可达

5～7倍的额定电流。理论分析指出，起动瞬间转子电流虽大，但转子的功率因数 $\cos\varphi_2$ 很低，故此时转子电流的有功分量不大（而无功分量大），因此起动转矩不大，它只有额定转矩的1.0～2.2倍，所以笼形异步电动机的起动性能较差。

1. 三相笼形异步电动机的起动

三相笼形异步电动机的起动方法有直接起动（全压起动）和降压起动。

(1)直接起动。把三相笼形异形电动机三相定子绕组直接加上额定电压的起动称为直接起动，如图6-19所示。此方法起动最简单、投资少、起动时间短、起动可靠，但起动电流大。是否可采用直接起动，就取决于电动机的容量及起动频繁的程度。

直接起动一般只用于小容量的电动机（如7.5 kW以下的电动机），对较大容量的电动机，电源容量又较大，若电动机起动电流倍数 K_1、容量和电网容量满足经验公式(6-13)，即

$$K_1=\frac{I_{st}}{I_N}\leqslant\frac{1}{4}\left[3+\frac{\text{电源容量(kV·A)}}{\text{起动电动机的容量(kW)}}\right] \tag{6-13}$$

则电动机可采用直接起动方法，否则应采用降压起动方法。

(2)降压起动。降压起动的主要目的是为了限制起动电流，但问题是在限制起动电流的同时起动转矩也受到限制，因此它只适用于在轻载或空载情况下起动。最常用的降压起动方法有Y-△换接降压起动和自耦变压器降压起动。

① Y-△换接降压起动。Y-△换接减压起动只适用于定子绕组三角形连接，且每相绕组都有两个引出端子的三相笼形异步电动机，其接线图如图6-20所示。

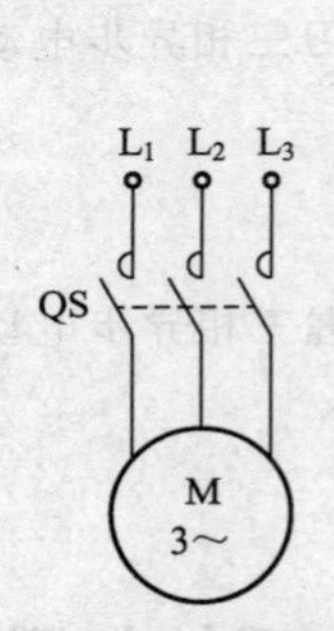

图6-19　直接起动接线

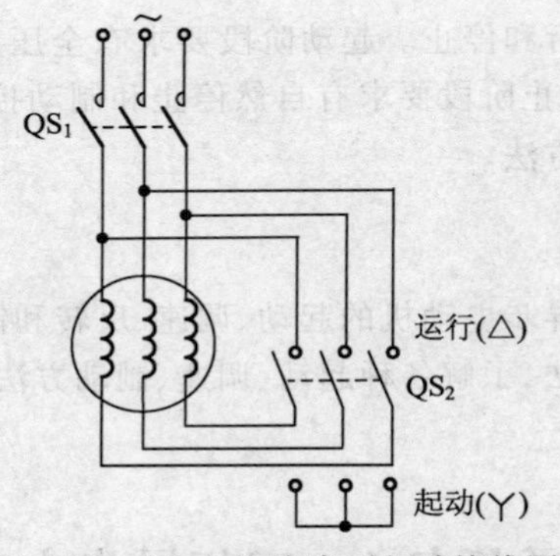

图6-20　Y-△换接降压起动接线图

起动前先将 QS_2 合向“起动”位置，定子绕组接成星形，然后合上电源开关 QS_1 进行起动，此时定子每相绕组所加电压为额定电压的 $1/\sqrt{3}$，从而实现了降压起动。待转速上升至一定值后，迅速将 QS_2 扳至“运行”位置，恢复定子绕组三角形连接，使电动机每相绕组在全压下运行。

由三相交流电路知识可推得：星形连接起动时电流为三角形连接直接起动时电流的1/3，其起动转矩也为三角形连接直接起动时转矩的1/3，即

$$\begin{cases}I_{stY}=\dfrac{1}{3}I_{st\triangle}\\[2ex]T_{stY}=\dfrac{1}{3}T_{st\triangle}\end{cases} \tag{6-14}$$

Y-△换接降压起动设备简单、成本低、操作方便、动作可靠、使用寿命长。目前，4～100 kW异步电动机均设计成380 V的三角形连接，此起动方法得到了广泛应用。

② 自耦变压器降压起动。对容量较大或正常运行时，接成星形连接的三相笼形异步电动机常采用自耦变压器降压起动，其接线图如图6-21所示。

起动前先将 QS_2 合向"起动"位置，然后合上电源开关 QS_1，这时自耦变压器的一次绕组加全电压，抽头的二次绕组电压加在电动机定子绕组上，电动机便在低电压下起动。待转速上升至一定值，迅速将 QS_2 合向"运行"位置，切除自耦变压器，电动机就在全电压下运行。

用这种方法起动，电网供给的起动电流是直接起动时电流的 $1/k^2$（k 为自耦变压器的变比），起动转矩也为直接起动时转矩的 $1/k^2$，即

$$\begin{cases} I'_{st} = \dfrac{1}{k^2} I_{st} \\ T'_{st} = \dfrac{1}{k^2} T_{st} \end{cases} \tag{6-15}$$

自耦变压器通常有 3 个抽头，可得到 3 种不同的电压，以便根据起动转矩的要求灵活选用。

2. 三相绕线式异步电动机的起动

三相笼形异步电动机转子由于结构原因，无法外串电阻器起动，只能在定子中采用降低电源电压起动，但通过以上分析，不论采用哪种降压起动方法，在降低起动电流的同时也使得起动转矩减少得更多，所以，三相笼形异步电动机只能用于空载或轻载起动。在生产实际中，对于一些重载下起动的生产机械（如起重机、传送带运输机、球磨机等），或需要频繁起动的电力拖动系统中，三相笼形异步电动机就无能为力了。

三相绕线式异步电动机，若转子回路中通过电刷和滑环串入适当的电阻器起动，既能减小起动电流，又能增大起动转矩，克服了三相笼形异步电动机起动电流大、起动转矩小的缺点。这种起动方法适用于大、中容量异步电动机的重载起动。三相绕线式异步电动机起动分为转子串电阻器起动和转子串频敏变阻器起动。

（1）转子串电阻器起动。为了在整个起动过程中得到较大的起动转矩，并使起动过程比较平滑，应在转子回路中串入多级对称电阻器。起动时，随着转速的升高逐级切除起动电阻器，如图 6-22 所示。

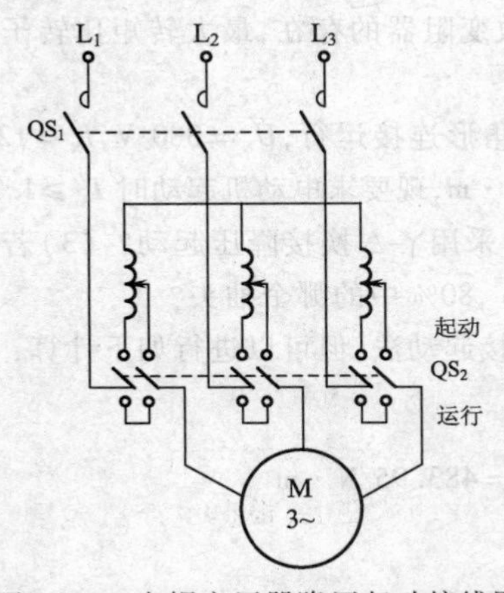

图 6-21　自耦变压器降压起动接线图

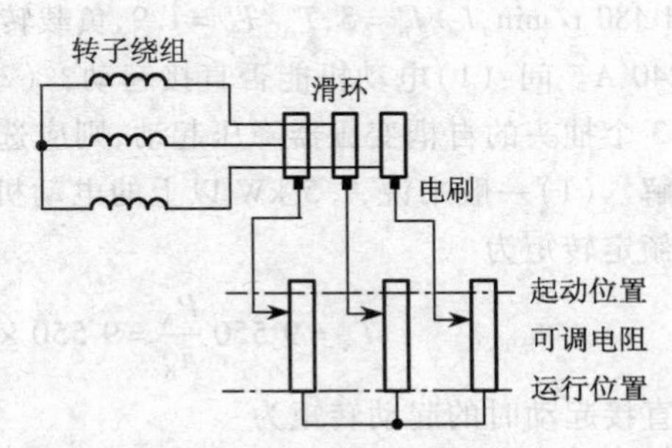

图 6-22　绕线式转子与起动电阻器的连接

（2）转子串频敏变阻器起动。三相绕线式异步电动机采用转子串接电阻起动时，若想起动平稳，则必须采用较多的起动级数，这必然导致起动设备复杂化。为了解决这个问题，可以采用串频敏变阻器起动。频敏变阻器是一个铁损很大的三相电抗器，从结构上看，它像是一个没有二次绕组的心式三相变压器，绕组接成星形，绕组 3 个首端通过电刷和滑环与转子绕组串联，如图 6-23 所示。频敏变阻器的铁芯是用每片 30 ~ 50 mm 厚的钢板或铁板叠成，比变压器铁芯的每片硅钢片厚 100 倍左右，以增大频敏变阻器中的涡流和铁损，从而使频敏变阻器的等效电阻

R_P增大，起动电流减小。

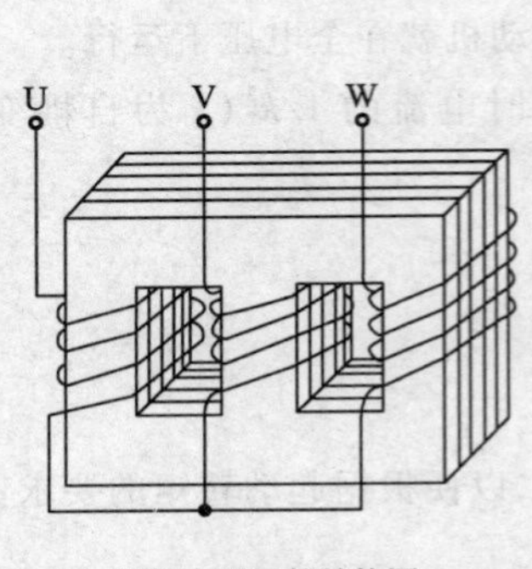

(a) 频敏变阻器的结构图

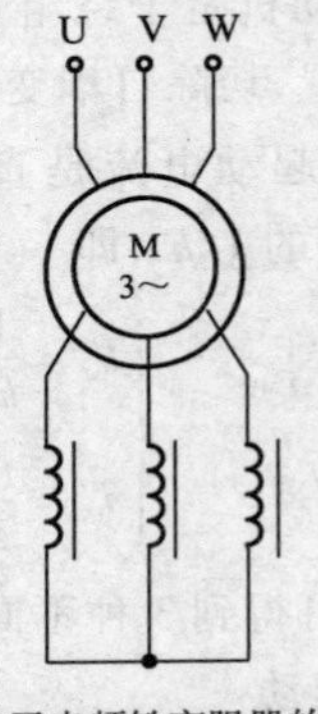

(b) 转子串频敏变阻器的接线图

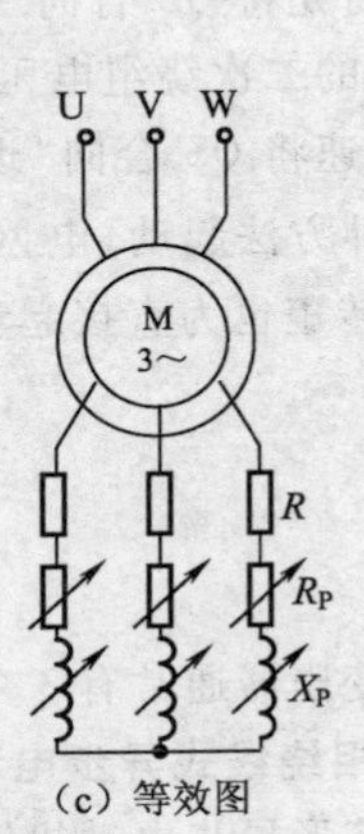

(c) 等效图

图 6-23　三相绕线式异步电动机转子串频敏变阻器起动

三相绕线式异步电动机起动时，转子串入频敏变阻器，起动瞬间，$n=0$，$s=1$，转子电流频率 $f_2=sf_1=f_1$（最大），频敏变阻器铁芯的涡流损耗与频率的二次方成正比，铁损最大，相当于转子回路中串入一个较大的电阻 R_P。起动过程中，随着 n 上升，s 减小，$f_2=sf_1$ 逐渐减小，铁损逐渐减小，R_P也随之减小，相当于逐级切除转子回路串入的电阻器。起动结束后，切除频敏变阻器，转子回路直接短路。

频敏变阻器的等效电阻 R_P是随频率 f_2的变化而自动变化的，它相当于一种无触点的变阻器，是一种静止的无触点电磁起动元件，它对频率敏感，可随频率的变化而自动改变电阻值，便于实现自动控制，能获得接近恒转矩的机械特性，减少电流和机械冲击。它能自动、无级地减小电阻，实现无级平滑起动，使起动过程平稳、快速。它具有结构简单，材料加工要求低，造价低廉，坚固耐用，便于维护等优点。但频敏变阻器是一种感性元件，因而功率因数低（$\cos\varphi_2=0.5\sim0.75$），与转子串联电阻器起动相比，起动转矩小，由于频敏变阻器的存在，最大转矩比转子串电阻时小，故它适用于要求频繁起动的生产机械。

例 6-3　已知三相笼形异步电动机的 $P_N=75$ kW，三角形连接运行，$U_N=380$ V，$I_N=126$ A，$n_N=1\,480$ r/min，$I_{st}/I_N=5$，$T_{st}/T_N=1.9$，负载转矩 $T_L=100$ N·m，现要求电动机起动时 $T_{st}\geqslant 1.1\,T_L$，$I_{st}<240$ A。问：(1)电动机能否直接起动？(2)电动机能否采用Y-△换接降压起动？(3)若采用具有 3 个抽头的自耦变压器降压起动，则应选用 50%，60%，80% 中的哪个抽头？

解　(1)一般来说，7.5 kW 以上的电动机不能采用直接起动法，但可以进行如下计算：

额定转矩为

$$T_N=9\,550\frac{P_N}{n_N}=9\,550\times\frac{75}{1\,480}\ \text{N}\cdot\text{m}=483.95\ \text{N}\cdot\text{m}$$

直接起动时的起动转矩为

$$T_{st}=1.9\times T_N=1.9\times483.95\ \text{N}\cdot\text{m}=919.5\ \text{N}\cdot\text{m}$$

则

$$T_{st}>1.1T_L=1.1\times100\ \text{N}\cdot\text{m}=110\ \text{N}\cdot\text{m}。$$

直接起动电流为

$$I_{st}=5I_N=5\times126\text{A}=630\ \text{A}>240\ \text{A}$$

若采用直接起动，由于起动电流远大于本题要求的 240 A。因此，本题的起动转矩虽然满足要求，但起动电流却大于供电系统要求的最大电流，所以不能采用直接起动。

(2)若采用Y-△换接降压起动方式

起动转矩为

$$T_{stY}=\frac{1}{3}T_{st}=\frac{1}{3}\times 919.5\ \mathrm{N\cdot m}=306.5\ \mathrm{N\cdot m}>1.1T_L=110\ \mathrm{N\cdot m}$$

起动电流为

$$I_{stY}=\frac{1}{3}I_{st}=\frac{1}{3}\times 630\ \mathrm{A}=210\ \mathrm{A}<240\ \mathrm{A}$$

起动转矩和起动电流都满足要求,故可以采用Y-△换接降压起动。

(3)若采用自耦变压器降压起动方式

在50%抽头时起动转矩和起动电流分别为

起动转矩为

$$T_{st1}=\frac{1}{k^2}T_{st}=0.5^2\times 919.5\ \mathrm{N\cdot m}=229.88\ \mathrm{N\cdot m}>1.1T_L=110\ \mathrm{N\cdot m}$$

起动电流为

$$I_{st1}=\frac{1}{k^2}I_{st}=0.5^2\times 630\ \mathrm{A}=157.5\ \mathrm{A}<240\ \mathrm{A}$$

在60%抽头时起动转矩和起动电流分别为

起动转矩为

$$T_{st2}=0.6^2T_{st}=0.6^2\times 919.5\ \mathrm{N\cdot m}=331.02\ \mathrm{N\cdot m}>1.1T_L=110\ \mathrm{N\cdot m}$$

起动电流为

$$I_{st2}=0.6^2I_{st}=0.6^2\times 630\ \mathrm{A}=226.8\ \mathrm{A}<240\ \mathrm{A}$$

在80%抽头时起动转矩和起动电流分别为

起动转矩为

$$T_{st3}=0.8^2T_{st}=0.8^2\times 919.5\ \mathrm{N\cdot m}=588.48\ \mathrm{N\cdot m}>1.1T_L=110\ \mathrm{N\cdot m}$$

起动电流为

$$I_{st3}=0.8^2I_{st}=0.8^2\times 630\ \mathrm{A}=403.2\ \mathrm{A}>240\ \mathrm{A}$$

从以上计算结果可以看出,在80%抽头时,由于起动电流大于起动的要求,所以不能选用;在60%抽头时,虽然能满足起动的要求,但起动电流较大,所以不宜选用;故选用50%抽头较为合适。

3. 三相异步电动机的反转

由上述可知,只要把从电源接到定子的三根相线,任意对调两根,磁场的旋转方向就会改变,三相异步电动机的旋转方向就随之改变。

改变三相异步电动机的旋转方向,一般应在停车之后换接。如果三相异步电动机在高速旋转时突然将电源反接,不但冲击强烈,而且电流较大,如无防范措施,很容易发生事故。

〖实践操作〗——做一做

1. 三相异步电动机的起动

三相异步电动机的Y-△降压起动接线图如图6-24所示。按图6-24连接电路,然后将调压器退到零位。三刀双掷开关合向右边(Y接法)。合上电源开关QS,逐渐调节调压器使升压至电动机额定电压220V,打开电源开关,待三相异步电动机停转。合上电源开关QS,观察起动瞬间电流,然后把QS合向左边,使电动机(△接法)正常运行,整个起动过程结束。观察起动瞬间电流表的显示值以与其他起动方法定性比较。

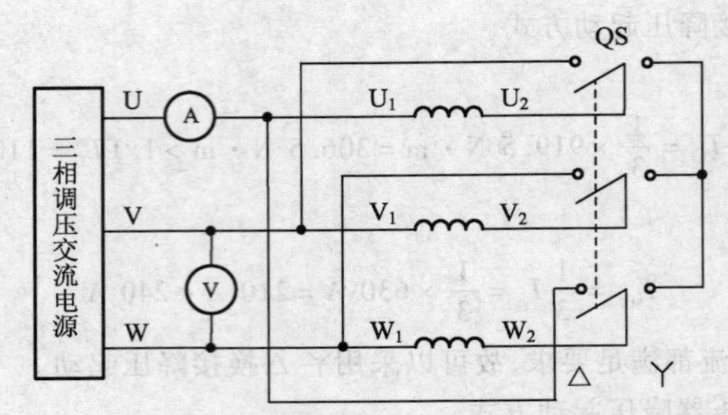

图 6-24　三相异步电动机星形—三角形减压起动接线图

2. 三相异步电动机的反转

对调三相电源两根线，观察三相异步电动机的旋转方向。

〖问题研讨〗——想一想

(1)何谓三相异步电动机的起动？直接起动应满足什么条件？

(2)三相异步电动机的起动方法较多，应根据什么来选择合适的起动方法？

(3)试推导三相异步电动机Y-△换接降压起动时起动电流、起动转矩与直接起动时的关系。

(4)三相线绕式异步电动机转子串起动电阻器时，为什么能使起动电流减小，而起动转矩增大？

(5)在起动性能要求不高的场合，通常选用三相笼形异步机还是三相绕线式异步机？

(6)如何使三相异步电动机反转？

子任务 2　三相异步电动机的调速与测试

〖知识链接〗——学一学

为了提高生产效率或满足生产工艺的要求，许多生产机械在工作过程中都需要调速。由 $n=(1-s)n_1=\frac{60f_1}{p}(1-s)$，可知，三相异步电动机的调速方法有：变极($p$)调速、变频($f_1$)调速和变转差率($s$)调速。

1. 变极调速

由 $n=\frac{60f_1}{p}(1-s)$可知，当电源频率 f_1 一定时，转速 n 近似与磁极对数成反比，磁极对数增加一倍，转速近似地减小一半。可见改变磁极对数就可调节电动机转速。

由 $n=\frac{60f_1}{p}(1-s)$可还可知，变极实质上是改变定子旋转磁场的同步转速，同步转速是有级的，故变极调速也是有级的(即不能平滑调速)。

定子绕组的变极是通过改变定子绕组线圈端部的连接方式来实现的，它只适用于三相笼形异步电动机，因为笼形转子的磁极对数能自动地保持与定子磁极对数相等。

所谓改变定子绕组线圈端部的连接方式，实质就是改变每相绕组中的半相绕组电流方向(半相绕组反接)来实现变极，如图 6-25 所示。把 U 相绕组分成两半：线圈 U_{11}、U_{21} 和 U_{12}、U_{22}，图 6-25(a)所示为两线圈串联，得 $p=2$；图 6-25(b)所示是两线圈并联，得 $p=1$。

注意：在变极调速的同时必须改变电源的相序，否则电动机就反转。

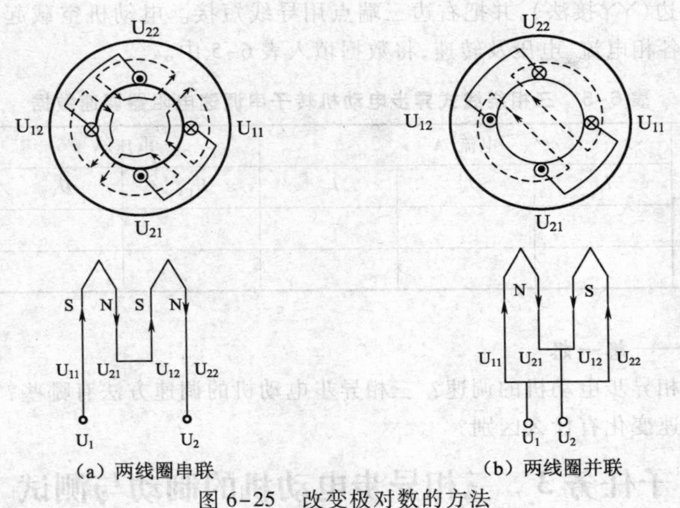

（a）两线圈串联　　（b）两线圈并联

图 6-25　改变极对数的方法

2. 变频调速

变频调速时，由于频率 f_1 能连续调节，故可获得较大范围的平滑调速，它属无级调速，其调速性能好，但它需要有一套专用的变频设备。随着晶闸管元件及变流技术的发展，交流变频变压调速已是 20 世纪 80 年代迅速发展起来的一种专门电力传动调速技术，是一种很有发展前途的三相异步电动机的调速技术。

3. 变转差率调速

在三相绕线式异步电动机转子回路中串可调电阻器，在恒转矩负载下，转子回路电阻增大，其转速 n 下降。这种调速方法的优点是有一定的调速范围、设备简单，但能耗较大、效率较低，广泛用于起重设备。

除此之外，利用电磁滑差离合器来实现无级调速的一种新型交流调速电动机——电磁调速三相异步电动机现已较多应用。

〖实践操作〗——做一做

按图 6-26 所示连接电路，进行三相笼形异步电动机变极调速测试。

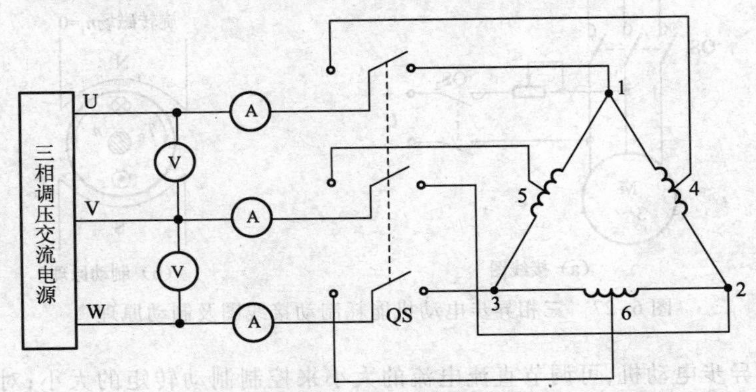

图 6-26　双速异步电动机（二/四极）

把开关 QS 合向右边，使电动机为三角形接法（四极电动机）。接通交流电源（合上控制屏起动按钮），调节调压器，使输出电压为电动机额定电压 220V，并保持恒定，读出各相电流、电压及转速。

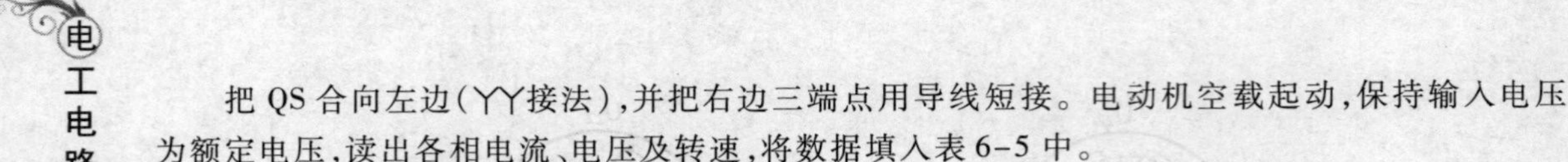

把 QS 合向左边(YY接法),并把右边三端点用导线短接。电动机空载起动,保持输入电压为额定电压,读出各相电流、电压及转速,将数据填入表 6-5 中。

表 6-5　三相绕线式异步电动机转子串调速电阻器调速数据

测试项目	电流/A			电压/V		n/(r/min)
	I_U	I_V	I_W	U_{UV}	U_{VW}	
四极						
二极						

〖问题研讨〗——想一想

(1)什么是三相异步电动机的调速?三相异步电动机的调速方法有哪些?

(2)调速与转速变化有什么区别?

子任务3　三相异步电动机的制动与测试

〖知识链接〗——学一学

许多生产机械工作时,为提高生产力和安全起见,往往需要快速停转或由高速运行迅速转为低速运行,这就需要对电动机进行制动。所谓制动,就是要使电动机产生一个与旋转方向相反的电磁转矩(即制动转矩),可见电动机制动状态的特点是电磁转矩方向与转动方向相反。三相异步电动机常用的制动方法有能耗制动、反接制动和回馈制动。

1. 能耗制动

三相异步电动机能耗制动接线图如图 6-27(a)所示。制动方法是在切断电源开关 QS_1 的同时闭合开关 QS_2,在定子两相绕组间通入直流电流,于是定子绕组产生一个恒定磁场,转子因惯性而旋转切割该恒定磁场,在转子绕组中产生感应电动势和感应电流。由图 6-27(b)可判得,转子的载流导体与恒定磁场相互作用产生电磁转矩,其方向与转子转向相反,起制动作用,因此转速迅速下降,当转速下降至零时,转子感应电动势和电流也降为零,制动过程结束。制动期间,运转部分所储存的动能转变为电能消耗在转子回路的电阻器上,故称为能耗制动。

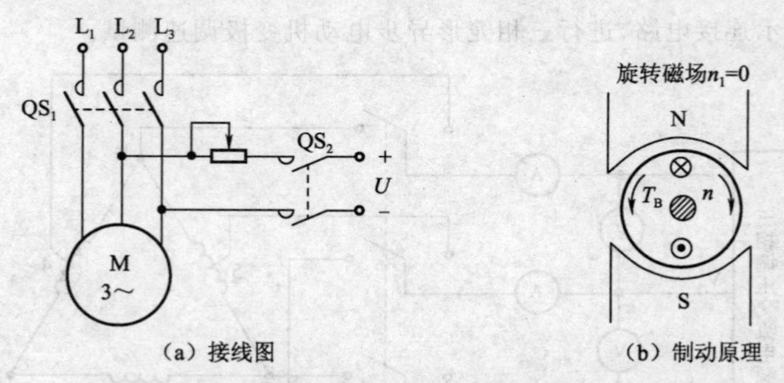

图 6-27　三相异步电动机能耗制动接线图及制动原理

对三相笼形异步电动机,可调节直流电流的大小来控制制动转矩的大小;对三相绕线式异步电动机,还可采用转子串电阻器的方法来增大初始制动转矩。

能耗制动能量消耗小、制动平稳,广泛应用于要求平稳、准确停车的场合,也可用于起重机一类机械上,用来限制重物的下降速度,使重物匀速下降。

2. 反接制动

三相异步电动机反接制动接线如图 6-28(a)所示。制动时将电源开关 QS 由“运转”位置切换到“制动”位置,把它的任意两相电源接线对调。由于电压相序相反,所以定子旋转磁场方向也相反,而转子由于惯性仍继续按原方向旋转,这时转矩方向与电动机的旋转方向相反,如图 6-28(b)所示,成为制动转矩。

若制动的目的仅为停车,则在转速接近于零时,可利用某种控制电器将电源自动切断,否则电动机将会反转。

反接制动时,由于转子的转速相对于反转旋转磁场的转速较大($n+n_1$),因此电流较大。为了限制起动电流,较大容量的电动机通常在定子电路(笼形)或转子电路(绕线式)中串联限流电阻器。这种方法制动比较简单,制动效果好,在某些中型机床主轴的制动中经常采用,但能耗较大。

3. 回馈制动

回馈制动发生在电动机转速 n 大于定子旋转磁场的转速 n_1 的时候,如当起重机下放重物时,重物拖动转子,使转速 $n>n_1$,这时转子绕组切割定子旋转磁场方向与原电动状态相反,则转子绕组感应电动势和感应电流方向也随之相反,电磁转矩方向也反了,即由转向同向变为反向,成为制动转矩,如图 6-29 所示,使重物受到制动而匀速下降。实际上这台电动机已转入发电机运行状态,它将重物的势能转变为电能而回馈到电网,故称为回馈制动。

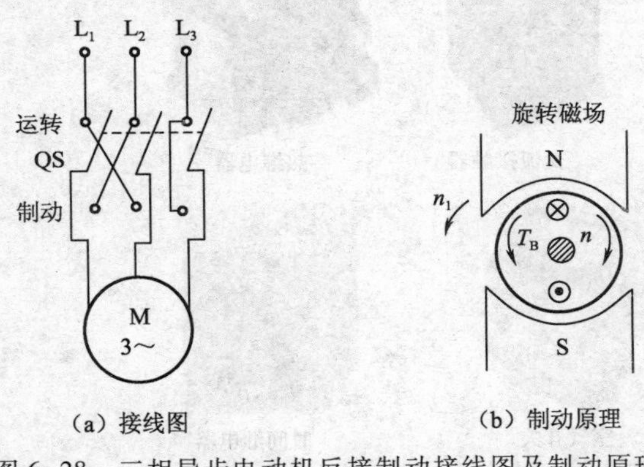

图 6-28　三相异步电动机反接制动接线图及制动原理

图 6-29　三相异步电动机的回馈制动

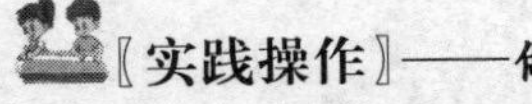
〖实践操作〗——做一做

自拟三相异步电动机的反接制动实验线路图,并进行制动实验。

〖问题研讨〗——想一想

(1)生产设备在运行中哪些操作会涉及制动问题?

(2)三相异步电动机的制动方法有哪些?各有什么特点?各适用于什么场合?

任务 6.3　三相异步电动机基本控制线路的分析与装配

任务描述

生产机械的运动部件大多数是由电动机来拖动的,要使生产机械的各部件按设定的顺序进行运动,保证生产过程和加工工艺合乎预定要求,就必须对电动机进行自动控制,即控制电动机的起动,停止,正、反转,调速和制动等。到目前为止,由继电器、接触器、按钮等低压电器构成的

继电器-接触器电气控制电路仍然是应用极为广泛的控制方式。本任务首先介绍常用低压电器的结构、动作过程、用途，然后对三相异步电动机的直接起动控制，正、反转控制，Y-△换接降压起动等控制线路进行分析与装配。

熟悉常用低压电器的基本结构、动作原理和用途；掌握常用低压电器的符号；能正确地绘制、分析、装配和调试三相异步电动机的直接起动控制，正、反转控制，Y-△换接降压起动控制线路。

子任务1　常用低压电器的认识与检测

〖知识先导〗——认一认

图 6-30 为常用低压电器的外形图，你认识这些低压电器吗？知道它们的各自结构、工作原理和用途吗？

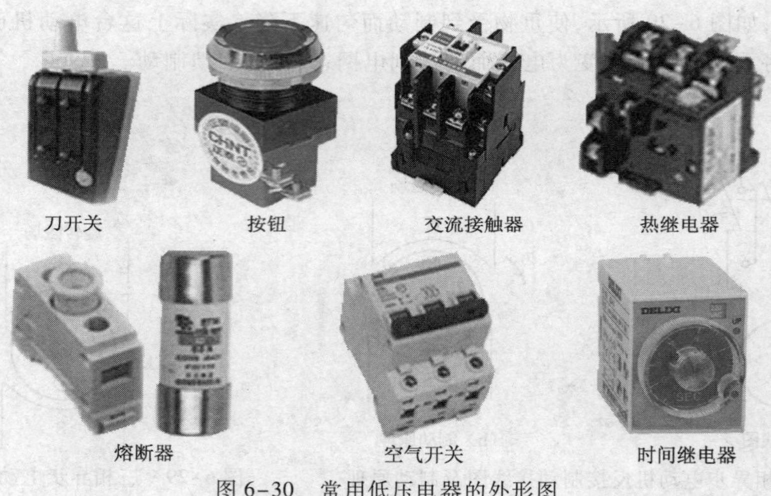

图 6-30　常用低压电器的外形图

〖知识链接〗——学一学

低压电器通常是指工作在交流电压 1 200 V、直流电压 1 500 V 以下电路中，起控制、调节、转换和保护作用的电气器件。它是构成电气控制线路的基本元件。低压电器的分类如下：

（1）按用途或所控制的对象分类，可分为如下两类：

低压配电电器：主要用于配电电路，对电路及设备进行保护以及通断、作为转换电源或负载的电器，如刀开关、转换开关、熔断器和断路器。

低压控制电器：主要用于控制电气设备，使其达到预期要求的工作状态的电器，如接触器、控制继电器、主令控制器。

（2）按动作方式分类，可分为如下两类：

自动切换电器：依靠电器本身参数变化和外来信号（如电、磁、光、热等）而自动完成接通或分断的电器，如接触器、继电器和电磁铁。

非自动切换电器：依靠人力直接操作的电器，如按钮、负荷开关等。

(3)按低压电器的执行机构分类,可分为如下两类:

有触点电器:这类电器具有机械可分动的触点系统,利用动、静触点的接触和分离来实现电路的通断。

无触点电器:这类电器没有可分动的机械触点,主要利用功率晶体管的开关效应,即导通或截止来控制电路的阻抗,以实现电路的通断与保护。

1. 开启式负荷开关

开启式负荷开关是一种手动电器,其主要部件是刀片(动触点)和刀座(静触点)。按刀片数量不同,开启式负荷开关可分为单刀、双刀和三刀3种。图6-31所示为胶木盖瓷座三刀开启式负荷开关的结构和图形符号。

开启式负荷开关主要作为电源的隔离开关,也就是说,在不带负载(用电设备无电流通过)的情况下切断和接通电源,以便对作为负载的设备进行维修、更换熔丝或对长期不工作的设备切断电源。这种场合下使用时,开启式负荷开关的额定电流只需要等于或略大于负载的额定电流。

开启式负荷开关也可以在手动控制电路中作为电源开关使用,直接用它来控制电动机的起、停,但电动机的容量不能过大,一般限定在7.5 kW以下。作为电源开关的闸刀,其额定电流应大于电动机额定电流的3倍。

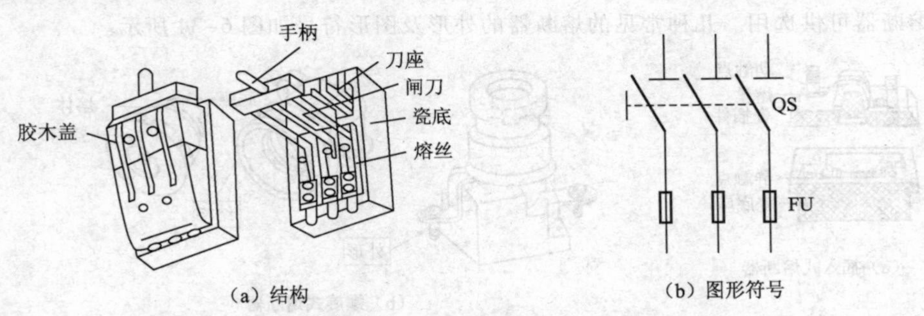

图6-31　开启式负荷开关的结构和图形符号

2. 封闭式负荷开关

封闭式负荷开关与开启式负荷开关的不同之处是将熔断器和刀座等安装在薄钢板制成的防护外壳内。在防护外壳内部有速断弹簧,用以加快刀片与刀座分断速度,减少电弧。封闭式负荷开关的结构如图6-32所示。

在封闭式负荷开关的外壳上,还设有机械联锁装置,使壳盖打开时开关不能闭合,开关断开时壳盖才能打开,从而保证了操作安全。封闭式负荷开关一般用在电力排灌、电热器等设备中,用于不频繁接通和分断的电路中。

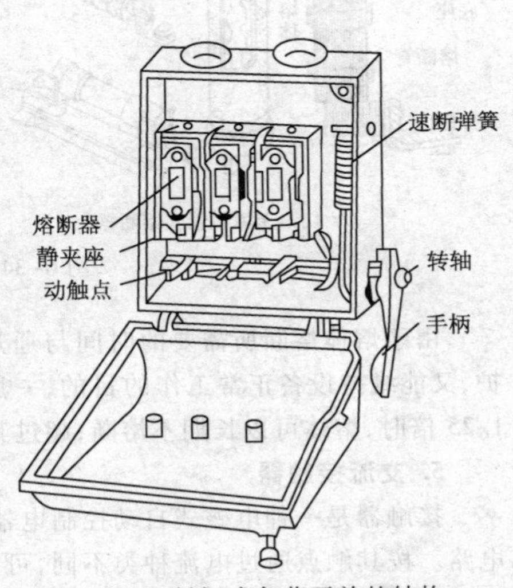

图6-32　封闭式负荷开关的结构

3. 按钮

按钮是一种简单的手动电器。按钮的结构主要由桥式双断点的动触点和静触点及按钮帽和复位弹簧组成。按钮的外形、结构及图形符号如图6-33所示。

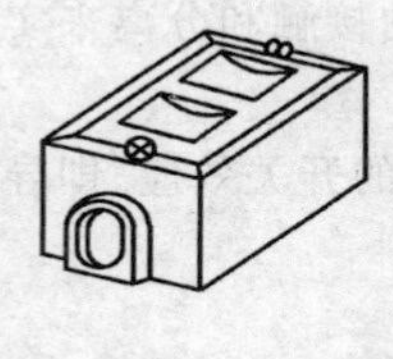

（a）外形

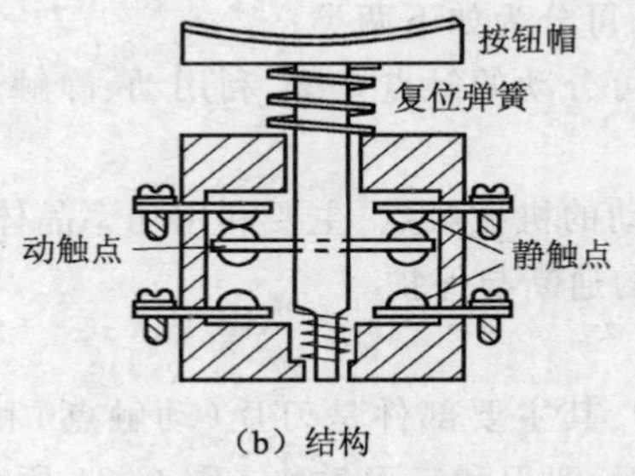

（b）结构

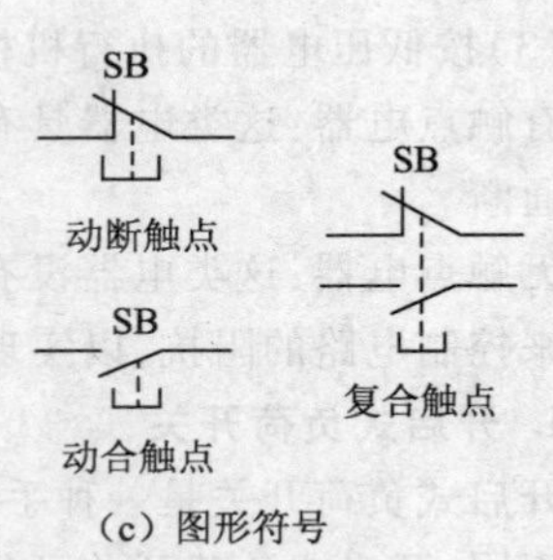

（c）图形符号

图 6-33　按钮的外形、结构及图形符号

当用手按下按钮帽时，动触点向下移动，上面的动断（常闭）触点先断开，下面的动合（常开）触点后闭合。当松开按钮帽时，在复位弹簧的作用下，动触点自动复位，使得动合触点先断开，动断触点后闭合。这种在一个按钮内分别安装有动断和动合触点的按钮称为复合按钮。

4. 熔断器

熔断器是一种保护电器，主要应用于短路保护。熔断器主要由熔体和外壳组成。由于熔断器串联在被保护的电路中，所以当过大的短路电流流过易熔合金制成的熔体（熔丝或熔片）时，熔体因过热而迅速熔断，从而达到保护电路及电气设备的目的。根据外壳的不同，有多种形式的熔断器可供选用。几种常见的熔断器的外形及图形符号如图 6-34 所示。

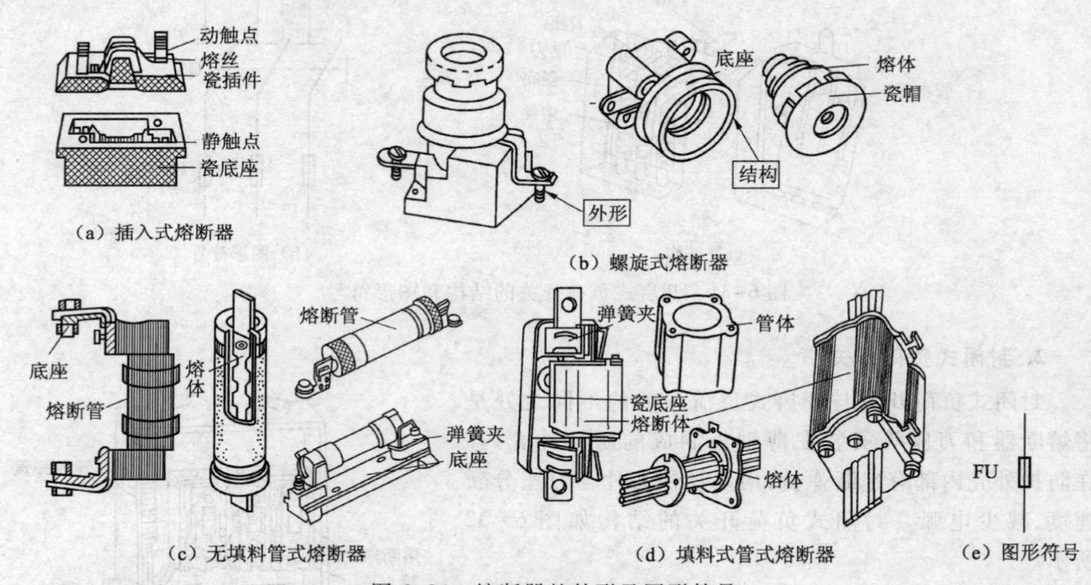

图 6-34　熔断器的外形及图形符号

由于熔体熔断所需要的时间与通过熔体电流的大小有关，为了达到既能有效实现短路保护，又能维持设备正常工作的目的，一般情况下，要求通过熔体的电流等于或小于额定电流的 1.25 倍时，熔体可以长期不熔断；超过其额定电流的倍数越大，熔体熔断时间越短。

5. 交流接触器

接触器是一种电磁式自动控制电器，它通过电磁机构动作，实现远距离频繁地接通和分断电路。按其触点通过电流种类不同，可分为交流接触器和直流接触器两类。其中，直流接触器用于直流电路中，它与交流接触器相比具有噪声低、使用寿命长、冲击小等优点，其组成、工作原理基本与交流接触器相同。

接触器的优点是动作迅速、操作方便和便于远距离控制，所以广泛地应用电动机、电热设备、小型发电机、电焊机和机床电路中。由于它只能接通和分断负荷电流，不具备短路和过载保护作用，故必须与熔断器、热继电器等保护电路配合使用。

(1)交流接触器的结构。交流接触器主要由电磁系统、触点系统、灭弧装置等部分组成，其结构、原理图及图形符号如图 6-35 所示。

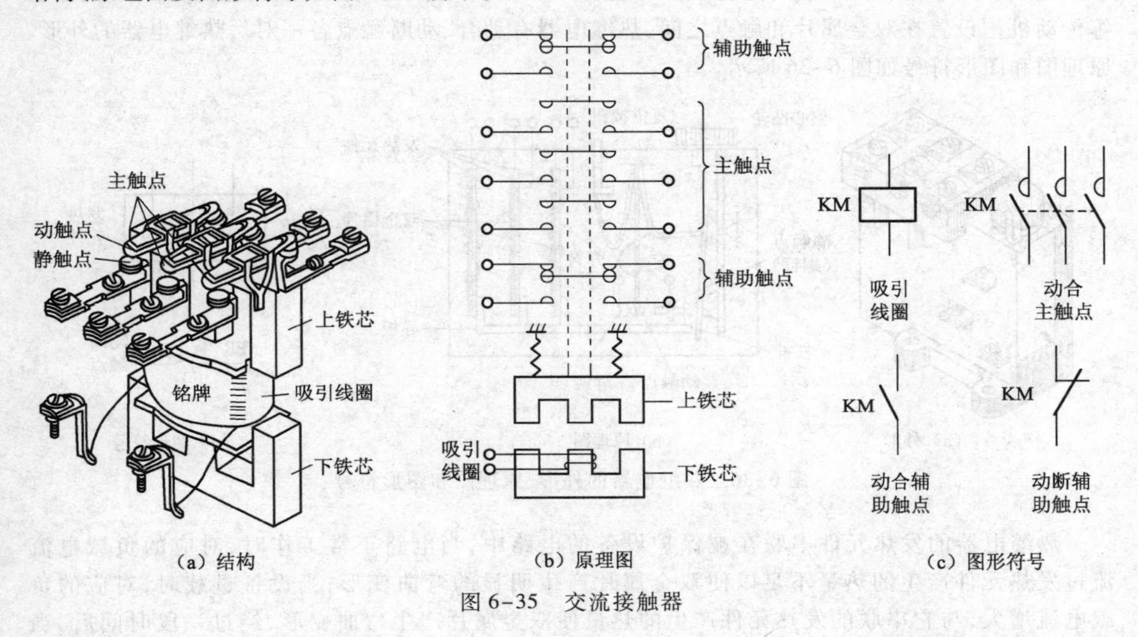

图 6-35　交流接触器

① 电磁系统。交流接触器的电磁系统由线圈、下铁芯、上铁芯(衔铁)等组成，其作用是操纵触点的闭合与分断。

交流接触器的铁芯一般用硅钢片叠压铆成，以减少交变磁场在铁芯中产生的涡流及磁滞损耗，避免铁芯过热。为了减少接触器吸合时产生的振动和噪声，在铁芯上装有一个短路铜环(又称减振环)。

② 触点系统。交流接触器的触点按功能不同分为主触点和辅助触点两类。主触点用于接通和分断电流较大的主电路，体积较大，一般由 3 对动合触点组成；辅助触点用于接通和分断小电流的控制电路，体积较小，有动合和动断两种触点。如 CJ0-20 系列交流接触器有 3 对动合主触点、2 对动合辅助触点和 2 对动断辅助触点。为使触点导电性能良好，通常触点用紫铜制成。由于铜的表面容易氧化，生成不良导体氧化铜，故一般都在触点的接触点部分镶上银块，使之接触电阻小，导电性能好，使用寿命长。

③ 灭弧装置。交流接触器在分断大电流或高电压电路时，其动、静触点间气体在强电场作用下产生放电，形成电弧，电弧发光、发热，灼伤触点，并使电路切断时间延长，引发事故。因此，必须采取措施，使电弧迅速熄灭。

④ 其他部件。交流接触器除上述 3 个主要部分外，还包括反作用弹簧、复位弹簧、缓冲弹簧、触点压力弹簧、传动机构、接线柱、外壳等部件。

(2)交流接触器的工作原理。当交流接触器的电磁线圈接通电源时，线圈电流产生磁场，使静铁芯产生足以克服弹簧反作用力的吸力，将动铁芯向下吸合，使动合主触点和动合辅助触点

闭合,动断辅助触点断开。主触点将主电路接通,辅助触点则接通或分断与之相连的控制电路。

当接触器线圈断电时,静铁芯吸力消失,动铁芯在反作用弹簧力的作用下复位,各触点也随之复位,将有关的主电路和控制电路分断。

6. 热继电器

热继电器是一种过载保护电器,它利用电流热效应原理工作,主要由发热元件、双金属片和触点组成。热继电器的发热元件绕制在双金属片(两层膨胀系数不同的金属辗压而成)上,导板等传动机构设置在双金属片和触点之间,热继电器有动合、动断触点各一对。热继电器的外形、原理图和图形符号如图6-36所示。

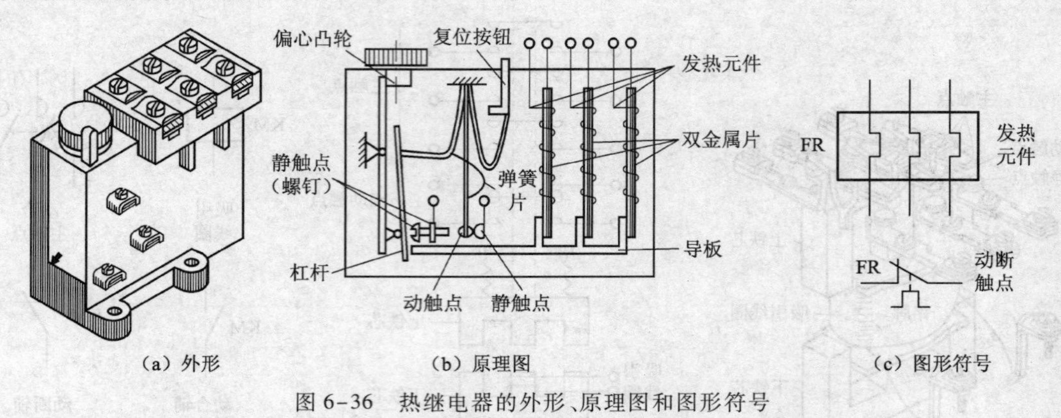

图6-36　热继电器的外形、原理图和图形符号

热继电器的发热元件串联在被保护设备的电路中,当电路正常工作时,对应的负载电流流过发热元件产生的热量不足以使双金属片产生明显的弯曲变形;当设备过载时,对应的负载电流增大,与它串联的发热元件产生的热量使双金属片产生弯曲变形,经过一段时间后,当弯曲程度达到一定幅度时,由导板推动杠杆,使热继电器的触点动作,其动断触点断开,动合触点闭合。

热继电器触点动作后,有两种复位方式:调节螺钉旋入时,双金属片冷却后,动触点自动复位;调节螺钉旋出时,双金属片冷却后,动触点不能自动复位,必须按下复位按钮,才能使动触点实现复位。

热继电器的整定电流(发热元件长期允许通过而不致引起触点动作的电流最大值)可以通过调节偏心凸轮在小范围内调整。

由于热惯性,双金属片从它通过大电流而温度升高,到双金属片弯曲变形,需要一定的时间,所以热继电器不适用于对电气设备(如电动机)实现短路保护。

7. 自动空气断路器

自动空气断路器又称自动开关或自动空气开关,是低压电路中重要的开关电器。它不但具有开关的作用还具有短路、过载和欠电压保护等功能,动作后不需要更换元件。一般容量的自动空气断路器采用手动操作,较大容量的采用电动操作。

自动空气断路器在动作上相当于刀开关、熔断器和欠电压继电器的组合作用。它的结构形式很多,其原理图及图形符号如图6-37所示。它主要由触点、脱扣机构等组成。主触点通常是由手动的操作机构来闭合的,开关的脱扣机构是一套连杆装置,当主触点闭合后就被锁钩扣住。

自动空气断路器利用脱扣机构使主触点处于“合”与“分”的状态。正常工作时,脱扣机构处于“合”位置,此时触点连杆被搭钩锁住,使触点保持闭合状态;扳动脱扣机构置于“分”位置时,主触点处于断开状态,空气断路器的“分”与“合”在机械上是互锁的。

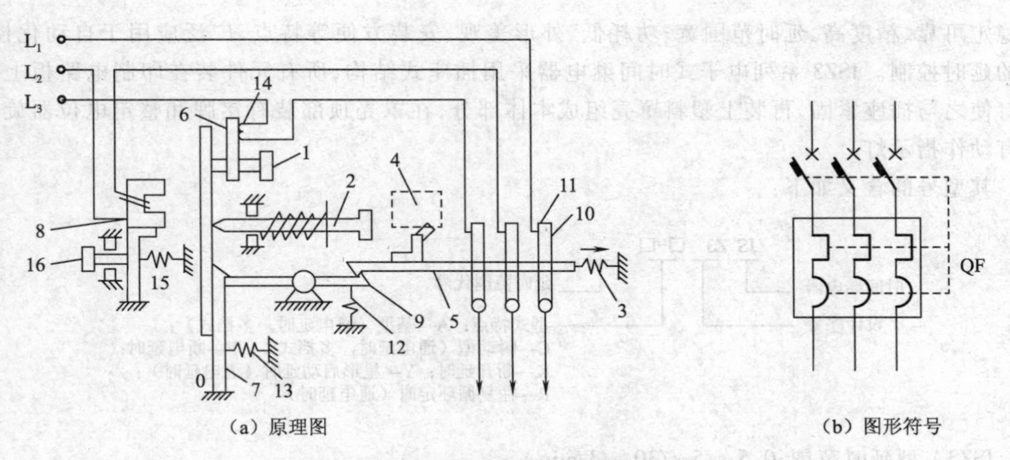

（a）原理图 （b）图形符号

图 6-37 自动空气断路器的原理图和图形符号

1—热脱扣器的整定按钮；2—手动脱扣按钮；3—脱扣弹簧；4—手动合闸机构；5—合闸联杆；6—热脱扣器；7—锁钩；8—电磁脱扣器；9—脱扣联杆；10、11—动、静触点；12、13—弹簧；14—发热元件；15—电磁脱扣弹簧；16—调节按钮

当被保护电路发生短路或严重过载时，由于电流很大，过电流脱扣器的衔铁被吸合，通过杠杆将搭钩顶开，主触点迅速切断短路或严重过载的电路。当被保护电路发生过载时，通过发热元件的电流增大，产生的热量使双金属片弯曲变形，推动杠杆顶开搭钩，主触点断开，切断过载电路。过载越严重，主触点断开越快，但由于热惯性，主触点不可能瞬时动作。

当被保护电路失电压或电压过低时，欠电压脱扣器中衔铁因吸力不足而将被释放，经过杠杆将搭钩顶开，主触点被断开；当电源恢复正常时，必须重新合闸后才能工作，实现了欠电压和失电压保护。

8. 时间继电器

时间继电器是一种利用电磁原理或机械原理来延迟触点闭合或分断的自动控制电器。它的种类很多，按其工作原理可分为电磁式、空气阻尼式、电子式、电动式；按延时方式可分为通电延时和断电延时。

图 6-38 所示为时间继电器的图形符号和文字符号。通常时间继电器上有好几组辅助触点，分为瞬动触点、延时触点。延时触点又分为通电延时触点和断电延时触点。所谓瞬动触点即是指当时间继电器的感测机构接收到外界动作信号后，该触点立即动作（与接触器一样），而通电延时触点则是指当接收输入信号（例如线圈通电）后，要经过一定时间（延时时间）后，该触点才动作。断电延时触点，则在线圈断电后要经过一定时间后，该触点才恢复。

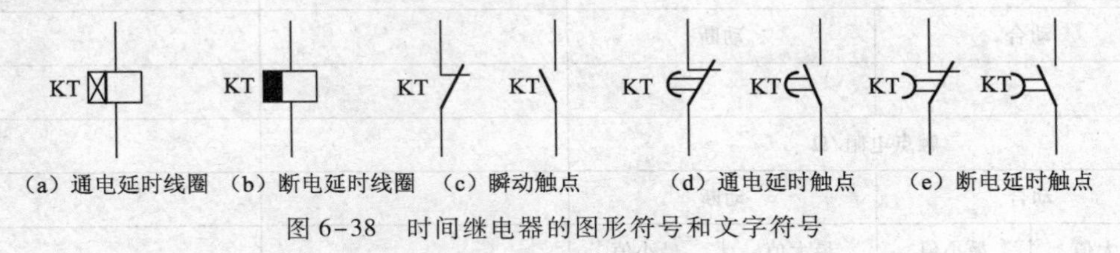

（a）通电延时线圈 （b）断电延时线圈 （c）瞬动触点 （d）通电延时触点 （e）断电延时触点

图 6-38 时间继电器的图形符号和文字符号

下面对电子式时间继电器进行简要介绍。电子式时间继电器具有体积小、延时范围大、精度高、使用寿命长以及调节方便等特点，目前在自动控制系统中的使用十分广泛。

以 JSZ3 系列电子式时间继电器为例进行介绍。JSZ3 系列电子式时间继电器是采用集成电路和专业制造技术生产的新型时间继电器，具有体积小、质量小、延时范围广、抗干扰能力强、工

作稳定可靠、精度高、延时范围宽、功耗低、外形美观、安装方便等特点，广泛应用于自动化控制中的延时控制。JSZ3 系列电子式时间继电器采用插座式结构，所有元件装在印制电路板上，用螺钉使之与插座紧固，再装上塑料罩壳组成本体部分，在罩壳顶部装有铭牌和整定电位器旋钮，并有动作指示灯。

其型号的含义如下：

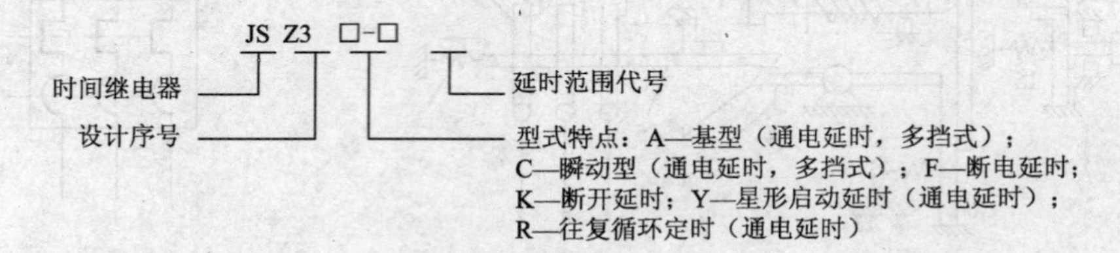

JSZ3A 型延时范围：0.5 s/5 s/30 s/3 min。

JSZ3 系列电子式时间继电器的性能指标有：电源电压：AC 50 Hz，12 V、24 V、36 V、110 V、220 V、380 V；DC 12 V、24 V等；电寿命：$\geqslant 10^5$ 次；机械寿命：$\geqslant 10^6$ 次；触点容量：AC 220 V/5 A，DC 220 V/0.5 A；重复误差：< 2.5%；功耗：≤1 W；使用环境：-15° C ~ +40° C。

JSZ3 系列电子式时间继电器的接线图如图 6-39 所示。

图 6-39　JSZ3 系列电子式时间继电器的接线图

电子式时间继电器在使用时，先预置所需延时时间，然后接通电源，此时红色发光管闪烁，表示计时开始。当达到所预置的时间时，延时触点实行转换，红色发光管停止闪烁，表示所设定的延时时间已到，从而实现定时控制。

〖实践操作〗——做一做

（1）把一个按钮开关拆开，观察其内部结构，将主要零部件的名称及作用填入表 6-6 中。然后将按钮开关组装还原，用万用表电阻挡测量各触点之间的接触电阻，将测量结果填入表 6-6 中。

表 6-6　按钮开关的结构与测量记录

型　号		额定电流/A		主要零部件	
				名　称	作　用
触点数量/对					
动合		动断			
触点电阻/Ω					
动合		动断			
最大值	最小值	最大值	最小值		

（2）把一个开启式负荷开关拆开，观察其内部结构，将主要零部件的名称及作用填入表 6-7 中。然后合上闸刀开关，用万用表电阻挡测量各触点之间的接触电阻，用兆欧表测量每两相触点之间的绝缘电阻，测量后将开关组装还原，将测量结果填入表 6-7 中。

表 6-7　开启式负荷开关的结构与测量记录

型　号		极　数	主要零部件	
			名　称	作　用
触点接触电阻/Ω				
L_1 相	L_2 相	L_3 相		
相间绝缘电阻/Ω				
L_1–L_2 间	L_1–L_3 间	L_2–L_3 间		

（3）把一个交流接触器拆开，观察其内部结构，将拆卸步骤、主要零部件的名称及作用、各对触点动作前后的电阻值、各类触点的数量、线圈的数据等填入表 6-8 中。然后再将这个交流接触器组装还原。

表 6-8　交流接触器的结构与测量记录

型　号		主触点额定电流/A		拆 卸 步 骤	主要零部件	
					名　称	作　用
触点数量/对						
主触点	辅助触点	动合触点	动断触点			
触点电阻/Ω						
动合		动断				
动作前	动作后	动作前	动作后			
电磁线圈						
线径	匝数	工作电压/V	直流电阻/Ω			

（4）把一个热继电器拆开，观察其内部结构，用万用表测量各热元件的电阻值，将主要零部件的名称、作用及有关电阻值填入表 6-9 中。然后再将热继电器组装还原。

表 6-9　热继电器的结构与测量记录

型　号		极　数	主要零部件	
			名　称	作　用
热元件电阻/Ω				
L_1 相	L_2 相	L_3 相		
整定电流调整值/A				

（5）观察时间继电器的结构，用万用表测量线圈的电阻值，将主要零部件的名称、作用、触点数量及种类填入表 6-10 中。

表 6-10　时间继电器结构与测量记录

型　　号	线圈电阻/Ω	主要零部件	
		名　　称	作　　用
动合触点数/对	动断触点数/对		
延时触点数/对	瞬时触点数/对		
延时断开触点数/对	延时闭合触点数/对		

注意:在拆装低压电器时,要仔细,不要丢失零部件。

〖问题研讨〗——想一想

(1)什么是低压电器？它是怎样分类的？

(2)试简述常用低压电器(如开启式负荷开关、封闭式负荷开关、按钮、交流接触器、热继电器、自动开关等)基本结构和工作原理。

(3)熔断器和热继电器能否相互替代？

(4)额定电压为220 V的交流线圈,若误接到交流380 V或交流110 V的电路上,分别会引起什么后果？为什么？

(5)有人为了观察接触器主触点的电弧情况,将灭弧罩取下后起动电动机,这种做法是否允许？为什么？

子任务2　三相异步电动机单向直接起动控制线路的分析与装配

〖知识链接〗——学一学

1. 电气控制电路图的基本知识

对生产机械的控制可以采用机械、电气、液压和气动等方式来实现。现代化生产机械大多都以三相异步电动机作为动力,采用继电器-接触器组成的电气控制系统进行控制。电气控制电路主要根据生产生工艺要求,以电动机或其他执行器为控制对象。

继电器-接触器控制系统是由继电器、接触器、电动机及其他电气元件,按一定的要求和方式连接起来而实现电气自动控制的系统。

用接触器和按钮来控制电动机的起、停,用热继电器作为电动机的过载保护,这就是继电器-接触器控制的最基本电路。但工业用的生产机械,其动作是多种多样的,继电器-接触器控制电路也是多种多样的,各种控制电路都是在基本电路基础上,根据生产机械要求,适当增加一些电气设备。

生产中常遇到如下一些环节(基本电路):点动控制,单向自锁运行控制,电动机正、反转互锁控制,负载的多地控制,时间控制等。这些控制环节又称典型控制环节。一台比较复杂的设备,它的控制电路常包括几个典型控制环节,掌握这些典型控制环节,对分析、应用和设计控制电路是至关重要的。

电气控制电路是由各种电气元件按一定要求连接而成的,从而实现对某种设备的电气自动化控制。为了表示电气控制线路的组成、工作原理及安装、调试、维修等技术要求,需要用统一的工程语言,即用工程图的形式来表示,这种图就是电气控制系统图。

电气控制电路的表示方法常用的有两种图:一种是电气安装接线图,一种是电气原理图。

1)电气安装接线图

电气安装接线图又称电气装配图。它是根据电气设备和电气元件的实际结构和安装情况绘制的,用来表示接线方式,电气设备及电气元件位置,接线场所的形状、特征及尺寸。电气安装接线图是电力工程施工的主要图样,它往往与平面布置图画在一起,便于电气线路的安装配线。这种图便于施工安装,但不能直观地表述电路的性能及工作原理,不便于阅读。

2)电气原理图

电气原理图是根据电气控制线路的工作原理绘制的,具有结构简单、层次分明、便于研究和分析线路工作原理的特征。在电气原理图中只包括电气元件的导电部件和接线端之间的相互关系,并不按照电气元件的实际位置来绘制,也不反应电气元件的大小。其作用是便于详细了解控制系统的工作原理,指导系统或设备的安装、调试与维修。适用于分析研究电路的工作原理,是绘制其他电气控制图的依据,所以在设计部门和生产现场获得广泛应用。电气原理图是电气控制系统图中最重要的图形之一,也是识图的难点和重点。

(1)电气原理图的绘制原则。电气原理图一般分电源电路、主电路、控制电路和辅助电路四部分。

① 电源电路画成水平线,三相交流电源相序 L_1、L_2、L_3 自上而下依次画出,中性线(N)和保护地线(PE)依次画在相线之下。直流电源的"+"端画在上边,"-"端画在下边,电源开关要水平画出。

② 主电路是指受电的动力装置及控制、保护电器的支路等,它由主熔断器、接触器的主触点、热继电器的热元件以及电动机组成。主电路通过的电流是电动机的工作电流,电流较大,主电路要画在电路图的左侧并垂直电源电路。

③ 控制电路是控制主电路工作状态的电路。辅助电路包括显示主电路工作状态的指示电路和提供机床设备局部照明的照明电路等。它们是由主令电器的触点、接触器的线圈及辅助触点、继电器的线圈及触点、指示灯和照明灯等组成。辅助电路通过的电流都较小,一般不超过5 A。画辅助电路图时,辅助电路要跨接在两相电源线之间,一般按照控制电路、指示电路和照明电路的顺序依次垂直画在主电路的右侧,且电路中与下边电源线相连的耗能元件(如接触器、继电器的线圈、指示灯、照明灯等)要画在电路图的下方,而电器的触点要画在耗能元件与上边电源线之间。为读图方便,一般应按照自左至右、自上而下的排列来表示操作顺序。

④ 电气原理图中,各电器的触点位置都按电路未通电或电器未受外力作用时的常态位置画出。分析原理图时,应从触点的常态位置出发。

⑤ 电气原理图中,不画各电气元件实际的外形图,而采用国家统一规定的电气图形符号画出。使触点动作的外力方向必须是:当图形垂直放置时从左到右,即垂线左侧的触点为动合触点,垂线右侧的触点为动断触点;当图形水平放置时为从下到上,即水平线下方的触点为动合触点,水平线上方的触点为动断触点。

⑥ 电气原理图中,同一电器的各元件不按它们的实际位置画在一起,而是按其在线路中所起的作用分画在不同电路中,但它们的动作却是相互关联的,因此,必须标明相同的文字符号。若图中相同的电器较多时,需要在电器文字符号的右下角加注不同的数字,以示区别,如 KM_1、KM_2 等。

⑦ 电气元件应按功能布置,并尽可能地按工作顺序,其布局应该是从上到下,从左到右。电路垂直时,类似项目宜横向对齐;水平布置时,类似项目应纵向对齐。例如,电气原理图的线圈属于类似项目,由于线路采用垂直布置,所以接触器的线圈应横向对齐。

⑧ 画电气原理图时，应尽可能减小线条和避免线条交叉。对于需要测试和拆接的外部引线的端子，采用“空心圆”表示；有直接电联系的导线连接点，用“实心圆”（黑圆点）表示；无直接电联系的导线交叉点不画黑圆点。

⑨ 电路图采用电路编号法，即对电路中的各个接点用字母或数字编号。

a. 主电路在电源开关的出线端按相序依次编号为 U_{11}、V_{11}、W_{11}。然后按从上至下、从左至右的顺序，每经过一个电气元件后，编号要递增，如 U_{12}、V_{12}、W_{12}；U_{13}、V_{13}、W_{13} 等。单台三相交流电动机的 3 根引出线按相序依次编号为 U、V、W，对于多台电动机引出线的编号，为了不致引起误解和混淆，可在字母前用不同的数字加以区别，如 1U、1V、1W；2U、2V、2W 等。

b. 控制电路和辅助电路的编号按“等电位”原则从上至下、从左至右的顺序用数字依次编号，每经过一个电气元件后，编号要依次递增。控制电路编号的起始数字必须是 1，其他辅助电路编号的起始数字依次递增 100，如照明电路编号从 101 开始；指示电路编号从 201 开始等。

（2）电气原理图的识读方法。一般设备的电气原理图可分为主电路（或主回路）、控制电路和辅助电路。在读电气原理图之前，先要了解被控对象对电力拖动的要求；了解被控对象有哪些运动部件以及这些部件是怎样动作的，各种运动之间是否有相互制约的关系；熟悉电路图的制图规则及电气元件的图形符号。

读电气原理图时先从主电路入手，掌握电路中电器的动作规律，根据主电路的动作要求再看与此相关的电路，一般识读电气原理图的方法与步骤如下：

① 查看设备所用的电源。一般设备多用三相电源（380 V、50 Hz），也有用直流电源的设备。

② 分析主电路有几台电动机，分清它们的用途、类别（笼形异步电动机、绕线式异步电动机、直流电动机或同步电动机）。

③ 分清各台电动机的动作要求，如起动方式、转动方式、调速及制动方式，各台电动机之间是否有相互制约的关系。

④ 了解主电路中所用的控制电器及保护电器。前者是指除常规接触之外的控制元件，如电源开关（转换开关及断路器）、万能转换开关；后者是指短路及过载保护器件，如空气断路器中的电磁脱扣器及热过载脱扣器，熔断器及过电流继电器等器件。

一般在了解了主电路的上述内容后就可阅读和分析控制电路、辅助电路了。由于存在着各种不同类型的生产机械，它们对电力拖动也就提出了各种各样的要求，表现在电路图上有各种不同的控制及辅助电路。

分析控制电路时首先要分析控制电路的电源电压。一般生产机械，如仅有一台或较少电动机拖动的设备，其控制电路较简单。为减少电源种类，控制电路的电压也常采用 380 V，可直接由主电路引入。对于采用多台电动机拖动且控制要求又比较复杂的生产设备，控制电压采用 110 V 或 220 V，此时的交流控制电压应由隔离变压器供给。然后了解控制电路中所采用的各种继电器、接触器的用途，如采用一些特殊结构的控制电器时，还应了解它们的动作原理。只有这样，才能理解它们在电路中如何动作和具有何种用途。

控制电路总是按动作顺序画在两条垂直或水平的直线之间的。因此，也就可从左到右或从上而下地进行分析。对于较复杂的控制电路，还可将它分成几个功能模块来分析，如起动部分、制动部分、循环部分等。对控制电路的分析必须随时结合主电路的动作要求来进行；只有全面了解主电路对控制电路的要求后，才能真正掌握控制电路的动作原理。不可孤立地看待各部分的动作原理，而应注意各个动作之间是否有相互制约的关系，如电动机正、反转之间设有机械或电气互锁等。

辅助电路一般比较简单，通常包含照明和信号部分。信号灯是指示生产机械动作状态的，工作过程中可方便操作者随时观察，掌握各运动部件的状况，判别工作是否正常。通常以绿色或白色灯指示正常工作，以红色灯指示出现故障。

2. 三相异步电动机的点动控制线路分析与装配

生产机械不仅需要连续运转，有的生产机械还需要点动控制，还有的生产机械要求用点动控制来完成调整工作。所谓点动控制就是按下按钮，电动机通电运转；松开按钮，电动机断电停转的控制方式。

用按钮和接触器组成的三相异步电动机单向点动控制原理图，如图 6-40 所示。

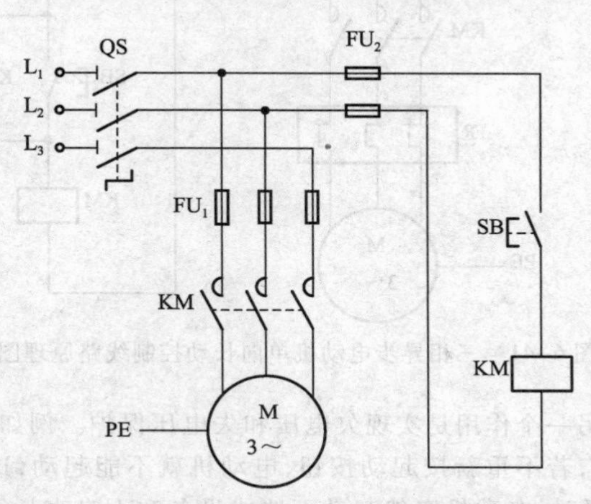

图 6-40 三相异步电动机单向点动控制线路原理图

原理图分为主电路和控制电路两部分。主电路是从电源 L_1、L_2、L_3 经电源开关 QS、熔断器 FU_1、接触器 KM 的主触点到电动机 M 的电路，它流过的电流较大。熔断器 FU_2、按钮 SB 和接触器 KM 的线圈组成控制电路，接在两根相线之间（或一根相线、一根中性线，视低压电器的额定电压而定），流过的电流较小。

主电路中电源开关 QS 起隔离作用，熔断器 FU_1 对主电路进行短路保护；接触器 KM 的主触点控制电动机 M 的起动、运行和停车。由于线路所控制电动机只做短时间运行，且操作者在近处监视，一般不设过载保护环节。

当需要电路工作时，首先合上电源开关 QS，按下按钮 SB，接触器 KM 线圈得电，衔铁吸合，带动它的三对主触点 KM 闭合，电动机 M 接通三相电源起动正转。当按钮 SB 松开后，接触器 KM 线圈失电，衔铁受弹簧拉力作用而复位，带动三对主触点断开，电动机 M 断电停转。

3. 三相异步电动机的单向长动控制电路（起、停控制电路）

前面介绍的点动控制电路不便于电动机长时间动作，所以不能满足许多需要连续工作的状况。电动机的连续运转又称长动控制，是相对点动控制而言的，它是指在按下起动按钮起动电动机后，松开按钮，电动机仍然能够通电连续运转。实现长动控制的关键是在起动电路中增设了“自锁”环节。用按钮和接触器构成的三相异步电动机单向长动控制线路原理图，如图 6-41 所示。

工作过程如下：合上电源开关 QS，按下起动按钮 SB_2，交流接触器 KM 线圈得电，与 SB_2 并联的 KM 动合辅助触点闭合，使接触器线圈有两条电路通电。这样即使 SB_2 松开，接触器 KM 的线圈仍可通过自己的辅助触点（称为“自保”或“自锁”触点，触点的上、下连线称为“自保线”或“自锁线”）继续通电。这种依靠接触器自身辅助触点而使线圈保持通电的现象称为自保（或自锁）。

在带自锁的控制电路中，因起动后 SB_2 即失去控制作用，所以在控制回路中串联了动断按钮 SB_1 作为停止按钮。另外，因为该电路中电动机是长时间运行的，所以增设了热继电器 FR 进行过载保护,FR 的常闭触点串联在 KM 的电磁线圈回路上。

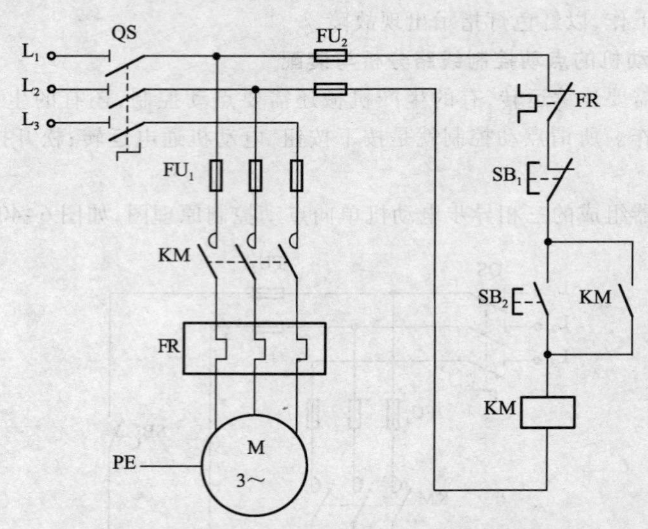

图 6-41　三相异步电动机单向长动控制线路原理图

自锁(自保)控制的另一个作用是实现欠电压和失电压保护。例如,当电网电压消失(如停电)后又重新恢复供电时,若不重新按起动按钮,电动机就不能起动,这就构成了失电压保护。它可防止在电源电压恢复时,电动机突然起动而造成设备和人身事故。另外,当电网电压较低时,达到接触器的释放电压,接触器的衔铁就会释放,主触点和辅助触点都断开。它可防止电动机在低压下运行,实现欠电压保护。

4. 电气控制线路图的装配与调试方法

(1)分析电气原理图。电动机的电气原理图反映了控制线路中电气元件间的控制关系。在安装电动机电气控制线路前,必须明确电气元件的数目、种类、规格;根据控制要求,弄清各电气元件间的控制关系及连接顺序;分析控制动作,确定检查线路的方法等。对于复杂的控制电路,应弄清它由哪些控制环节组成,分析各环节之间的逻辑关系。

(2)检查电气元件。为了避免电气元件自身的故障对线路造成的影响,安装接线前应对所有的电气元件逐个进行检查。

① 外观检查。外壳是否完整,有无碎裂;各接线端子及紧固件是否齐全,有无生锈等现象。

② 触点检查。触点有无熔焊、粘连、变形、严重氧化锈蚀等现象;触点动作是否灵活;触点的开距是否符合标准;接触压力弹簧是否有效。

③ 电磁机构和传动部件检查。动作是否灵活;有无衔铁卡阻、吸合位置不正常等现象;衔铁压力弹簧是否有效等。

④ 电磁线圈检查。用万用表检查所有电磁线圈是否完好,并记录它们的直流电阻值,以备检查线路和排除故障时作为参考。

⑤ 其他功能元器件的检查。主要检查时间继电器的延时动作、延时范围及整定机构的作用;检查热继电器的热元件和触点的动作情况。

⑥ 核对各元器件的规格与图样要求是否一致。

(3)固定电气元件。按照接线图规定的位置将电气元件固定在安装底板上。各电气元件之间的距离要适当,既要节省面板,又要便于走线和投入运行后检修。

(4)配线。电器控制板安装配线时通常采用明配线,即板前配线。一般从电源端开始按线

号顺序接线,先接主电路,后接辅助电路。配线的方法如下:

① 选择适当的导线截面,截取合适长度,剥去两端绝缘外皮。

② 走线时应尽量避免交叉。将同一走向的导线汇成一束,依次弯向所需的方向。走线应做到横平竖直、拐直角弯。

③ 将成形好的导线套上写好线号的线号管,根据接线端子的情况,将芯线弯成圆环或直接压进接线端子。

(5)检查线路和试车:

① 检查线路。制作好的控制线路必须经过认真检查后才能通电试车,以防止错接、漏接及电器故障引起线路动作不正常,甚至造成短路事故。检查时先核对接线,然后检查端子接线是否牢固,最后用万用表导通法来检查线路的动作情况及可靠性。

② 试车与调整:

试车前的准备:清点工具,清除线头杂物,装好接触器的电弧罩,检查各组熔断器的熔体,分断各开关使各开关处于未操作状态,检查三相电源的对称性等。

空操作试验:先切断主电路(断开主电路熔断器),装好辅助电路熔断器,接通三相电源,使线路不带负荷通电操作,以检查辅助电路工作是否正常。操作各按钮检查它们对接触器、继电器的控制作用;检查接触器的自保、联锁等控制作用;用绝缘棒操作行程开关,检查它的行程控制或限位控制作用;检查线圈有无过热现象等。

带负荷试车:空操作试验动作无误后,即可切断电源,接通主电路,然后再通电,带负荷试车。起动后要注意它的运行情况,如发现过热等异常现象,应立即停车,切断电源后进行检查。

其他调试:如定时运转线路的运行和间隔时间,Y-△降压起动线路的转换时间,反接制动线路的终止速度等。应按照各线路的具体情况确定调试步骤。

〖实践操作〗——做一做

1. 三相异步电动机单向点动控制线路的装配

按图6-40所示线路接线。接线应按照主电路、控制电路分步来接,接线次序应按自上而下、从左向右来接。接线要整齐、清晰,接点牢固可靠。电动机采用星形连接。接线完毕须经指导教师检查后,才可通电运行,按下按钮SB,观察电动机转动情况;松开起动按钮SB,观察电动机的转动情况。

2. 三相异步电动机单向长动控制线路的装配

按图6-41所示线路接线。电动机采用星形连接。接线完毕须经指导教师检查后,才可通电运行,按下起动按钮SB_2,观察电动机转动情况;松开起动按钮SB_2,观察电动机的转动情况;按下停止按钮SB_1,观察电动机是否停止。

注意:接线时避免将导线的金属部分裸露在外,也不能将绝缘部分压在接线片内。线路接好后,必须仔细认真地检查并经指导教师检查后,才可通电运行。

〖问题研讨〗——想一想

(1)绘制电气控制线路原理图的原则是什么?

(2)什么是三相异步电动机的点动控制?

(3)什么叫"自锁"?自锁线路由什么部件组成的?如何连接?如果用接触器的动断触点作为自锁触点,将会出现什么现象?

(4)图6-41中已经用了热继电器,为什么还要装熔断器?是否重复了?热继电器、熔断器在线路中各起什么作用?

(5)为什么凡是用接触器和按钮控制电动机运行的线路,都具有失电压保护作用?根据是什么?

子任务3 三相异步电动机正、反转控制线路的分析与装配

〖知识链接〗——学一学

在生产过程中,很多生产机械的运行部件都需要正、反两个方向运动,如水闸的开、闭,机床工作台的前进、后退等。要使三相异步电动机正、反转,只要改变引入到电动机的三相电源相序即可。用倒顺开关能实现三相异步电动机的正、反转,但它不能实现遥控和自控。

1. 按钮联锁的正、反转控制线路

按钮联锁的正、反转控制线路原理图如图6-42所示。图中SB_1与SB_2分别为正、反转起动按钮,每只按钮的动断触点都与另一只按钮的动合触点串联,此种接法称为按钮联锁,又称机械联锁。每只按钮上起联锁作用的动断触点称为"联锁触点",其两端的连接线称为"联锁线"。当操作任意一只按钮时,其动断触点先分断,使相反转向的接触器失电释放,可防止两只接触器同时得电造成电源短路。

正向起动时,合上电源开关QS,按下按钮SB_1,其动断触点先分断,使KM_2线圈不得电,实现联锁。同时,SB_2的动合触点闭合,KM_1线圈得电并自锁,KM_1主触点闭合,电动机M得电正转。

反向起动时,按下按钮SB_2,其动断触点先分断,KM_1线圈失电,解除自保,KM_1主触点断开,电动机停转。同时SB_3动合触点闭合,KM_2线圈得电并自保,KM_2主触点闭合,电动机M得电反转。

按钮联锁正、反转控制线路的优点是,电动机可以直接从一个转向过渡到另一个转向而不需要按停止按钮SB_3,但存在的主要问题是容易产生短路事故。例如,电动机正转接触器KM_1主触点因弹簧老化或剩磁的原因而延迟释放时、因触点熔焊或者被卡住而不能释放时,如按下SB_2,会造成KM_1因故不释放或释放缓慢而没有完全将触点断开,KM_2线圈又得电使其主触点闭合,电源会在主电路出现相间短路。可见,按钮联锁正、反转控制线路的特点是方便但不安全,控制方式是"正转→反转→停止"。

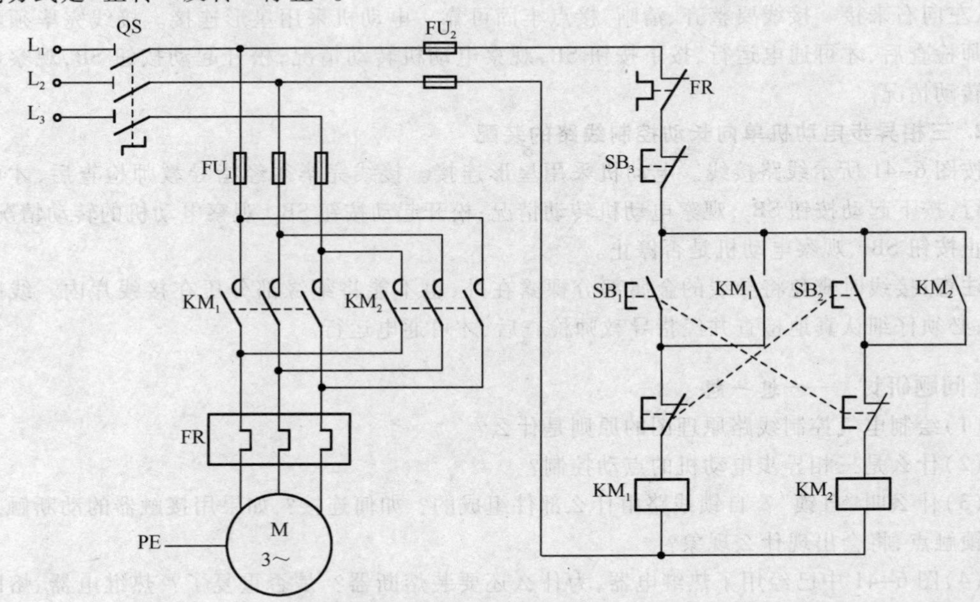

图6-42 三相异步电动机按钮联锁的电动机正、反转控制线路原理图

2. 接触器联锁的正、反转控制线路

为防止出现两个接触器同时得电引起主电路电源相间短路，要求在主电路中 KM_1、KM_2任意一个接触器主触点闭合，另一个接触器的主触点就应该不闭合，即任何时候，在控制电路中，KM_1、KM_2只能有其中一个接触器的线圈得电。将 KM_1、KM_2的正、反转接触器的动断辅助触点分别串联到对方线圈电路中，形成相互制约的控制，这种相互制约的控制关系称为互锁，又称联锁，这两对起互锁作用的动断触点称为互锁触点。由接触器或继电器动断触点构成的互锁称为电气互锁。三相异步电动机接触器联锁的正、反转控制线路原理图如图 6-43 所示。

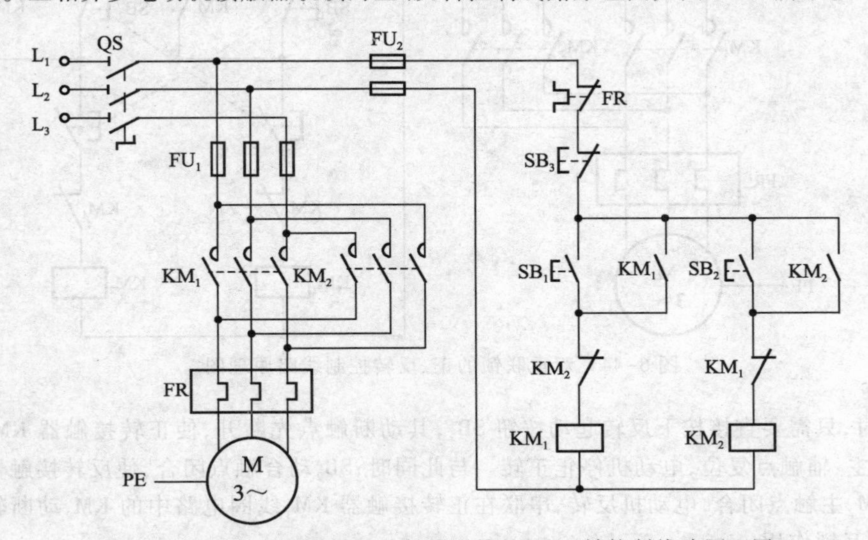

图 6-43　三相异步电动机接触器联锁的正、反转控制线路原理图

接触器联锁正、反转控制电路中，按下正转起动按钮 SB_1，正转接触器 KM_1线圈得电，一方面 KM_1主电路中的主触点和控制电路中的自锁触点闭合，使电动机连续正转；另一方面动断互锁触点断开，切断反转接触器 KM_2线圈支路，使得它无法得电，实现互锁。此时即使按下反转起动按钮 SB_2，反转接触器 KM_2线圈因 KM_1互锁触点断开也不会得电。要实现反转控制，必须先按下停止按钮 SB_3，切断正转接触器 KM_1线圈支路，KM_1主电路中的主触点和控制电路中的自锁触点恢复断开，互锁触点恢复闭合，解除对 KM_2的互锁，然后按下 SB_2，才能使电动机反向起动运转。

同理，SB_2按下时，KM_2线圈得电，一方面主电路中 KM_2的 3 对动合主触点闭合，控制电路中自锁触点闭合，实现反转；另一方面反转互锁触点断开，使 KM_1线圈支路无法接通，进行互锁。

接触器联锁的正、反转控制线路的优点是可以避免由于误操作以及因接触器故障引起电源短路的事故发生，但存在的主要问题是，从一个转向过渡到另一个转向时要先按停止按钮 SB_3，不能直接过渡，显然这是十分不方便的。可见接触器联锁的正、反转控制线路的特点是安全但不方便，控制方式是“正转→停止→反转”。

3. 双重联锁的正、反转控制线路

采用复合按钮和接触器双重联锁的正、反转控制线路原理图如图 6-44 所示，它可以克服上述两种正、反转控制线路的缺点，图 6-44 中，SB_1与 SB_2是两只复合按钮，它们各具有一对动合触点和一对动断触点，该电路具有按钮和接触器双重联锁作用。

工作原理：合上电源开关 QS，正转时，按正转起动按钮 SB_1，正转接触器 KM_1线圈得电，KM_1主触点闭合，电动机正转。与此同时，SB_1的动断触点和 KM_1的互锁动断触点都断开，双双保证反转接触器 KM_2线圈不会同时得电。

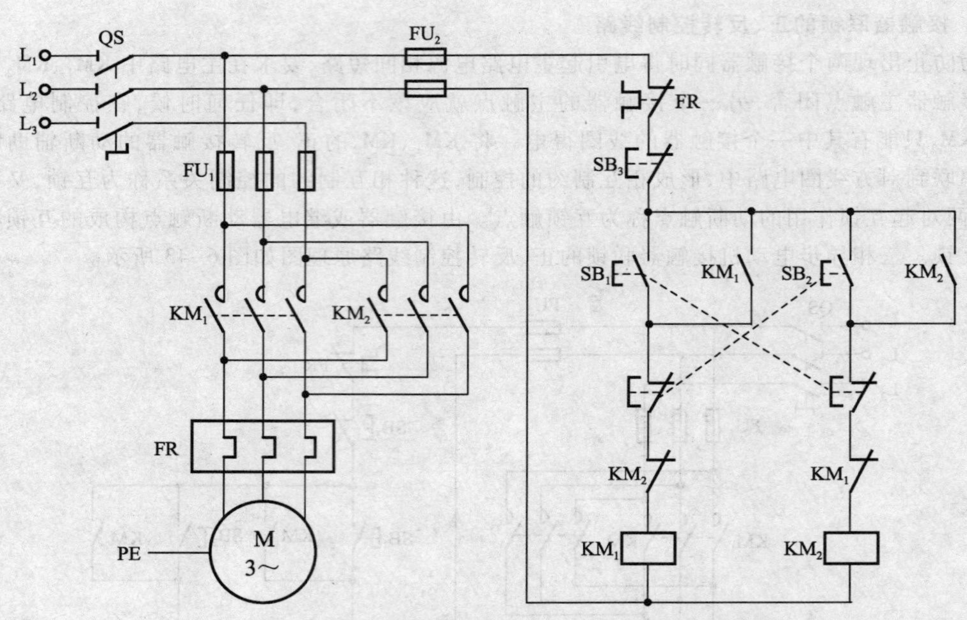

图 6-44　双重联锁的正、反转控制线路原理图

反转时，只需要直接按下反转起动按钮 SB_2，其动断触点先断开，使正转接触器 KM_1 线圈失电，KM_1 的主、辅触点复位，电动机停止正转。与此同时，SB_2 动合触点闭合，使反转接触器 KM_2 线圈得电，KM_2 主触点闭合，电动机反转，串联在正转接触器 KM_1 线圈电路中的 KM_2 动断辅助触点断开，起到互锁作用。

在笼形异步电动机的直接起动控制设备中，磁力起动器用途很广泛。磁力起动器实质上是由交流接触器和热继电器组合而成的起动控制设备，它有不可逆的和可逆的两种，前者用于单向运行控制线路，后者用于正、反转控制线路。磁力起动器用于直接起动容量在 7.5 kW 以下的笼形异步电动机。

〖实践操作〗——做一做

按图 6-44 所示电路接线。接线完毕须经指导教师检查后，才可通电运行。按下正转起动按钮 SB_1，观察电动机转动情况，按下停止按钮 SB_3 让电动机停转。按下反转起动按钮 SB_2，观察电动机转动情况，按下停止按钮 SB_3 让电动机停转。观察先按下 SB_1，再按下 SB_2 与先按下 SB_2，再按下 SB_1 时电动机转动情况，是否实现了正、反转控制？

〖问题研讨〗——想一想

(1)什么叫互锁？常见电动机正、反转控制线路中有几种互锁形式？各是如何实现的？

(2)查阅有关资料，了解倒顺开关和磁力起动器的有关知识。

子任务 4　三相异步电动机Y-△换接降压起动控制线路的分析与装配

〖知识链接〗——学一学

某些生产机械的控制电路需要按一定的时间间隔来接通或断开某些控制电路，如三相异步电动机的Y-△换接降压起动，就需采用时间继电器来实现延时控制。

图 6-45 是用 3 个交流接触器和 1 个时间继电器按时间原则控制的三相异步电动机Y-△换

接降压起动控制线路原理图。图 6-45 中时间继电器控制的Y-△降压起动控制电路中，KM_1 为电源接触器，KM_2 为定子绕组三角形连接接触器，KM_3 为定子绕组星形连接接触器。

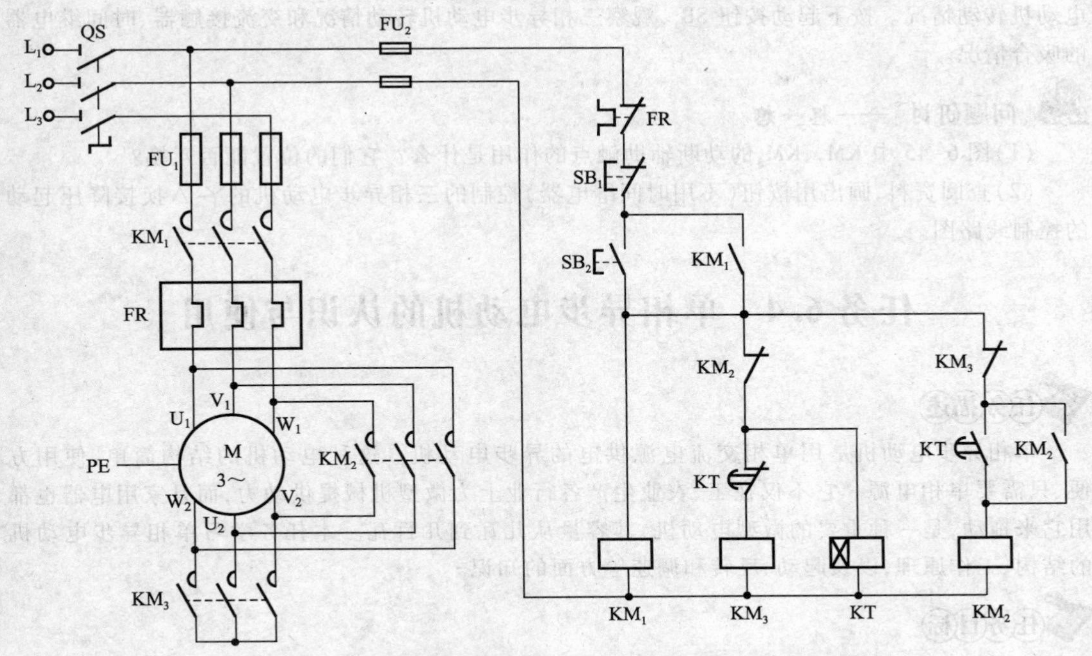

图 6-45　三相异步电动机Y-△换接降压起动控制线路原理图

三相异步电动机起动时，合上电源开关 QS，再按下起动按钮 SB_2→KM_1、KM_3、KT 线圈同时得电→KM_1 辅助触点吸合自锁，KM_1 主触点吸合，接通三相交流电源；KM_3 主触点吸合，将三相异步电动机三相定子绕组尾端短接，三相异步电动机星形起动；KM_3 动断辅助触点（联锁触点）断开，对 KM_2 线圈联锁，使 KM_2 线圈不能得电；KT 按设定的星形降压起动时间工作→三相异步电动机转速上升至一定值（接近额定转速）时，时间继电器 KT 的延时时间结束→KT 延时断开的动断触点断开，KM_3 线圈失电，KM_3 主触点恢复断开，三相异步电动机断开星形接法；KM_3 动断辅助触点（联锁触点）恢复闭合，为 KM_2 线圈得电做好准备→KT 延时闭合的动合触点闭合，KM_2 线圈得电自锁，KM_2 主触点将三相异步电动机三相定子绕组首尾顺次连接成三角形，三相异步电动机接成三角形全压运行。同时 KM_2 的动断辅助触点（联锁触点）断开，使 KM_3 线圈和 KT 线圈都失电。

三相异步电动机停止时，按下停止按钮 SB_1→KM_1、KM_2 线圈失电→KM_1 主触点断开，切断三相异步电动机的三相交流电源，KM_1 自锁触点恢复断开，解除自锁，三相异步电动机失电停转；KM_2 动合主触点恢复断开，解除三相异步电动机三相定子绕组的三角形接法，为三相异步电动机下次星形起动做准备，KM_2 自锁触点恢复断开解除自锁，KM_2 动断辅助触点（联锁触点）恢复闭合，为下次星形起动 KM3 线圈和 KT 线圈得电做准备。

此电路中，时间继电器的延时时间可根据三相异步电动机起动时间的长短进行调整，解决了切换时间不易把握的问题，且此降压起动控制电路投资少，接线简单。但由于起动时间的长短与负载大小有关，负载越大，起动时间越长。对负载经常变化的三相异步电动机，若对起动时间控制要求较高时，需要经常调整时间继电器的整定值，就显得很不方便。

〖实践操作〗——做一做

按图 6-45 所示电路接线，时间继电器的整定时间设置为 5 s。接线完毕须经指导教师检查后，才可通电运行。合上电源开关 QS，按下起动按钮 SB_2，观察各交流接触器、时间继电器的吸合情况和三相电动机转动情况。5 s 后观察各交流接触器、时间继电器的吸合情况和三相异步电动机转动情况。按下起动按钮 SB_1，观察三相异步电动机转动情况和交流接触器、时间继电器的吸合情况。

〖问题研讨〗——**想一想**

（1）图 6-45 中 KM_2、KM_3的动断辅助触点的作用是什么？它们的位置能否互换？

（2）查阅资料，画出用按钮（不用时间继电器）控制的三相异步电动机的Y-△换接降压起动的控制线路图。

任务 6.4　单相异步电动机的认识与使用

单相异步电动机是用单相交流电源供电的异步电动机。这种电动机的结构简单、使用方便、只需要单相电源。它不仅在工、农业生产各行业上为微型机械提供动力，而且家用电器也都用它来拖动，是一种重要的微型电动机，其容量从几瓦到几百瓦。本任务学习单相异步电动机的结构、工作原理，以及起动、反转和调速等方面的知识。

熟悉单相异步电动机的结构；理解单相异步电动机的工作原理、起动方法、反转方法和调速方法；能正确地使用单相异步电动机。

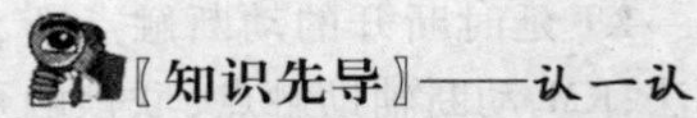

子任务 1　单相异步电动机的结构与工作原理

〖知识先导〗——**认一认**

观察图 6-46 所示的单相异步电动机的结构，试与三相异步电动机的结构比较，有什么区别？

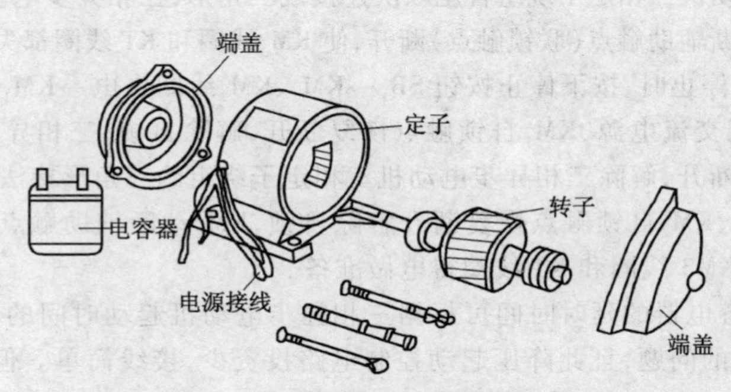

图 6-46　单相异步电动机的结构

〖知识链接〗——**学一学**

在只有单相交流电源或负载所需功率较小的场合，如电风扇、电冰箱、洗衣机、医疗器械及

某些电动工具上，常采用单相异步电动机。

1. 单相异步电动机的结构

单相异步电动机的构造与三相笼形异步电动机相似，它的转子也是笼形的，但其定子绕组是单相的，单相异步电动机的结构如图 6-46 所示。

2. 单相异步电动机的工作原理

当定子绕组通入单相交流电时，便产生一个交变的脉动磁通，这个磁通的轴线在空间上是固定的，但可分解为两个等量、等速而反向的旋转磁通，如图 6-47 所示。

转子不动时，这两个旋转磁通与转子间的转差相等，分别产生两个等值而反向的电磁转矩，净转矩为零。也就是说，单相异步电动机的起动转矩为零，这是它的主要缺点之一。

如果用某种方法使转子旋转一下，譬如说，使它顺时针方向转一下，那么，这两个旋转磁通与转子间的转差不相等，转子将会受到一个顺时针方向的净转矩而持续地旋转起来。

由于反向转矩的制动作用，合成转矩减小，最大转矩也随之减小，所以单相异步电动机的过载能力、效率、功率因数等均低于同容量的三相异步电动机，且机械特性变软，转速变化较大。

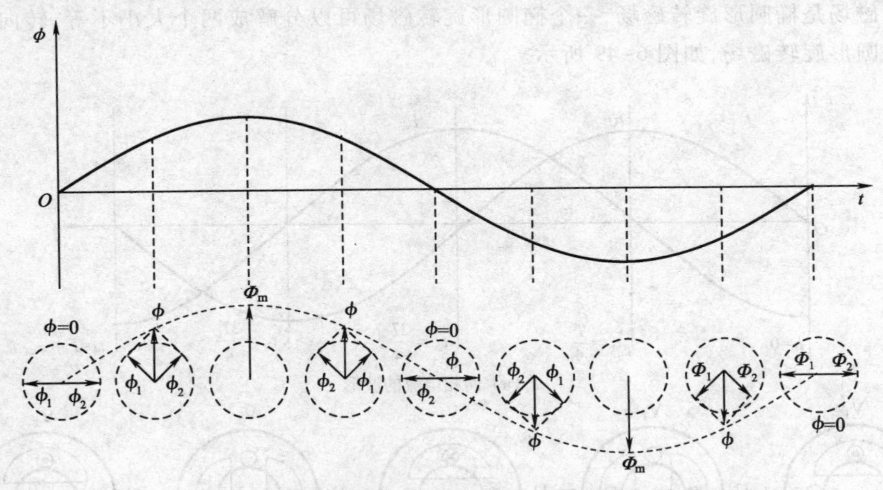

图 6-47　脉动磁通分解为两个旋转磁通的图示

〖问题研讨〗——想一想

(1)单相异步电动机在结构上与三相异步电动机有何异同点？

(2)单相单绕组异步电动机为什么不能自行起动？而用外力使其转子转动后，撤去外力，转子就可顺着该方向旋转下去？

(3)三相异步电动机为什么能自行起动？家里的电风扇需要加外力起动吗？

子任务 2　单相异步电动机的起动、反转和调速

〖知识链接〗——学一学

1. 单相异步电动机的主要类型及起动方法

由于单相异步电动机的起动转矩 $T_{st}=0$，为了使其能产生起动转矩，在起动时必须在电动机内部建立一个旋转磁场。根据产生旋转磁场的方式不同，单相异步电动机可分为分相式单相异步电动机和罩极式单相异步电动机。

1)分相式单相异步电动机

分相式单相异步电动机是在定子上安装两套绕组,一个是工作绕组(又称主绕组)U_1-U_2,另一个是起动绕组(又称副绕组)V_1-V_2,这两个绕组的参数相同且在空间相差90°电角度,称为两相对称绕组。分相式单相异步电动机又分为电容分相式单相异步电动机和电阻分相式单相异步电动机。下面只介绍电容分相式单相异步电动机。对于电阻分相式单相异步电动机,请读者参考其他资料自学。

(1)旋转磁场的产生。若在该两相绕组中分别通入大小相等、相位相差90°电角度的对称电流,即 $i_U=I_m\sin\omega t$ 通入 U_1-U_2 中,$i_V=I_m\sin(\omega t-90°)$ 通入 V_1-V_2 中,两相对称电流波形如图6-48(a)所示,两相对称电流在两相绕组中产生旋转磁场的过程如图6-48(b)所示。

从图6-48可知,在空间相差90°的两相对称绕组中,通入互差90°的两相交流电流,结果产生了旋转磁场。旋转磁场的转速为 $n=60f_1/p$,旋转磁场的幅值不变,这样的旋转磁场与三相异步电动机旋转磁场的性质相同(圆形旋转磁场)。

用同样的方法可以分析得出,当工作绕组和起动绕组不对称,或者两相电流不对称时,气隙中产生的磁场是椭圆形旋转磁场,一个椭圆形旋转磁场可以分解成两个大小不等、转向相反、转速相同的圆形旋转磁场,如图6-49所示。

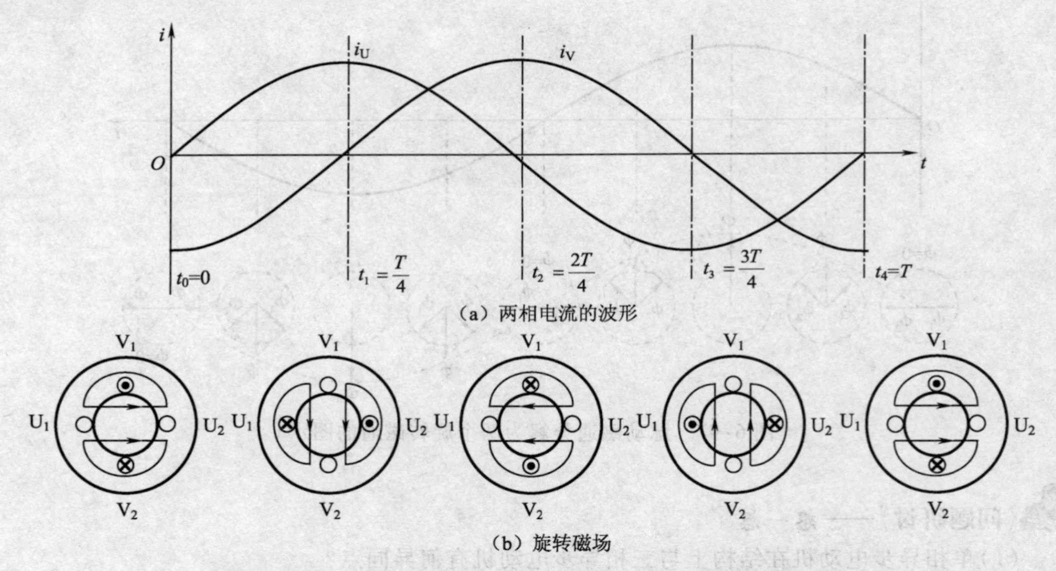

图6-48 相位相差90°电角度的对称电流产生的旋转磁场

(2)电容分相式单相异步电动机。电容分相式单相异步电动机的接线图如图6-50所示。起动绕组与电容器串联。起动时,利用电容器使起动绕组中的电流在相位上比工作绕组中的电流超前近90°。换言之,由于起动绕组串联了电容器,使得在单相电源作用下,在两绕组中形成了两相电流,在气隙中形成了旋转磁场,产生了起动转矩。

在图6-50中,起动时,电路中的两只开关QS和S都要闭合,等到转速接近额定值时,起动绕组电路中的离心开关S自动断开,这时只留下主绕组,电动机仍可继续带动负载运转。

(3)电容分相式单相异步电动机的分类:

① 电容起动式单相异步电动机。起动绕组和电容器仅参与起动,当转速上升到70%~85%额定转速时,由离心开关将起动绕组和电容器从电源上切除。它适用于具有较高起动转矩的小型空气压缩机、电冰箱、磨粉机、水泵及满载起动的小型机械。

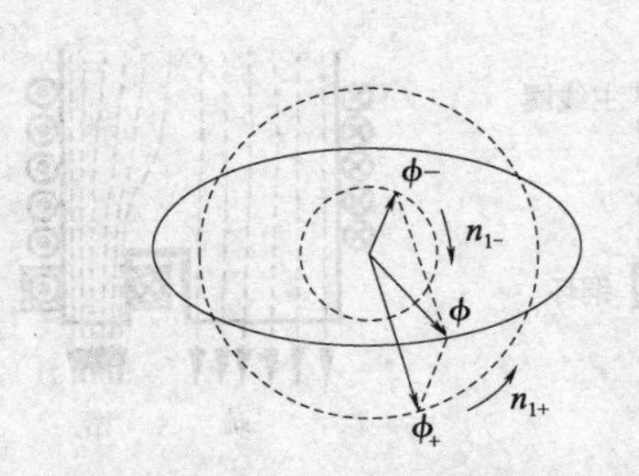

图 6-49 椭圆形旋转磁场的分解图

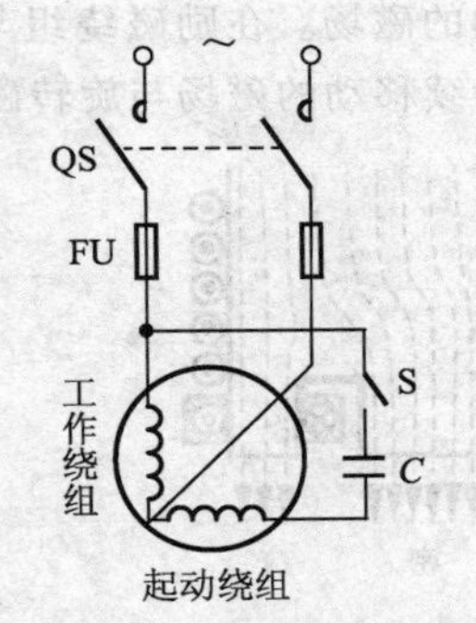

图 6-50 电容分相式单相异步电动机接线图

② 电容运行式单相异步电动机。这种电动机没有离心开关，起动绕组和电容器不但参与起动，也参与电动机的运行。电容运行式单相异步电动机实质上是一台两相电动机，这种电动机具有较高的功率因数和效率，体积小，质量小，适用于电风扇、洗衣机、通风机、录音机等各种空载或轻载起动的机械。

③ 电容起动与运行式单相异步电动机（又称单相双值电容式异步电动机）。这种电动机采用两只电容器并联后再与起动绕组串联。两只电容器，一只称为起动电容器（电容器的容量较大），仅参与起动，起动结束后，由离心开关将其切除与起动绕组的连接；另一只称为工作电容器（电容器的容量较小），一直与起动绕组连接，通过电动机在起动与运行时电容值的改变来适应电动机起动性能和运行性能的要求。这种电动机具有较好的起动与运行性能，起动能力大，过载性能好，效率和功率因数高，适用于家用电器、水泵和小型机械。

2）罩极式单相异步电动机

（1）罩极式单相异步电动机的结构。容量很小的单相异步电动机常利用罩极法来产生起动转矩，此种单相异步电动机称为罩极式单相异步电动机。罩极式单相异步电动机的转子为笼形结构，按照磁极的形式不同，分为凸极式和隐极式两种，其中凸极式是常见的，其结构图如图 6-51 所示。单相绕组套在凸极铁芯上，极面的一边开有小凹槽，凹槽将每个磁极分成大、小两部分，较小的部分（约 1/3）套有短路铜环，称为被罩部分；较大的部分未套短路铜环，称为未罩部分。

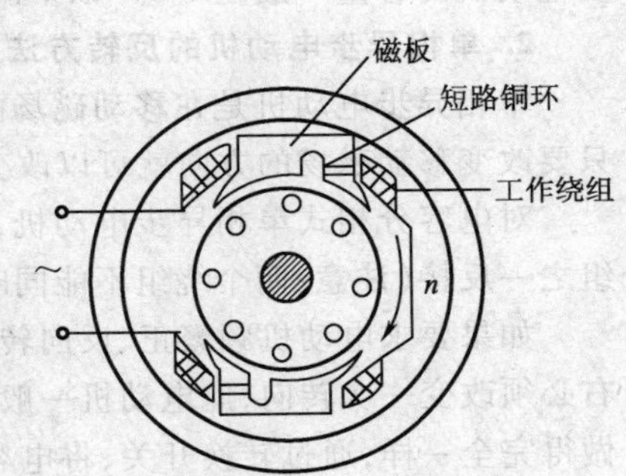

图 6-51 罩极式单相异步电动机的结构图

（2）移动磁场的产生。当单相绕组（工作绕组）的电流和磁通由零值增大时，在短路铜环中引起感应电流，它的磁通方向应与磁极磁通反向，致使磁极磁通穿过被罩部分的较疏，穿过未罩部分的较密，如图 6-52（a）所示。

当主线圈电流升到最大值附近时，电流及其磁通的变化率近似为零，这时短路铜环内不再有感应电流，亦不再有反抗的磁通，短路铜环失去作用，此时磁极的磁通均匀分布于被罩和未罩两部分，如图 6-52（b）所示。

当主线圈电流从最大值下降时，短路铜环内又有感应电流，这时它的磁通应与磁极磁通同向，因而被罩部分磁通较密，未罩部分磁通较疏，如图 6-52（c）所示。

由图 6-52 可知，罩极式单相异步电动机磁极的磁通具有在空间移动的性质，由未罩部分移向被罩部分。当工作绕组中的电流为负值时，磁通的方向相反，但移动的方向不变，所以不论单相绕组中的电流方向如何变化，磁通总是从未罩部分移向被罩部分，于是在电动机内部就产生

了一个移动的磁场。在励磁绕组与短路铜环的共同作用下，磁极之间形成一个持续移动的磁场。这种持续移动的磁场与旋转磁场相似，也可以使转子获得起动转矩。

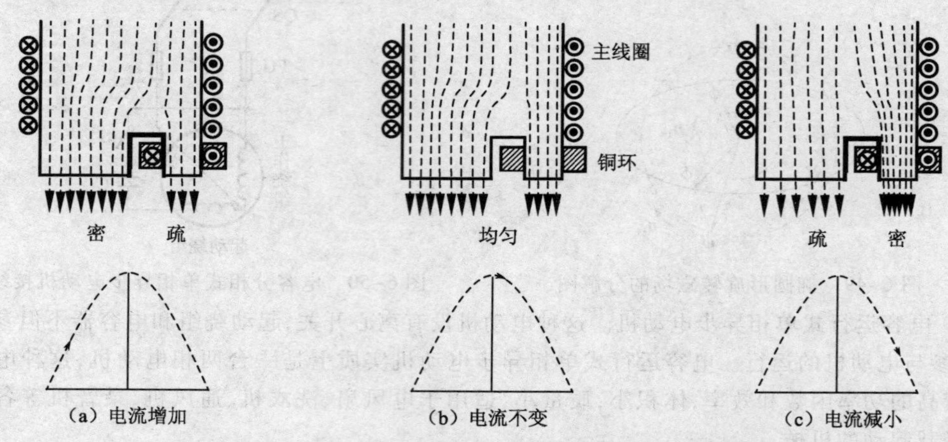

图 6-52　罩极式单相异步电动机的磁场移动原理

要改变罩极式单相异步电动机的旋转方向，只能改变罩极的方向，这一般难以实现，所以罩极式单相异步电动机通常用于不需改变转向的电气设备中。

单相异步电动机的优点是结构简单、制造方便、成本低、运行噪声小、维护方便；缺点是起动转矩小，起能性能较差，效率、功率因数和过载能力都比较低，且不能实现正、反转。因此单相异步电动机的容量一般在 1 kW 以下。

2. 单相异步电动机的反转方法

单相异步电动机是在移动磁场的作用下运转的，其运行方向与移动磁场的方向相同，所以，只要改变移动磁场的方向就可以改变单相异步电动机的转向。

对电容分相式单相异步电动机，在要求改变旋转方向时，一般的方法是：将主绕组或起动绕组之一反接（**注意**：两个绕组不能同时反接）就可以改变转向。

如果要求电动机频繁正、反向转动，例如，家用洗衣机的搅拌用电动机，运行中一般 30 s 左右必须改变一次转向，此电动机一般用的是电容运转式单相异步电动机，其工作绕组、起动绕组做得完全一样，通过转换开关，将电容器分别与工作绕组、起动绕组串联，即可方便地实现电动机转向的改变，如图 6-53 所示。其他类型的单相异步电动机的反转方法，请参阅其他相关资料。

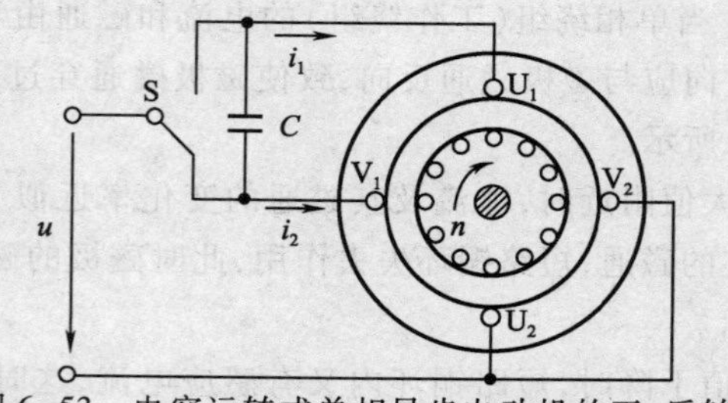

图 6-53　电容运转式单相异步电动机的正、反转

3. 单相异步电动机的调速

单相异步电动机的调速方法主要有变极调速和变压调速两种方法。变极调速是指通过电动机定子绕组的磁极对数来调节转速；变压调速是指改变定子绕组两端电压来调节转速。其

中,变压调速最为常用,具体可分为串联电抗器调速、串联电容器调速、自耦变压器调速和串联晶闸管调压调速和抽头调速等。目前,电风扇中的单相异步电动机的调速方法是串电抗器调速法和电动机绕组抽头调速法。

(1)串电抗器调速法。串电抗器调速法是将电抗器与电动机定子绕组串联。通电时,利用在电抗器上产生的电压降使加到电动机定子绕组上的电压低于电源电压,从而达到降压调速的目的。因此,用串电抗器调速法时,电动机的转速只能由额定转速向低调速。这种调速方法的优点是线路简单、操作方便;缺点是电压降低后,电动机的输出转矩和功率明显降低,因此只适用于转矩及功率都允许随转速降低而降低的场合。下面以吊扇调速为例进行说明。

吊扇电动机又称吊头,多采用电容分相式单相异步电动机,封闭式外转子结构。其结构特点是定子固定在电动机中间,外转子绕定子旋转,从而带动与之连接的扇头和外壳一起转动。

吊扇的调速采用调速器实现,其电路图如图 6-54(a)所示,图 6-54 中副绕组与电容器串联,然后与主绕组并联到电源另一端,调速时通过调整电抗式调速线圈抽头来改变速度。调速旋钮控制开关的动触点,可分别接通调速电抗器的五个抽头的静触点,利用串入电抗器线圈匝数不同来改变电动机的端电压,从而得到不同的转速。若将调速旋钮置于"停"位置,电动机因绕组断电而停转。

图 6-54(b)所示为吊扇电气接线图,黑色引出线所连接的是副绕组,红色引出线连接的是主绕组,绿色引出线连接的是主、副绕组公共端,它直接接到电源另一端。

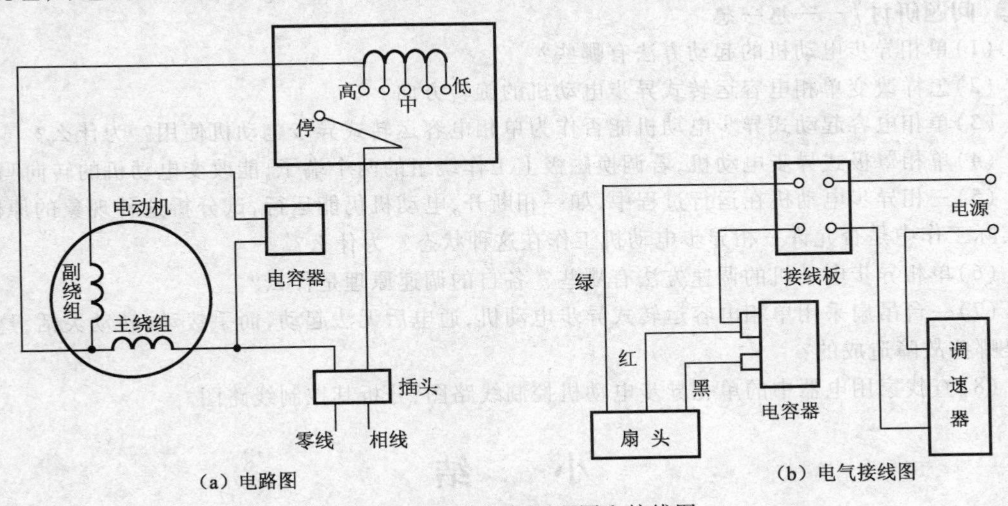

(a) 电路图　　(b) 电气接线图

图 6-54　吊扇电气原理图和接线图

(2)电动机绕组抽头调速法。电容运转式单相异步电动机在调速范围不大时,普遍采用定子绕组抽头调速。此时,定子槽中嵌有工作绕组、起动绕组和调速绕组(又称中间绕组),通过改变调速绕组与工作绕组、起动绕组的连接方式,调节气隙磁场大小及椭圆度来实现调速,如台扇调速。

台扇一般采用电容分相式单相异步电动机绕组抽头调速,实质上是电抗器与定子绕组制作在一起,通过改变定子绕组的接法实现调速。这种方法不用电抗器,仅在定子绕组中增加一个调速副绕组,称为中间绕组或调速绕组。

台扇电气接线图如图 6-55(a)所示,电动机主绕组(运行绕组)、副绕组(起动绕组)以及中间绕组(调速绕组)接法如图 6-55(b)所示。

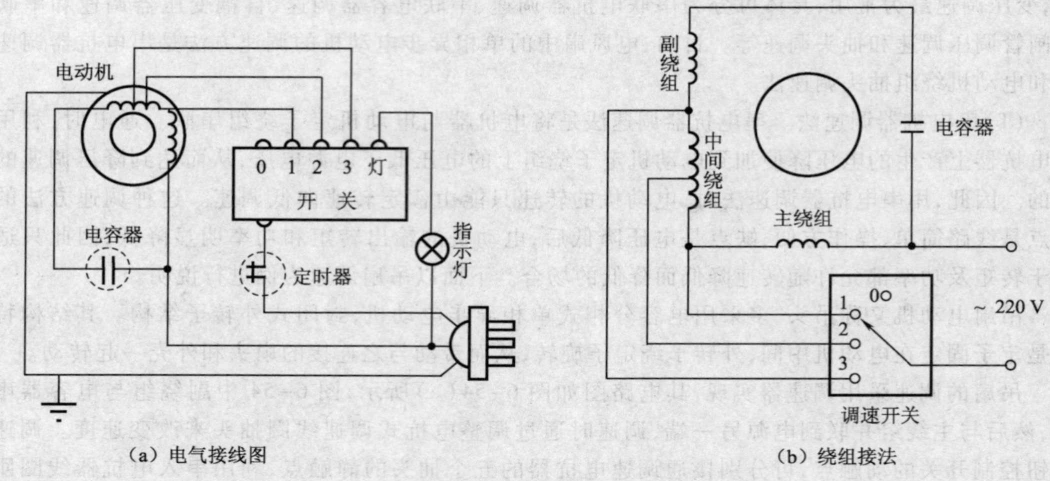

图 6-55　台扇电气接线图

电动机绕组抽头调速与串电抗器调速比较，用电动机绕组抽头调速不需要电抗器，故节省材料、耗电量少，但绕组嵌线和接线比较复杂。

〖问题研讨〗——**想一想**

(1)单相异步电动机的起动方法有哪些？

(2)怎样改变单相电容运转式异步电动机的旋转方向？

(3)单相电容起动式异步电动机能否作为单相电容运转式异步电动机使用？为什么？

(4)单相罩极式异步电动机，若调换磁极上工作绕组的两个端子，能改变电动机的转向吗？

(5)三相异步电动机在运行过程中，如一相断开，电动机仍能运行，试分析这种现象的原因。在实际工作中是否允许三相异步电动机工作在这种状态？为什么？

(6)单相异步电动机的调速方法有哪些？各自的调速原理是什么？

(7)一台吊扇采用单相电容运转式异步电动机，通电后无法起动，而手拨动，转动灵活，这可能是哪些故障造成的？

(8)查找家用电器中的单相异步电动机控制线路图，分析其控制线路图。

小　结

(1)电动机是将电能转换为机械能的旋转电气设备，其主要结构分为两部分：定子和转子。这两部分之间由气隙隔开。按转子结构形式不同，异步电动机分为笼形异步电动机和绕线式异步电动机。前者结构简单，价格便宜，运行、维护方便，使用广泛。后者起动性能、调速性能较好，但其结构复杂，价格高。

(2)异步电动机又称感应电动机，它的转动是依据电生磁，磁生电，电磁力(矩)而运转的；转子感应电流(有功分量)在旋转磁场作用下产生电磁力并形成转矩，驱动电动机旋转。

转子转速 n 恒小于旋转磁场的转速 n_1，即转差的存在是异步电动机旋转的必要条件。转子转向与旋转磁场的方向(即三相电流相序)一致，这是异步电动机改变转向的原理。转差率实质上是反映转速快慢的一个物理量。

(3)三相异步电动机的电磁转矩的参数表达式为 $T = c'_T U_1^2 \dfrac{sR_2}{R_2^2 + (sX_{20})^2}$，由此可画出三相异

步电动机的转矩特性曲线和机械特性曲线，它们是分析异步电动机运行性能的依据。

额定转矩与额定功率的关系为 $T_N = 9\ 550 \dfrac{P_N}{n_N}$；运行中电网电压波动对电磁转矩影响很大，电磁转矩与电源电压的二次方成正比，即 $T \propto U_1^2$。

(4)三相异步电动机起动电流大而起动转矩小。对稍大容量三相异步电动机，为限制起动电流，常用降压(Y-△换接、自耦变压器)起动。降压起动在限制起动电流的同时，也限制了本来就不大的起动转矩，故它只适用于空载或轻载起动。三相绕线式异步电动机用转子串电阻器起动，能减小起动电流又能增大起动转矩。

三相笼形异步电动机的调速方法有：变极调速(有级调速)、变频调速(无级调速)；三相绕线式异步电动机采用改变转差率调速，通常是在转子回路中串联可调电阻器。

三相异步电动机的能耗制动是将三相绕组脱离交流电源，把直流电接入其中两相绕组，形成恒定磁场而产生制动转矩；反接制动是改变电流相序形成反向旋转磁场而产生制动转矩；回馈制动是借助于外界因素，使电动机转速 n 大于旋转磁场的转速 n_1，致使由电动状态变为发电状态而产生制动转矩。

(5)常用低压电器种类繁多，可分成如下3类：

开关类：主要有开启式开关、封闭式开关、按钮开关等，其作用是接通或分断电路，发出命令。

保护类：主要有熔断器、自动空气断路器、热继电器，其作用是保证电气控制电路正常工作，防止事故的发生。

控制类：主要有接触器、时间继电器，其作用是按照开关和保护类电器发出的命令，控制电气设备正常工作。

(6)任何一个复杂的控制系统均是由一些基本的控制环节(电路)再加上一些特殊要求的控制电路组成的。点动，单向自锁运行控制，正、反转互锁控制，Y-△降压起动及短路、过载、欠电压保护等，都是构成三相异步电动机自动控制的最基本环节。

三相异步电动机的继电器-接触器控制由主电路和控制电路两部分组成。阅读主电路时要了解有几台电动机，各有什么特点，了解其起动方法，有否正、反转等，为阅读控制电路提供依据。阅读控制电路时，应从控制主电路的接触器线圈着手，由上而下地对每一个电路进行跟踪分析。遇到复杂控制电路时，先分析各个基本环节，然后找出它们之间的联锁关系，以掌握整个电路的控制原理。

(7)单相异步电动机的单相绕组通入单相正弦交流电流时产生脉动磁场，脉动磁场作用于转子绕组时不能产生起动转矩，所以，单相异步电动机不能自行起动。单相异步电动机常用的起动方法有分相法和罩极法。

分相式单相异电动机实质是两相绕组通以两相电流产生旋转磁场，与其说它是单相异步电动机倒不如说是两相单相异步电动机，只不过它的电流取自于单相电源。分相式单相异步电动机是靠起动回路的阻抗参数进行分相的。

电容分相式单相异步电动机，在要求改变旋转方向时，一般的方法是：将主绕组或副绕组的两出线端对调，就会改变旋转磁场的转向，从而使电动机的转向得到改变。

单相异步电动机的调速方法有变极调速、降压调速(又分为串联电抗器、串联电容器、自耦变压器、串联晶闸管调压调速及抽头调速法)等。电风扇用单相异步电动机调速方法目前常用串联电抗器法和抽头调速法。

习　题

一、填空题

1. 根据工作电源的类型,电动机一般可分为______电动机和______电动机两大类;根据工作原理的不同,交流电动机可分为______电动机和______电动机两大类。

2. 三相异步电动机的定子主要是由______、______和______构成。转子主要由______、______和______构成。根据转子结构不同可分为______异步电动机和______异步电动机。

3. 三相笼形异步电动机名称中的三相是指电动机的______,笼形是指电动机的______,异步指电动机的______。

4. 三相异步电动机的旋转磁场的转向取决于______;其转速大小与______成正比,与______成反比。

5. 三相异步电动机转差率是指______与______之比。三相异步电动机转差率的范围在______,额定转差率的范围在______。三相异步电动机稳定运行时转差率的范围在______,不稳定运行时转差率的范围在______。

6. 三相异步电动机常用的两种减压起动方法是______起动和______起动。

7. 三相绕线式异步电动机的起动方法有______起动和______起动两种,既可增大______,又可减小______。

8. 三相异步电动机的调速可以用改变______、______和______三种方法来实现;其反转方法是______。

9. 三相异步电动机电气制动有______制动、______制动和______制动三种方法。但它们的共同特点是______。最经济的制动方法是______制动,最不经济的制动方法是______制动。

10. ______开关、______开关和______都是低压开关电器。

11. 为了保证安全,封闭式负载开关上设有______,保证开关在______状态下开关盖不能开启,而当开关盖开启时又不能______。

12. 低压断路器又称自动空气开关,具有______、______、______保护的开关电器。

13. 交流接触器由______系统和______系统和灭弧装置等部分组成。它不仅可以控制电动机电路的通断,还可以起______和______保护作用。

14. 在电路中起过载保护的低压电器设备是______,其串联在电动机主电路中的是它的______元件,串联在控制电路中的部分是其______。熔断器在电路中起______保护作用。

15. 单相异步电动机若只有一套绕组,通入单相电流起动时,起动转矩为______,电动机______起动;若正在运行中,轻载时则______继续运行。

16. 单相异步电动机根据获得磁场方式的不同,可分为______和______两大类。电容分相式单相异步电动机又分为______、______、______、______。

17. 单相异步电动机通以单相电流,产生一______磁场,它可以分解成______相等,______相反,______相同的两旋转磁场。

二、选择题

1. 三相异步电动机的三相定子绕组在空间位置上彼此相差(　　)。

A. 60°电角度　　B. 120°电角度　　C. 180°电角度　　D. 360°电角度

2. 三相异步电动机的旋转方向与通入三相绕组的三相电流(　　)有关。

A. 大小　　B. 方向　　C. 相序　　D. 频率

3. 三相异步电动机旋转磁场的转速与(　　)有关。

A. 负载大小　　B. 定子绕组上电压大小

C. 电源频率　　D. 三相转子绕组所串电阻的大小

4. 三相异步电动机的电磁转矩与(　　)。

A. 电压成正比　B. 电压二次方成正比　C. 电压成反比　D. 电压二次方成反比

5. 三相异步电机在电动状态时,其转子转速 n 永远(　　)旋转磁场的转速 n_1。

A. 高于　B. 低于　C. 等于

6. 三相绕线式异步电动机的转子绕组与定子绕组基本相同,因此,三相绕线式异步电动机的转子绕组的末端采用(　　)连接。

A. 三角形　B. 星形　C. 三角形或星形都可以

7. 一台三相异步电动机,其铭牌上标明额定电压为220 V/380 V,其接法应是(　　)。

A. Y/D　B. D/Y　C. Y/Y

8. 若电源电压为380 V,而三相电动机每相绕组的额定电压是220 V,则(　　)。

A. 接成三角形或星形均可　B. 只能接成星形

C. 只能接成三角形

9. 三相异步电动机若轴上所带负载愈大,则转差率 s(　　)。

A. 愈大　B. 愈小　C. 基本不变

10. 一台三相八极异步电动机的电角度为(　　)。

A. 0°　B. 720°　C. 1440°

11. 三相异步电动机转子磁场与定子旋转磁场之间的相对速度是(　　)。

A. n_1　B. n_1+n　C. n_1-n

12. 三相异步电动机在电动状态稳定运行时,转差率的范围是(　　)。

A. $0<s<s_c$　B. $0<s<1$　C. $s_c<s<1$

13. 三相绕线式异步电动机转子回路串入电阻器后,其同步转速(　　)。

A. 增大　B. 减小　C. 不变

14. 三相绕线式异步电动机采用转子串电阻器起动,下面(　　)是正确的。

A. 起动电流减小,起动转矩减小　B. 起动电流增大,起动转矩增大

C. 起动电流减小,起动转矩增大

15. 三相绕线式异步电动机在起动过程中,频敏变阻器的等效阻抗变化趋势是(　　)。

A. 由小变大　B. 由大变小　C. 恒定不变

16. 低压断路器具有(　　)保护。

A. 短路、过载、欠电压　B. 短路、过电流、欠电压

C. 短路、过电流、欠电压　D. 短路、过载、失电流

17. 交流接触器铁芯端面上的短路环有(　　)的作用。

A. 增大铁芯磁通　B. 减缓铁芯冲击

C. 减小铁芯振动　D. 减小剩磁影响

18. 按复合按钮时,(　　)。

A. 动合触点先闭合　B. 动断触点先断开

C. 动合、动断触点同时动作　D. 动断触点动作,动合触点不动作

19. 具有过载保护的接触器自锁控制电路中,实现短路保护的电器是(　　)。

A. 熔断器　B. 热继电器　C. 接触器　D. 电源开关

20. 具有过载保护的接触器自锁控制电路中,实现欠电压和失电压保护的电器是(　　)。

A. 熔断器　B. 热继电器　C. 接触器　D. 电源开关

21. 为避免正、反转交流接触器同时得电动作,线路采取(　　)。

A. 位置控制　B. 顺序控制　C. 自锁控制　D. 互锁控制

22. 在接触器联锁的正、反转控制电路中,其联锁触点应是对方接触器的(　　)。

A. 主触点　B. 主触点或辅助触点

C. 动合辅助触点　D. 动断辅助触点

23. 电容分相式单相异步电动机的定子绕组有两套绕组,一套是工作绕组,另一套是起动绕组,两套绕组在空间上相差(　　)电角度。

A. 120°　B. 60°　C. 90°

24. 电容分相单相异步电动机起动时,在起动绕组回路中串联一只适当的(　　),再与工作绕组并联。

A. 电阻器　B. 电容器　C. 电抗器

25. 单相凸极式罩极异步电动机,其磁极极靴的(　　)处开有一个小槽,在开槽的这一小部分套装一个短路铜环,此铜环称为罩极绕组或起动绕组。

A. 1/3　B. 1/2　C. 1/5

26. 单相罩极式异步电动机正常运行时,气隙中的合成磁场是(　　)。

A. 脉动磁场　B. 圆形旋转磁场　C. 移动磁场

三、判断题

1. 三相异步电动机的电磁转矩与电源电压的二次方成正比,因此电压越高电磁转矩越大。(　　)

2. 三相异步电动机的起动电流会随着转速的升高而逐渐减小,最后达到稳定值。(　　)

3. 三相异步电动机的转速与磁极对数有关,磁极对数越多转速越高。(　　)

4. 三相笼形异步电动机和三相绕线式异步电动机的工作原理不同。(　　)

5. 三相异步机在空载下起动,起动电流小,在满载下起动,起动电流大。(　　)

6. 三相异步电动机的输出功率就是电动机的额定功率。(　　)

7. 三相异步电动机圆形旋转磁场产生的条件是三相对称绕组通以三相对称电流。(　　)

8. 三相异步电动机定子绕组不论采用哪种接线方式,都可以采用Y-△降压起动。(　　)

9. 三相异步电动机为减小起动电流,增大起动转矩,都可以在转子回路中串联电阻器来实现。(　　)

10. 三相笼形异步电动机采用 Y-D 起动时,起动转矩只有直接起动时转矩的1/3。(　　)

11. 三相绕线式异步电动机起动时,可以采用在转子回路中串联起动电阻器起动,它既可以减小起动电流,又可以增大起动转矩。(　　)

12. 三相异步电动机能耗制动时,气隙磁场是旋转磁场。(　　)

13. 三相异步电动机电源反接制动时,其中电源两相相序应对调。(　　)

14. 热继电器既可作电动机的过载保护也可以作短路保护。(　　)

15. 熔断器只能作短路保护。(　　)

16. 接触器除通断电路外,还有短路和过载保护作用。(　　)

17. 热继电器在电路中的接线原则是热元件串联在主电路中,动合触点串联在控制电路中。(　　)

18. 点动控制就是点一下按钮就可以起动并连续运转的控制方式。(　　)

19. 接触器联锁的正、反转控制电路中，控制正、反转的接触器有时可以同时闭合。(　　)

20. 为保证三相异步电动机实现正、反转，则控制正、反转的接触器的主触点必须以相同的相序并联后接在主电路中。(　　)

21. 单相异步电动机中的磁场是脉动磁场，因此不能自行起动。(　　)

四、计算题

1. 一台三相六极异步电动机，接电源频率 50 Hz。试问：它的旋转磁场在定子电流的一个周期内转过多少空间角度？同步转速是多少？若满载时，转子转速为 950 r/min；空载时，转子转速为 997 r/min，试求：额定转差率 s_N 和空载转差率 s_0。

2. 三相异步电动机的额定转速为 1 410 r/min，电源频率为 50 Hz。试求：额定转差率和磁极对数。

3. 电源频率为 50 Hz，当三相四极笼形异步电动机的负载由零值增加到额定值时，转差率由 0.5% 变到 4%。试求：转速变化范围。

4. 一台异步电动机定子绕组的额定电压为 380 V，电源线电压为 380 V。问能否采用Y-△换接降压起动？为什么？若能采用Y-△换接降压起动，起动电流和起动转矩与直接(全压)起动时的相比较有何改变？当负载为额定值的 1/2 及 1/3 时，可否在Y连接下起动？(假设 $T_{st}/T_N=1.4$)

5. Y-200L-4 异步电动机的起动转矩与额定转矩之比为 $T_{st}/T_N=1.9$。试问：在电压降低 30%(即电压为额定电压的 70%)、负载阻转矩为额定值的 80% 的重载情况下，能否起动？为什么？满载时能否起动？为什么？

6. 在笼形异步电动机的变频调速中，设在标准频率 $f_1=50$ Hz 时，电源电压为 $U_1=380$ V。现将电源频率调到 $f_1'=40$ Hz，若要保持工作磁通 Φ 不变，电源电压相应地该调到多少？

7. 由电动机产品目录查得一台 Y160L-6 型三相异步电动机的数据如下：

额定功率/kW	额定电压/V	满载时			启动电流/额定电流	启动转矩/额定转矩	最大转矩/额定转矩
		转速/(r/min)	效率/%	功率因数			
11	380	970	87	0.78	6.5	2.0	2.0

求：同步转速、额定转差率、额定电流、额定转矩、额定输入功率、最大转矩、起动转矩和起动电流。

8. 接第 7 题，(1) 求用Y-△换接降压起动时的起动电流和起动转矩；(2) 当负载为额定转矩的 50% 和 70% 时，电动机能否起动？

9. 接第 7 题，如采用自耦变压器降压起动，而使电动机转矩为额定转矩的 80%，试求：(1) 自耦变压器的电压比 k；(2) 电动机起动电流和电源供给的起动电流。

10. 三相异步电动机在转速为 975 r/min 时，其输出功率为 30 kW，试求：转矩。若此时效率为 0.85，功率因数 $\cos\varphi=0.82$，定子绕组为星形连接，电源线电压为 380 V。试求：输入的电功率及线电流。

11. 图 6-56 中哪些能实现点动控制？哪些不能？为什么？对不能的进行改正。

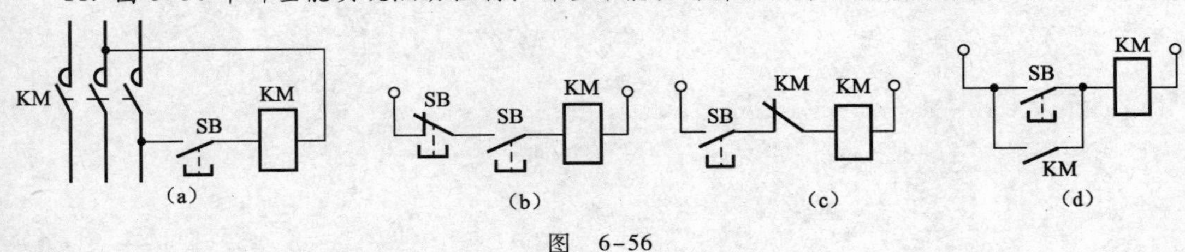

图　6-56

12. 判断图 6-57 所示各控制电路是否正确？为什么？对不正确的进行改正。

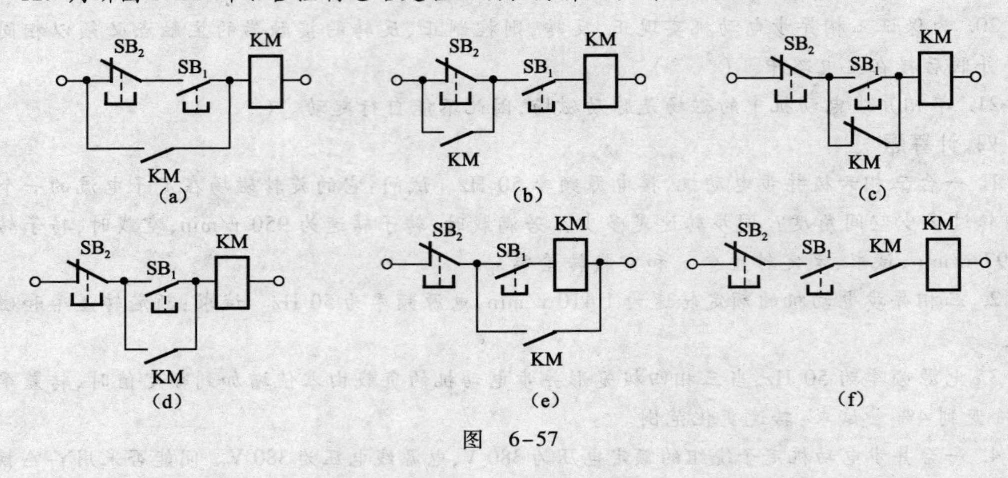

图 6-57

13. 指出图 6-58 所示的正、反转控制电路的错误之处，并予以改正。

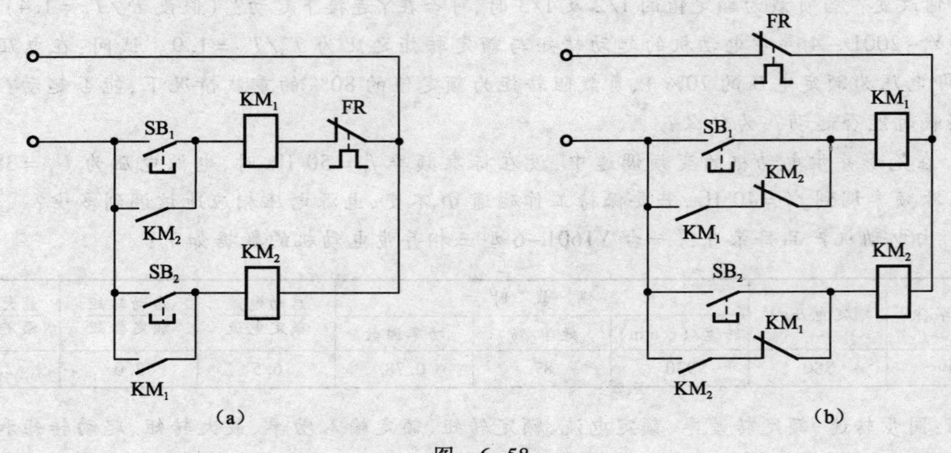

图 6-58

14. 试画出既能连续工作，又能点动工作的三相异步电动机的控制电路。

参 考 文 献

[1]周绍平,李严. 电工与电子技术[M]. 北京:北京交通大学出版社,2007.
[2]孙晓华. 新编电工技术项目教程[M]. 北京:电子工业出版社,2007.
[3]赵旭升. 电机与电气控制[M]. 北京:化学工业出版社,2009.
[4]季顺宁. 电工电路测试与设计[M]. 北京:机械工业出版社,2008.
[5]田丽洁. 电路分析基础[M].2版. 北京:电子工业出版社,2010.
[6]沈翃. 电工与电子技术项目化教材[M].2版. 北京:化学工业出版社,2010.
[7]刘文革. 实用电工电子技术基础[M]. 北京:中国铁道出版社,2010.
[8]李元庆,何佳. 电路基础与实践应用[M]. 北京:中国电力出版社,2011.
[9]汪赵强,宫晓梅. 电路分析基础[M]. 北京:电子工业出版社,2011.
[10]林嵩. 电气控制线路安装与维修[M]. 北京:中国铁道出版社,2012.